高含硫气田职工培训教材

高含硫气田采气工

杨发平　编著

中国石化出版社

图书在版编目（CIP）数据

高含硫气田采气工/杨发平编著.
—北京：中国石化出版社，2013.
高含硫气田职工培训教材
ISBN 978－7－5114－2372－6

Ⅰ.①高… Ⅱ.①杨… Ⅲ.①采气—技术培训—教材
Ⅳ.①TF37

中国版本图书馆 CIP 数据核字（2013）第 213314 号

中国石化出版社出版发行
地址:北京市东城区安定门外大街 58 号
邮编:100011　电话:(010)84271850
读者服务部电话:(010)84289974
http://www. sinopec-press. com
E-mail:press@ sinopec. com
北京柏力行彩印有限公司印刷
全国各地新华书店经销
*
787×1092 毫米 16 开本 20.25 印张 491 千字
2013 年 10 月第 1 版　2013 年 10 月第 1 次印刷
定价:80.00 元

序

2003 年，中国石化在四川东北地区发现了迄今为止我国规模最大、丰度最高的特大型整装海相高含硫气田——普光气田。中原油田根据中国石化党组安排，毅然承担起了普光气田开发建设重任，抽调优秀技术管理人员，组织展开了进入新世纪后我国陆上油气田开发建设最大规模的一次“集团军会战”，建成了国内首座百亿立方米级的高含硫气田，并实现了安全平稳运行和科学高效开发。

普光气田主要包括普光主体、大湾区块（大湾气藏、毛坝气藏）、清溪场区块和双庙区块等，位于四川省宣汉县境内，具有高含硫化氢、高压、高产、埋藏深等特点。国内没有同类气田成功开发的经验可供借鉴，开发普光气田面临的是世界级难题，主要表现在三个方面：一是超深高含硫气田储层特征及渗流规律复杂，必须攻克少井高产高效开发的技术难题；二是高含硫化氢天然气腐蚀性极强，普通钢材几小时就会发生应力腐蚀开裂，必须攻克腐蚀防护技术难题；三是硫化氢浓度达 1000ppm 就会致人瞬间死亡，普光气田高达 150000ppm，必须攻克高含硫气田安全控制难题。

经过近七年艰苦卓绝的探索实践，普光气田开发建设取得了重大突破，攻克了新中国成立以来几代石油人努力探索的高含硫气田安全高效开发技术，实现了普光气田的安全高效开发，创新形成了“特大型超深高含硫气田安全高效开发技术”成果，并在普光气田实现了工业化应用，成为我国天然气工业的一大创举，使我国成为世界上少数几个掌握开发特大型超深高含硫气田核心技术的国家，对国家天然气发展战略产生了重要影响。形成的理论、技术、标准对推动我国乃至世界天然气工业的发展作出了重要贡献。作为普光气田开发建设的实践者，感到由衷的自豪和骄傲。

在普光气田开发实践中，中原油田普光分公司在高含硫气田开发、生产、集输以及 HSE 管理等方面取得了宝贵的经验，也建立了一系列的生产、技术、操作标准及规范。为了提高开发建设人员技术素质，2007 年组织开发系统技术人员编制了高含硫气田职工培训实用教材。根据不断取得的新认识、新经验，先后于 2009 年、2010 年组织进行了修订，在职工培训中发挥了重要作用；2012 年组织进行了全面修订完善，形成了系列《高含硫气田职工培训教材》。这套教材是几年来普光气田开发、建设、攻关、探索、实践的总结，是广大技术工作者集体智慧的结晶，具有很强的实践性、实用性和一定的理论性、思想性。该教材的编著和出版，填补了国内高含硫气田职工培训教材的空白，对提高员工理论素养、知识水平和业务能力，进而保障、指导高含硫气田安全高效开发具有重要的意义。

随着气田开发的不断推进、深入，新的技术问题还会不断出现，高含硫气田开发和安全生产运行技术还需要不断完善、丰富，广大技术人员要紧密结合高含硫气田开发的新变化、新进展、新情况，不断探索新规律，不断解决新问题，不断积累新经验，进一步完善教材，丰富内涵，为提升职工整体素质奠定基础，为实现普光气田“安、稳、长、满、优”开发，中原油田持续有效和谐发展，中国石化打造上游“长板”作出新的、更大的贡献。

2013 年 3 月 30 日

前　言

普光气田是我国已发现的最大规模海相整装高含硫气田，在国内没有成功开发同类气田的先例，在世界范围内也属于难题。普光气田开发建设发来，中原油田普光分公司作为直接管理者和操作者，逐步积累了一套较为成熟的高含硫气田天然气开发、生产、集输和HSE管理等方面的经验。为全面总结高含硫气田开发管理经验，固化、传承、推广好做法，夯实自身培训管理基础，同时也为同类气田开发提供借鉴，根据气田开发生产工作实际，组织开发系统技术人员，以建立中国石化高含硫气田职工培训范教材为目标，在已有自编教材的基础上，编著、修订了系列《高含硫气田职工培训教材》。本套教材涵盖了井控技术、采气工、输气工、化验工、综合计量工、仪表维修工、污水处理工和注水泵工8个重点专业，每个专业单独成册，总编杨发平。

《高含硫气田采气工》为专业技术培训类教材，侧重于实际操作技能培训，内容与国标、行标、企标要求相一致，符合现行开发政策和现场作规范，具有较强的适用性、先进性和规范性，可以作为高含硫气田职工培训使用，也可以为高含硫气田开发研究和教学、科研提供参考。本册教材主编杨发平，副主编刘方检、冯逍、何洋。内容共分10章，涵盖了高含硫气田采气工需要在现场掌握的专业基础知识和操作规程，第一章由刘方检编写；第二章由刘爱华、肖盈编写，第三章由王国昌、魏勇明编写，第四章由陈治江、辜满编写，第五章由吴拯亚、徐小龙、郭环、吴娟子、秦培铭编写，第六章由张广晶、田院刚编写，第七章由黄福庆、刘莉、薛超群编写，第八章由王长宏、田烨瑞编写，第九章由刘海滨、张世杰、段勇、魏勇明编写，第十章由王红宾、肖永发编写。本册教材由王红宾统稿，参加编审的人员有洪祥、姚光明、王渝东、李代柏、刘二喜、吴晓磊、聂智、何洋、陈纯见、李海、罗静、刘军善、赵延平、杨华伟、郭召智、吴明畏、唐大明、王建、肖广文、蒋斌魏、李正华等。

在本教材编著过程中，各级领导给予了高度重视和大力支持，陈惟国同志对做好教材编著工作多次作出指导，刘地渊、熊良淦、张庆生、姜贻伟、陶祖强对教材进行了审定，多位管理专家、技术骨干、技能操作能手为教材的编审贡献了智慧、付出了辛勤劳动，编审工作还得到了中原油田培训中心普光项目部的大力支持，中国石化出版社对教材的编审和出版工作给予了热情帮助，在此一并表示感谢！

高含硫气田开发生产尚处于起步阶段，在管理经验方面还需要不断积累完善，恳请同志们在使用过程中多提宝贵意见，为进一步完善、修订教材提供借鉴。

目　录

第1章 绪论

含硫气田是指产出的天然气中含有硫化氢以及硫醇、硫醚等有机物的气田。世界上已发现了400多个具有商业价值的含硫气田。根据天然气中 H_2S 含量的高低，国内外分别制定了气藏划分的标准，主要分为低含硫气田、含硫气田及高含硫气田。国外学者认为，高含硫气田的开发问题，与设备最少配备人员和保证酸气开发能力两个因素有关。经调研发现由于高含硫气田 H_2S 含量高，高含硫气田的开发存在许多与常规气田开发不一样的特点和难点，特别是高含硫气田 H_2S 腐蚀严重、硫沉积严重、易形成水合物等，是开发高含硫气田解决要的关键问题。

1.1 高含硫化氢和二氧化碳气藏划分标准

天然气是指自然生成，在一定压力下蕴藏于地下岩层孔隙或裂缝中的混合气体，其主要成分为甲烷及少量乙烷以上烃类气体，并可能含有 H_2S、CO_2、水蒸气等非烃类气体。天然气中含有显著量的 H_2S 甚至含有有机硫化合物、CO_2 被称为酸性天然气，根据天然气中含 H_2S 含量的高低，国内外对高含 H_2S 和 CO_2 天然气藏划分标准不一。

根据天然气中 H_2S 含量的高低，国内外分别提出了高含 H_2S 和 CO_2 天然气藏的分类标准。

国外（加拿大和美国等国家）硫化氢（H_2S）气藏的划分见表1－1。

表1－1 国外含硫化氢气藏分类

分类	微含硫气藏	低含硫气藏	中含硫气藏	含硫气藏	高含硫气藏	特高含硫气藏
H_2S（体积分数）/%	<0.0014	0.0014～0.3	0.3～1.0	1.0～5.0	5.0～20.0	≥20.0

国内含硫化氢（H_2S）气藏的划分见表1－2。

表1－2 含硫化氢气藏分类①

分类	微含硫气藏	低含硫气藏	中含硫气藏	高含硫气藏	特高含硫气藏	硫化氢气藏
H_2S/（g/m^3）	<0.02	0.02～5.0	5.0～30.0	30.0～150.0	150.0～770.0	≥770.0
H_2S/%（体积分数）	<0.0013	0.0013～0.3	0.3～2.0	2.0～10.0	10.0～50.0	≥50.0

注：①SY/T6168—2009。

国内含二氧化碳气藏的划分见表1－3。

表1－3 含二氧化碳气藏分类①

分类	微含 CO_2 气藏	低含 CO_2 气藏	中含 CO_2 气藏	高含 CO_2 气藏	特高含 CO_2 气藏	CO_2 气藏
CO_2/%（体积分数）	<0.01	0.01～2.0	2.0～10.0	10.0～50.0	50.0～70.0	≥70.0

注：①SY/T6168—2009。

1.2 高含硫化氢和二氧化碳天然气田分布

1.2.1 储量状况

高含 H_2S 和 CO_2 天然气全球资源量巨大，2004 年 6 月相关统计数据表明，仅北美以外的地区 H_2S 含量大于 10% 的天然气储量就超过 $9.8\times10^{12}m^3$，CO_2 含量大于 10% 的天然气储量超过 $18.23\times10^{12}m^3$。目前全球已发现 400 多个具有工业价值的高含 H_2S 和 CO_2 气田（藏），主要分布在加拿大、美国、法国、德国、俄罗斯、中国等国家和中东地区。

加拿大是高含 H_2S 气田较多的国家，其储量占全国天然气总储量的 1/3 左右，主要分布在落基山脉以东的内陆台地。阿尔伯塔省有 30 余个高含硫气田，天然气中 H_2S 的平均含量约为 9%，如卡罗林（Caroline）气田，H_2S 和 CO_2 含量分别为 35.0% 和 7.0%；卡布南（Kaybob South）气田 H_2S 和 CO_2 含量分别为 17.7% 和 3.4%；莱曼斯顿（Limestone）气田 H_2S 和 CO_2 含量分别为 5% ~17% 和 6.5% ~11.7%；沃特棠（Waterton）气田 H_2S 和 CO_2 含量分别为 15% 和 4%，这 4 个气田是加拿大典型的高含 H_2S 和 CO_2 气田，探明地质储量近 $3000\times10^8m^3$。

俄罗斯气田中含 H_2S 天然气探明储量接近 $5\times10^{12}m^3$，主要集中在阿尔汉格尔斯州，分布在乌拉尔－伏尔加河沿岸地区和滨里海盆地，以奥伦堡（Orenburg）和阿斯特拉罕（Astrakhan）气田为代表。其中，奥伦堡气田是典型的高含硫大型气田，天然气可采储量达到 $1.84\times10^{12}m^3$，气体组分中 H_2S 和 CO_2 含量分别为 24% 和 14%。

此外，美国、法国和德国等都探明有高含硫气田，典型的大型高含硫气田有：美国的惠特尼谷卡特溪（Whitney Canyon－Carter Creek）气田，探明储量 $1500\times10^8m^3$；法国的拉克（Lacq）气田，探明储量 $3226\times10^8m^3$；德国的南沃尔登堡气田，探明天然气储量 $400\times10^8m^3$ 等。

我国含硫天然气资源十分丰富，20 世纪 80 年代初期，探明的含硫化氢天然气占全国气层气储量的 1/4。截至 2007 年底，累计探明高含硫天然气储量已超过 $7000\times10^8m^3$，约占探明天然气储量的 1/6，主要分布在川东北地区和渤海湾盆地，如普光、罗家寨、龙岗、渡口河气田和赵兰庄气藏（按国内标准属于纯 H_2S 气藏），主要含硫气田储量情况见表 1－4。

表 1－4 国内高含硫气田

气田	探明地质储量/10^8m^3	H_2S 体积含量/%	CO_2 体积含量/%	气田	累计探明地质储量/10^8m^3	H_2S 体积含量/%	CO_2 体积含量/%
建南	98.47	4.05	1.9~5.5	龙门	183.99	7.65	/
中坝	186.3	6.75~13.3	2.9~10	罗家寨	581.08	6.7~16.65	5.8~9.1
渡口河	359	9.79~17.1	6.4~8.3	普光	2510.7	15.2	8.44
铁山坡	373.97	14.37	—	罗家	—	4.0~6.5	—
卧龙河	380.52	5.0~7.28	1.3~1.5	赵兰庄	—	92	—

1.2.2 储层分布状况

高含硫天然气的形成与 H_2S 的成因有关。现有的研究表明，H_2S 的成因主要有生物成因

(Bacterial Sulfate Reduction，简称 BSR)、热化学成因（Thermochmical Sulfate Reduction，简称 TSR）和火山喷发成因三大类，其中硫酸盐热化学反应（TSR）是高含硫天然气形成的重要机制。CO_2 成因可分为有机和无机两大类，其中，有机成因 CO_2 由沉积有机质热降解和裂解作用等形成；无机成因 CO_2 一般由海相碳酸盐热分解形成，同时幔源侵入 CO_2 也是无机成因的一种重要类型。

国内外研究成果表明，世界上已发现的高含硫天然气田的分布，无论在时代上还是在区域上，均与碳酸盐－蒸发岩剖面的分布具有较好的一致性。据统计，世界上已发现的 400 多个高含硫气田中，有 87 个气田分布在含膏碳酸盐岩内，而在陆源储层中发现的绝大多数含 H_2S 气田，也都与区域上的碳酸盐－蒸发岩地层有着明显的联系。因此，碳酸盐－蒸发岩剖面中的硫酸盐（石膏）是 H_2S 形成的基础。我国的石膏绝大多数为沉积成因，主要分布在早寒武世、中奥陶世、早中石炭世、早中三叠世和白垩—早第三纪。其中，早中三叠世以前的均为海相石膏，而从侏罗纪开始到第四纪，则以陆相为主。相对而言，海相膏岩更有利于 H_2S 的形成和保护。

全球高含硫天然气资源分布广阔。区域上，欧洲、北美洲和亚洲均有大面积高含硫气田分布，其中俄罗斯和加拿大是高含硫天然气资源较为丰富的国家，其次为美国、法国、中国和中东地区等；层系上，主要分布在侏罗系和二叠系，少量分布在泥盆系、石炭系、白垩系和下第三系；埋深上，从 1800 多米到 6000 多米均有分布，变化较大。H_2S 含量方面，目前已开发的高含硫气田一般小于 40%，大于 40% 的含硫气田发现较少。

我国已发现的含硫天然气区域上主要分布在南方和西部，东部陆上和海域也有发现；层系上，震旦系、奥陶系、石炭系、三叠系、二叠系和下第三系六大系均有分布；埋深上，现在已发现的含硫气藏一般为 3000～7000m，总体较深且埋深差异较大，如罗家寨气田埋深 3200～4500m，普光气田埋深 4800～5800m。H_2S 含量方面，各个气田 H_2S 和 CO_2 含量差异较大且没有特定的规律，目前已发现的气田 H_2S 含量一般低于 20%，CO_2 含量在 10% 以下，气体中基本不含 C_7 以上烃类组分，部分气田含有机硫。

1.3 典型高含硫气田开发现状

1.3.1 法国拉克（Lacq）气田

1. 概述

拉克气田是高含硫的大气田，位于法国阿奎坦盆地南部，波尔多市南 160km，含气面积 $120km^2$，地质储量 $3226\times10^8m^3$，气层原始地层压力 66.1MPa，地层温度 140℃，天然气组分中甲烷占 69%，乙烷占 3%，硫化氢占 15.6%，二氧化碳占 9.2%，其他组分占 3.1%。拉克气田是一个典型的深层高压、无边底水的高含硫气藏。

拉克气田 1942～1943 年由电法勘探发现，1944～1945 年重力勘探确认有异常，1947～1948 年地震勘探发现了第三系磨砾层覆盖下的潜伏构造，1949 年拉克 1 号井在井深 640～700m 的上白垩统发现油层，这一发现刺激了法国阿奎坦石油公司向深层钻探，1951 年 12 月拉克 3 号井于井深 3530m 下白垩统尼欧克姆阶白云岩中发生了井喷，气田高含 H_2S，15km 外可闻到臭味。由于气层压力大，井口失控，爆炸着火，经过两个多月的艰苦工作，才将气井封闭。以后阿奎坦石油公司开展了防硫钢材、高压采气设备和脱硫工艺等研究，于

1955 年在 102 号井、1956 年在 104 号井进行了试验，到 1957 年正式开发。

2. 开发历程

拉克气田开发经历了 4 个阶段（图 1－1）。

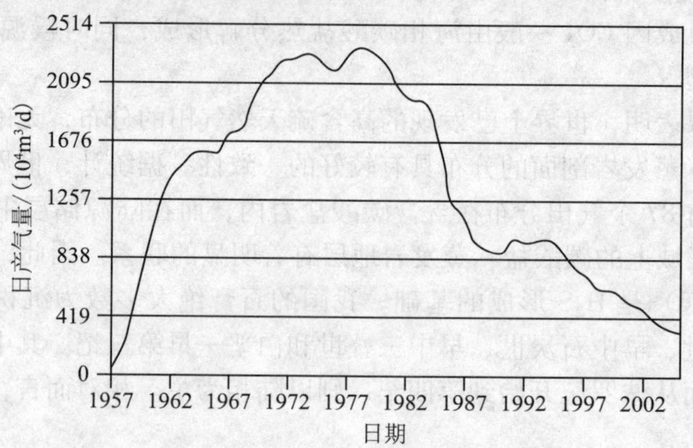

图 1－1　拉克气田生产历史曲线图

第一阶段（1952～1957 年）为试采阶段，主要对 3 口井进行试采，检验井底及井口设备的抗硫防腐性能，同时获取气藏动态参数。

第二阶段（1957～1964 年）为产能建设阶段，共有 26 口生产井，气田日产量由 $82 \times 10^4 m^3$ 上升至 $2156 \times 10^4 m^3$，平均单井产量为 $80 \times 10^4 m^3/d$，采气速度为 2.4%。

第三阶段（1964～1983 年）为稳产阶段，通过在构造高点打 10 口加密井，气田日产量为（1906～2361）$\times 10^4 m^3$，平均单井产量（50～65）$\times 10^4 m^3/d$，采气速度为 2.6%，稳产期长达 19 年，稳产期可采储量采出程度为 65% 左右。

第四阶段（1983 至今）为产量递减阶段，1994 年气田日产量递减为 $405 \times 10^4 m^3$，气田累积产气 $2258 \times 10^8 m^3$，地质储量采出程度为 70%。

3. 地面集输

地面集输管网采用埋地敷设（图 1－2），在井场分离游离水，气田开发初期对每口井加热，注甲醇、乙醇，防止形成水合物；开发中后期，采用大直径油管提高气井产量，提高集输系统的流速，使温度保持在水合物形成的临界温度以上，不再注醇。

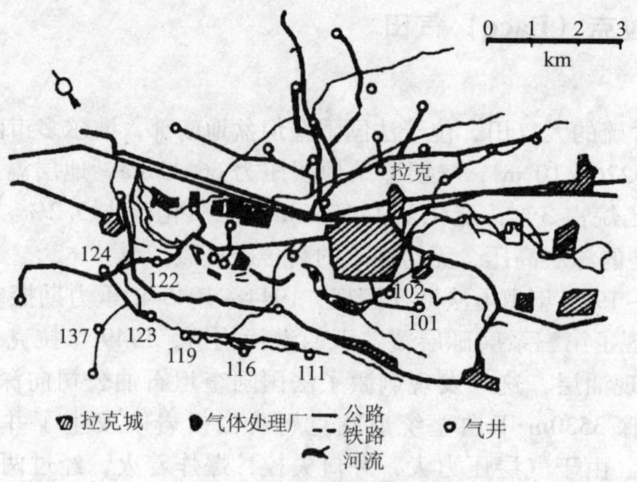

图 1－2　拉克气田集输管图

管道防腐：①采用抗硫的管材；②加缓蚀剂，$1\times10^6m^3$ 天然气缓蚀剂加注量约30L；③控制流量，如 ϕ76mm 管线最大流量为 $25.5\times10^4m^3/d$，ϕ200mm 的管线最大流量为 $53.8\times10^4m^3/d$。

安全措施：拉克气田位于居民稠密区，有交通繁忙的铁路和公路，因此每隔2km左右设ESD阀；管线沿途设有100多检查点，用伽马探测仪定期检测管壁厚度，监测腐蚀情况；穿越河流、公路、铁路处加套管保护，输气管与套管间充以氮气。

地面及井下设备硫化物腐蚀控制：油管的腐蚀监测表明，随压力降低，腐蚀增加，失重腐蚀在生产5年以后变得明显，主要发生在井的下部。腐蚀产生了硫化物的堆积，堵塞了油管。因此采取了定期向井下注缓蚀剂，在环形空间注含缓蚀剂的柴油，效果较好。

1.3.2 加拿大卡罗林（Caroline）气田

1. 概述

卡罗林气田位于加拿大阿尔伯塔盆地西南倾东冀，是一个多产层气田。卡罗林 Beaverhill 湖 A 气藏气田面积 $133.5km^2$，天然气地质储量 $651\times10^8m^3$，凝析油地质储量为 $3977\times10^4m^3$，顶部深度约3505m，储层平均深度3720m，有效厚度39.52m，储层温度102℃，原始压力36.68MPa。

气体的组分为 C_1：40.0%，C_2：7.9%，C_3：3.4%，C_4：3.0%，H_2S：35.3%，CO_2：6.7%，N_2：1.7%。烃类储量的绝大部分经济价值在于凝析油和液化石油气。

2. 气田开发

1986年：壳牌公司发现Caroline气田。

1988~1989年：编制开发方案并报批。

1990年：8月31日开始建设。

1993年：3月3日脱硫处理厂第一列装置投产，5月5日第二列装置投产，建设周期为30个月。

主要依靠溶气驱，在气藏北端可能还有弱水驱。

共有生产井15口，注气井1口，利用气体处理厂的过剩的产能注气。

几口高产井天然气稳定产量大于 $156\times10^4m^3/d$。2000年平均日产天然气为 $1130\times10^4m^3$，累积产气 $266.45\times10^8m^3$。

由于饱和压力只有16.55MPa，估计天然气的最终采收率为77%，凝析油为70%。

3. 集气工艺

卡罗林（Caroline）气田集气工艺流程为：气井→集气增压站→气体处理厂。共建有15口气井、3个集气增压站、1座气体处理厂。

1）井口集气流程

卡罗林（Caroline）气田在气井井场仅设井口节流阀控制装置，不设脱水装置或加热炉。井口来气经节流后湿气输送到3个集气增压站，然后分别通过管线输送到气体处理厂。

井口和集气增压站出口的天然气温度均高于水合物形成温度。

2）集气增压站流程

增压站流程：单井混输进站→计量汇管→计量分离器→生产汇管→段塞流捕集器→增压外输

井口产出物进入分离器，将天然气、凝液和污水进行分离，然后天然气进入压缩机增压，经多级冷却后外输至气体处理厂，凝液通过管线泵输到气体处理厂，污水则回注到井下。

3）集气管线管径与材料

集气管线管径从76~406mm不等，管线长度共217km，埋地敷设，埋深约1.1m，操作温度75℃，介质流速控制在合理范围内，避免出现过低流速。

集气管线材料选用低碳钢。主要考虑项目经济性，没有采用耐蚀合金作为集气管线材料。

在加拿大，碳钢普遍适用于集输气管线，并经历了长时间现场应用的考验，同时配套了适当的腐蚀控制和检测手段。

4）腐蚀控制和监测系统

卡罗林（Caroline）气田采取缓蚀剂注入、定期清管检测、腐蚀监测装置以及局部壁厚检测等综合性的腐蚀控制和检测手段。

由于每口井采出物中H_2S、CO_2、水、氯化物和其他腐蚀物质的含量不一样，因而井口到集气增压站之间的管线要分别应用不同的腐蚀控制方法，包括连续性注入缓蚀剂、批处理注入缓蚀剂等，集气增压站和气体处理厂之间的管线采取缓蚀剂预涂膜处理、间歇注入缓蚀剂，在生产运行过程中定期对管线进行通球或缓蚀剂涂膜处理。

所有的管线均设立了在线腐蚀监测装置，定期应用智能清管系统。如果怀疑某一管段腐蚀严重，则用超声检测仪检测管线壁厚，以判定腐蚀的严重程度。

1.3.3 普光气田

1. 概况

普光气田位于四川省达州市宣汉县，是目前国内发现的规模最大的海相整装气田，普光气田处于中国石化宣汉－达县勘探登记区块，登记勘探面积1116.0km²，评价天然气资源量为$8916\times10^8m^3$。目前普光气田已发现普光主体、大湾（毛坝）、清溪场、双庙和老君5个区块，累计上报探明天然气地质储量$4121.73\times10^8m^3$。

普光气田主体共设计开发井39口，利用探井1口。其中，气藏主体部位（普光2、6井区）主要选择斜井结合直井的方式开采，以大斜度井为主；边部储层较薄的区域主要部署水平井，水平段600m左右。开发井井距为1000m左右，对于储层物性好、丰度高的区域，井距适当减小。普光主体动用储量$1811.06\times10^8m^3$；普光2块平均单井配产$80\times10^4m^3/d$，普光3块平均单井配产$50\times10^4m^3/d$。

大湾－毛坝气藏是受断块构造与相变线共同控制的孔隙型构造－岩性弹性气驱气藏，纵向上，大湾区块飞一~二段中上部气层厚度大、物性较好，产能高，是气藏开发的主要产层。设计动用储量$768.09\times10^8m^3$，共部署开发井13口，其中利用探井5口，平均单井配产$65\times10^4m^3/d$，设计年产能力$30\times10^8m^3$，采气速度为3.9%。

2. 开发简况

第一阶段：为勘探开发阶段，普光地区油气勘探始于20世纪50年代，90年代后期，随着油气勘探技术的不断进步，加大了勘探力度。2003年7月30日，部署在普光构造的普光1井获得工业气流，发现了普光气田。

第二阶段：为产能全面建设阶段，2009年10月，普光气田主体P301、P302、P303 3个集气站9口井建成投产，日产气量$880\times10^4m^3/d$。2010年1月，普光气田主体16座集气站38口井全面建成投产，日产气量上升至$2400\times10^4m^3/d$。2012年4月，普光气田大湾区块7座集气站13口井建成投产，日产气量$910\times10^4m^3/d$，普光气田日产气量上升至$3210\times10^4m^3/d$。

3. 地面集输

集输工艺采用全湿气、加热节流、保温混输工艺。井口天然气在集气站经分酸、加热、节流、计量后外输，采用“加热保温 + 缓蚀剂 + 水合物抑制剂”工艺经集气支线进入集气干线，然后输送至集气总站分水，生产污水经闪蒸后输送至污水处理站处理后回注地层，含饱和水蒸汽的酸气输至净化厂进行净化。集输管网按“辐射 + 枝状”布置。

管道防腐：“抗硫管材 + 缓蚀剂 + 阴极保护 + 智能检测”；

自动控制措施：“SCADA + ESD”；

安全措施：“截断阀室 + ERP + 紧急疏散广播 + 应急火炬系统”；

数据传输与应急通信方式：“光纤传输 +5. 8G 无线通信”；

污水处理方法：“低压集中处理 + 高压回注地层”。

1.4　高含硫化氢和二氧化碳气田开发难点

高含硫气田在钻井工程、完井工程、试气工程、采气工程、集输工程等环节比常规气田开发更加困难，存在许多难点：

1. 硫化氢气体具有剧毒

硫化氢在正常条件下对人的安全限度不超过 20×10^{-6}。当硫化氢浓度在 150×10^{-6}时，就会刺激人的眼睛、呼吸道，麻痹嗅觉神经。硫化氢浓度在 800×10^{-6}以上时，只要短短 2min 就能致人于死地。

2. 硫化氢腐蚀严重

硫化氢引起的腐蚀类型主要有：①电化学失重腐蚀，它是金属在含硫的湿天然气中发生的电化学反应，在金属表面形成针孔、蚀坑、斑点和溃疡等现象；②氢脆和氢鼓泡（HSC），硫化氢介质作用时加剧了钢的渗氢作用，从而导致金属氢脆和设备腐蚀破裂；③硫化物应力腐蚀破裂（SSC），是金属在含硫天然气和应力两者作用下产生的破裂，拉应力来自外力负荷和内应力。

硫化氢的存在，会腐蚀气田的生产设备、施工设备和运输系统等。如硫化氢的出现会造成钻具断落，油管、气管等管线的腐蚀等，影响气田正常开发。在酸性井中连续性油管会发生严重腐蚀，甚至会导致油管断裂。特别是在高 CO_2/H_2S 比时，即使硫化氢含量很低，也会对气田设备造成严重的腐蚀。

3. 硫沉积严重

硫沉积的影响因素有天然气组成、温度、压力、气流速度等。如果硫含量超过一定温度压力下的溶解度，则含硫天然气可能发生硫沉积。在开发时形成硫沉积会堵塞地层，使产量降低，采收率降低，同时对地面集输管线和设备装置正常运行形成较大影响，造成分离器压差过大、节流阀堵塞、排液不畅等。

4. 生成水合物堵塞管线

含硫天然气易形成天然气水合物，造成气田生产油管及输送管线的堵塞，给气田的开发造成相当大的困难，影响气田正常生产。特别是在高硫化氢浓度、高压条件下，在常温下都极易形成水合物，造成生产油管及输送管线堵塞。

5. 气田开发成本高

高含硫气田开采出的天然气含有硫化氢，由于硫化氢的毒性和腐蚀性，因此在开发时对作业的安全和管材的性能都有更高的要求，在开发同等储量和产量时，高含硫气田需要更高的投资和管理费用。

6. 硫化氢含量随生产时间的增加而增加

硫化氢含量越高，对气田正常生产的影响越大。

1.5 高含硫化氢和二氧化碳气田开发对策

针对高含硫化氢和二氧化碳气田开发存在的难点，采取针对性的措施显得十分重要，在采气系统，应主要考虑以下开发对策：

（1）在开发高含硫气田，必须重视“HSE”，加强监测，防止硫化氢中毒等安全问题。对工作人员进行培训，增强其安全意识和管理强度。

（2）加强对硫化氢腐蚀防治的研究。采用耐腐蚀合金钢作为设备的基本材质，加注缓蚀剂、增加 pH 值、确定合理的采气速度、用电化学方法来防止硫化氢腐蚀。此外，还必须加强对高含硫化氢气井的监测。对于油井产出硫化氢所造成的危害，应以预防为主，消除为辅。采用的预防措施主要有：制定相应的管理制度及人员相关培训、配备便携硫化氢检测仪、重要岗位设置简易救护设施、明确标识含硫化氢井（按油井含硫化氢的浓度分为红、黄、蓝）、进入含硫化氢井场的人员配备相应的防护用具、井场划出危险警戒线等。

（3）加强对硫沉积预测及防止技术的研究。根据硫的沉积机理，解决硫堵问题可以从两方面入手，一方面在天然气进入生产系统之前对含硫天然气进行一定的处理，另一方面在天然气生产过程中对生产系统进行处理，即发生化学反应、加热熔化及用溶剂溶解硫。目前国内外对于防止硫沉积主要采取的是控制采气速度。但是对于硫沉积机理研究防治的技术还处于起步阶段，因此急需加强这方面的工作，尽快解决硫沉积问题。

（4）深化研究防治水合物方法。目前国内外在处理和解决高含硫气田水合物堵塞问题时，主要有两种处理方法：一种是将适量的溶剂（热油溶剂）连续泵入井内油管和环行空间，然后用井口双通节流加热器加热防止水合物生成。另外一种是下双油管，注热油循环防止水合物生成。对于集输管线内的水合物堵塞问题，在寒冷地区采用水套炉间接加热保温、热水管线跟踪伴热、连续向天然气中加注甲醇和乙二醇等防冻剂、脱水等方法来防止水合物形成。

高含硫气田的开发存在着许多与常规气田开发不一样的特点和难点，特别是高含硫气田硫化氢腐蚀严重、硫沉积严重、易形成水合物、必须脱硫净化这四个主要难点，是未来开发高含硫气田要解决的关键问题。针对这些问题，对高含硫气田的开发要进行严密监测，加强高含硫气田防腐蚀、防硫堵、防水合物以及高效脱硫技术的研究，以指导高含硫气田的安全高效开发。

思考题

1. 国内外含硫化氢气藏的划分标准有哪些？
2. 开发高含硫气田存在哪些难题？

第2章 采气地质

采气地质学包括沉积岩石、构造地质、开发地、油矿地质、储层地质学等。本章以普光气田为主，阐述地层、构造、储层和流体性质等基础知识。

2.1 地层

地层的年龄就是地层的地质时代。地层的绝对年龄可根据岩石中所含放射性元素具有的恒定衰变速度来计算。地层形成时间的相对新老关系称为相对地质时代。国际上将地质时代划分为“代”、“纪”、“世”和一个自由使用的时间单位“时”组成。相应于各个时代所形成的地层分为“界”、“系”、“统”，此外还有大区域性的次一级的两级单位“阶”和“带”，以及小区域性的“群、组、段、带”。

代、纪、世代表连续不断的时间延续，所有的时间单位都是连续的，中间没有缺失。对于某些地区的地层，却不一定完整无缺，其中总不免有许多间断。地层单位必须把全世界的地层加起来通盘考虑，才能形成完整的地层关系。

关于地质时代和地层的顺序、单位、符号及其对应关系见表 2－1。普光地区地层从下至上发育志留系、石炭系、二叠系、三叠系和侏罗系。其中，下古生界缺失志留系上统，上古生界缺失了泥盆系全部和石炭系大部分，仅残留中石炭统黄龙组，二叠系齐全；中生界三叠系、侏罗系保留较全，早白垩世地层保留较好，上白垩统缺失；新生界基本没有沉积保留。已探明含气层系主要为二叠系上统的长兴组及三叠系下统飞仙关组。

地层是指具有一定时间和空间含义的层状岩石的自然组合叫地层。

普光地区已探明含气层系主要为二叠系上统的长兴组及三叠系下统飞仙关组，普光 2－普光 301－4－普光 302－1 井区飞仙关组地层较厚，向边部地层减薄。

表 2－1 地质时代及地层顺序对照表

<table>
<tr><th colspan="4">地质时代</th><th>符号</th><th>距今年数大约/百万年</th><th colspan="4">地层单位</th></tr>
<tr><td rowspan="9">新生代</td><td colspan="2" rowspan="4">第四纪</td><td>全新世</td><td>Q_4</td><td>0.025</td><td>全新统</td><td colspan="2" rowspan="4">第四系 Q</td><td rowspan="9">新生界（Rz）</td></tr>
<tr><td>晚更新世</td><td>Q_3</td><td></td><td>上更新统</td></tr>
<tr><td>中更新世</td><td>Q_2</td><td></td><td>中更新统</td></tr>
<tr><td>早更新世</td><td>Q_1</td><td></td><td>下更新统</td></tr>
<tr><td rowspan="5">第三纪</td><td rowspan="2">晚第三纪</td><td>上新世</td><td>N_2</td><td>1</td><td>上新统</td><td rowspan="2">上第三系（N）</td><td rowspan="5">第三系®</td></tr>
<tr><td>中新世</td><td>N_1</td><td></td><td>下新统</td></tr>
<tr><td rowspan="3">早第三纪</td><td>渐新世</td><td>E_3</td><td>28</td><td>渐新统</td><td rowspan="3">上第三系（E）</td></tr>
<tr><td>始新世</td><td>E_2</td><td></td><td>始新统</td></tr>
<tr><td>古新世</td><td>E_1</td><td>8</td><td>古新统</td></tr>
</table>

续表

地质时代				符号	距今年数大约/百万年	地层单位		
中生代		白垩纪	晚白垩世	K_2		上白垩统	白垩系（K）	中生界（Mz）
			早白垩世	K_1		下白垩统		
		侏罗纪	晚侏罗世	J_3	130	上侏罗统	侏罗系（J）	
			中侏罗世	J_2		中侏罗统		
			早侏罗世	J_1		下侏罗统		
		三叠纪	晚三叠世	T_3	175	上三叠统	三叠系（T）	
			中三叠世	T_2		中三叠统		
			早三叠世	T_1		下三叠统		
古生代	上古生代	二叠纪	晚二叠纪	P_2	185	上二叠统	二叠系（P）	古生界（Pz）
			早二叠纪	P_1		下二叠统		
		石碳纪	晚石碳纪	C_3	275	上石碳统	石炭系（C）	
			中石碳纪	C_2		中石碳统		
			早石碳世	C_1		下石碳统		
		泥盆纪	晚泥盆纪	D_3	265	上泥盆统	泥盆系（D）	
			中泥盆世	D_2		中泥盆统		
			早泥盆世	D_1		下泥盆统		
		志留纪	晚志留世	S_3	390	上志留统	志留系（S）	
			中志留世	S_2		中志留统		
			早志留世	S_1		下志留统		
		奥陶纪	晚奥陶世		410	上奥陶统	奥陶系（O）	
			中奥陶世			中奥陶统		
			早奥陶世			下奥陶统		
		寒武纪	晚寒武世		515	上寒武统	寒武系（e）	
			中寒武世			中寒武统		
			早寒武世			下寒武统		
元古代		震旦纪	晚震旦世		580	上震旦统	震旦系（Z）	元古界（Pt）
			中震旦世			中震旦统		
			早震旦世			下震旦统		
	上元古代				1000	上元古界		
	下元古代					下元古界		
太古代	上太古代				2450	上太古界		太古界（Ar）
	下太古代					下太古界		

2.1.1 飞仙关组（T1f）

飞仙关组是气田的主要含气层系，与下伏长兴组、上覆嘉陵江组为整合接触，地层厚度为445 ~720m，在区域上具有明显的两分性，从川东北－川北地区存在一个整体呈 NW 向延伸的相变线。该相变线在铁山坡－普光－渡口河一线呈 NWW－NNW 向穿过，相变线以西主要为陆棚相灰岩沉积，以东主要为台地边缘－台地相鲕粒灰岩沉积。

普光地区飞仙关组为台地边缘－台地鲕粒滩相沉积，飞一段 ~ 飞三段的分段性不明显，但根据区域地层对比、岩石类别、测井曲线特征大体可划分为飞一、二、三、四段。主要化石有菊石：Ophicerassp；瓣鳃：Eumorphotis multiformis－Claraia anrita 组合。其中：

飞四段：岩性为紫色、灰色白云岩、灰岩、石膏质白云岩与灰白色石膏不等厚互层，以石膏层发育为特征。地层厚度一般在 50m 左右，整体由东向西增厚，并且石膏层趋于发育。测井曲线，自然伽马具有幅度差较大、脉冲值总体较高的特点，视电阻率基值相对较低，但石膏呈高阻尖峰状，测井上以自然伽马值由大变小、视电阻率由小增大为特征划分飞四段与飞三段地层。

飞三段：以灰岩较飞一、二段发育、针孔状白云岩不发育为主要特征。整体表现为东薄西厚。普光地区岩性为灰色、深灰色中至厚层状含泥灰岩、微晶灰岩、白云岩夹鲕粒灰岩、砂屑灰岩、溶孔状白云岩，形成于台地浅滩相。由普光2井－普光1井一线向四周的普光6、普光8、普光9、普光11等井白云岩逐渐减少，灰岩逐渐增多，向南特征明显，在毛坝2、川付85井、东岳寨一带已变成灰岩或泥灰岩沉积，主要形成于开阔台地相。

测井曲线，自然伽马呈较低幅度差、较低脉冲值特点，视电阻率相对平直微锯齿状至锯齿状，测井上以视电阻率由小相对增大为特征划分飞三段与飞二段界线。

飞一～二段：普光地区岩性为灰色、深灰色结晶白云岩、溶孔状白云岩、鲕状白云岩、残余藻屑白云岩，总体以溶孔状白云岩较发育为特征，形成于台地边缘暴露浅滩相，与北部的铁山坡、东部的渡口河地区形成了一个白云岩发育区。在毛坝1、川付85、川岳84、渡4等井一带主要位于陆棚区，主要岩性为灰色、深灰色灰岩、含泥灰岩及泥灰岩。在毛坝4、毛坝6、大湾1、大湾2、普光11、普光6、普光2、普光4、普光8、普光9一线，主要为台地边缘暴露浅滩相，岩性主要为浅灰色残余鲕粒白云岩、残余藻屑白云岩、溶孔状白云岩、砂屑白云岩。飞一～二段自然伽马曲线总体平缓低值，底部因泥质所占比例增加呈“齿状”，深、浅侧向电阻率曲线呈“齿状”或“峰状”。测井上以自然伽马由相对较小突变，增大为特征划分飞一～二段与长兴组界线，与下伏长兴组灰岩或生物灰岩呈整合接触。

2.1.2 长兴组（P2ch）

长兴组是本区的主要目的层之一，在本区厚92～290m，整体表现为西薄东厚，自然伽马曲线平缓低值，深、浅侧向电阻率曲线局部“齿状”中高阻，局部异常低阻。部分地区与上覆飞仙关组难以区分。

二叠纪末，扬子台地发生了大规模海平面下降事件，在浅水碳酸盐台地区长兴组顶部普遍沉积了一套厚几十米的白云岩。三叠纪初发生了海侵，飞一段底部普遍沉积了一套薄板状泥晶灰岩及含泥灰岩，直接覆盖在白云岩之上。因此，如果二叠系与三叠系之间发育白云岩，可以将界线划在白云岩与灰岩接触面上。

通过岩心观察及薄片鉴定，在长兴组地层中能够找到二叠纪的标准化石，如蜓、有孔虫及蕉叶贝等。一般而言，灰岩中的生物结构保存完整，白云岩中的生物多为结构残余，少数结构清楚。因此，可以根据二叠纪标准化石对长兴组与飞仙关组界线进行划分。

区域上，顶部为青灰色含白云质、硅质、泥质灰岩，含生物层、局部富集发育礁或滩。中、上部为中厚层状灰色白云质灰岩、灰岩，以富含燧石结核为特征，底部以灰岩质纯和下伏龙潭组灰岩质不纯夹页岩层呈整合接触。

从区域沉积特征及地震相分析，该套地层在达县－宣汉地区的毛坝－普光－黄龙与付家山－东岳寨－七里峡之间存在一个明显的相变界线，以南川付85、川岳84、七里23井一带主要位于陆棚区，主要岩性为灰色、深灰色灰岩、含泥灰岩及泥灰岩。以北毛坝1、普光6井、普光5井、普光8井和老君一带发育生物礁相沉积，普光5井、普光6井、普光8井、普光11井已经钻遇了该套地层，主要为浅灰色海绵骨架礁灰岩、深灰色海绵障积礁白云岩、灰白色砾屑细－中晶白云岩、深灰色砾屑灰岩、灰色含生屑砾屑灰质白云岩、深灰色灰岩等，可见海绵、腕足类、瓣鳃类化石。再向北至毛坝4、大湾2、普光4、普光9井一带主要为开阔台地相沉积，主要为灰色、深灰色结晶白云岩、溶孔状白云岩夹鲕状白云岩，飞仙关组顶底部白云岩较发育，为台地边缘礁滩相沉积；毛坝2井主要为鲕粒、砂屑灰岩沉积，形成于台地边缘相。向北、向东到坡1井－渡口河一带主要为台地相灰岩沉积。

2.2 构造

地质构造分为褶皱构造和断裂构造。褶皱构造可分为背斜、向斜褶皱。

断裂是指岩层在地壳运动的影响下，发生破裂。若岩层沿破碎面没有显著位移，称为构造裂缝；若岩层沿破碎面有显著位移，称为断层。断层分为正断层、逆断层和平移断层等。

沉积岩层之间的接触关系可分为整合接触、假整合接触和不整合接触3种类型。

普光主体整体构造表现为与逆冲断层有关、西南高北东低、NNE走向的大型长轴断背斜型构造。断裂系统以北东向断层为主，控制天然气分布。主要断层包括东岳寨－普光断层、普光7断层、老君庙南断层及普光3四条断层。其中，普光3断层将主体构造分为两个次级圈闭，即普光2圈闭、普光3圈闭。

受构造运动的影响，地层间发育较多不整合面，在海相地层中，志留系与石炭系、石炭系与二叠系、上、下二叠统之间皆为平行不整合接触关系；晚三叠世末期的印支运动，四川盆地整体抬升成陆，古特提斯海海水彻底退出扬子地台，接受以陆相碎屑岩为主的湖泊－三角洲－河流沉积。

1. 东岳寨－普光断层

位于普光主体构造的西边界，形成时期为燕山晚期。为走向NNE向，倾向SEE的逆冲断层。控制了双石庙－普光主体构造带的形成演化。

2. 普光7断层

该断层靠近东岳寨－普光大断层，地层破碎、反射杂乱，从北向南均能连续追踪。分析认为该断层是东岳寨－普光断层的一个大型分枝断层，两条断层倾向SE。

3. 老君庙南断层

走向为NW－SE，在剖面上呈近直立产状，从其构造样式和所处区域应力场方面看，该断层应该是一条比较典型的剪节性断层，该断层自东侧延伸进普光主体构造内。

4. 普光3断层

走向为NE向，倾向NW的逆冲断层，该断层将普光主体构造分为普光2块和普光3块。

对大湾、毛坝构造的形成演化起控制作用的Ⅱ级断层有4条，包括大湾东断层、大湾西断层、毛坝场东断层、毛坝西断层，对三级构造单元有影响的Ⅲ级断层主要有4条，即大湾2井北断层、毛坝3井西断层、毛坝3井北断层和毛坝4西断层。断层走向主要以NE向为主，局部地区发育了部分NW向断层。

大湾区块气藏受断层和岩性的双重控制，根据断裂系统特征及储层相变带分布，分大湾构造、毛坝构造。大湾构造整体由毛坝东、大湾西、大湾东断层作为东西边界，与南部边界线和北部的大湾2井北断层共同形成的构造－岩性圈闭，背斜特征明显，但两翼不完全对称，西缓东陡，西南低东北高。由于毛坝3井北断层的分隔作用，毛坝构造可以分为毛坝3和毛坝4两个次级圈闭构造。

2.3　沉积相

海陆过渡区是有利的油气藏的形成沉积相。指海洋和陆地交互的地区，形成海陆过渡环境，接受海陆过渡相的沉积，称为过渡相沉积。比较重要的过渡相是泻湖相和三角洲相。泻湖和三角洲地区聚集有丰富的有机质，沉积速度快，有机质被迅速埋藏，具备十分有利的生油气条件。同时这些地区还发育多种孔隙性砂岩体，对油气藏的形成极为有利。

普光主体气藏以发育碳酸盐岩台地为特征，主力含气层位长兴组~飞仙关组可划分出开阔台地、局限台地、蒸发~局限台地、台地边缘、台缘斜坡~陆棚五个相和台坪、泻湖、台内滩、台内礁、滩间海、台缘礁、台缘滩、开阔海八个亚相和相应的三十余个微相（表2-2）。

表2-2　普光气田长兴组—飞仙关组沉积相划分简表

沉积相	沉积亚相		沉积微相
局限台地蒸发~局限台地	台坪	潮上	云坪、泥云坪、云泥坪、膏云坪、膏坪
		潮间	藻坪、灰坪、云灰坪、灰云坪、潮沟
	台坪	潮上	灰质泻湖、云质泻湖、灰云质或云灰质泻湖、风暴岩
		潮间	膏云质泻湖、膏质泻湖、云膏质泻湖、泥膏质泻湖、风暴岩
	台内滩、台内礁		砂屑滩、砂砾屑滩、生屑滩、鲕滩（滩核、滩缘） 礁核、礁盖、礁翼、礁坪
开阔台地			
	开阔海		
台地边缘	台地边缘滩		砂屑滩、砂砾屑滩、生屑滩、鲕滩（台缘滩滩核、台缘滩滩缘）
	台地边缘礁		礁核、礁盖、礁翼、礁坪
	滩间海		
台缘斜坡~陆棚			

各种相带（或微相）交错分布。其中，台地边缘相的礁滩、鲕滩，开阔台地和局限台地相的台内滩、台内礁，以及局限台地相的台坪沉积是储层发育比较有利的相带。

2.3.1　台地边缘相

台地边缘相位于浅水台地与较深水陆棚或斜坡之间的过渡地带，水深在浪基面附近，海水循环良好，盐度正常，氧气充分，碳酸盐沉积作用直接受海洋波浪和潮汐等作用的控制。该带波浪、潮汐作用强，可形成具有抗浪格架的台地边缘生物礁或者台地边缘颗粒滩。普光地区在长兴期中晚期发育台缘生物礁、滩，在飞一飞二时期发育台地边缘颗粒滩。

1. 台地边缘滩亚相

台缘滩沉积厚度较大，单滩体厚度一般大于5m，具有明显向上变浅的沉积序列。岩石类型以厚层~块状浅灰色、灰白色亮晶颗粒云岩为主，少量亮晶颗粒灰岩。颗粒含量65%~85%，以鲕粒为主，次为砂屑、生屑，分选和磨圆均好。沉积构造主要是各种规模的槽状交错层理，可有潮流往复形成的羽状交错层理。

按照构成台地边缘滩的颗粒类型的不同，可进一步划分为鲕粒滩、砂屑滩、生屑滩微相。飞仙关组的台缘滩主要为鲕粒滩，次为砂屑滩；长兴组的台缘滩主要为生屑滩，次为砂屑滩。

按照台地边缘滩的分布位置与发育规模的不同，也可划分为滩核和滩缘微相。

2. 台地边缘礁亚相

台缘礁往往与台缘滩共生，构成台地边缘礁滩复合体。地震剖面上，生物礁沉积物形态为透镜状，具有中强变振幅—不连续等特征。岩石类型以厚层~块状浅灰色、灰白色亮晶颗粒云岩为主，少量亮晶颗粒灰岩、灰泥岩。颗粒以海绵骨架、生物介屑、砾屑为主，次为鲕粒、砂屑。这类礁滩体白云岩化作用强烈，溶孔及溶洞发育，尤其礁白云岩中溶孔丰富，是长兴组的重要储层类型。该相发育于长兴组上部。平面上分布于普光4井以南普光6井—普光8井区。可根据构成台地边缘礁的岩石类型划分为相应的岩石微相，或者根据礁的发育部分划分为礁核和礁冀微相。

2.3.2 局限台地、蒸发—局限台地相

发育于飞仙关组飞三和飞四沉积时期，包括台坪、泻湖和台内滩亚相。其中，飞四期以发育台坪亚相的含膏岩岩石组合为特征；飞三期以发育泻湖亚相的泥晶云岩、灰质云岩和台内滩亚相的颗粒云岩、颗粒灰岩为特征。

1. 台坪亚相

台坪是指位于台地内部远离陆地的水下高地，地形相对平缓，沉积界面处于平均海平面附近，主要发育潮间和潮上环境。周期性或较长时间暴露于大气之下，水动力条件总体较弱，往往具有潮坪相的典型沉积特征，所以也称局限潮坪，但是它与连陆滨岸带处于潮缘环境的潮坪在古地理位置和沉积动力方面又有明显的差异。和潮坪相比较，潮汐水道往往不发育，反映平均高潮面附近的潮上带和潮间带经常暴露的特征性。沉积微相主要为：①反映台坪潮上带蒸发作用强烈的，主要由膏岩、泥膏岩、膏泥岩、膏云岩组成的膏坪、泥膏坪、膏泥坪、膏云坪微相；②反映台坪潮上带强氧化环境的，由紫红色泥岩组成的泥坪微相；③反映潮间带周期性暴露和盐度变化大的藻叠层云岩、灰岩、云灰岩、灰云岩构成的藻坪、灰坪、云灰坪、灰云坪微相。

区内台坪沉积主要形成于飞四期，是受区域性海平面下降影响逐渐发育演化而形成的区域性台坪。这类台坪多处于潮间—潮上带，由灰岩、云岩、云膏岩、膏云岩、泥岩、膏岩等组成的灰坪、云坪、云膏坪、膏云坪、泥坪、膏坪构成。

2. 泻湖亚相

泻湖是局限台地中主要处于平均低潮面以下的较低洼地区，水体循环受到限制，环境能量低，以静水沉积为主。岩石类型为灰色、深灰色泥晶灰岩、泥灰岩、白云质泥晶灰岩、泥晶云岩等。此外，间歇性的风暴作用可形成不规则状和薄层状的风暴岩夹层。沉积构造以水平层理和韵律层理为主，发育的生物扰动构造和生物潜穴。生物化石单调，可见瓣鳃类化石。

区内飞仙关组飞三沉积时期，古地形差异已经在持续海退和碳酸盐沉积物填平补齐的影响下趋于不明显且总体水体安静，以泻湖沉积为主。根据组成泻湖的物质成分差异，可将泻湖划分为灰质泻湖、云质泻湖、泥云质泻湖、灰云质、云灰质泻湖、灰质泻湖和风暴岩几个微相，其中灰云质泻湖、云质泻湖和泥云质泻湖是研究区主要的微相类型。

3. 台内滩亚相

主要发育于飞三期，此时整个地区已经变浅演化为碳酸盐岩台地，其上零星分布台内点滩。台内滩滩体沉积厚度不大，横向分布不稳定。岩石类型为浅灰色、灰色中—薄层亮晶鲕粒云岩、亮晶砂屑云岩、泥晶－亮晶砂屑灰岩。根据组成台内滩的颗粒组分的不同，可以划分为砂屑滩和鲕粒滩微相。

2.3.3 开阔台地相

开阔台地是处在靠近广海一侧的台地，与外海连通较好，水体循环正常，盐度基本正常，无早期白云岩化作用。台地内受地形变化控制又可以进一步识别出台内礁、滩和开阔海几个亚相。发育于普光气田西侧的毛坝、大湾井区飞三段及普光气田主体长兴组的下部。

1. 开阔海亚相

开阔海是开阔台地内的地形低洼处，由于沉积水体开阔，白云岩化不发育，岩石类型为灰色—深灰色泥晶灰岩、泥灰岩。发育少量水平层理、生物钻孔等。受风暴影响，开阔台地常发育风暴沉积。风暴沉积由粒序层理组成，岩性自下而上为泥晶含砾砂屑灰岩、泥晶砂屑灰岩、砂屑泥晶灰岩及泥晶灰岩，底部发育冲刷面。粒序层理厚薄不一，薄者1cm左右，厚者可达30~40cm，多数在10cm左右。

2. 台内滩亚相

开阔台地内的台内滩沉积特征类似于局限台地的台内滩，形成于台地上的海底高地，沉积水体能量较高，受潮汐和波浪作用的控制形成颗粒岩。由于沉积水体开阔，未发生早期白云岩化作用，岩石类型为灰色亮晶生屑灰岩、亮晶砂屑灰岩、亮晶鲕粒灰岩，对应的微相类型为生屑滩、砂屑滩及鲕粒滩等，以生屑滩为主。该亚相分布局限。

2.3.4 台缘斜坡—陆棚相

主要分布于毛坝2、毛坝3井—普光302-1井以西的地区。该相带钻井和取心资料较少，不易将较深水陆棚与斜坡相区分开来，因而笼统的称台缘斜坡—陆棚相。

1. 台缘斜坡

斜坡位于台地边缘向海一侧与深水的过渡区，具有一定坡度，沉积能量低，沉积物以原地沉积为主，来自于台地边缘的浊流沉积物常堆积在此环境中，构成大套的灰泥夹薄层、透镜状颗粒沉积体。该相主要由大套中-薄层状深灰色的泥晶灰岩、泥质泥晶灰岩、瘤状灰岩夹薄层浊流成因的砂屑、粉屑灰岩组成，水平层理发育。

瘤状灰岩是一类分布比较普遍的岩石，单一的瘤状灰岩并不一定代表斜坡沉积环境的产物，其形成的环境比较广泛，从浅水的局限台地到开阔台地到陆棚和斜坡均可能出现该类岩石。其成因有多种：①泥岩与灰岩间的差异压实作用；②斜坡地形上的滑动变形；③风暴作用。具体的成因解释需要结合沉积区背景、相序特征、沉积构造等综合分析。

2. 陆棚

该相处于台地边缘向海一侧的较深水环境之中，地形坡度不是很大。水深位于正常浪基面与风暴浪基面之间，水动力条件总体弱，受间歇性风暴作用影响。因面临广海，水体盐度正常，含氧丰富，有利于生物生长与发育。

区内该相带主要由中-薄层灰、深灰色的泥晶灰岩、泥质灰岩组成。水平层理和生物潜穴发育；颗粒岩常以不规则透镜状和薄层状夹于泥晶灰岩中，颗粒之间以灰泥充填为主，这些特征说明颗粒岩是结构退变的产物，是台地边缘的高能颗粒被搬运到低能较深水环境下而形成的。

大湾气藏、毛坝气藏4、6井区储层特征与普光构造主体相似，沉积相类型为台地边缘—台地相沉积。

2.3.5 储集层

碳酸盐岩储集层以白云岩、白云质灰岩、石灰岩、生物灰岩为主。储集层成分简单，岩性稳定，多为化学和化学生物沉积，碳酸盐岩层在成岩过程中除形成原生孔隙和裂缝外，往往经受很大的次生变化，形成次生的缝洞，大大改善了储集层的性能。碳酸盐岩储集层与碎屑岩储集层相比，其缝洞储集空间具有多样性和分布不均一性特点：

（1）储集空间的多样性：碳酸盐岩储集空间类型由孔隙、孔洞、裂缝组成。

①孔隙：包括粒屑间孔隙、晶粒间孔隙和生物孔隙等所具有的各种孔隙。它是在沉积和成岩过程中形成的原生孔隙。一般为细小微孔，多数只能在显微镜下看到。

②孔洞：主要成蜂窝状或针孔状的小洞。肉眼可见，孔径大小不一。多为次生成因，如地下水溶解、过滤作用形成溶洞、白云岩化、重结晶、古风化壳淋滤作用都可形成孔洞。

③裂缝：是油气储集空间和渗流通道。裂缝有大有小，微裂缝多数为肉眼看不见。其成因有原生的和次生的，原生裂缝是在成岩过程中形成的，称为成岩裂缝。次生裂缝又叫构造裂缝，是在成岩后生成的，具有一定的主缝系和方向性。

④孔、洞、缝3种空间在岩石中分布比较规则，孔隙发育时，孔隙可占岩石总体积的15%以上，流体在其中流动和均质砂岩相类似，这类储集层称为单一介质储层。另一类是岩石基质孔隙，这种孔隙所占的空间比裂缝所占空间大得多，天然气或石油主要储集在孔隙中，这类储集层称为双重介质储层。

（2）普光主体气藏为碳酸盐岩储集层，主力气层长兴组－飞仙关组储层主要储集空间类型为孔隙和裂缝两种类型，以孔隙为主，裂缝发育较少。总体上储层物性较好，孔隙度在0.32% ~28.86%之间，平均孔隙度为7.85%；渗透率在（0.013 ~9664.90）$\times 10^{-3}\mu m^2$之间，平均渗透率为$1.36\times 10^{-3}\mu m^2$。

（3）大湾－毛坝气藏以中高孔中渗储层为主，纵向上飞一～二段储层物性较好，飞三段和长兴组储层物性较差；主力产层长兴组－飞仙关组储层主要储集空间类型为孔隙和裂缝两种类型，以孔隙为主，裂缝发育较少，气藏储集性较好。大湾气藏飞仙关组储层以中高孔中低渗储层为主，储层孔隙度在0.78%～18.07%之间，平均5.6%，渗透率（0.001～5993.18）$\times 10^{-3}\mu m^2$，平均$67.9928\times 10^{-3}\mu m^2$。毛坝气藏飞仙关组储层以高孔高中渗储层为主，孔隙度在0.71%～28.12%之间，平均为10.26%，渗透率（0.0195～3665.37）$\times 10^{-3}\mu m^2$，平均为$12.5\times 10^{-3}\mu m^2$。

2.4 气藏类型

气藏类型可分为构造气藏、地层气藏、岩性气藏、水动力气藏和复合气藏。

综合储层形态、气水关系、压力系统及流体性质特征认为，普光气田主体气藏类型长兴组为带有限底水的常压、碳酸岩孔隙型高含硫化氢干气藏；飞仙关组为带边水的常压、碳酸岩孔隙型高含硫化氢干气藏。

大湾区块气藏类型为带边底水的常压、碳酸岩孔隙和溶洞高含硫化氢气藏；毛坝区块气藏类型为常压、碳酸岩孔隙和溶洞高含硫化氢气藏。大湾气藏和毛坝气藏4、6井区都具有气层分布，受岩性和构造双重控制、气藏储集空间以孔隙和溶洞为主、高含硫化氢气藏、常压低温系统等特征。

2.5　气藏中的流体及其性质

2.5.1　天然气的主要物理化学性质

1. 天然气的组成

天然气的成分因地而异，大部分是甲烷，其次是乙烷、丙烷、丁烷等，此外还含有少量其他气体，如氮气、硫化氢、一氧化碳、二氧化碳、水气、氧、氢和微量惰性气体氦、氩等。

2. 天然气的分类

1）干气和湿气

干气和湿气是按天然气中含凝析油多少来区分的，一般含凝析油 $50g/m^3$ 左右叫湿气，含油较少的叫干气。

2）酸性天然气和洁气

天然气中含硫化氢和二氧化碳气体超过 $20mg/m^3$，需要进行净化处理才能达到管输标准的天然气称为酸性气体。硫化氢和二氧化碳含量甚微，不需要净化的天然气称为洁气。

3）气田气、石油伴生气、凝析气田气

气田气：产自气田的天然气，一般以甲烷为主。

石油伴生气：产自油田的天然气，主要成分是 $C_1 \sim C_6$ 的烷烃类。

凝析气田气：产自凝析气田的天然气。

3. 天然气的主要物理化学性

1）天然气的密度

单位体积天然气的质量叫密度。

$$\rho_g = \frac{m}{v} \tag{2-1}$$

式中　ρ_g——密度，kg/m^3；

m——质量，kg；

v——体积，m^3。

气体的密度与压力、温度有关，在低温高压下与压缩因子 Z 有关。

2）天然气的相对密度

相同压力、温度下天然气的密度与干燥空气密度的比值，称为天然气的相对密度。

$$G = \frac{\rho_g}{\rho} \tag{2-2}$$

式中　G——天然气相对密度；

ρ_g——天然气密度，kg/m^3；

ρ——空气密度，kg/m^3。

3）天然气黏度

天然气的黏度是指气体的内摩擦力。当气体内部有相对运动时，就会因内摩擦力产生内部阻力，气体的黏度越大，阻力越大，气体的流动就越困难。黏度就是气体流动的难易程度。

4）临界温度、临界压力

每种气体要变成液体，都有一个特定的温度，高于该温度时，无论加多大压力，气体也不能变成液体，该温度称为临界温度。相应于临界温度的压力，称为临界压力。

根据普光6、普光2井拟合相图看，两口井相图存在较大差别。其中，普光2井相图与常规干气藏相图相似，即在降压过程中，始终为单相特征，无液相析出，但比常规干气藏相图宽，等液线往高温移动，与罗家7井相图相似；而普光6井压力降到11.8MPa时有液体析出，初步分析为硫醇和硫醚等重组分析出，该井与罗家9井相图相似，如图2－1所示。

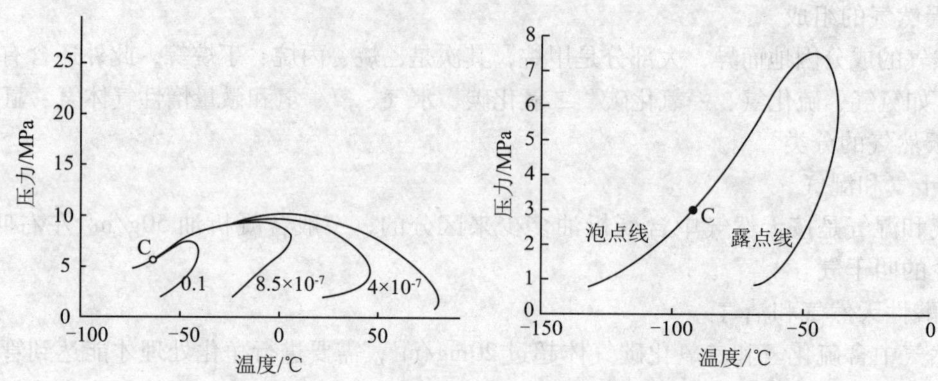

图2－1 普光2井 T_1f_3 拟合 $P-T$ 相同，罗家7井似合相同

5）气体状态方程式

在天然气有关计算中，总要涉及压力、温度、体积，气体状态方程式就是表示压力、温度、体积之间的关系，可用下式表示：

$$\frac{PV}{T}=\frac{P_1V_1}{T_1} \tag{2-3}$$

式中 P——气体压力，MPa；

V——气体体积，m^3；

T——气体绝对温度，K；

P_1, V_1, T_1——气体在另一条件下的压力、体积、温度。

天然气为真实气体与理想气体的偏差，用气体偏差系数“Z”校正：

$$\frac{PV}{T}=\frac{P_1V_1}{ZT_1} \tag{2-4}$$

式中 Z——气体偏差系数。

偏差系数是一个无因次系数，决定于气体的特性、温度和压力。根据天然气的视对比温度 T_r'，视对比压力 P_r'，可从天然气偏差系数中查出，如图2－2所示。

$$T_r'=\frac{T}{T_c'} \tag{2-5}$$

$$P_r'=\frac{P}{P_c'} \tag{2-6}$$

式中 T_r'——视对比温度，K；

T_c'——视临界温度，K；

T——天然气温度，K；

P_r'——视对比压力，MPa；

P_c'——视临界压力，MPa；

P——天然气的压力，MPa。

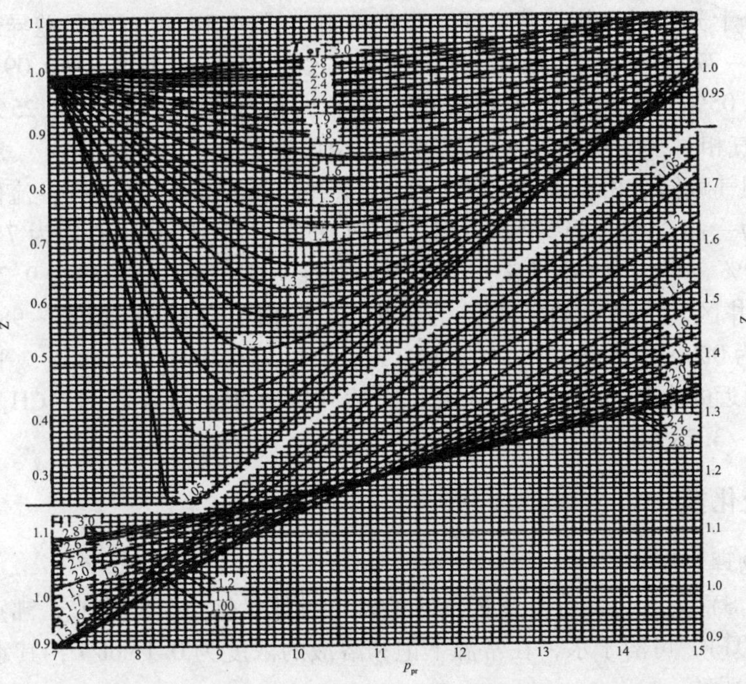

图2－2 天然气偏差系数图

6）天然气的含水量和溶解度

（1）天然气的含水量。

天然气在地层中长期和水接触，含有一定量的水蒸气，把每立方米天然气中含有水蒸气的克数称为天然气含水量或绝对湿度，绝对湿度用 e 表示。一定压力、温度下，每立方米天然气中含有最大水蒸气克数，称为天然气的饱和含水量。

（2）天然气的溶解度。

在地层压力下，地层水中溶解有部分天然气，每立方米地层水中含有标准状态下天然气的体积数称为天然气的溶解度。

7）天然气的可燃性限和爆炸限

（1）可燃性限。

可燃物和空气中的氧化合而放出光、热的现象被称为燃烧。天然气燃烧时空气量过多、过少都不好。当甲烷在空气中的含量占总体积的5%～15%时，甲烷与空气的混合气体才能稳定燃烧。可燃气体与空气组成的混合物，可以稳定燃烧的最低浓度称为可燃性低限，最高浓度称为可燃性高限，低限和高限之间的浓度范围简称可燃性限。

（2）爆炸限。

燃烧与爆炸是同一性质的化学反应过程，但在反应强度上，爆炸比燃烧激烈。天然气爆炸是在一瞬间产生高压、高温（2000～3000℃）的燃烧过程，体积突然膨胀，同时发出巨大的声响，爆炸时波速可达2000m/s左右，具有很大的破坏力。

天然气与空气以一定比例组成的混合气体，在封闭的系统中，遇到明火就发生爆炸。可能发生爆炸的最低浓度称为爆炸低限，最高浓度称为爆炸高限。低限和高限之间的浓度范围称为爆炸界限，简称爆炸限。

普光主体气藏天然气组分总体上以甲烷为主，属于高含 H_2S 中含 CO_2 的干气藏，不同部位天然气组分十分相似，井与井之间、飞仙关组与长兴组间没有明显差异。其中，甲烷含量范围 71.03% ~77.91%，平均含量 74.99%；乙烷含量小，平均仅为 0.09%；H_2S 含量范围 11.42% ~17.05%，平均含量为 14.28%；CO_2 含量范围 7.77% ~14.25%，平均含量为 10.02%。天然气相对密度 0.7199~0.7735，平均 0.7427。

大湾 - 毛坝气藏储层相变带以北的毛坝 4、6 井区和大湾 1、2 井区，流体性质同普光气田主体相近，为一高含硫化氢气藏，CH_4 为 70.05% ~81.47%，平均为 74.71%，H_2S 为 10.91% ~18.20%，平均为 14.11%，CO_2 为 4.18% ~11.78%，平均为 9.27%；在相变带以南毛坝 1、3 井区，为微含硫气藏，毛坝 1、2 井 CH_4 含量 98.23% ~98.99%，平均为 98.45%，H_2S 为 0% ~0.03%，平均为 0.01%，CO_2 为 0.01% ~0.11%，平均为 0.047%。而处于相变线附近的大湾 102、大湾 3 井，天然气组分介于两者之间，CH_4 含量在 90% 左右，H_2S 为 0% ~3.28%，CO_2 在 7% 左右。

2.5.2 硫化氢

1. 硫化氢物理化学性质

硫化氢（H_2S）为无色、有臭鸡蛋气味的剧毒气体，熔点 -85.5℃，沸点 -60.7℃，密度 1.539g/L（0℃），可溶于水，在常温下饱和溶液的浓度为 0.1mol/L，其水溶液称为氢硫酸，是一种二元弱酸。

硫化氢在高温下不稳定，在 1700℃ 完全分解为氢和硫。在空气不足时燃烧，生成硫和水；在空气充足时燃烧，生成二氧化硫和水。硫化氢是强还原剂，能将高锰酸钾、溴等还原。还能与许多金属离子发生反应，生成溶解度不同和各种颜色的金属硫化物沉淀，可用于分离和鉴定金属离子。硫化氢有剧毒，空气中含 0.1% 硫化氢时，就会使人头痛，吸入大量硫化氢会造成昏迷或死亡。

2. 硫化氢主要成因

硫化氢的特殊形成条件及其化学活性使其形成聚集有别于烃类气体。硫化氢生成不仅要有充足的含硫物质，并且反应需要一定的能量和起还原反应的物质，同时这些物质必须处于同一空间且以能够反应的状态存在，更重要的是要具有能够长期保存的物理化学条件。就普光气田而言，硫化氢大量形成主要受控于 2 个因素，即物源：富烃、高硫、含镁流体；热源：深埋、高温。

1）物源

大量硫化氢形成必然要有足够的硫源。根据实验表明，在温度较高（凝析油、湿气阶段）且含镁硫酸根（SO_4^{2-}）溶液和烃类共存的条件下能够生成大量硫化氢（TSR 反应），这是深埋高温条件下形成大量 H_2S 的主要途径。因此，地层水化学性质，尤其是 $MgSO_4$ 的浓度，可能是和深层硫化氢大量生成的主要因素之一。在地质条件下，除足够的含镁 SO_4^{2-} 溶液外，还有丰富的还原剂——烃类供给（古油藏），是发生大规模 TSR 反应并生成硫化氢的物质基础。古油藏的范围主要通过观察各钻井岩心薄片中储集层固体沥青含量确定，将沥青面孔率大于 0.2% 的井视为存在古油藏。

从普光气田沉积构造背景、白云石化特征及生烃演化史分析，飞仙关组 - 长兴组储层中不缺乏富硫酸盐（镁）流体，且白云岩储集层中广泛存在固体沥青，显示早期经历过大量的原油运聚成藏过程，是古油藏烃类聚集的印记。这些原油与富硫酸盐（镁）地层水混合成富烃高硫含镁流体，为飞仙关组 - 长兴组储层中发生 TSR 反应，生成硫化氢提供了丰富的物质来源。

2）热源

大量研究表明，TSR反应一般在高温条件下才能进行，其反应起始温度至少需要120℃以上，并且不同有机质类型的反应温度主要对应于有机质演化的凝析油、湿气阶段，表征轻烃更利于TSR反应。可见，储层中富烃高硫含镁流体持续埋藏增温，达到启动TSR反应的能量范围（温度≥120℃）才能发生TSR反应生成大量H_2S。对普光气田而言，在中侏罗世，飞仙关组-长兴组储层流体持续埋藏至4000m左右，储集层温度已达120℃；至晚白垩世时，埋藏深度7500m左右，温度已达150℃以上；现今气藏主力产层飞仙关组埋深在4500~6000m，地层温度120~130℃。储集层气相包裹体的激光拉曼光谱检测显示，平均温度在150℃以上的包裹体富含甲烷和硫化氢。可见，从中侏罗世至喜马拉雅期隆升调整形成现今气藏前，普光气田飞仙关组-长兴组储层流体一直处于TSR反应能够进行的能量范围内，只要其他条件得到满足，都可以通过TSR反应生成大量硫化氢。

2.5.3 地层水

地层水是和天然气或石油埋藏在一起，具有特殊化学成分的地下水，也称为油气田水。

1. 地层水的分类

1）按地层水在气藏中的位置分类

有底水、边水、夹层水三种。

底水：从气层底部托着天然气的水称为底水（图2-3）。

边水：从气层边缘（顶部和底部）包围着天然气的水称为边水（图2-4）。

夹层水：夹在同一气层层系中的薄而分布面积不大的水称为夹层水。含水层位位于气层上部时叫上层水，位于气层下部时叫下层水（图2-5）。

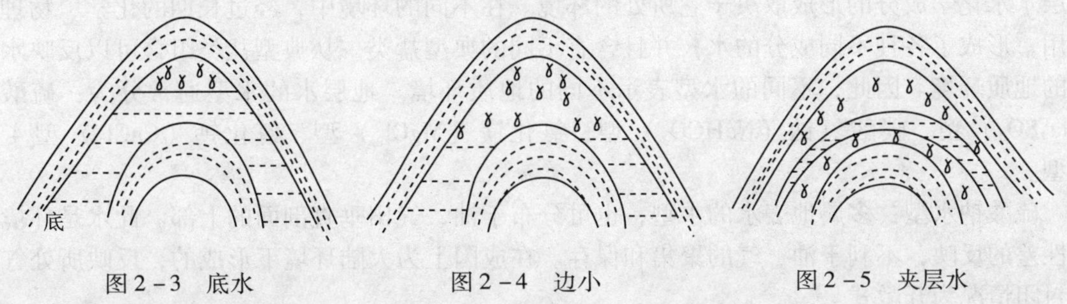

图2-3 底水　　图2-4 边小　　图2-5 夹层水

2）按地层水在气藏中的活动性质分类

有自由水、间隙水2种。

自由水：自由水充满地层的连通孔隙，形成一个连续的水系。在压力差的作用下可向低点流动的边水和底水都属于自由水。

间隙水：间隙水是以分散状态储存在地层部分孔隙中难以流动的水。间隙水是地层在沉积过程中就留在地层孔隙中的，当油、气聚集时未被置换出来，吸附在岩石表面。油气藏都有间隙水存在，含量约占孔隙空间的5%~50%。用容积法计算储量时，必须知道间隙水的含量（含水饱和度）。

2. 地层水的特点

地层水一般较暗，呈灰白色，透明度差，特别是刚从井中出来时混浊不清。

由于溶解的盐类多，矿化度高，一般有咸味，也有硫化氢味或汽油味等特殊气味。

化学成分复杂，含元素种类多。常见的阳粒子有钠（Na^+）、钾（K^+）、钙（Ca^{2+}）、镁（Mg^{2+}）、氢（H^+）、铁（Fe^{2+}）；阴粒子有氯（Cl^-）、硫酸根（SO_4^{2-}）、碳酸根（CO_3^{2-}）、重碳酸根（HCO_3^-）。其中又以（Cl^-）和（Na^+）含量最多，故食盐（NaCl）含量丰富。

含有机物质。地层水中含有环烷酸、酚以及氮的有机化合物等有机质。虽然水中含量甚微，但水中的环烷酸和酚与油气中的环烷酸和酚有关，在一定的条件下水中的有机物是含油气的直接标志。

含烃类气体。烃类气体（甲烷、乙烷、丙烷、丁烷等）为地层水特有的气体成分。这些气体是从石油和天然气中直接进入地下水中的结果，尤其是重烃气体，若在水中发现，则是含油气的直接标志，非油、地层水则几乎不含乙烷以上的重烃类气体。

含微量元素。微量元素碘、溴、硼、锶、钡、锂等在油、气田中富集，且其含水量往往随水的矿化度增加而增加，一般埋藏愈深，封闭性好，也愈富集，可作为油、气藏保存的有利地质环境的间接标志。

含硫化氢（H_2S）及氦（He）、氩（Ar）等气体。硫化氢易溶解于水，因此，油、气田水中常含有硫化氢，其含量不定。

根据含有有机物质、烃类气体，区别地层水与非地层水。为了表示水中所含盐类的多少，把水中各种离子、分子和各种化合物的总含量称为水的矿化度。在实际工作中，常以测定氯化物或氯根（Cl^-）的含量即含盐量代表水的矿化度。单位用mg/L表示。地层水（气层水）包括边水、底水和层间（夹层）水，其氯根（Cl^-）含量高（可高达数10^4mg/L）。

3. 地层水的水型

根据地层水所含各种化学成分的多少将地层水分成各种不同的型号，这种型号叫水型。地层水水化学成分的形成取决于它所处的环境。在不同的环境中，经过长期的化学、物理等作用，形成了各种不同成分的水，并且含有不同的典型盐类。从典型盐类组合可以反映水形成的地质环境。因此，不同的水型表示不同的地质环境。地层水的水型通常分为：硫酸钠（Na_2SO_4）型、碳酸氢钠（$NaHCO_3$）型、氯化镁（$MgCl_2$）型、氯化钙（$CaCl_2$）型4种水型。

硫酸钠水型：多属地表水的水型，也可分布于油、气田垂直剖面的上部。此水是环境封闭性差的反映，不利于油、气的聚集和保存。在成因上为大陆环境下形成的，反映所处气藏的封闭情况为开敞式。

碳酸氢钠水型：在气田中此水型分布广泛，但在有大量石膏分布的地区此水型不可能出现。此水型水的pH值常大于8，为碱性水，在气田分布广，可作为含油气良好的标志。在成因上为大陆环境下所形成的，反映所处气藏的封闭情况为半开敞式。

氯化镁水型：此水型存在于油气田内部，在封闭环境中此水型要向氯化钙水型转变，故此水型多为过渡类型。在成因上为海洋环境下形成的，反映所处气藏的封闭情况为封闭式。

氯化钙水型：在完全封闭的地质环境中，地层水与地表完全隔离而成的唯一最深部水型，有利于油、气聚集和保存。此水型水的pH值在4~6之间，为酸性水。在成因上为海洋环境下形成的，反映所处气藏的封闭情况为封闭式，且封闭性好。

一般来讲，气层封闭性差，易与地面有连系的水多为硫酸钠型和碳酸氢钠型的水型。气层封闭条件好的地层水多为氯化镁型和氯化钙型的水型。

气井和气层见水，增大了天然气在气层中的流动阻力和井筒液柱对气层的回压，使气井的生产能力和产量都会降低。因此对水质进行监测，目的是对气井出水进行预测，了解气井产水的水型，摸清水的来源，研究气藏油、气、水之间的关系，推测层间的连通情况。根据监测和研究结果，调整气井的工作制度，采取合理的堵水、排水或其他治水措施。

普光主体气藏地层水能量较强，气水关系较为复杂，普光2块与普光3块之间、飞仙关组与长兴组之间、长兴组内部均为不同的气水系统。普光2块飞仙关组气水界面 -5125m，长兴组内部具多套气水系统，最深为 -5230m。普光3块飞仙关组气水界面 -4890m。

普光气田主体2口井2个层段的地层水样分析有代表性（表2-3）。分析结果表明，地层水水型为硫酸钠型，地层水总矿化度为（7.2~7.9）$\times 10^4$mg/L。

表2-3 普光气田主体地层水统计分析表

井号	层位	井段/m	采样日期	取样	钾+钠离子	氯根	硫酸根	总矿化度	水型
普光12	飞$^{1-2}$	6197.2~6243.3	08.03.16	取样器	29049	44624	769	78733	Na_2SO_4
普光8	长兴	5614.0~5625.0	06.10.25	取样器	26296	40284	567	72182	Na_2SO_4

大湾气藏和毛坝气藏4、6井区气水关系复杂，各气藏或含气构造不存在统一的气水关系。大湾区块长兴组仅毛坝3井钻遇水层，气水界面为 -3884m，水体呈孤立状分布，展布范围小，与普光主体长兴组气水分布特征类似；飞仙关组仅大湾403-2H井钻遇水层，气水界面为 -4450m，可认为局部存在边底水，水体展布范围可能有限。

思考题

1. 什么是地层？
2. 普光主体和大湾区块的气藏类型分别有哪些？
3. 什么是天然气的相对密度？
4. 地层是水如何分类的？
5. 普光主体和大湾区块 H_2S 含量分别是多少？

第3章 采气工艺

在气藏开发地质和气藏工程研究的基础上，把地下的天然气经气井和井口设备开采出地面的一系列工艺技术统称为采气工艺。狭义上指从射孔孔眼到井口针阀（气嘴）的生产过程。从广义上指从近井地层到集气站的整个采集气过程。

3.1 完井及井身结构

完井工程是指钻开油气层到完钻交井的工艺和技术，是联系钻井与采气生产的一个关键环节。其基本工艺过程是，确定完井的井底结果——完井方法、确定井身结构、钻开生产层、保护油气层、完井电测、固井、使井眼与产层连通、试气、安装井底和井口。

3.1.1 完井工艺选择

完井工艺选择是完井钻井工程的最后环节，在石油开采中，油、气井完井包括钻开油层，完井方法的选择和固井、射孔作业等。对低渗透率的生产层或受到泥浆严重污染时，还需进行酸化处理、水力压裂等增产措施，才能算完井。

我们一般所说的完井指的是钻井完井也就是油气井的完成方式，即根据油气层的地质特性和开发开采的技术要求，在井底建立油气层与油气井井筒之间的合理连通渠道或连通方式。

而现在完井的意义有一定的扩展，包括钻井完井和生产完井。生产完井主要指的是钻井完井之后如何选择管柱、井口，选择什么样的管柱、井口等来达到油气井的正常生产。

1. 完井方式

是指油层与井底的连通方式、井底结构及完井工艺。目前国内外完井方式主要有套管或尾管射孔完井、割缝衬管完井、裸眼完井、裸眼或套管内砾石充填完井等。

（1）射孔完井：即钻穿油、气层，下入油层套管，固井后对生产层射孔，此法目前国内外使用最广泛的完井方法。其基本原理是在一口井钻井、固井完成后，利用射孔器射穿油层套管、水泥环并穿透至油层一定深度，从而建立井筒与气层间的油气流动通道。该种完井方式的优点是可选择性地射开不同压力、不同物性的油层，以避免油层间干扰，还可避开夹层水、底水和气顶，避开夹层的坍塌，具备实施分层注、采和选择性压裂或酸化等分层作业。

（2）裸眼完井：即套管下至生产层顶部进行固井，生产层段裸露的完井方法。此法多用于碳酸盐岩、硬砂岩和胶结比较好、层位比较简单的油层。优点是生产层裸露面积大，油、气流入井内的阻力小，但不适于有不同性质、不同压力的多油层。根据钻开生产层和下入套管的时间先后，裸眼完井法又分为先期裸眼完井法和后期裸眼完井法。

（3）割缝衬管完井：是将割缝衬管悬挂在技术套管上，依靠悬挂封隔器封隔管外的环形空间。割缝衬管要加扶正器，以保证衬管在水平井眼中居中。割缝衬管完井主要用于不宜用套管射孔完井，又要防止裸眼完井时地层坍塌，因而采用此方法的井。因为完井方式简单，既可防止井塌，又可将水平井段分成若干段进行小型措施，操作简单成本低，当前水平井多采用此方式完井。

（4）砾石充填完井：是在进行裸眼井下砾石充填时，有时砾石未完全充填完，井眼就发生坍塌。到目前为止，水平井段砾石充填技术仍未过关。因此，水平井的防砂多采用预充填砾石筛管，金属纤维筛管完井。裸眼水平井预充填绕丝筛管完井，结构同直井，使用时要加扶正器（图3－1）；套管射孔水平井预充填砾石绕丝筛管完井（图3－2）。

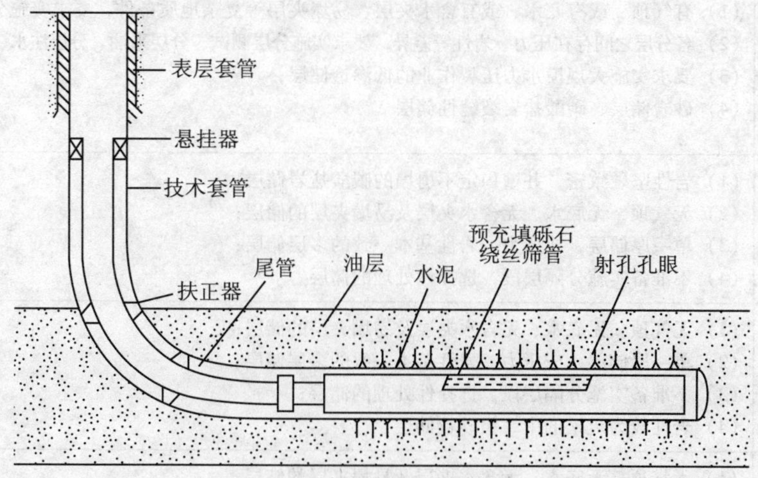

图3－1　水平井套管内预充填砾石筛管完井示意图

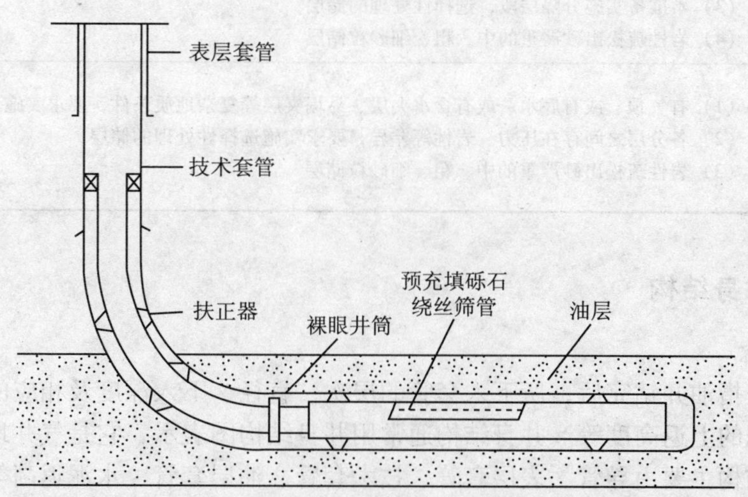

图3－2　水平井裸眼预充填砾石筛管完井示意图

根据生产层的地质特点，采用不同的完井方法（表3－1）。

2. 完井方式的要求

完井方式有很多种，但都必须满足下列要求：

（1）油层和井筒之间应保持最佳的连通条件，使油层所受的损害减小。

（2）油层和井筒之间应具有尽可能大的渗流面积，油气流入井筒阻力最小。

（3）应能有效地封隔油、气、水层，防止气窜或水窜，防止层间的相互干扰。

（4）能有效地防止油层出砂，防止井壁坍塌，确保油井长期生产。

（5）应具备方便人工举升和井下作业等条件。

（6）工艺简便、先进、安全可靠，成本低。

对于高含硫化氢气井完井方式常采用射孔完井和裸眼完井。

表3-1　各种完井方式适用的地质条件

完井方式	适用的地质条件
射孔完井	（1）有气顶、或有底水、或有含水夹层、易塌夹层等复杂地质条件，要求实施分隔层段的储层； （2）各分层之间存在压力、岩性等差异，要求实施分层测试、分层采油、分层注水、分层处理的储层； （3）要求实施大规模水力压裂作业的低渗透储层； （4）砂岩储层、碳酸盐岩裂缝性储层
裸眼完井	（1）岩性坚硬致密，井壁稳定不坍塌的碳酸盐岩储层； （2）无气顶、无底水、无含水夹层及易塌夹层的储层； （3）单一厚储层，或压力、岩性基本一致的多层储层； （4）不准备实施分隔层段，选择性处理的储层
割缝衬管完井	（1）无气顶、无底水、无含水夹层及易塌夹层的储层； （2）单一厚储层，或压力、岩性基本一致的多层储层； （3）不准备实施分隔层段，选择性处理的储层； （4）岩性较为疏松的中、粗砂粒储层
裸眼砾石充填	（1）无气顶、无底水、无含水夹层及易塌夹层的储层； （2）单一厚储层，或压力、岩性基本一致的多层储层； （3）不准备实施分隔层段，选择性处理的储层； （4）岩性疏松出砂严重的中、粗、细砂粒储层
套管砾石充填	（1）有气顶、或有底水、或有含水夹层、易塌夹层等复杂地质条件，要求实施分隔层段的储层； （2）各分层之间存在压力、岩性等差异，要求实施选择性处理的储层； （3）岩性疏松出砂严重的中、粗、细砂粒储层

3.1.2　井身结构

1. 基本概念

井身结构是指油井钻完后，所下入套管的层次、直径、下入深度及相应的钻头直径和各层套管外和水泥的上返高度等。井身结构通常用井身结构图表示，它是气井地下部分结构的示意图。井身结构主要由导管、表层套管、技术套管、油层套管、水泥返高等组成。

（1）导管：导管使钻井一开始就建立起泥浆循环，保护井口附近的地层，引导钻头正常钻进。

（2）表层套管：表层套管又叫地面套管、隔水层套管，它的作用是用来封隔地下水层，加固上部疏松岩层的井壁，保护井眼和安装封隔器。

（3）技术套管：技术套管又叫中间套管，用来保护和封隔油层上部难以控制的复杂地层。

（4）油层套管：也称为生产套管，其作用是保护井壁，形成油气通道，隔绝油、气、水层，下入深度是根据目的层的位置和完井方法来决定的。

（5）水泥返高：固井时，水泥浆沿套管与井壁环空上返高度。

2. 井身结构设计

井身结构设计的合理性在很大程度上依赖于对地质环境（包括岩性、地下压力特征、复杂地层的分布、地下流体特征）的认识程度和钻井装备条件（套管、钻头、钻具等）以及钻井工艺技术水平（泥浆工艺、井眼轨迹控制技术、操作水平等）。井身结构设计直接关系到钻井技术指标、钻井工作成败以及开发目的的实现，设计时必须遵循如下原则：

（1）确保钻探至地质目的层。

（2）能有效地保护气层，减少钻井液对不同压力系统气层的损害。

（3）能避免井漏、井喷、井塌、卡钻等复杂情况的发生，为全井安全、优质、快速、经济地完成钻井工作创造条件。

（4）钻下部地层时选用的钻井液产生的液柱压力不会压漏上一层套管鞋处的裸露地层。

（5）下套管过程中井内钻井液液柱压力和孔隙压力间的压差不会引起压差卡钻事故。

（6）能尽力减小施工技术难度，保障安全钻井。

（7）能提高钻井速度，缩短钻井时间，提高经济效益。

3. 普光气田生产井井身结构设计（表3－2）

表3－2 井身结构设计

程序 序号	井眼直径/mm	深度/m	套管外径/mm	下深/m	水泥返高/m	备注
导管	660.4	50	508	50	地面	
一开	444.5	701	346.1	700	地面	
二开	320.0	3502	273.1	3500	地面	封过须家河组
三开	241.3	5750	177.8	5747	地面	先下尾管再回接

（1）ϕ508mm导管设计下深50m，坐入基岩10m，建立钻井液循环。

（2）开孔地层不稳定，易漏、易坍塌，表层套管必须封隔上部的不稳定易垮层段，建立井口，安装防喷器。附近有河流的井，表套应封过河床底100m，ϕ339.7mm表层套管设计下深为700～1000m。

（3）陆相地层岩性以砂泥互层为主，地层软硬交错，砂岩可钻性差，泥岩易坍塌，可能有潜在的地层应力变化、地层不稳定等复杂情况。自邻井实钻情况分析，须家河组四段、二段普遍发育高压气层，为非主要产层、储量小。而飞仙关组为本构造主要目的层，为保证在下部主要目的层钻进中使用较低密度钻井液，实现对产层的保护和钻井的安全和快速高效，应下入技术套管，将须家河组底部的高压气层封固。技术套管设计下深为3000～4000m。

（4）目的层段以岩性以灰岩、泥岩互层为主，三开钻进至设计井深，生产套管采用ϕ177.8mm。

4. 直井井身结构设计

直井是指设计轨道是一条铅垂线的井。在直井的设计轨迹中，理论上轨迹上所有点的井斜角都为零，但在实际钻井中是做不到的。但是，不管实际井眼的井斜角是多少，它仍叫直井。不过在直井的钻井中，当井斜角超出一定的范围而达不到地质勘探开发要求时就变成不合格井，往往需要填井重钻而造成巨大的浪费。直井和定向井构成了井的两大类型——井型（水平井可看成定向井的一种特殊情形）。

例如普光气田直井技术套管采用 ϕ273. 1mm 封过须家河组底部的高压气层，将套管鞋坐入致密的砂岩井段。三开井段采用 ϕ241. 3mm 钻头钻至井底，先下入 ϕ177. 8mm 尾管，再回接至井口，水泥浆返至地面，井身结构示意图如图 3－3 所示。

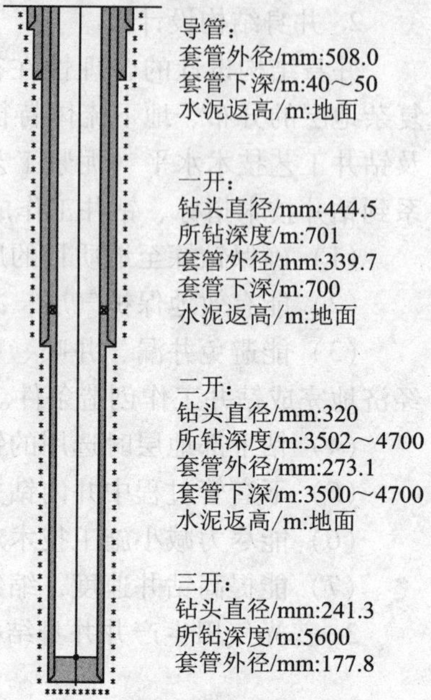

导管：
套管外径/mm:508.0
套管下深/m:40～50
水泥返高/m:地面
一开：
钻头直径/mm:444.5
所钻深度/m:701
套管外径/mm:339.7
套管下深/m:700
水泥返高/m:地面
二开：
钻头直径/mm:320
所钻深度/m:3502～4700
套管外径/mm:273.1
套管下深/m:3500～4700
水泥返高/m:地面
三开：
钻头直径/mm:241.3
所钻深度/m:5600
套管外径/mm:177.8

图 3－3　井身结构示意图

5. 定向井井身结构设计

定向井就是使井身沿着预先设计的井斜和方位钻达目的层的钻井方法。其剖面主要有 3 类：

（1）两段型：垂直段＋造斜段。

（2）三段型：垂直段＋造斜段＋稳斜段如图 3－4 所示。

（3）五段型：上部垂直段＋造斜段＋稳斜段＋降斜段＋下部垂直段。

例如普光气田由于构造地层分布不均质，在不同的位置，其压力与层位有不同的规律，定向井的井身轨道主要采用“直－增－稳”三段制剖面类型。

造斜点：由于造斜率受井眼大小、地层情况的影响，为了有利于造斜和方位控制，定向井造斜点选在 ϕ241. 3mm 井眼中地层较稳定的井段，结合地层可钻性级值，在海相地层定向。同时，同一井组内造斜点适当错开，以防止井眼轨迹的相互干扰。

三段式井身剖面
直井段
增斜段
稳斜段
五段式井身剖面
直井段
增斜段
稳斜段
降斜段
直井段

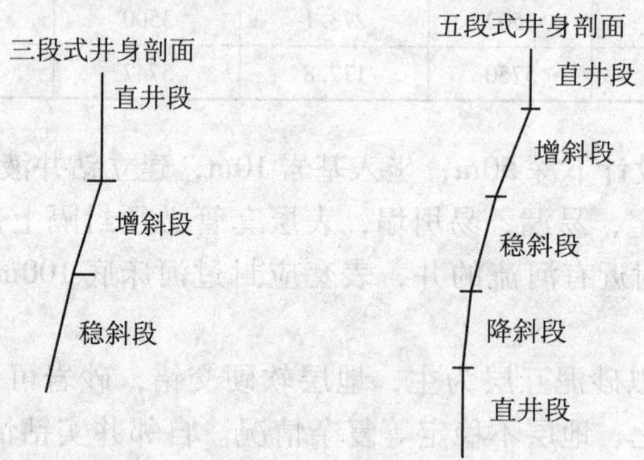

图 3－4　定向井井身部面图

造斜率：考虑采气工艺的要求，在不影响采气工具的下入和管材的抗弯能力的前提下，结合地层影响因素，造斜率推荐采用中曲率半径造斜率（8°～20°）/100m，一般选择为 15°/100m。

井斜角：最大井斜角必须满足采气工艺的要求，最大井斜角＜40°。

例如普光气田定向井技术套管采用 ϕ273. 1mm 封过须家河组底部的高压气层，将套管鞋坐入致密的砂岩井段。三开井段采用 ϕ241. 3mm 钻头钻至井底，先下入 ϕ177. 8mm 尾管，再回接至井口，水泥浆返至地面，井身结构示意图如图 3－5 所示。

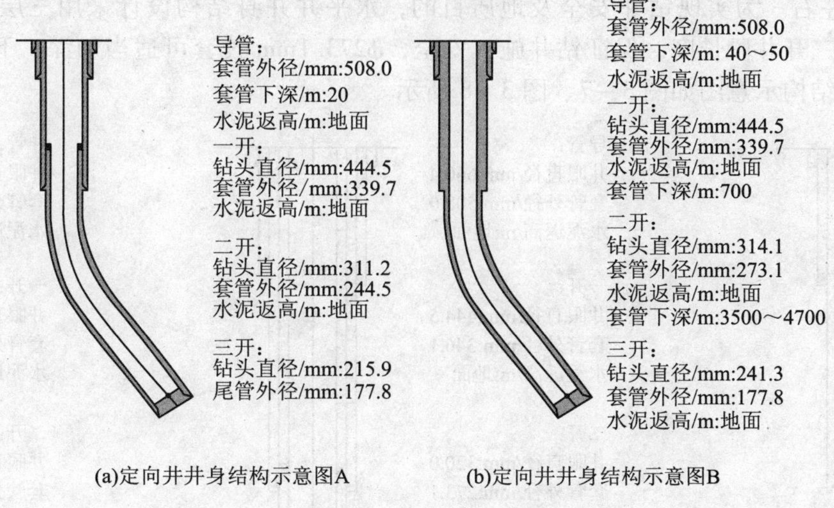

图3－5 定向井身结构示意图

6. 水平井井身结构

水平井是井斜角大于或等于86°，并保持这种角度钻完一定长度的水平段的定向井（图3－6）。

造斜点：由于造斜率受井眼大小、地层情况的影响，为了便于造斜和方位控制，造斜点选在地层较稳定的井段，结合地层可钻性级值，在海相地层定向。同时，同一井组内造斜点适当错开，以防止井眼轨迹的相互干扰。

造斜率：考虑采气工艺的要求，在不影响采气工具的下入和管材的抗弯能力的前提下，结合地层影响因素，造斜率推荐采用中曲率半径造斜率（6°～30°）/100m。

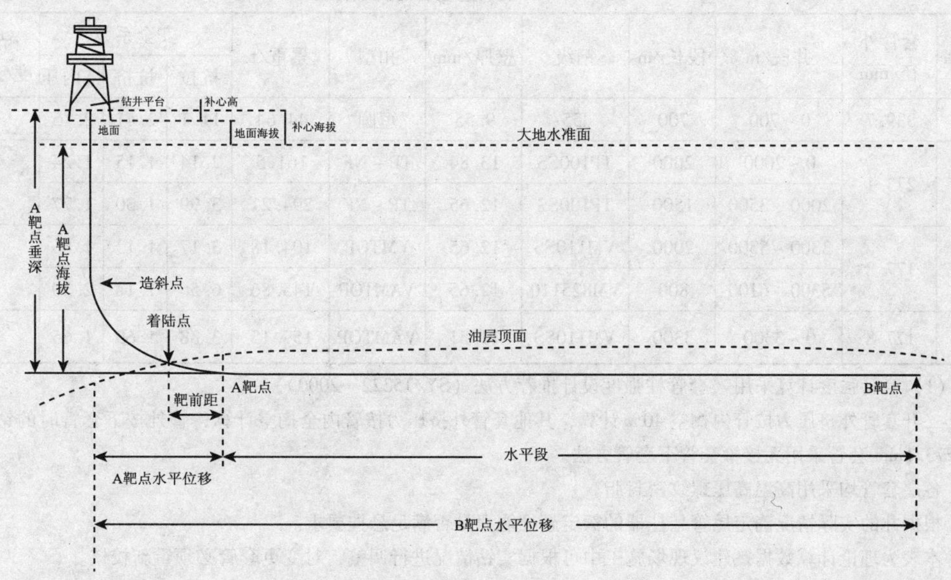

图3－6 水平井常用术语示意图

例如普光气田考虑构造地层特点，钻探深度比较深，水平井井深一般大于6000m，水平段达600m左右。为实现钻井安全及地质目的，水平井井身结构设计采用三层套管井身结构，为减少三开井段长度，保证钻井施工安全，ϕ273.1mm技套可适当加深，下深为4000m左右，井身结构示意图如图3－7、图3－8所示。

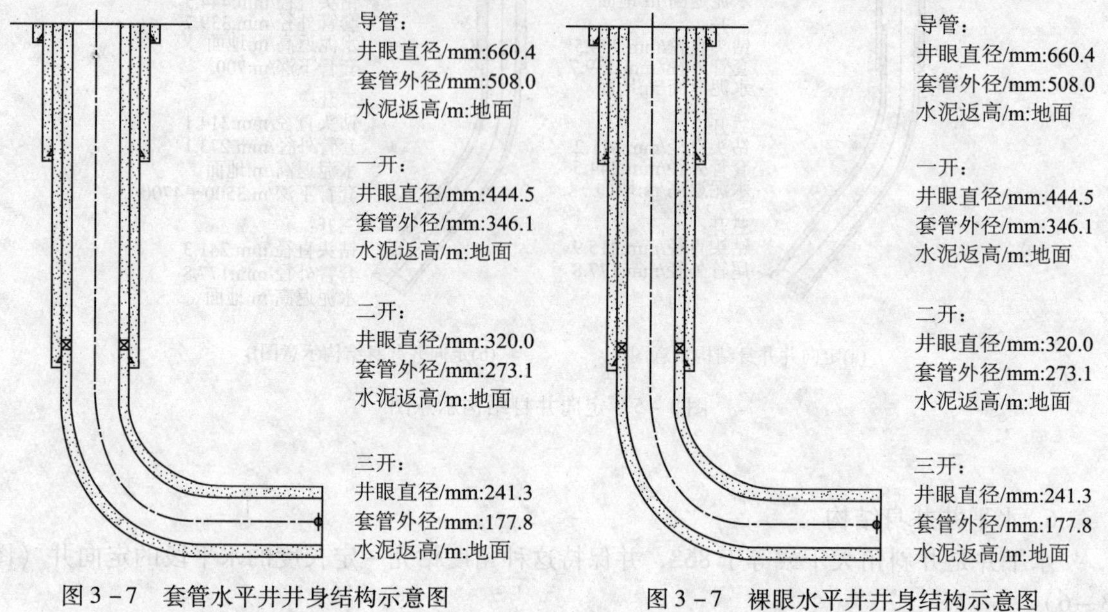

图3－7　套管水平井井身结构示意图　　图3－7　裸眼水平井井身结构示意图

3.1.3　套管管柱选择

对于开发高含硫化氢气藏的气井套管柱设计应同时进行强度（表3－3）、密封和耐腐蚀设计，此外管材的选择还需考虑下套管作业和完井、采气工程等因素的影响。

表3－3　气井套管强度校核表

套管程序	套管外径/mm	井段/m	段长/m	钢级	壁厚/mm	扣型	累重/t	安全系数			钻井液密度/（g/cm³）
								抗拉	抗挤	抗内压	
一开	339.7	0～700	700	J55	9.55	短圆	44.64	11.1	2.41	2.15	1.10
二开	273.1	0～2000	2000	TP100SS	13.84	TP－NF	161.5	2.14	1.15	1.24	1.60
		2000～3500	1500	TP100SS	12.65	TP－NF	294.21	3.99	1.30	1.77	
三开	177.8	3300～5300	2000	VM110SS	12.65	VMTOP	104.18	3.17	1.13	1.86	1.35
		5300～6100	800	VM825110	12.65	VAMTOP	145.86	6.56	1.12	2.20	
回接	177.8	0～3300	3300	VM110SS	11.51	VAMTOP	157.15	3.88	1.69	1.65	1.35

注：（1）套管强度计算采用《套管柱强度设计推荐方法（SY/T5322—2000）》。

（2）二开套管外挤压力按管内掏空40%计算，其他套管外挤压力按管内全掏空计算，管外按下套管时的钻井液密度考虑，ϕ273.1mm套管采用无接箍套管下套管方法。

（3）各层套管均采用高温高压螺纹密封脂。

（4）根据井的实际情况确定尾管悬挂器的额定悬挂能力是否满足悬挂要求。

（5）本表为理论计算数据，建议现场施工中可根据实钻情况进行调整，对变更套管必须重新校核。

井下套管柱长期在高温高压下工作，必须耐高压，具有良好的密封性，所以套管柱采用金属气密封扣连接。生产套管在储层顶以上200m至井底采用双防合金钢VM825－110（抗H_2S、耐CO_2）进口套管或同等等级的气密封扣型进口套管，其余井段采用VM110SS（抗

H_2S）进口套管或同等等级的气密封扣型进口套管。同时固井时所使用的套管附件和工具（浮鞋、浮箍、分级箍、管外封隔器、悬挂器等）（表3－4）应与套管柱强度一致。

表3－4 套管串结构设计表

套管程序	管串结构	固井方式
导管、一开	可钻浮鞋＋套管1根＋浮箍（带内插座）＋套管串＋联顶节	内插法
二开	可钻浮鞋＋套管2根＋浮箍＋套管串＋浮箍＋套管串＋联顶节	变密度双凝或分级
三开	浮鞋＋套管1根＋浮箍＋套管1根＋浮箍＋套管串＋尾管悬挂器＋送放钻具＋短钻杆＋旋转水泥头	旋转尾管固井
	回接装置＋套管串＋联顶节	常规

3.2 试气投产作业

3.2.1 投产作业工序

气井完钻后要进行试气，目的是了解钻探目的层有无油气及其产量的多少，为评价气层和气层的开采提供依据。

高含硫气井试气投产的推荐作业工序有：井筒准备、射孔施工、下酸压投产一体化管柱、安装井口装置、坐封封隔器、酸化压裂改造、放喷求产7个工序，根据不同井况和投产需求，可适当简化部分作业工序。

1. 井筒准备

主要工艺：通井—刮削—洗井。

井筒准备：包括通井、刮削及洗井，主要是为射孔及酸压清除井筒障碍。

（1）套管通井就是用规定外径和长度的柱状规，下井直接检查套管内径和深度的作业施工。套管通井施工一般在新井射孔、老井转抽、转电泵、套变井和大修井施工前进行。其目的是用通井规来检验井筒是否畅通，为下步施工做准备。通井常用的工具是通井规。

（2）套管刮削是下入带有套管刮削器的管柱，刮削套管内壁，清除套管内壁上的水泥、硬蜡、盐垢及炮眼毛刺等杂物的作业。其目的是使套管内壁光滑畅通，为顺利下入其他下井工具清除障碍。套管刮削工具常用的套管刮削器有2种，一种是胶筒式刮削器，一种是弹簧式刮削器。对于存在套管变形的气井，还需要套管整形作业。

2. 射孔施工

套管射孔完井是钻至气层直至设计井深，然后下气层套管至气层底部注水泥固井，最后射孔，射孔弹射穿气层套管、水泥环并穿气层至某一深度，建立起油流通道。

工业化并且在打开气层大量使用的射孔方式有3种：电缆输送式套管射孔、油管传输射孔、电缆输送式过油管射孔。（配置射孔管柱—射孔管柱校深—安装射孔用采气树—连接放喷流程并试压合格—射孔—观察—压井—循环—起管柱。）

射孔施工是下入射孔管柱，调整射孔管柱位置，对管柱深度校验，射孔，射孔完后对气层进行屏蔽暂堵，若无异常卸采气树，安装防喷器，起射孔管柱、检查射孔情况。高含 H_2S 和 CO_2 气井一般采用的射孔工艺是油管输送射孔。

高含硫化氢气井一般按照以下参数进行射孔参数选择。

（1）采用 ϕ114mm 射孔枪，使用 1m 弹，API 混凝土靶上穿深超过 1m，相位角 60°；孔密Ⅰ类气层 6 孔/m、Ⅱ类气层 10 孔/m、Ⅲ类气层 16 孔/m。

（2）射孔枪管材质 ϕ114 射孔枪管用 TP110S 材质的钢管加工，耐压大于 100MPa，能满足射孔和井下环境的需要。

（3）接头和工具材质选用 TP110S 材料。

（4）起爆方式为多级压力延时起爆。

（5）提枪方式的选择压井提枪方式。

技术特点：射孔器串安装多个压力延时起爆器，将射孔器串分成若干个起爆单元，大夹层段不使用导爆索传爆；用延时起爆控制各起爆单元在不同时间起爆；起爆时间间隔长，爆轰波能量不叠加，对水泥环损害小；适用于任意夹层井、大跨度油气层井及任意斜度井。

3. 下酸压—投产—体化管柱

配置生产完井管柱—下入酸压—投产完井管柱—封隔器校深。

检查射孔情况，达到设计要求后下入酸压—投产一体管柱，并对管柱进行调整和深度校验。

在下生产管柱时引进美国 ECKEL 公司的微牙痕液压钳（图 3－9）。卡瓦式吊卡、多片式卡瓦等专业工具，能有效地避免了镍基合金钢油管的压痕损伤，优质高效地完成了井下合金钢完井管柱的施工。

4. 安装井口装置

安装背压阀—拆防喷器—采气树并试压—连接地面流程—试压—拆背压阀—替环空保护液。安装井口装置需对安全阀控制管线试压、卸防喷器、装采气树、试压等工作。

5. 坐封封隔器

油管加压—稳压—泄压—验封封隔器—替环空保护液—剪切球座。

图 3－9　微牙痕钳头

替环空保护液、封隔器座封、验封，试压合格后替环空保护液；然后拆采气树帽，待球下落到球后进行打压，稳压一定时间（一般为 30min）后泄压、验封；最后用试压泵对完井管柱试压。

6. 酸化压裂改造

压裂是在高于岩石破裂压力下，将压裂液和支撑剂挤入地层被压开的裂缝中，形成具有良好导流能力的裂缝，达到增加气井产量的目的。

在足以压开地层形成裂缝或张开地层原有裂缝的压力下对地层挤酸的酸处理工艺称为压裂酸化。可分为前置液酸压和普通酸压（或一般酸压）。压裂酸化主要用于堵塞范围较深或者低渗透区的油气井。注酸压力高于油（气）层破裂压力的压裂酸化，人们习惯称之为酸压。

酸化压裂是国内外碳酸盐岩油气藏广泛采用的一项增产增注措施。现已开始成为重要的完井手段。施工工序为连接地面流程至井口，并分段试压—摆放压裂设备—酸压施工。管柱试压合格后对投产井进行酸压。暂堵是指用携带液将暂堵剂带入井内最先被压开的储层，然后再挤酸，酸化被压开的储层。

酸压的目的是疏通近井带油气渗流通道，解除钻井和后期施工作业时对产气层的污染，沟通井筒周围裂缝和储集空间，并尽可能沟通远井筒的天然裂缝，提高单井产能。

高含硫化氢气井通常采用的是前置酸+胶凝酸酸化+暂赌剂+主体酸多级注入+闭合裂缝酸化的技术模式。对部分裸眼长井段水平井常采用分段压裂方式。

7. 放喷求产

酸压后进行放喷，并选取稳定参数进行无阻流量的计算。

1）放喷

根据气井产能和压力状况，选择合适的气嘴组合进行放喷。普光气田采用EE级三级降压节流流程放喷，先用8mm气嘴放喷待井口油压升至到30MPa左右后采用12mm气嘴放喷；排液期间流体不经过热交换器，用2~3条管线放喷；观察井口压力和温度以及喷出物和火焰颜色，来判断井底积液是否已经干净。

2）求产

待井口压力稳定后采用合适的气嘴组合进行放喷求产，普光气田常用8mm和12mm气嘴放喷求产，用计量装置计算流量。

普光气田试气采用陈元千等学者提出计算气井无阻流量的“一点法”经验计算公式：

$$q_{\mathrm{AOF}}=\frac{6q_{\mathrm{g}}}{\sqrt{1+48P_{\mathrm{D}}}-1} \tag{3-1}$$

其中：

$$P_{\mathrm{D}}=\frac{P_{\mathrm{R}}^2-P_{\mathrm{wf}}^2}{P_{\mathrm{R}}^2}=1-\left(\frac{P_{\mathrm{wf}}}{P_{\mathrm{R}}}\right)^2 \tag{3-2}$$

式中 q_{g}——实测气产量，$10^4\mathrm{m}^3/\mathrm{d}$；

P_{wf}——井底流压，MPa；

P_{R}——地层压力，MPa；

q_{AOF}——气井的无阻流量，$10^4\mathrm{m}^3/\mathrm{d}$。

3.2.2 生产管柱结构

对于高含硫化氢、二氧化碳天然气井，保护油层套管遭到硫化氢、二氧化碳的腐蚀和不承受较高的压力是管柱设计的关键。国内外一般采用带生产封隔器的一次性完井管柱，该管柱主要由特殊扣油管、井下安全阀、流动短节、伸缩短节、井下压力温度监测系统、循环滑套、封隔器、坐落短节、剪切球座等组成。抗硫化氢和二氧化碳腐蚀的井下安全阀一般在地面以下50~100m左右的位置，可以在井口失控的情况下实现井下关井。封隔器完井管柱分永久式和可取式2种，封隔器下在气层顶界50~100m处，用于密封油套环形空间。

1. 管柱选择

由于天然气中高含硫化氢、二氧化碳，作业风险大，采取下入一次性完井生产管柱。在气层以上50~100m处下入硫化氢、二氧化碳腐蚀的永久式封隔器密封油套管的环形空间，保护上部套管。

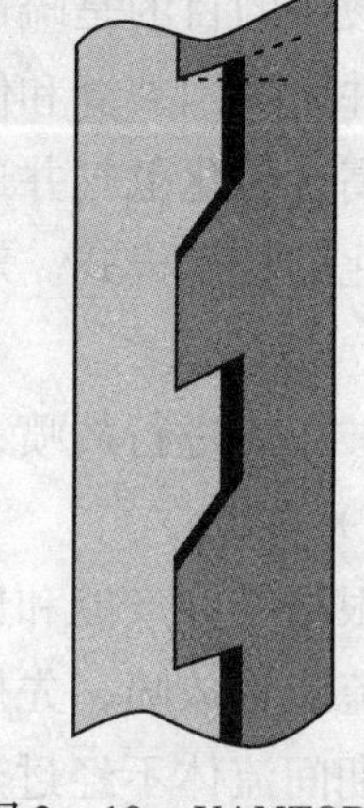

图3－10　VAMTOP扣

一次性完井生产管柱的优点是：①生产封隔器以上套管，不接触天然气，可以保护套管和油管外壁遭到、二氧化碳腐蚀；②下入油管堵塞器于坐放节头上，打开循环滑套可以压井，起下油管或更换油管，从而防止压井液对产层的伤害。

例如普光气田生产管柱的基本参数：

1）生产管柱基本参数

（1）油管采用ϕ88.9/104mmG3或SM2550，钢级125（70%）、110（30%）组合，VAMTOP扣（图3－10）作为直井、大斜度井的油管扣型，可达到在高温高压下密封性要求，VAMTOP扣在井斜30°时更优于其他密封扣。

（2）在气层以上80～90m处下入抗H_2S、CO_2腐蚀的永久式封隔器密封油套环空。

（3）油套环空加环空保护液，保护上部套管和油管。

（4）在地面以下100m左右的位置安装有井下安全阀，可实现在井口失控的情况下井下关井。

2）生产管柱结构

管柱结构从上向下依次为流动短节、井下安全阀、流动短节、循环滑套、液压坐封封隔器、坐落接头、剪切球座，外加配套的附件（图3－11）。在构造上合理的位置选取重点监测井，设计带井下压力、温度监测仪器的完井管柱实时监测井底温度和压力。

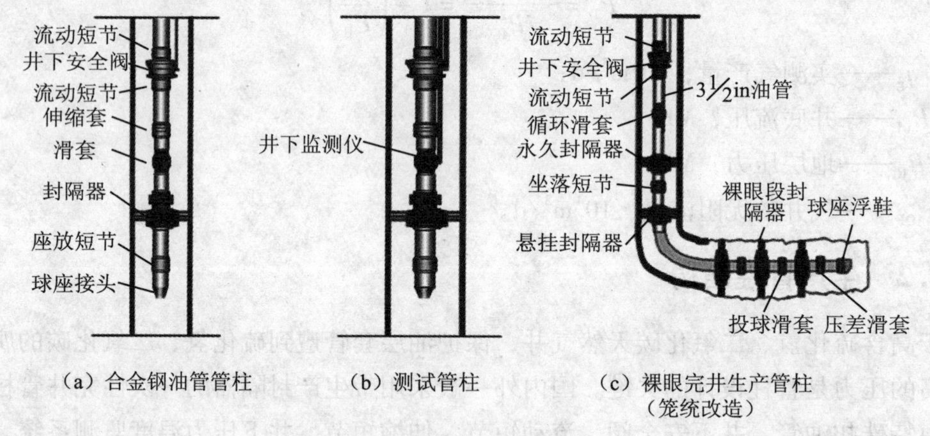

图3－11　生产管柱结构图

2．井下配套工具

为了满足不同完井方式和采气工艺的需要，根据高含H_2S和CO_2天然气气田的特点，所选取的不同类型和功能的井下工具主要有封隔器、井下安全阀、流动短节、循环滑套、坐落接头、剪切球座、引鞋等。

1）封隔器

高含硫化氢气井中封隔器的主要作用是封隔生产套管与产层，使套管在完井作业及开采期间不承受高压和酸性气体的腐蚀，是完井管柱中的重要工具。使用于高含硫化氢气井中的封隔器必须能承受较高的压力和温度，具有较强的耐腐蚀性，才能满足恶劣条件的生产要求。

对于高压、高温的酸性气田，常用的生产封隔器为永久封隔器和遇油膨胀封隔器2种。

（1）永久式封隔器。永久式封隔器一般采用双向卡瓦，为保证上部管柱能够在下次作业时能正常取出，配备有插入式密封。主要由双向卡瓦、密封机构、坐封机构和插入式密封等组成（图3－12）。锚定密封可以实现油管与封隔器锚定密封，旋转扣以及重新插入对接；卡瓦上有沟槽，坐封时可以充分张开，与套管的内壁接触，牢牢卡在套管内，坐封稳固，坐封后不可取出，起出时需要专业工具进行磨铣打捞。

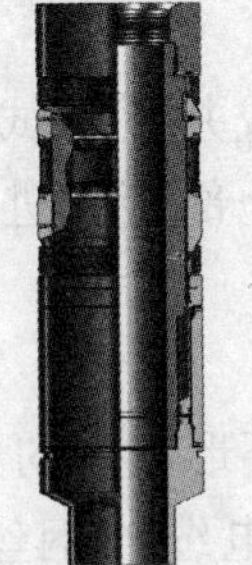
（a）带插管式永久封隔

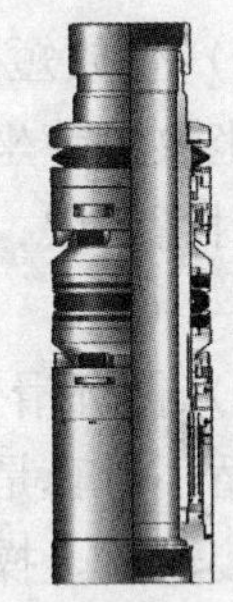
（b）双向卡瓦永久封隔器

图3－12　封隔器结构图

（2）遇油膨胀封隔器。遇油膨胀封隔器是一种新型的完井工具。遇油膨胀式封隔器是基于聚合物材料在油气环境下的膨胀为基础，在热力作用下，液态烃进入高分子结构中，使遇油膨胀橡胶持续膨胀，以此密封套管外环形空间。在因为井漏而无法进行传统的下套管固井施工时，遇油膨胀封隔器能有效地使产层实现分隔，以达到分层试油的地质要求。遇油膨胀的优点是工艺简单风险小，成本相对较低，内通径较大，方便后续施工，胶筒轻微损坏后可以自我修复，对于井径等工程参数适应能力强（图3－13）。

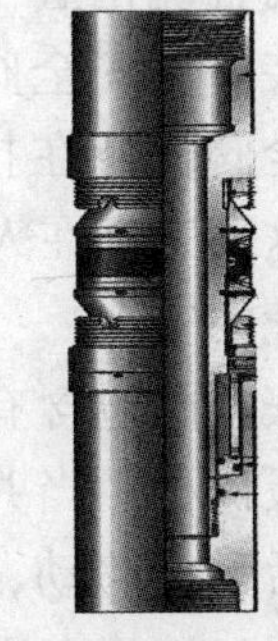
图3－13　遇油膨胀封隔器结构示意图

2）流动短节

流动短节为壁厚大于油管柱的短管，用来延缓安全阀上下由于管径变化形成的紊流对油管的冲蚀破坏。根据井况的不同选择不同长度的流动短节，流动短节通常用在流体通管中内径有明显变化会引起湍流处的上方（图3－14）。

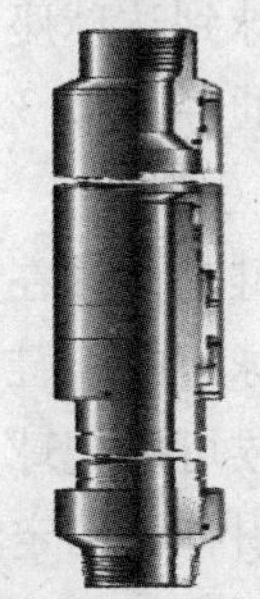
图3－14　流动短节示意图

3）伸缩短节

伸缩短节是可以自由伸长、缩短的接头，主要由管内和管外组成，依靠盘根密封。工作时可以补偿因井内温度、压力等效应产生的变化导致管柱伸长或缩短的行程，避免管柱变形（图3－15）。

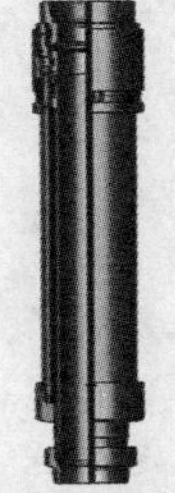
图3－15　伸缩短节示意图

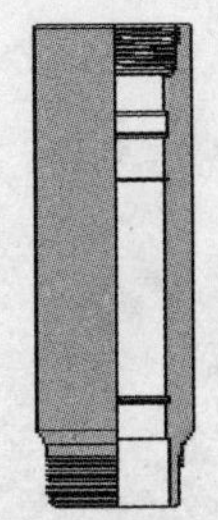
图3－16　坐放短节示意图

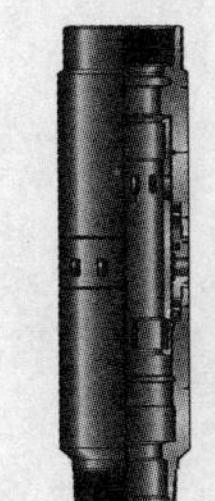
图3－17　CMD滑套示意图

4）坐放短节

坐放短节坐放封隔器或井下测试仪器，油管堵塞器通过电缆或钢丝下入，坐在堵塞座上，封堵产层，便于起出上部管柱进行后期修井作业。下入和起出堵塞器需要专用的工具（图3－16）。

5）循环滑套

循环滑套是连接油套环形空间的开关，打开时用于油套管循环，关闭时切断油套管之间的连接通道。操作时通过电缆或钢丝下入专用的开关工具，将滑套的循环阀打开或关闭（图3－17）。

6）井下安全阀

对于高含硫化氢气井，为了确保安全生产，需要在完井生产管柱上安装一个安全阀，通过液压控制管线进行控制，控制管线加压使安全阀保持在打开状态，压力释放后安全阀关闭。如果发生井喷，这种工具在人为控制下能可靠关闭，可有效地保护人员、财产和环境的安全。

井下安全阀包含有一个与一个压缩弹簧相对的活塞，井内压力作用阀板机构。当井口控制管线液压油进入活塞腔里，活塞腔释放压力后弹簧移动，活塞向上运动，受扭的弹簧旋转使得安全阀阀瓣关闭，油管内通道也被关闭，反之则安全阀阀瓣开启（图3－18）。

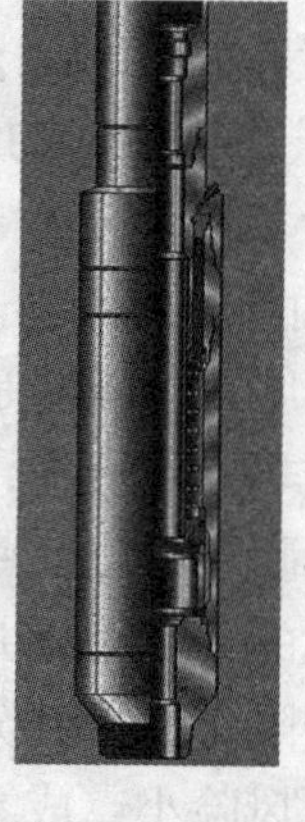

图3－18　井下安全阀结构图

7）剪切球座

剪切球座可以通过不同的油管扣连接到封隔器下部。当完井管柱下到位置后，丢入坐封球，当球到达球座的位置后，向油管加压坐封封隔器。继续加压，球座剪切。剪切球座后工具保持通径（图3－19）。

8）引鞋

引鞋是设计在生产完井管柱的最末端，有助于入井工具进入油管。

带球座的引鞋可以当做剪切球座来使用，可以安装在管柱末端来持压，当压力达到预设值的时候可以把球和球座泵送出管柱，泵送后引鞋内径保持和油管一致。

该引鞋可以定制不同选项，可以定制半坡引鞋来方便的下入工具到尾管顶部或者封隔器密封筒，底部也可以加工成不同扣型连接其他设备。因为该工具会泵送出球座和球，在实际作业中需要保证球座可以通过下面的工具串（图3－20）。

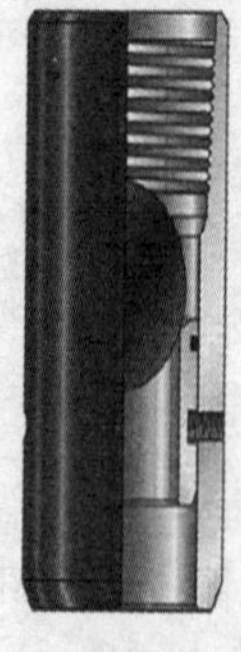

图3－19　剪切球座结构图

图3－20　引鞋结构图

3.3 采气井口装置及地面控制系统

3.3.1 采气井口装置

采气井井口装置的作用是悬挂井下油管柱、套管柱、密封油套管和两层套管之间的环形空间以控制气井生产，以及进行回注(注蒸汽、注水、酸化、压裂、注化学药剂等)和安全生产的关键设备。

井口装置主要包括套管头、油管头和采气树3大部分（图3-21)。

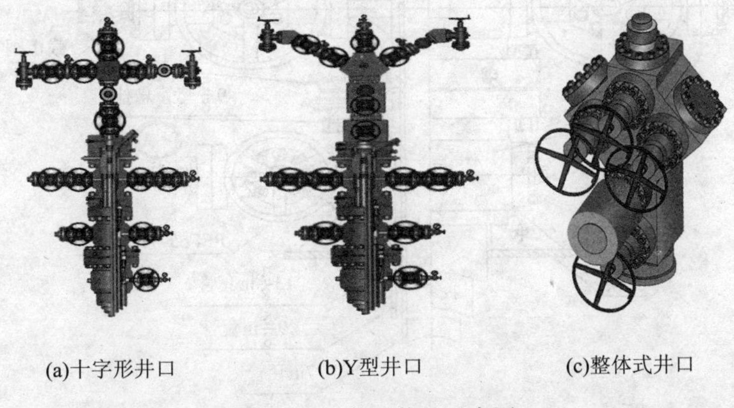

(a)十字形井口　(b)Y型井口　(c)整体式井口

图3-21　井口装置示意图

采气树及油管头主要用于采气和注气。对于高含 H_2S 和 CO_2 天然气井的井口，除了具有上述基本功能外，井口和采气树各部件（如四通、阀门、气嘴）还必须满足 API6A19[TH] 和 NACEMR-0175 标准的抗 H_2S 和 CO_2 要求，具备远程控制井口阀门关闭的性能。采气井口装置压力等级选择必须满足酸压生产一体化投产地层破裂压力的最高压力要求（表3-6)。

表3-6　API6A19[TH]安全标准对材料防腐的规定

材料等级	材料最低要求	
	本体、盖、端部和出口连接	控压件、阀杆和心轴式悬挂
AA—一般使用	碳钢或低碳合金钢	碳钢或低碳合金钢
BB—一般使用	碳钢或低碳合金钢	不锈钢
CC—一般使用	不锈钢	不锈钢
DD—酸性环境①	碳钢或低碳合金钢②	碳钢或低碳合金钢②
EE—酸性环境①	碳钢或低碳合金钢②	不锈钢②
FF—酸性环境①	不锈钢②	不锈钢②
HH—酸性环境①	抗腐蚀合金②	抗腐蚀合金②

注：①按 NACE 标准 MR0175 定义；②符合 NACE 标准 MR0175。

1. 套管头

套管头是套管和井口装置之间的重要连接件。为了支持、固定下入井内的套管柱，安装防喷器组和其他井口装置，而以丝扣或法兰盘与套管柱顶端连接并坐落于外层套管的一种特殊短接头。

它的下端通过螺纹与表层套管相连，上端通过法兰或卡箍与井口装置（或防喷器）相连。在套管头内还设置套管挂，用以悬挂相应规格的套管柱，并密封环空间隙。气井完井后，套管头上则安装采气树（图3－22）。

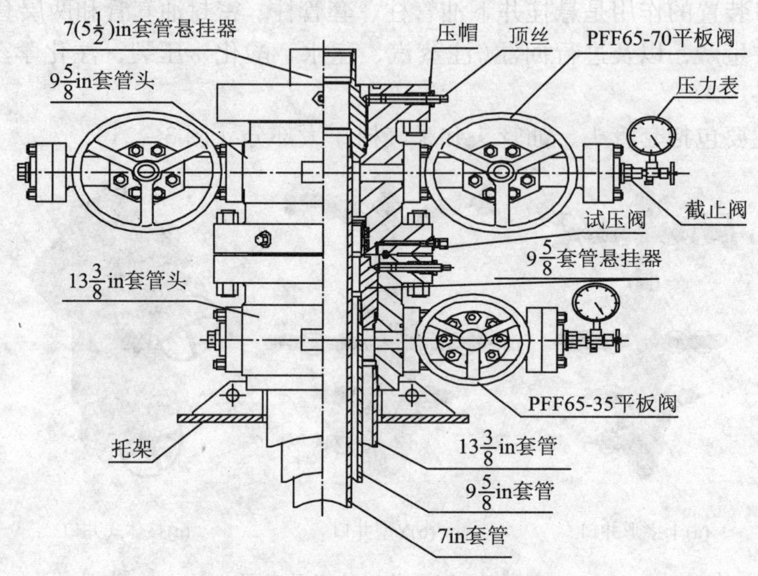

图3－22　双级套管头结构示意图

2. 油管头

油管头通常是一个两端带法兰的大四通，它安装在套管头上的上法兰。油管头的主要功能是：悬挂井内管柱；密封油管和套管的环形空间；为下接套管头，上接采气树提供过度；通过油管头四通上的两个侧口（接套管阀门），完成套管注入及洗井等作业。

3. 采气树

采气树由井口闸阀和小四通组成。用于控制调节气井生产和日常的的维护与管理。根据井况的不同采用不同的结构形式，同时考虑到气井增产措施和经济效益，主要有十字形采气树、Y型采气树和整体式采气树3种形式。

十字形采气树在主阀或翼阀上面安装一个安全阀，该采气树应用比较普遍，一般用于产量较低的气井［图3－21（a）］。

Y型采气树采用整体锻造，漏点少，抗冲蚀能力强，一般用于中、高产量的气井［图3－21（b）］。

整体式采气树是有一个锻件制成的主体，再加上上主阀、下主阀、翼阀。这种压缩式本体只需要较少空间，提高防火性能，并减少潜在的泄漏通道，提高气井安全性，一般用于产量较高的气井［图3－21（c）］。

对于高含硫化氢气井采气树一般采用双翼双阀十字井口和整体式，材料级别为HH级，内衬625镍基合金，在主通径上安装1个安全阀，生产翼和油管头一侧翼装仪表法兰，生产翼上安装笼套式节流阀（图3－23）。

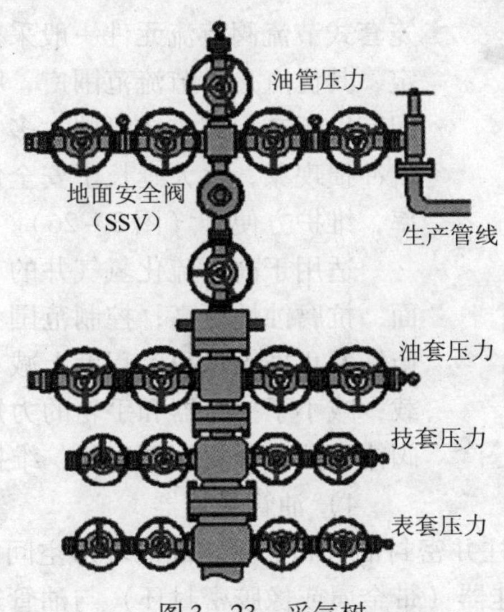

图3－23 采气树

4. 井口装置常用部件

1）井口闸阀

井口所用闸阀有平行闸板阀和楔式闸阀2种。连接方式分螺纹式、法兰式和卡箍式3种。

适用于高含硫化氢气井的阀门应选择耐腐蚀性的材料，与流体接触的部件应采用耐腐蚀环境要求的合金钢材质，阀板、阀座与阀体之间采用金属对金属密封。阀杆带有密封锥阀，可带压更换阀杆密封盘根和其他部件。阀杆设有安全销，当对闸阀施以超负荷扭矩时，安全销剪断，起到保护阀杆和其他零部件的作用（图3－24）。

图3－24 采气树闸阀示意图

2）液动地面安全阀

液动地面安全阀包含有一个活塞腔与一个压缩弹簧相连的活塞，液压管线控制阀板机构（图3－25）。

当外部液压压力进入活塞腔，在压力作用下液压活塞向前移动，带动阀杆向前运行，最终阀板开启使气流通过，同时压缩弹簧，弹簧蓄能。当外部泄压后，安全阀活塞腔内的液压油通过回油管线返回油箱，液压压力释放，弹簧储存的势能释放，推动液压活塞后移，同时带动阀杆和阀板后移，同时带动阀杆和阀板后移，关闭地面安全阀（SSV）。

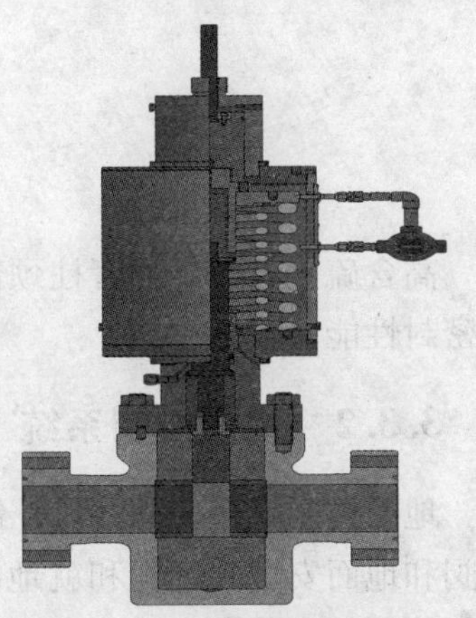
图3－25 液动地面安全阀执行器剖面图

3）节流阀

节流阀是用来控制产量的部件，调节采气树上的节流阀开关大小可控制流量。节流阀分针式节流阀和笼套式节流阀2种类型。

针式节流阀结构简单，价格低廉，但节流阀针头易损坏，寿命短，针头破损的碎块冲入管道中存在着潜在的危险。

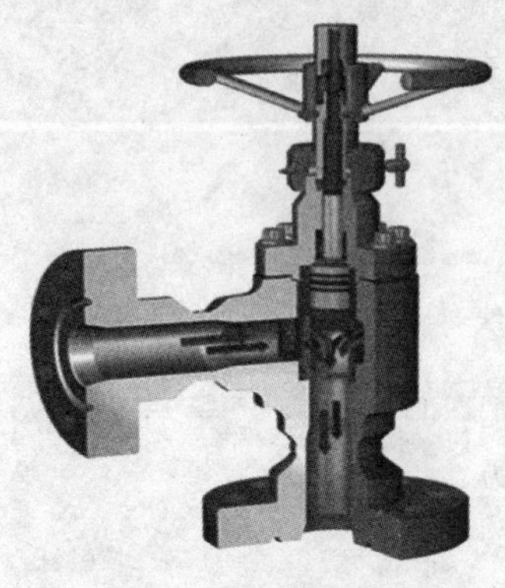
图3－26 笼套式节流阀

笼套式节流阀节流元件一般采用碳化钨材料，上下多点固定，其优点是：节流范围广，噪声低，耐高冲损；环形空间有助于减少阀本体腐蚀；多空多向消除能量，可消除漩流冲损现象，大大延长了安全使用寿命，减低了停产维修率，维护方便等（图3－26）。

适用于高含硫化氢气井的节流阀一般是厚硬质合金断面，抗腐蚀性更高；控制范围大，磨损和噪声低；压力平衡杆及止推轴承很大程度上减小了力矩，减小了阀杆的负载，减小了执行器和手轮的力矩；大环隙最大程度降低了阀体腐蚀；金属阀帽密封，维护简单。

4）油管悬挂器

油管悬挂器是支撑油管柱并密封油管和套管之间的环形空间的一种装置。油管悬挂器有2种密封方式：一是油管悬挂器（带金属或橡胶密封环）与油管连接利用重力坐入大四通锥体内而密封，这种方式更换速度快，便于操作，是中深井、常规井所普遍采用的方式。另一种是采气树底法兰中有螺纹，与油管柱连接而密封（图3－27）。

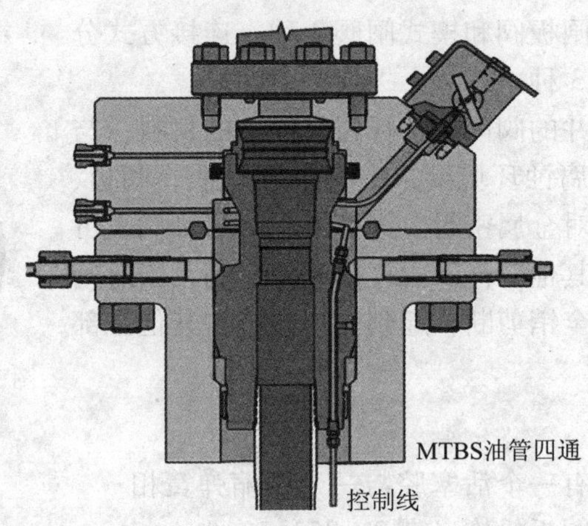

图3－27 油管悬挂器

高含硫化氢气井油管柱颈部主密封采用金属对金属密封，并带有橡胶辅助密封，以提高其密封性能。

3.3.2 地面控制系统

地面控制系统又称井口控制柜或井口控制盘，它是与远程控制系统相关联实现对井下安全阀和地面安全阀远程和就地控制。根据《中石化井控管理规定（2011907）》每口高含硫化氢气井都安装有一个井下安全阀和地面安全阀，对单井或丛式井组平台，在每个平台均采用一套井口控制柜对所有井下安全阀和地面安全阀进行控制和操作。

1. 地面控制系统原理

地面控制系统主要有3种类型，根据不同的设计理念和设计原理，其组成也不尽相同，主要包括以下几部分。

地面安全控制系统（ESD）主要包括功能泵、高低压先导阀、油箱、调压阀、储能器、易熔塞、压力表、电磁阀、压力传感器、温度传感器，还包括井下安全阀控制管线从井口通道针阀处到控制柜的连接管线及压力表（图3-28）。

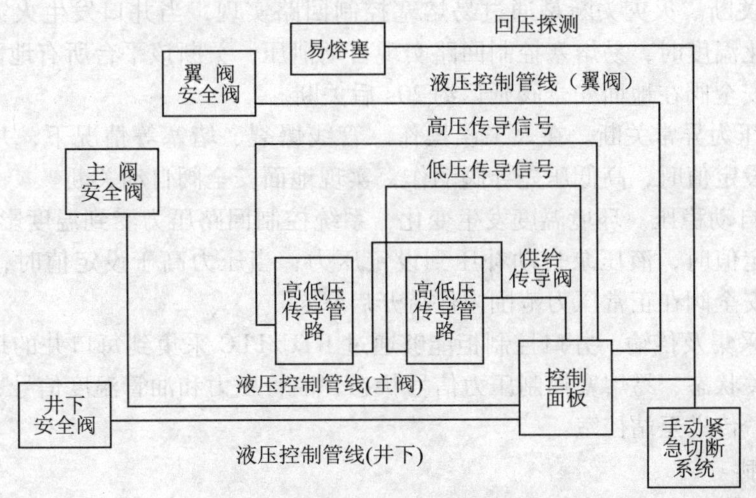

图3-28 地面控制系统示意图

普光气田采用3种类型的地面控制系统，包括Cameron液控液型、FST液控液型、FST气控液型。

（1）Cameron液控液型的工作原理：通过两台电动液压泵（或手动增压泵）将常压的液压油增压至地面安全阀或井下安全阀开启所需要的压力储存在蓄能器，低压泵输出压力为5000psi，高压泵的输出压力为8500psi。低压泵的液体其中一支经减压阀减压后作为控制压力（100psi），控制压力有3种通路：操作压力、高低压限位阀先导压力、易熔塞先导压力。这3种压力均作为控制压力控制液控三通阀，控制高压的液压油与油箱间的通路，来控制地面安全阀（或井下安全阀）是否关闭。在高压的液压油与油箱间有一个和液控三通阀串联的电磁三通阀，控制地面安全阀（或井下安全阀）是否关闭。紧急情况下可通过ESD-1、ESD-2、ESD-3命令使电磁阀失电，关断地面安全阀（或井下安全阀）。

（2）FST液控液型的工作原理：FST液控液型的工作原理与Cameron液控液型工作原理相同。

（3）FST气控液型工作原理：气动液压泵在高压空气的作用下，将液压油进行增压，增压泵压力输出的大小与驱动气压力（调压阀）调节大小成比例（比如驱动气在80psi的作用时，增压泵压力输出是4000psi，驱动气供给减小则增压泵压力输出减少，反之驱动气增大则增压泵压力输出加大）。逻辑控制气压再驱动系统中的各种类型气控阀工作，从而对系统液压回路进行控制，有效地对地面安全阀门实行控制。SCSSV回路安全阀控制系统压力保持在一定范围内工作，当RTU、井口关断、易熔塞熔化发出关井指令后，逻辑控制气压泄压，气控三通阀动作，迅速把系统液压控制回路压力降为零（地面安全阀关闭时间可通过单向节流阀调节），即关闭地面、井下安全阀。

2. 井口控制柜主要功能

井口控制柜主要功能是：

（1）现场紧急关断。控制面板上安装有紧急关断阀，当出现特殊情况时，用来进行关断对应的地面安全阀。

（2）远程关断。通过RTU与SCADA系统相连，当发生ESD-1、ESD-2、ESD-3关断时，地面安全阀关闭。当站控室发生“井口关断”或通过人机界面给定模拟信号“井口关断”时，井下安全阀关闭。

(3) 火灾关断。火灾关断是通过易熔塞控制回路实现，当井口发生火灾时，井口温度达到易熔塞熔化温度时，易熔塞控制回路实现自动泄压，关断该平台所有地面安全阀及井下安全阀，井下安全阀在地面安全阀延迟约 20s 后关断。

(4) 井口压力异常关断。在人工误操作、管线爆裂、堵塞等情况下，井口节流后的压力高于或低于设定值时，高低压先导阀动作，实现地面安全阀自动关断。

(5) 系统自动稳压。环境温度发生变化，系统控制回路压力受到温度影响而发生变化，当压力低于设定值时，液压泵自动补压到设定压力；当压力高于设定值时，溢流阀自动泄压，保证地面安全阀在正常压力范围内保持开启状态。

(6) 数据采集及传输。井口控制柜能够通过 RTU/PLC 采集到每口井的地面安全阀及井下安全阀的开关状态、易熔塞控制压力信号状态、油管压力和油管温度信号、套管压力和套管温度等信号，传送至站控室。

3. 逻辑控制

采用井下安全阀和地面安全阀两级安全控制。地面安全控制系统（ESD）能够分别实现对同一个平台 1 ~ 3 口井的单井关断和所有气井的同时关断，根据关断逻辑设置关断地面安全阀（SSV）、井下安全阀（SCSSV）。地面安全控制系统（ESD）与 SCADA 系统相连，采气树温度压力、油管头侧温度压力、输送管线压力、地面安全阀 SSV 的阀位、易熔塞压力等信号远传至站控系统 SCS、信号传输采用 4 ~ 20mA 电流信号、0 ~ 24V 电压信号。ESD 根据站控系统 SCS 指令关断地面安全阀（SSV）、井下安全阀（SCSSV）。控制系统关断后，开启安全阀必须到现场手动复位。安全阀的开启顺序为先开井下安全阀，后开地面安全阀，其控制逻辑（表 3 – 7）。

表 3 – 7 地面控制逻辑表

内容	单井高/低压传感器	井口易熔塞	井口可燃气体探头	井口 H_2S 气体探头	现场单井控制面板手动 ESD 按钮	现场整体丛式井控制柜手动 ESD 按钮	SCADA 系统监控的其他下游关井因素
单井地面安全阀	关	关（先）	关	关（先）	关（先）	关（先）	关
单井井下安全阀	开	关（后）	开	关（后）	关（后）	关（后）	开
其他丛式井地面安全阀	无影响	关（先）	关	关（先）/无影响	无影响	关（先）	关
其他丛式井井下安全阀	无影响	关（后）	开	关（后）/无影响	无影响	关（后）	开

3.4 硫沉积和水合物防治工艺

3.4.1 防治硫沉积工艺

1. 硫沉积原理

含硫气井有时会出现元素硫沿着生产管柱沉积，这是含硫气井生产中常见的现象。在一个很宽的硫化氢浓度范围内（大约 10% 以上），此现象均可发生。

高含硫气田，在井底条件下硫在含硫气体中的溶解度接近或处于饱和状态，硫在含硫气体中的溶解度是温度、压力、硫化氢及其它化学成分的函数，在10～60MPa和100～160℃区间，硫在气体中的溶解度只有0～5g/m^3。在开发过程中，硫随着天然气从储层进入油管和沿着油管往上流向井口时，由于温度和压力条件的改变，硫在含硫天然气内的溶解度随着局部温度和压力的降低而下降，致使经常发生元素硫及固体的高级多硫化物析出，沉积在井筒及设备表面，导致气井堵塞，严重影响气田的正常生产。

2. 硫沉积形成分析

1）气体组成

一般而言，硫化氢含量越高越容易发生硫沉积，但这并不是充分条件。有的气井硫化氢含量仅4.8%就发生硫堵塞，有的气井硫化氢含量34%以上却未发生堵塞。但从统计角度看，硫化氢含量高于30%以上气井大部分都发生硫沉积。发生硫沉积的气井C_5以上烃含量均很低，而且也不含芳香烃。

2）采气速度

气体在井内的流速直接关系到气流携带元素硫的效率，流速愈高，则愈能有效地使元素硫悬浮于气体中带出，从而减少了硫沉积的可能性。国外研究表明，产生硫沉积的井产气量都在$28.2\times10^4m^3/d$以下，产气量超过$42.3\times10^4m^3/d$的井均未发生硫堵塞。

3）普光气田流体PVT物性研究结果

根据硫沉积统计数学模型，影响硫沉积的主要参数有井底温度、井底压力、井口压力、戊烷以上含量。为了更好地预测普光气田硫沉积条件和分布，收集生产情况下井底温度、井底压力、井口压力、戊烷以上含量以及岩心中是否存在单质硫结晶体等参数，为预测普光气田硫沉积条件和分布积累足够基础数据。

普光2、6井PVT研究结果表明，在生产过程中，井筒中可能会有单质硫析出，同时根据国外的统计资料，产量超过$42.3\times10^4m^3/d$的井均未发生硫堵塞。按照普光气田方案单井平均配产$70\times10^4m^3/d$，在这种高产条件下井筒中产生硫沉积的可能性较小，气田开发到中后期，随着气井产量和压力的降低，井筒中有产生硫沉积的可能。

3. 防治硫沉积工艺

解决硫沉积的方法有3种：发生化学反应、加热熔化、用溶剂溶解，加热熔化不适合普光气田井下除硫。

物理溶剂庚烷、甲苯的溶硫量小，不适合普光气田防硫沉积的需要，二硫化碳的溶硫量较大，但它的气味大、剧毒易燃，不适合普光气田防硫沉积的需要。

防硫沉积工艺：在气田开发到中后期，随着气井产量和压力的降低，井筒中有可能产生硫沉积时，选择溶硫效果好的溶硫剂，通过毛细管连续投加，预防井筒中硫沉积，对于单井配产$50\times10^4m^3/d$以下的井考虑安装毛细管加药装置。

除硫沉积工艺：气田开发初期，压力波动大，井筒中可能会产生硫沉积，当井筒发生硫沉积时，根据硫沉积严重程度，将溶硫剂沿生产管柱泵下，再泵入1倍的凝析油，并以氮气挤压溶硫剂，浸泡6～12h后可恢复生产。

3.4.2 水合物形成预测及防治

天然气水合物是采气过程中经常遇到的一个重要问题。水合物在油管中生成后会降低井口压力，阻碍井下工具的起下，严重时会堵塞油管，影响气井正常生产。

天然气水合物的形成，必须具备以下几个条件：

1）液态水（自由水）的存在

液态水是生成水合物的必要条件。如果天然气中没有自由水，则不会形成水合物。

2）低温

低温是形成水合物的重要条件。环境温度的下降以及井口节流的焦耳－汤姆逊效应而引起温度下降。温度降低同时也使气态水凝析形成液态水，也为生成水合物创造了条件。

3）高压

高压也是形成水合物的重要条件。对组分相同的气体，水合物生成的温度随压力升高而升高，随压力降低而降低。也就是压力越高越易生成水合物。

4）其他条件

高速气流、压力的波动、气体流向改变时引起的扰动，H_2S 和 CO_2 等酸性气体的存在以及微小水化晶核的诱导等。

特定的物理位置，如弯头、孔板、阀门、粗糙管壁及局部阻力较大的地方都能加速水合物的生成。若天然气中含有硫化氢和二氧化碳，则在压力不变的条件下，会提高水合物的生成温度；在温度不变的条件下，会降低水合物的生成压力。也就是说，含 H_2S 和 CO_2 的天然气更易生成水合物。

每一种密度的天然气，在每一个压力下都有一个对应的水合物生成温度。对同一密度的天然气，压力升高，生成水合物的温度升高；压力相同时，天然气密度越大，生成水合物的温度也就越高；温度相同时，天然气相对密度越大，生成水合物的压力就越低。

2. 水合物形成预测及防治措施

1）水合物形成预测

目前预测水合物形成的方法主要有：低含硫气近似法、Katz 等方法、高压天然气 Trekell ~ Campbell 法和状态方程方法等。已知天然气组成，求压力为 p 条件下水合物生成温度 T，可采用水合物生成条件的统计热力学方法求解。

例如根据普光 2 井基础数据，利用 PIPESIM 软件计算其采用外径 88.9mm 油管时不同产气量条件下的井筒内温度分布，并预测与各点对应的水合物形成温度。产量在（40 ~ 100）$\times 10^4 m^3/d$ 范围内，井筒中各点的流体温度均高于相应的水合物形成温度，因此在方案配产的情况下，气井井筒内形成水合物的机会较小（表 3 – 8、图 3 – 29）。

2）水合物防治措施

通常水合物防治措施主要有提高温度、使用井下节流工艺、加注抑制剂、干燥气体等，考虑到气藏高含 H_2S，作业危险性很大，推荐采用加注抑制剂法。根据软件计算，气田开发初期，产量较高的情况下，井筒中的流体温度高于对应的水合物形成温度，井筒中产生水合物的可能性较小，当气田开发到中后期，井筒中有水合物形成时，通过和溶硫剂复配，选择协同作用好的抑制剂，与溶硫剂一起通过毛细管连续投加，预防井筒中水合物堵塞；井筒中产生水合物堵塞时，关井用泵车通过油管向井中加注抑制剂清除水合物。

表3-8 水合物形成温度预测

井深/m	$40\times10^4m^3/d$		$60\times10^4m^3/d$		$80\times10^4m^3/d$		$100\times10^4m^3/d$	
	温度	水合物生成温度	温度	水合物生成温度	温度	水合物生成温度	温度	水合物生成温度
0.00	47.85	28.29	56.66	27.85	62.34	27.13	65.89	26.02
304.80	54.15	28.32	62.34	28.10	67.46	27.43	70.60	26.40
609.50	60.51	28.74	68.02	28.34	72.57	27.71	75.22	26.77
914.40	66.81	28.95	73.69	28.38	77.60	27.99	79.75	27.12
1219.20	72.35	29.16	79.29	28.81	82.57	28.25	84.37	27.45
1524.00	77.76	29.26	84.62	29.02	87.87	28.30	89.16	27.77
1828.80	83.07	29.45	89.48	29.23	93.08	28.75	93.86	28.07
2133.60	88.40	29.73	94.37	29.32	97.99	28.98	98.25	28.37
2438.20	93.98	29.90	98.97	29.52	101.97	29.21	102.93	28.45
2743.20	99.16	30.07	103.29	29.80	105.73	29.33	107.27	28.93
3048.00	104.01	30.23	107.36	29.99	109.27	29.55	110.42	29.19
3352.80	108.37	30.39	111.14	30.17	112.54	29.86	113.35	29.35
3657.60	112.77	30.55	114.61	30.34	115.55	30.06	116.06	29.70
3962.40	116.60	30.70	117.80	30.51	118.37	30.27	118.41	29.95
4267.20	120.03	30.85	120.64	30.68	120.86	30.46	120.89	30.18
4572.00	122.87	31.00	123.03	30.85	123.00	30.66	122.87	30.41
4876.80	125.02	31.15	124.91	31.01	124.75	30.84	124.54	30.64

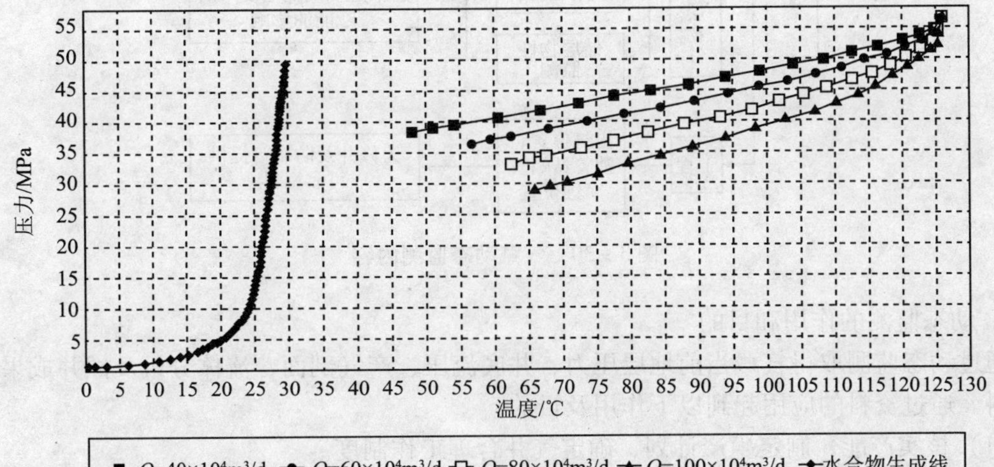

图3-29 普光2井不同产量下井筒中温度分布与水合物生成温度曲线

3.5 气藏动态监测

动态监测是气田开发过程中一项重要的工作，建立适合气藏特点和开发方式的监测系统，根据不同开发阶段的特点，制定生产动态监测计划。要求针对低渗透气田的特点，结合当前开发的新情况、新问题及未来发展趋势，每年都应提出适宜的动态监测方案，并严格实施，录取合格、准确的气田开发动态资料。通过动态监测，录取气田开发过程中的各项动态资料，为开发部署、方案调整、生产管理及各项科研工作提供第一手资料。

1. 动态监测的主要内容

应针对不同类型气藏开发特点，满足不同开发阶段气藏动态分析的需求；监测井应选择固定井与非固定井相结合的方式，并具有一定代表性（构造部位、储层、产量级别等）、可对比性。气田开发初期监测井点密度和资料录取频率相对较高，开发后期以典型井监测为主。

气藏动态监测内容主要包括压力监测、产能试井、不稳定试井、流体及储层物性监测、工程监测等，具体内容如图 3－30 所示。

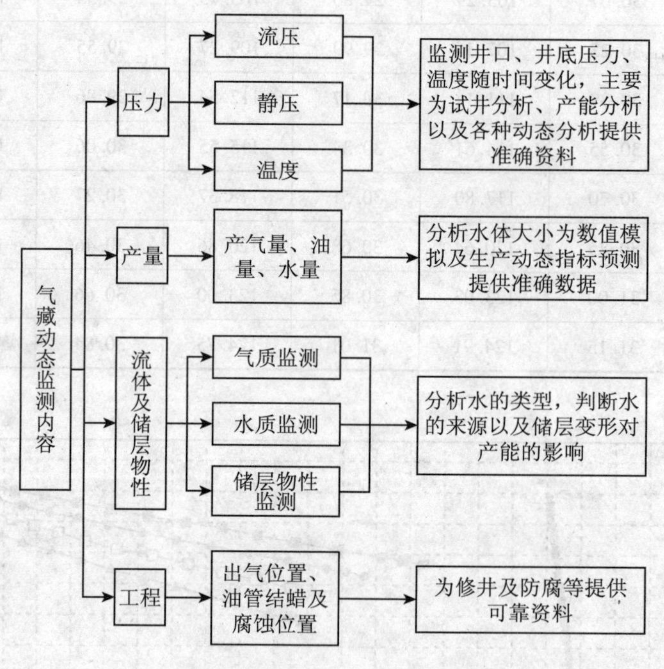

图 3－30　气藏动态监测内容

2. 动态监测的作用和目的

通过动态监测取得气藏当前地层压力、井底流压、产气剖面、流体分析及试井成果等基础资料。通过资料的应用起到以下作用及目的：

（1）核实产能，制定生产计划，确定气井合理工作制度。

（2）评价气田当前地层压力水平，开展压力系统研究，初步划分流动单元。

（3）根据不稳定试井成果，从动态角度认识气藏储层特征，评价其非均质性。

（4）采用动态法落实气藏、气井控制的动态地质储量，评价储量动用程度。

（5）分析气井产水及气质组分变化规律。

（6）分析气井井下管柱的腐蚀状况及缓蚀剂的防腐效果。

（7）为综合评价气田开发效果，开展攻关研究提供依据。

3.5.1 试井技术

试井是通过改变油、气、水井的工作制度，同时进行产量、压力、温度等参数的测试，来分析油、气层的特征，研究油气藏不同是发展变化规律的一种方法，它是掌握油气藏动态的重要手段，是制订合理的开采制度和开发方案的重要依据，常用的试井方法如图3-31所示。

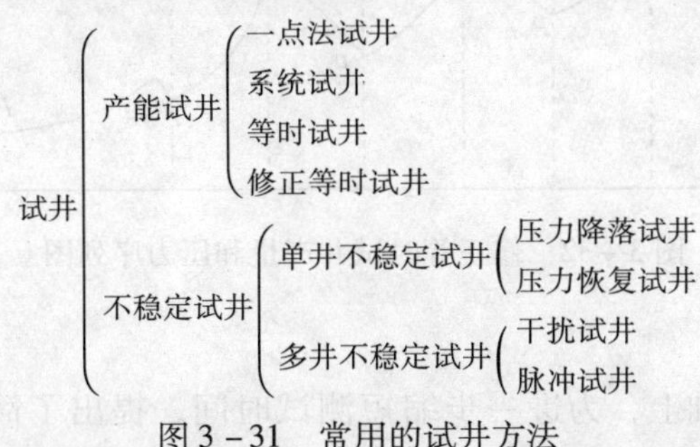

图3-31 常用的试井方法

应根据气藏工程研究的需要，在生产计划中安排试井工作。试井前编写试井地质设计和施工设计，按照设计要求高质量录取试井资料。试井完成后，及时结合地质资料进行试井解释，编写试井报告，并提出相应的措施建议；根据开发工作需要，新井投产初期、生产井产量或压力出现较大变化、增产措施前后应进行不稳定试井；重点井应采用井下测压方式，定期进行产能试井和压力恢复试井，必要时可安排干扰试井。

1. 产能试井

选择少数具有代表性的气井，开展系统试井、简化修正等时试井（接入生产流程的气井）、修正等时试井、一点法试井，进一步核实气井产能。

1）系统试井

流体在地层中处于稳定渗流状态下进行的试井称为稳定试井，气田中应用的稳定试井主要有系统试井。系统试井是指气井以不同产量生产，当压力达到拟稳态时，测试流动压力，来计算气井无阻流量。该方法由于生产时间较长，能够真实反映气井的生产动态特征。

2）修正等时试井

修正等时试井主要应用在气田开采初期，落实新区气井产能，评价气井稳产能力。修正等时试井是由一组不同的产量（一般为由小到大的四级产量），相等的时间间隔交替开、关井（等时测试），接着以合理产量持续生产至压力稳定（延续测试），利用等时阶段的不稳定测试资料绘制不稳定产能曲线，确定气井二项式系数 B（或指数式 n）；过延续测试的稳定点做不稳定产能曲线的平行线，即得稳定产能曲线，由此确定二项式系数 A（或指数式 C），从而建立气井稳定产能方程，求得无阻流量。最后关井进行压力恢复测试，求取气井产能方程，计算气井无阻流量，求取储层物性参数，修正等时试井较适合中、高渗透气井；对于特低渗透、低产井，由于难以设计等时工作制度，故不宜进行修正等时试井，否则误差较大。其产量和压力序列如图3-32所示。

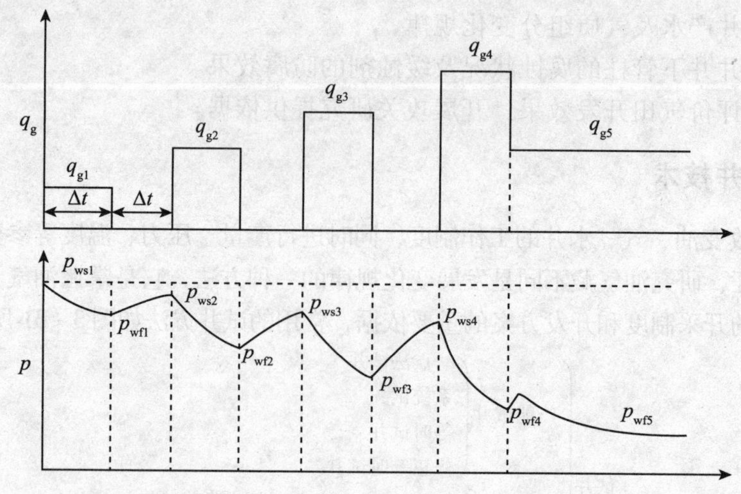

图 3-32　修正等时试井产量和压力序列图

3）简化修正等时试井

在修正等时试井的基础上，为进一步缩短测试时间，提出了简化修正等时试井（省略了延续测试阶段）。其基本理论是在利用等时测试阶段的资料确定了产能方程系数 B 之后，建立 $A_t \sim \log t$ 关系曲线，在井筒储集效应基本消失后，均质地层气井的 $A_t \sim \log t$ 将是一条直线，在给定气井供气半径（r_e）的条件下，计算所需的有效驱动时间（t_d），即：

$$t_d = 0.02755\phi\mu c_t r_e^2 / K \tag{3-3}$$

将计算的 t_d 代入 $A_t \sim \log t$ 关系表达式，便得到二项式系数 A，建立气井产能方程，进而计算无阻流量。

对于非均质气井，难以确定可靠的二项式系数 A，只能在统计分析的基础上进行校正，这无疑存在较大误差。如果气井接入生产流程，只需进行等时不稳定测试，得到二项式系数 B，在此基础上，二项式系数 A 很容易根据稳定生产动态资料来确定（图 3-33）。

$$A_t = 2.411 \quad \log t + 0.3466$$

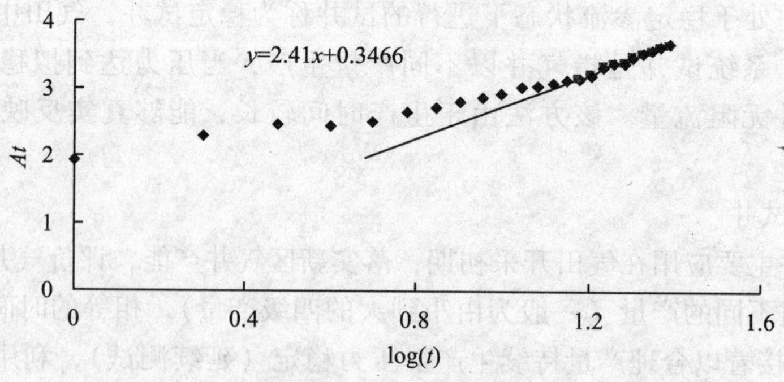

图 3-33 等时阶段 $A_t - \log t$ 关系曲线图

高压集气流程下的简化修正等时试井优点：仅需 8～10d 的等时阶段测试，减少了延续测试阶段，测试时间大大缩短，成本大幅度降低；气井已经接入流程，既不需要传统试井必备的井房、分离器等设备，又避免了天然气放空浪费，同时保护了环境；利用准确可靠的井口压力折算井底压力，同样可以得到准靠的产能方程和无阻流量，进一步降低了测试成本。

4）"单点法"试井

气井单点法试井是以单一工作制度生产至稳定状态，利用获得的地层压力、产量和对应井底流压数据，代入适宜的经验产能公式计算无阻流量。单点法产能公式通式为：

$$q_{\mathrm{AOF}}=\frac{2\ (1-\alpha)\ q_{\mathrm{g}}}{\alpha\left[\sqrt{1+4\left(\dfrac{1-\alpha}{\alpha^{2}}\right)\left(\dfrac{\rho_{\mathrm{R}}^{2}-\rho_{\mathrm{wf}}^{2}}{\rho_{\mathrm{P}}^{2}}\right)}\right]} \tag{3-4}$$

$$\alpha=\frac{A}{(A+Bq_{\mathrm{AOF}})} \tag{3-5}$$

显然，影响单点法经验产能公式的主要参数是α值，α值是根据大量多点产能试井（修正等时试井、系统试井）资料来确定的，无疑以气田的多点产能试井结果得到的经验产能公式更适合气田。

"单点法"试井具有工艺简单、测试时间较短、资源浪费小、成本低等优点。新井多采用"单点法"进行试气，初步确定产能。但试气时，测试时间短，探测范围有限，试气得到的无阻流量误差较大，高产井偏高、低产井偏低，中产井误差相对较小。因此，气井投产后，应根据其他多种方法（包括应用本气田单点法经验公式）进一步落实产能。

2. 不稳定试井

流体在地层中不稳定渗流状态下进行的试井称为不稳定试井，气田常进行的不稳定试井主要有：压恢试井、压降试井、干扰试井。

1）压力恢复试井

压力恢复试井是气井稳定生产一定时间后瞬时关井，连续监测气井压力随关井时间而变化的一种试井方法。

试井目的是了解气井关井后压力恢复情况，识别储层类型，判断储层边界，求取储层物性参数，加深对储层横向变化规律的认识，同时评价气井增产措施效果。

利用试井软件对测试数据进行解释，结合地质情况及生产动态选择相适应的解释模型（由井筒、储层和边界组成）。井筒影响主要根据压力恢复早期曲线来确定，其影响因素有井储效应、表皮效应、井底裂缝等；储层特征包括均质、双孔等；边界指外边界条件，包括无限大、封闭边界、定压边界等，可根据压力恢复晚期曲线确定。在理论曲线与实测曲线充分拟合的基础上，进行压力历史拟合检验，并结合地质情况综合分析，获得与实际情况相符的储层解释参数。

2）压力降落试井

压力降落试井是以一个定产量生产期间内从稳定的气藏压力开始连续地测量井底压力。

试井目的是为了确定那些影响到生产动态的气藏特性，获取地层系数、表皮系数、湍流系数等。

3）干扰试井

在气田开采初期，为研究储层横向连通性，选择干扰试验井组进行干扰试验。其方法是以一口或多口井作为观察井，其周围一口或多口井作为激动井，定期用高精度压力计测试观察井的压力，通过观察井监测压力变化，判断井间是否有干扰现象。随着气田开发规模的扩大，在干扰试验的基础上建立气田观察井网，深入研究井间储层的连通性，观测各区块的地层压力降。

3.5.2 流体及储层物性监测

多产层气藏、块状气藏应加强生产剖面监测。重点开发井、多层合采井应在投产初期测生产剖面，每年选择重点井测生产剖面。

1. 产出剖面监测

为进一步研究气井各个产层的产气情况，评价用一套管柱开采多个层系的可行性。气田产气剖面测试主要是针对纵向上产层较多的气井、上下合采的气井、部分产出地层水的气井进行的，评价纵向上各产层在某一生产压差下的贡献率及确定产水层位。

产气剖面测试的原理是在油（套）管内径不变时流速与产量成正比，通过气体流速来计算产量，仪器测点的气量是其所处位置以下的所有产层气量总和，产层顶部所测气量减去产层底部所测气量就是该产层的气量，依次计算出各产层的产气量。在气井稳定生产时，通过在井筒中测试压力、温度、流体密度、流体流速等参数，来计算各产层产量，确定主要产气层段。

产气剖面测试主要用途是了解气井分层产量和地层参数；找准出气、液层位，为产层改造提供依据；检查工程措施实施效果；验证地质认识上存在的疑难层；确定不同流体液面位置。

2. 流体性质监测

流体监测主要针对气井产出流体（气、水）进行监测。

1）气质监测

在气田开发过程中必须不断的对天然气进行分析，监测其成分变化，了解气井气层各段时间的生产状况。气田产出天然气中高含 H_2S 和 CO_2，这 2 种气体属于酸性气体，溶解在水中易形成酸性水溶液，对气井管串及输气管线具有较强的腐蚀作用。因此，在气体监测过程中除定期进行气质全分析，了解天然气的各组份含量的变化外，还加强了对的监测。

气质全分析的监测频率及要求：气井投产初期测一次，之后每隔半年测一次。常规硫化氢分析的监测频率及要 H_2S 求为：新投产井在开井后半年以内，每月测一次；连续 3 次误差稳定之后半年测一次，对于产水气井更要加密硫化氢监测。

2）水质监测

气田开发过程中绝大部分气井生产过程中产水，通过对产出水进行化验分析，确定大部分气井产凝析水，但有部分井产地层水。对产水气井及一些富水区边缘的气井进行连续跟踪监测，定期进行水质全分析，监测各种阴阳离子的含量变化，重点加强对 Cl^- 和总矿化度的监测。

水质监测主要包括水质全分析和常规分析。水质分析取样要求取样日期与送检日期之间的间隔不能超过 3d，否则视为废样；要求取样日期与报表日期填写 H_2S 需加密取样，及时化验分析。

3.5.3 工程监测

近 10 年来，油管腐蚀问题一直是油气田生产过程中一个相当棘手的问题，特别是高含硫化氢气井生产中，常常会发生油套管腐蚀穿孔、挤扁、断落等现象。

由于这两种酸性腐蚀性气体或单独、或共存于油气开发中，对油套管的腐蚀及油气开发造成了巨大损失。对于单独 H_2S 和 CO_2 腐蚀的研究，国际学术界已取得突破性的研究成果；

但对 H_2S 和 CO_2 共存条件下的腐蚀机理及相应防护技术的研究，国内外单位还不多且较分散，对二者共存时高温高压条件下钢材的腐蚀研究更少，制约了含 H_2S 和 CO_2 共存条件下的油气开发。开展高温高压高含 H_2S 和 CO_2 共存条件下油管、套管钢腐蚀的监测是必要的。

1. 油管腐蚀监测

气井的油管腐蚀是通过观察油管表面有无坑蚀及点蚀等腐蚀现象。通过扫描电镜 SEM 观察油管表面有无形成致密的腐蚀产物层。通过能谱检测油管表面腐蚀沉积物，最终确定主要腐蚀产物。

2. 生产套管壁厚检测

电磁探伤测井仪（EMDS－TM－42E）可透过内层钢管探测外层钢管的壁厚和损坏——裂缝、错断、变形、腐蚀、漏失、射孔井段、内外管的厚度等；可在油管内检测油管和套管的厚度、腐蚀、变形破裂等问题，可准确指示井下管柱结构、工具位置和套管以外的铁磁性物质（如套管扶正器、表层套管等）。

3. 采气树壁厚检测

采气树壁厚检测是对采气树腐蚀速度较快的部位进行检测，重点监控采气树各检测点腐蚀速率，是否出现坑蚀、冲击异常腐蚀、敷焊层是否出现脱落（气泡）等异常腐蚀情况，以了解采气树内腔腐蚀状况。

4. 环空保护液检测

为确保油层套管长期安全使用，在油套环形空间内加入一种以甲酸盐溶液为基液的环空保护液体系。该甲酸盐基环空保护液具有良好的抗腐蚀性能和杀菌能力，对油管、套管和橡胶试件的腐蚀速率很低，能够有效地保护环套管空间。需要定期开展 pH 值测试、液面监测，确保液体是否变质，环形空间是否充满。

思考题

1. 什么是井身结构图，包括哪几个部分?
2. 投产试气的工艺过程分哪几个工序?
3. 高含硫气井常用井下工具有哪些，分别说出它们的功能?
4. 地面安全控制系统有哪些部件组成?

第4章

采气地面集输

本章主要介绍高含硫气田地面集输工程的一些基础知识，包括高含硫气田地面集输系统的特点与设计原则，集气站工艺技术，集气总站工艺技术，以及相关的阀室和管网的工艺技术。

4.1 油气集输基础知识

天然气从气井采出，经过一系列的矿场集输站对天然气进行降压、分离、除尘、除液处理后，再由集气支线、集气干线送至天然气处理厂或长输管道首站，这一系列称为气田集输系统。当天然气中含有 H_2S 和 CO_2 时，即需经过天然气处理厂进行脱硫、脱水处理，然后输至长输管道首站。

4.1.1 矿场集输站的种类和作用

1. 集气站

一般两口井以上的气井用管线接至集气站，在集气站对气体进行节流降压、分离、计量，然后输入集气管线。根据天然气中是否需要回收凝析油，集气站又分为常温集气站和低温集气站两种形式，其中低温集气站较常温集气站复杂得多。

2. 矿场脱水站

从地层采出的天然气，通常处于被水饱和状态。天然气中有液相水存在时，在一定条件下会形成水合物，堵塞管道、设备，影响集输生产的正常进行。另外，对于含 H_2S 和 CO_2 等酸性气体的天然气，由于液相的存在，会造成设备管道的腐蚀。因此，有必要在矿场建立脱水站脱除天然气中的水分，或采取抑制水合物生成和控制腐蚀的措施。

3. 矿场增压站

增压站分为矿场增压站以及输气干线起点、中间增压站。在气田开发后期，当气井井口压力不能满足生产和输送要求时，就需要设置矿场增压站，将气体增压后输送到天然气处理厂或输气干线。此外，天然气在输气干线流动时，压力不断下降，要保证管输能力不下降就必须在输气干线的一定位置设置增压站，将气体压缩增压到所需的压力。

4. 其他

(1) 阴极保护站：为防止和延缓埋在土壤内的输气管线的电化学腐蚀，在输气管网上每隔一定的距离设置一个阴极保护站。

(2) 阀室：为方便管线的检修，减少放空损失，限制管线发生事故后的危害，在集气管线上，每隔一定的距离设置线路截断阀室。在集气干线所经地区，可能有用户或可能有纳入该集气干线的气源，则在该集气干线上选择合适的位置，设置预留阀室或阀井，以利于干线在运行条件下与支线沟通。

4.1.2　矿场集输站场的一般要求

（1）满足气田开发对集输处理的要求。在气田开发方案和井网布置的基础上，集输管网和站场应统一考虑综合规划分步实施，应做到既满足工艺要求又符合生产管理集中简化和方便生活。

（2）采用先进适用的技术和设备。

（3）充分利用井场原有场地和设备并与当地自然条件、交通状况相适应。

（4）集输系统的通过能力用来协调平衡。

（5）集输系统的压力应根据气田压力和商品气外输首站的压力要求综合平衡确定。

（6）三废处理和流向应符合环保要求。

（7）产品符合销售流向要求。

4.1.3　高含硫气田地面集输系统设计原则

（1）工程设计借鉴和采用国际先进标准。借鉴国外开发同类气田的经验，开展气田集输工艺设计、材质评选、腐蚀控制等方面的工作。在设计过程中可参考采用 ISO 标准、API 标准、ASME 标准等。

（2）采用先进的技术工艺保证系统安全、环保、经济，集输工艺的选择要根据气田的特点决定。国外常用的有干气输送、湿气输送（包括湿气混输、气水分输）。

高含硫化氢天然气的干气输送一般采用分子筛脱水，采用干气输送，可有效地提供输送过程的安全性。

集气管线采用气液混输工艺，可以实现气田污水的集中处理，有效减少工程投资、解决集气站分离污水难于处理、维护费用高、环境污染等问题。

（3）采用先进的设备及材料，适应气田的开发需求。用于高含硫气田集输系统和管道材料应符合：NACE MR 0175/ISO 15156 - 3；GB/T9711.3 - 2005/ISO・3183 - 3。必要时还参照如下相应国外标准的相应条款：ISO 15156《石油天然气工业 - 油气开采中用于含 H_2S 环境的材料》；ISO 3183 - 3《石油天然气工业输送钢管交货技术条件第 3 部分：C 级钢管》等国际标准的优质抗力碳钢。

（4）建立完善的腐蚀监测系统。高含硫气田集输系统的腐蚀是气田安全生产的大敌，结合国外腐蚀领域发展综合技术，进行集输系统的防腐和在线腐蚀监测，确保高含硫气田集输系统的安全可靠。建立适应高含硫化氢环境下的在线腐蚀监测系统。

（5）建立完善的紧急截断（ESD）系统。可靠的紧急截断（ESD）系统可以在事故发生时有效地减少集输系统 H_2S 的泄漏量，降低由此造成的环境污染和人员伤害。高含硫气田的集输系统，设置独立、与过程控制系统分开的安全系统，确保 ESD 系统安全可靠。

总之，高含硫气田在选择合理的集气工艺方案时，首先应尽可能简化集气工艺，减少站内气体泄漏点；同时还应综合考虑环境保护因素，减少气田内废气、废水排放点。从而达到方便生产管理，提高集输工艺经济效益的目的。

4.2 高含硫气田地面集输工艺流程选取

高含硫气田开发地面集输主要由集气管网工程、集气站场工程、腐蚀控制与监测、自动控制与泄漏监测、应急反应工程、通讯工程、给排水、消防、污水处理与回注等系统组成。

常用的天然气集输工艺分为干气输送和湿气输送2种。

1. 干气输送工艺

干气输送是指集气站建立脱水装置，气井生产高含硫化氢天然气经过分离器分离后进入脱水装置处理，天然气脱水计量后经集气干线输往天然气处理厂。经过脱水装置处理的天然气露点温度可达 -15℃。天然气从集气站输至天然气处理厂过程中，无凝析液产生，防止或减少管线内腐蚀。

2. 湿气输送工艺方案

湿气输送一般是指原料气仅在井口降压分离掉液相水后即进入集气管线。在集输过程中，由于操作压力和温度不断下降，原料气的露点也不断下降而析出冷凝水。当气/液两相混输时，可能会因在管线内沉积液相水而导致严重的管线内腐蚀和形成水合物堵塞等安全生产问题。在运行过程中水合物的堵塞、管网腐蚀和管网泄漏，是集输管网运行过程中关键的监控项目。

4.2.1 集输管网布置

集输气管线是气田开发的重要组成部分。从气井至集气站一级分离器入口之间的管线称为采气管线；集气站至气体处理厂（或长输管线站、阀室）之间的管线称为集气支线或集气干线。由集气干线和若干集气支线（采气管线）组合而成的集气单元称为集气管网。

1. 集输管网的作用

(1) 为集气站集输提供统一和连续的流动通道。

(2) 为天然气进行各种集气站预处理提供条件。

(3) 为天然气的集中净化和商品天然气的集中外输提供条件。

2. 集输管网的结构

(1) 树枝状结构：沿集气干道两侧引出若干集气支管道，支管道又可同样派生下一级的支管道，各集气支管道的末端与集气站或单井站相连，由此形成树枝状管道网络。灵活和便于扩展，是这类管网结构的特点（图4-1）。

(2) 放射状结构：从给定点向四周给定点辐射的方式引出若干主管道，再以同样的方式从这些管道的末端引出支管道。按这种方法形成的，以主辐射点为中心的管道网络结构成为放射状管网结构（图4-2）。

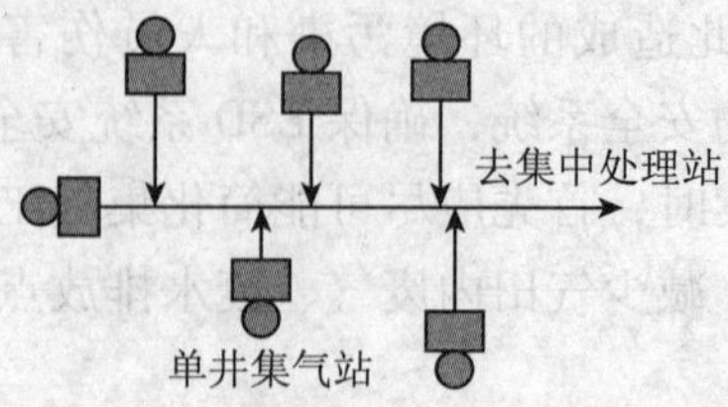

图4-1 树枝状管道网络构示意图

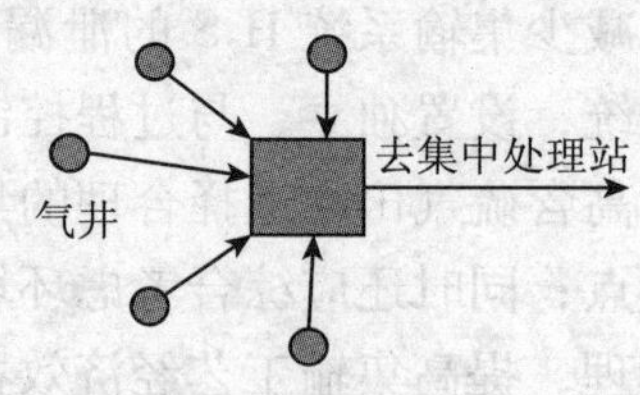

图4-2 放射状管网结构示意图

(3) 环状结构：集气干管道在产气区域首尾相连呈环状，环内和环外的集气站、单井站以最短距离的方式通过集气支线与环状集气干管连接。这种集气干线设置方式的特有优点是各进气点的进气压力差值不大，而且环管内各点处的流动可以正反 2 个方向进行（图 4－3）。

(4) 组合式结构：各种管网结构形式具有各自的优缺点，适用于不同的具体使用场合。大部分集输管网采用包括树枝状、放射状和环状结构在内的混合结构形式，尤其前 2 种结构形式的组合最为常见（图 4－4）。

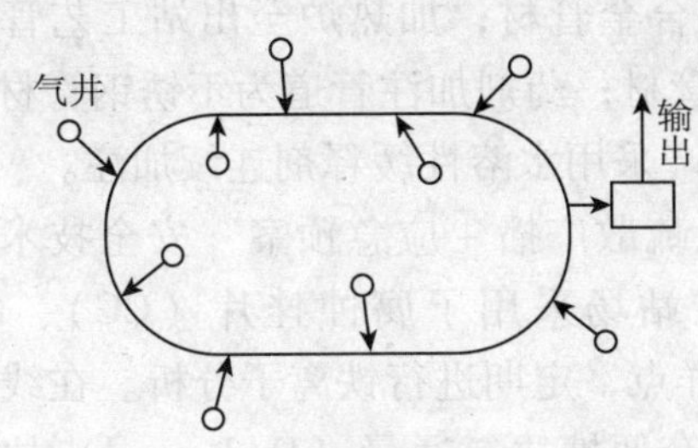

图 4－3　环状管网结构示意图

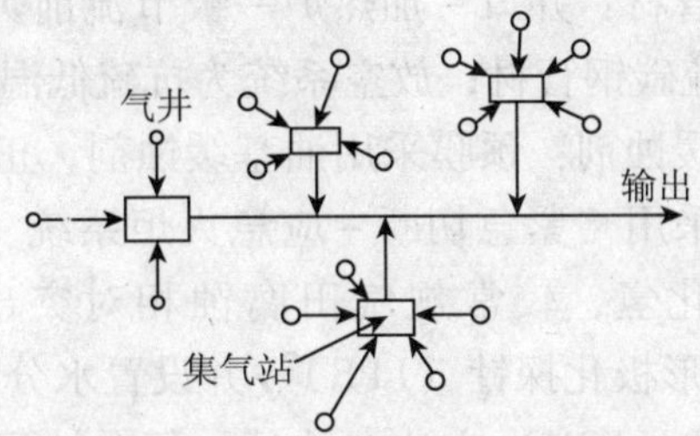

图 4－4　组合式管网结构示意图

4.2.2　集输管网的设置原则

(1) 满足气田开发方案对集输管网的要求。

(2) 集输管网设置与集气工艺的采用和合理设置集输站场相一致。

(3) 集输管网内的天然气总体流向合理，管网中主要管道的安排和具体走向与当地的自然地理环境条件和地方经济发展规范协调。

(4) 符合生产安全和环境保护要求。

4.2.3　普光气田地面集输工艺的选取

根据普光气田主体集输系统的特点，普光气田的集输工艺采用全湿气加热保温混输工艺。采用湿气输送工艺，井站及管网设施简单，无生产分离器、集气站及管网无污水处理和集输设施，达到真正的环境保护效果。工艺流程描述如下：

井口天然气经加热、节流、计量后外输，采用“加热保温＋注缓蚀剂”工艺，经集气支线进入集气干线，然后输送至集气末站分水，生产污水输送至污水站处理后回注地层，含饱和水蒸气的酸气则送至净化厂进行净化（图 4－5）。

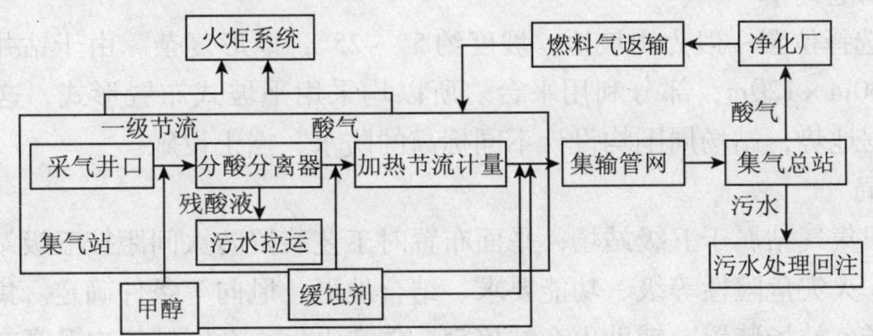

图 4－5　集输工艺流程框图

技术特点：

（1）站场具有集气、加热、节流、分离后单井计量、放空和收发清管器等功能；计量外输至集气总站集中分水后输至净化厂净化处理。站场主要设备有加热炉、计量分离器、燃料气分配撬块、药剂加注撬块、收发球筒等装置。

（2）采用全湿气加热、节流、保温混输工艺。

（3）采用“抗硫管材+缓蚀剂+阴极保护+智能清管”联合防腐工艺。

（4）管材：井口-加热炉一级节流前为镍基合金管材；加热炉至出站工艺管道及站外管道为抗硫碳钢管材；放空系统为抗硫低温碳钢管材；药剂加注管道为不锈钢管材。

（5）缓蚀剂：预膜采用油基缓蚀剂，正常生产采用水溶性缓释剂连续加注。

（6）采用“紧急切断+应急火炬系统+紧急疏散广播+应急预案”安全技术。普光气田高含硫化氢，较常规气田腐蚀相对突出，在站场采用了腐蚀挂片（CC）、电阻探针（ER）、线形极化探针（LPR）、并设置水分析取样点，定期进行铁离子分析。在线路管道上采用电指纹（FSM）方法。此外，每个站配置一套便携式氢通量（Hydrosteel）技术，用于管道设备渗氢及氢损伤的评估。

（7）污水集中分离回注地层，使气田成为现代化绿色工厂。

4.3 高含硫气田集气站

高含硫气田集气站主要由站场集输工艺流程、腐蚀控制与监测、自动控制与泄漏监测、以及配套的供电、给排水、消防、污水处理等系统组成，具有加热、节流、计量与外输功能，并在站场设收发球筒，实现智能清管。下面从集气站主要功能、工艺流程及站场主要设备等方面对高含硫气田集气站主体功能进行介绍。

4.3.1 集气站概述

1. 站址选择

站址选择主要遵循以下原则：

（1）符合输气管道线路走向，保证输气工艺的合理性及经济性。

（2）社会依托条件好，供电、给排水、生活及交通便利。

（3）与附近工业、企业、仓库、车站及其他公用设施的安全距离应符合《石油天然气工程设计防火规范》。

（4）站址选择位置一般为山坡地，坡度约5°~25°，地形复杂。由于钻井平台在先，集气站平面一般60m×120m，部分利用平台。所以均采用平坡式布置形式，这样方便于场地的排雨水。根据地势，站场周围均设计不同标高的防水、挡土设施。

2. 平面布局

高含硫气田集气站属于五级站场，平面布置时工艺装置防火间距按五级站场设计。根据生产工艺特点、火灾危险性等级、功能要求、结合地形、风向等条件确定。集气站场采用台阶式布置，井场、站场装置、辅助生产站控室、放空火炬4个区域依次升高布置在4个台阶上。每一级台阶场地为平坡式布置，便于场地排雨水及提高工作人员安全性。

3. 站场功能

集气站场具有对井口来天然气进行集气、加热、节流、单井计量、放空和智能清管接收与发送等功能，具体如下：

(1) 事故状态下的快速关断与放空。

(2) 天然气加热与节流。

(3) 天然气单井切换计量分离。

(4) 天然气总计量外输。

(5) 站场自动控制：数据采集、调控、传输。

(6) 远端通信站功能。

(7) 燃料气调压。

(8) 甲醇加注系统。

(9) 缓蚀剂加注系统。

(10) 单井分离器分酸。

(11) 预留硫溶剂加注口、单井生产分离器接入短管。

4. 控制系统

集气站场自动控制系统采用以计算机为核心的监控和数据采集（SCADA）系统。该系统在中控室对全气田进行监控。全系统基于 Windows2003 服务器/客户机系统，利用高速动态缓存采集实时数据，提供报警、显示操作、历史数据采集、报表报告等服务功能。SCADA 系统分 3 大部分：过程控制系统（PCS）、安全仪表系统（SIS）以及中控室的中心数据处理系统。

在每一个控制节点（站场和阀室）均分别设置 2 套子系统：过程控制系统（PCS）和安全仪表系统（SIS），作为一个单独的网络节点，挂在光纤通信子网及 5.8G 无线备用网络上，分别对应实时数据服务器和中心安全仪表系统上传或下载数据。

过程控制系统（PCS）采用通用的 PLC 系统，负责站内的正常的生产工艺流程以及辅助流程的数据采集和控制，并接收中控室控制指令。

安全仪表系统（SIS）包含火气监控系统（FGS）和紧急停车系统（ESD）2 部分。出现异常事件后，连锁相关设备，并接收中控室安全仪表系统的指令。火气监控系统（FGS）是对气体火灾和气体探测的安全管理系统。紧急停车系统（ESD）是一种安全保护系统，当生产装置出现紧急情况时，直接由 ESD 发出保护连锁信号，对现场设备进行安全保护。

5. 关断逻辑

根据集气站故障的性质分为四个不同的关断级别：

一级关断为全气田关断，当净化厂、输气首站事故、集气总站事故无法接受气源，输气主干线爆管会造成一级关断，应由中心控制室的专门人员负责，在中控室 ESD 手操台上依次拔出报警确认按钮与关断按钮，或由中控室操作员在电脑上紧急触发全气田关断。

二级关断为单线关断，当输气支线火灾或爆管泄露、线路阀室火灾或气体大量泄漏事故时，由中控室人员在中控室 ESD 手操台上依次拔出相应支线报警确认按钮与关断按钮，或由中控室操作员在电脑上紧急触发相应支线关断。

三级关断为单站关断，当站场发生火灾、气体泄漏且满足关断条件，在中控室或站控室 ESD 手操台上依次拔出报警确认按钮与 ESD 关断按钮，或在电脑上触发紧急 ESD 关断实现三级关断。

四级关断为单井关断，当井口压力低低、高高报警、井口失控、井场气体泄漏且满足关断条件，由站控室人员在手操台上进行相应工艺单元关断，视具体逻辑启动局部放空。

6. 安全措施

高含硫化氢天然气泄漏的安全控制措施如下：

(1) 站场以及阀室设置点式红外可燃气体探测器和电化学式有毒气体探测器以便于探测甲烷和硫化氢浓度。

(2) 阀室线路截断阀配套电子防爆管单元，可监测管线的压力变化情况，以推断管线是否存在泄漏。

(3) 隧道中设置开路式、红外吸收补偿式可燃气体探测器和电化学式有毒气体探测器以便于探测甲烷和硫化氢浓度。

以上3项的报警进入就地安全仪表系统，第1项由就地安全仪表系统直接触发相应联锁保护逻辑，并将报警送至中控室SIS进行相应处理，第2、3项直接由就地SIS送至中控室SIS用以触发气田级别的相应联锁保护。

4.3.2 工艺流程

高含硫化氢天然气从井口采气树经过一级节流后直接进入集气站集输管线。为了防止一级节流后水合物的生成，在井口一级节流后设计了甲醇加注管线，通过甲醇的加注来抑制高含硫化氢天然气管线水合物的生成。在投产初期，井底大量的酸液会随高含硫化氢天然气一起产出，为降低对管线的腐蚀性，在二级节流后增设了分酸分离器（井口分离器），通过该设备来分离出高含硫化氢天然气中的酸液，酸液从分酸分离器直接排至酸液缓冲罐存放。经过分酸处理的高含硫化氢天然气为了具备外输的条件，在进加热炉前设置了缓蚀剂加注管线。通过加热炉的二、三能节流加热之后，高含硫化氢天然气已经达到外输所要求的压力和温度，进入外输管线外输。

1. 集气站工艺技术

集气站采用全湿气加热保温混输工艺：

(1) 井口到加热炉进口之间采用纯镍基合金管材，其他高含硫化氢天然气管道采用“抗硫碳钢+缓蚀剂”管材方案。

(2) 完备的“SCADA+ESD”自动化系统。

(3) 光缆数字传输网络+5.8G无线备用通信系统。

(4) ERP/EPZ的设计保证紧急状态下环境的安全。

(5) 采用有效的腐蚀监测与控制系统，将泄漏降为最低。

2. 集气站工艺流程

集气站场分4个区布置，由井场区、站场装置区、站控室区和放空火炬区组成。主要设备橇块包括井口加热炉橇块、分酸分离器橇块、酸液缓冲罐橇块、计量分离器橇块、甲醇加注橇块、缓蚀剂加注橇块、火炬分液罐橇块、燃料气调压分配橇块8种。

集气站气井生产的含硫天燃气在井口一级节流后，进入二级节流阀节流，加热炉一级盘管中加热，再进入三级节流阀，节流后再进入加热炉二级盘管中加热，进入生产汇管，汇合后计量外输。二级节流之后加注缓蚀剂，外输计量后加注缓蚀剂。正常生产时，采用加热炉加热防止水合物的生成；事故工况时，在二级节流前及外输计量后加注甲醇，避免生产水合物。

单井计量采用轮换计量方式，单井来气经过节流调压后，经切换阀进入计量汇管，再进入计量分离器，分离成气液两相，分别计量后，液体排入酸流缓冲罐，天然气汇入外输管线统一计量后外输。集气站场工艺流程框图如图 4-6 所示。

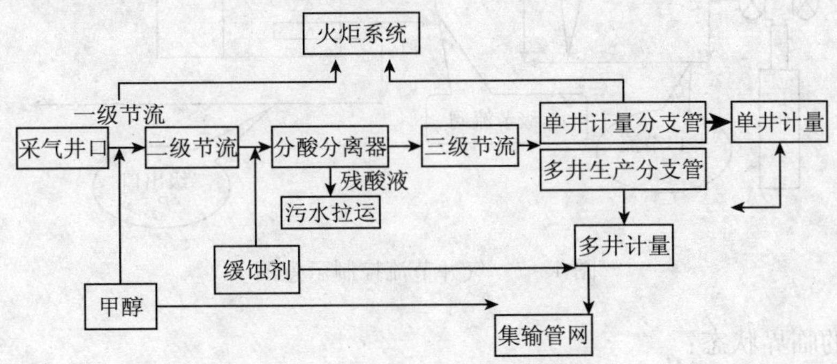

图 4-6　集气站工艺流程图

3. 集气站辅助工艺流程

集气站辅助流程包括分酸系统、放空系统和燃料气系统流程。

1）分酸工艺流程

为提高单井产能，投产前对每口气井进行酸化压裂，酸液总量 $1000m^3$ 左右，在井口放喷过程中，有 90% ~95% 的酸液会被携带出来，而 5% ~10%（$50 \sim 100m^3$）的酸液滞留地层，这部分酸液在气井开采初期被携带至地面集输系统。因此在前期开采时增设过滤分离器，分离气体携带出的酸液和泥浆，分酸分离器设置在二级节流阀后。

2）放空系统

集气站场设置安全可靠的事故放空系统，在井口、出站管道设紧急切断阀，当出现事故时可以自动或手动紧急切断。安全阀或放空管线出口汇入放空总管后，输送到站外放空火炬燃烧。

3）燃料气系统

集气站燃料气系统负责站内自用气供应，来自净化厂的燃料气，输至集气站后经调压、过滤分离后分别供给仪表风、井口加热炉用气、吹扫气用气、应急发电机发电用气。各用气设备自带小型调压稳压设备，调节燃气压力至所需压力。

集气站投产初期由于产量较高，出现硫沉积概率低，但是为防止硫沉积对生产的不利影响，预留一套硫溶剂加注装置，如果生产过程中发生硫沉积的情况，可向管线中加注硫溶剂。

4.3.3　气井节流控制

集气站气井生产，高含硫天然气压力高，在集气站需进行多级节流调压后，才能达到外输要求，气井井口设一级节流装置，一级节流装置主要调节气井的产量，满足气井生产需求；后边第二/三级节流装置主要调节集气站管道起点压力如图 4-7 所示。

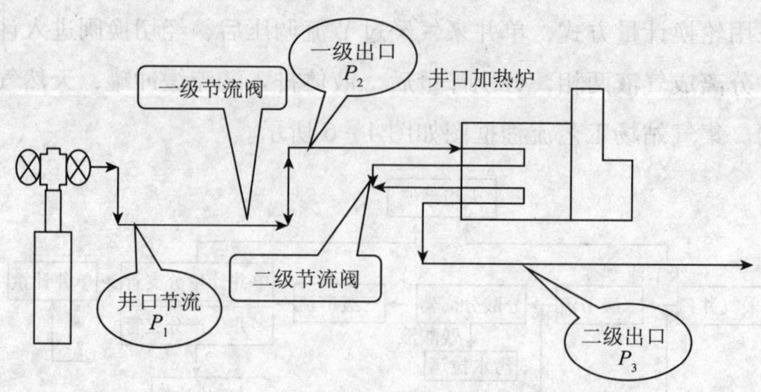

图4－7　气井节流控制示意图

节流装置的临界状态：

当节流装置出口压力（P_2）与进口压力（P_1）的比值小于某一个值时（0.55），通过节流装置的流量与进出口压力无关，只与节流装置的流通面积有关。所以，对于连接井口第一级调节产量的节流装置，要求：$P_2<0.55P_1$。

第一级节流阀孔径的计算公式：

$$d=\left(\frac{q_v}{156P_1}\right)^{0.476}(\Delta zT)^{0.238} \tag{4-1}$$

式中　q_v——天然气流量（$P=101.325\mathrm{kPa}$，$t=20^\circ\mathrm{C}$），$\mathrm{m^3/d}$；

d——节流阀的流通直径，mm；

P_1——节流阀前压力，100kPa（绝压）；

z——节流阀前天然气的压缩因子；

T——节流阀前天然气温度，K。

对于井口第二或第三级的节流阀，主要功能是调节集气管道起点的压力，所以要求：$P_3>0.55P_2$，$P_4>0.55P_3$，……

节流阀的计算公式：

$$d=\left(\frac{q_v}{324}\right)^{0.476}\left[\frac{\Delta zT}{P_2(P_1-P_2)}\right]^{0.238} \tag{4-2}$$

式中　P_2——阀后的压力，100kPa（绝压）。

由于节流阀在操作状态投产一般要求处于50%左右的开度，所以选择节流阀的流通口径时，要把计算出来的结果乘以2。

4.3.4　管线材质选择

站场内所有接触酸性介质的设备、管道及其附件的材料选择都依据 NACE MR0175/ISO 15156《石油和天然气工业－油气开采中用于含 H_2S 环境的材料》的要求进行选材及抗硫限定。

1. 井口－加热炉出口段管道

该段管线最高关断压力为40MPa，操作温度为40～80℃，和 CO_2 的分压非常高，且没有缓蚀剂加注，同时存在强烈的HIC（氢诱导开裂）、SSC（硫化物应力开裂）和 CO_2 腐蚀等，腐蚀环境非常恶劣。因此，为确保系统安全，本段管线及其附件根据 NACE MR0175/ISO 15156－3《石油和天然气工业－油气开采中用于含 H_2S 环境的材料　第 3 部分－抗开裂耐蚀合金（CRAs）和其他合金》选用镍基合金 INCOLLOY 825（UNS N08825）无缝钢管及附件。

2. 加热炉出口后集输管道（非低温放空管线）系统

该管线系统设计压力为 11MPa，操作温度为 50～60℃，尽管环境中依然伴有较强的 HIC、SSC 和腐蚀环境 CO_2 腐蚀等，但 H_2S 和 CO_2 的分压都较前面有很大的降低，且管道系统中配有缓蚀剂加注，腐蚀环境相对前面有所缓解。故本段管线根据 NACE MR0175/ISO 15156－2《石油和天然气工业－油气开采中用于含 H_2S 环境的材料　第 2 部分－抗开裂碳钢和低合金钢及铸铁的使用》选用 ISO 3183. 3—1999《石油和天然气工业－输送钢管交货技术条件　第 3 部分：C 级钢管》中的 L360NCS 直缝埋弧焊钢管和 L360CS 无缝钢管，并依照相关规范对材料进行了抗硫限定。

该管道系统中的法兰和盲法兰采用经抗硫限定的 ASTM A－105N 作为材料，标准管件（包括弯头、三通、大小头、管帽等）的材料选用经抗硫限定的 ASTM A－105N、ASTM A－234Gr. WPB、ASTM A－420Gr. WPL6。

3. 低温放空管道系统（酸气）

该管线系统设计压力为 11MPa，最低操作温度为－35℃，介质仍然为强酸腐蚀性介质，因而本段管道（包括其周边的非低温管道）采用了 ASTMA－333Gr. 6 低温无缝钢管，并进行抗硫限定。

该管道系统中的法兰和盲法兰采用经抗硫限定的 ASTM A350 Gr. LF2 作为材料，标准管件（包括弯头、三通、大小头、管帽等）的材料选用经抗硫限定的 ASTM A350 Gr. LF2、ASTM A－420 Gr. WPL6。

4. 燃料气管道系统

燃料气管道，设计压力为 4. 0MPa 和 1. 6MPa，介质为无腐蚀性的燃料气。管道选用 GB/T8163－199920#无缝钢管，管件等均为 20#锻件或无缝管件。

4. 3. 5 常用阀门

普光气田地面集输工艺使用的阀门包括平板闸阀、球阀、止回阀、截止阀等形式，材质包括镍基、316L 不锈钢、抗硫碳钢等，规格有 *DN*500、*DN*400、*DN*300、*DN*200 等型号，压力等级有 2500#、1500#、900#、300#、150#。阀门是采输气场站使用最多，型号最多的设备，可根据不同的用途分为：

切断阀类——主要用于切断或接通介质流，主要有闸阀、球阀、截止阀；

调节阀类——主要用于调节介质的流量、压力等，包括节流阀；

止回阀类——用于阻止介质倒流、包括各种结构的止回阀；

安全阀类——用于设备、场站等超压安全保护，包括各种类型的安全阀。

1. 闸阀（闸板阀）

闸阀是利用闸板控制启闭的阀门。闸阀的主要启闭部件是闸板和阀座。闸板与流体流向垂直，改变闸板与阀座相对位置，即可改变通道大小或截断通道。为保证关闭严密，闸板与阀座间需研磨配合。通常在闸板和阀座上嵌镶有耐腐蚀材料如不锈钢、硬质合金等制成的密封面（图 4－8）。

图 4 - 8　闸阀现场实物图

根据闸阀闸板的结构形式，闸阀可以分为锲式和平板式闸阀两大类。

闸阀根据阀杆的结构又分为明杆和暗杆两大类。

明杆闸阀的阀杆的螺纹及螺母不与介质接触，不受介质温度和腐蚀性介质的影响，开启程度可通过阀杆出露长度判别，在天然气生产中得到广泛应用。

暗杆闸阀的螺杆螺纹与介质接触，易受介质温度和介质的腐蚀性影响，开启程度只能按开关圈数确定。暗杆闸阀的全开高度尺寸小，适用于非腐蚀介质输送的管道和外界环境受限制的场所。

普光气田使用的闸阀主要为明杆平板闸阀，属于平行式闸阀，其主要特点是：在全开状态时，闸板上的开孔使气流通过阀门时几乎没有流态上的改变。同时闸板开孔完全封闭了阀体内腔，使得固体颗粒无法进入阀体。其阀杆的主要运动方式与闸板开孔位置有关，其中碳钢闸阀为上关下开，镍基闸阀为上开下关。

2. 球阀

球阀是利用一个中间开孔的球体作阀芯，靠旋转球体 90°来实现阀的开启和关闭。球阀的开孔和连接管道内径可实现一致，主要作用是用于截断和需清管的管道上。球阀按球的结构形式一般可分为两类：

1）浮动球球阀

浮动球球阀的球体是浮动的，在介质压力作用下，球体能产生一定的位移并压附在出口端的密封圈上，保证出口端密封。

浮动球球阀结构简单，密封性能好，但出口端密封处承压高，操作扭矩较大。这种结构广泛用于中低压球阀，适用于 $DN \leqslant 150$mm。

2）固定球球阀

固定球球阀的球体是固定的，在介质压力作用下，球体不产生位移，通常在与球成一体的上下轴上装有滚动或滑动轴承，操作扭矩较小，适用于高压和大口径阀门。

3. 截止阀

截止阀是指启闭件（阀瓣）沿阀座中心线上下移动的阀门，在管道上主要用于截断介质，也可作调节流量操作。主要优点是密封面间的摩擦力比闸阀小，开启度小，靠阀座和阀瓣之间的接触面密封，易于制造和维修，缺点是流动阻力大，开启和关闭需要的力较大。

截止阀按其通道方向又分为直通式、角式、直流式三种。

直通式安装在成一直线的管路上，适用于对流体阻力要求不严的场合。

角式安装在两个垂直相交成 90°的管路上，流体阻力近于直通式。

直流式阀杆处于倾斜位置，流体阻力小，但操作不便。截止阀安装时有明确的方向要求，正确的方向是“低进高出”。

4. 安全阀

安全阀是安装在管道和容器上，用以保护管道和容器安全的阀门，在采气现场常见的安全阀有弹簧式安全阀、先导式安全阀等。

1）弹簧式安全阀

弹簧式安全阀由弹簧力加载到阀瓣上，载荷随开启高度变化。其优点是轻便、灵敏度高、安装位置不受严格限制，在采气现场普遍采用，其结构如图 4－9 所示。

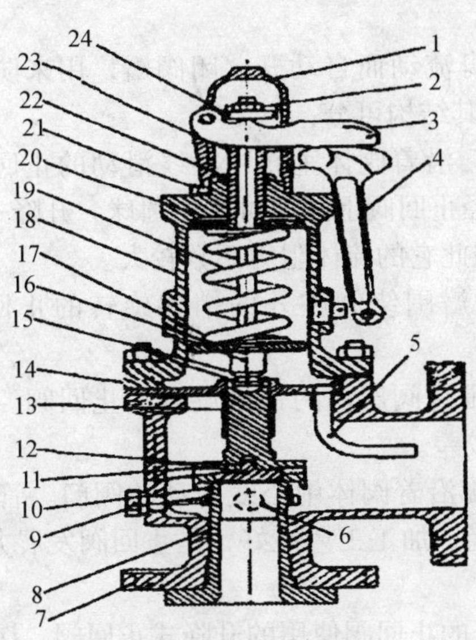

图 4－9　弹簧安全阀结构图

1—护罩；2、22 锁紧并帽；3、4 手动提升装置；5—阀盖疏水管；6—阀体水口；7—阀体；8—喷嘴；9、21—定位螺栓；10—调整环；11—阀瓣；12—阀瓣套；13—导向套；14—垫片；15—卡环；16—阀杆；17—下弹射座；18—阀盖；19—弹射；20—上弹射座；23—调节螺栓；24—手动提档圈

其工作原理如下：

安全阀是借助外力（杠杆重锤力、弹簧压缩力、介质压力）将阀盘压紧在阀座上，当管道或容器中的压力超过外加到阀盘的作用力时，阀盘被顶开泻压；当管道或容器中的压力恢复到小于外加到阀盘的压力时，外加力又将阀盘压紧在阀座上，安全阀自动关闭。安全阀的开启压力的大小，是由设定的外加力来控制的，外加压力是由套筒螺丝调节弹簧的压缩程度来控制的，安全阀的开启压力应设定在管道或容器工作压力的 1.05～1.1 倍。

弹簧式安全阀按开启高度又分为：

（1）微启式安全阀。开启高度为阀座喉径的 1/40～1/20，通常做成渐开式（开启高度随压力变化而逐渐变化）。微启式安全阀主要用于排泄量小的液体介质场合。

（2）全启式安全阀。开启高度等于或大于阀座喉径的 1/4，通常做成急开式（阀瓣在开启的某一瞬间突然起跳，达到全开高度）。主要用于气体、蒸汽介质和泄放量大的场合。

弹簧式安全阀按阀体构造可分为：

（1）全封闭式—排放时介质不会向外泄漏而全部通过排泄管排放。

（2）封闭式—排放时，介质一部分通过排泄管排放，另一部分从阀高盖与阀杆的配合处向外泄漏。

（3）敞开式排放时，介质不通过排泄管，直接由阀瓣处排放。

2）先导式安全阀

它由主阀和导阀组成。介质压力和弹簧压力同时加载于主阀瓣上，超压时导阀阀瓣首先开启，导致加到主阀阀瓣上的介质压力被泄掉，主阀开启。当压力降低到安全压力时，导阀阀瓣在弹簧力的作用下导阀关闭，主阀充气，在介质压力和弹簧压力的作用下推动活塞下行，使主阀关闭。先导式安全阀是近几年引进的一种新型阀门，主要用于大口径和高压场合。普光气田主要使用的是弹簧式安全阀，其中酸气流程使用的全开式，加注药剂及酸液流程使用的是微启式。

5. 止回阀

止回阀是指依靠介质本身流动而自动开、闭阀瓣，用来防止介质倒流的阀门（图4－10、图4－11）。止回阀根据其结构可分：

（1）升降式止回阀：阀瓣沿着阀体垂直中心线滑动的止回阀，升降式止回阀只能安装在水平管道上，在高压小口径止回阀上阀瓣可采用圆球。升降式止回阀的阀体形状与截止阀一样（可与截止阀通用），因此它的流体阻力系数较大。

（2）旋启式止回阀：阀瓣围绕阀座外的销轴旋转的止回阀，旋启式止回阀应用较为普遍。

（3）碟式止回阀：阀瓣围绕阀座内的销轴旋转的止回阀。碟式止回阀结构简单，只能安装在水平管道上，密封性较差。

（4）管道式止回阀：阀瓣沿着阀体中心线滑动的阀门。管道式止回阀是新出现的一种阀门，它的体积小，重量较轻，加工工艺性好，是止回阀发展方向之一。但流体阻力系数比旋启式止回阀略大。

在普光气田 *DN*25 及以下的止回阀使用的升降式止回阀，*DN*25 以上使用的碟式止回阀。

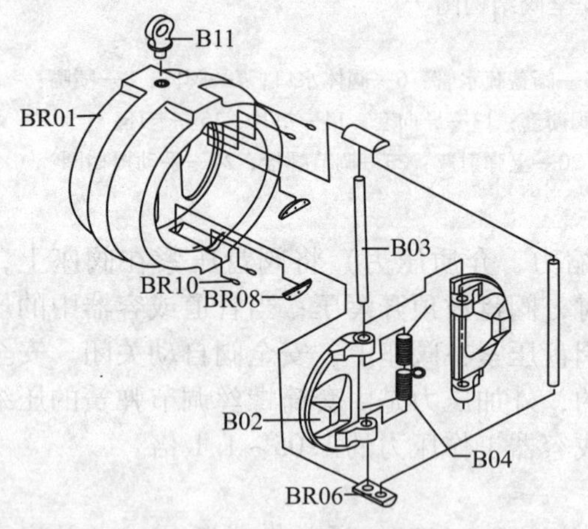

图4－10　止回阀结构图

图4－11　止回阀

6. 阀门的材质要求

（1）制造阀门的材料均应符合 API6D、API600、NACEMR0175/ISO15156 和有关阀门材料标准的要求。

（2）阀体材料应为低硫和低磷的细晶全镇静纯净钢。钢材应采用真空脱气或其他可替代的工艺，生产过程需要对其夹杂物的成型进行控制，使其最小可能的出现非金属夹杂物，不能有明显的柱状偏析。钢材的铸造生产过程应是连续不间断的。

（3）阀体采用铸造或锻造，对钢材化学成分进行抗硫限定，保证 C≤0.22%、P≤0.02%、S≤0.015%，并保证其硬度不大于 200HB。单个阀体表面不允许出现≥30cm^2 的重大焊补。

（4）井口至加热炉前放空管线上的阀门，阀门上、下游管线材质为 A333Gr.6，则配对法兰要求为 ASTM A350 LF2 抗硫锻件，符合 NACE MR0175/ISO 15156 的标准要求。

阀体：ASTM A352 LCC；

闸板：ASTM A350 LF2，与阀座密封面采用碳化钨表面硬化处理；

阀杆：Inconel 718 镍基合金；

阀座：ASTM A350 LF2，与阀板密封面采用碳化钨表面硬化处理；

连接附件如螺栓和螺母的材质为 A193 Gr. B7M/A194 Gr. 2HM 应符合 NACE MR 0175/ISO 15156 要求，表面应采取防腐措施。

（5）加热炉后生产管线上的阀门，阀门上、下游管线材质是 L360CS，符合 NACEMR0175/ISO15156 的标准要求。

阀体：ASTM A216 WCC；

闸板：ASTM A350 LF2，与阀座密封面采用碳化钨表面硬化处理；

阀杆：Inconel 718 镍基合金；

阀座：ASTM A350 LF2，与阀板密封面采用碳化钨表面硬化处理；

连接附件如螺栓和螺母的材质为 A193 Gr. B7M/A194 Gr. 2HM 应符合 NACE MR 0175/ISO 15156 要求，表面应采取防腐措施。

（6）加热炉后放空管线，阀门上、下游管线材质为 A333 Gr. 6，则配对法兰要求为 ASTMA350LF2 抗硫锻件，符合 NACE MR0175/ISO 15156 的标准要求。

阀体：ASTM A352 LCC；

闸板：ASTM A350 LF2，与阀座密封面采用碳化钨表面硬化处理；

阀杆：Inconel 718 镍基合金；

阀座：ASTM A350 LF2，与阀板密封面采用碳化钨表面硬化处理；

连接附件如螺栓和螺母的材质为 A193 Gr. B7M/A194 Gr. 2HM 应符合 NACE MR 0175/ISO 15156 要求，表面应采取防腐措施。

4.3.6　日常管理

1. 生产管理制度

（1）集气站严格遵循《高含硫化氢集气站场安全管理规定》及相应的 HSE 管理制度。

（2）集气站在试运、生产和检修时必须严格按照操作规程执行。

2. 生产管理要点

（1）上岗操作人员，必须经岗位培训考核合格后，持证上岗。

（2）所有进站人员，劳保服装要穿戴整齐，将手机等非防爆电子用品关闭，将火种存放到站场指定点。禁止穿戴化纤衣物、钉子鞋的人员进入站场。

（3）严格遵守巡回检查制度，按照规定的站场巡回检查路线、检查部位、检查内容及检查时间进行巡回检查，并认真做好相关记录，及时处理或上报设备设施存在的异常情况和存在的安全隐患。

（4）重要设备设施、重点区域要设置相应的防毒、防火、防爆等安全警示标志、消气防用品存放点标识、事故应急疏散通道标识、风向标等，禁止随意挪动或取消。

（5）站场电视监视系统，必须监视到井口区、工艺设备区、火炬头、站控室整个操作区、大门口等位置。

（6）严禁工作人员擅离岗位或做与工作无关的事情。当站场人员离开站控室进入生产区域例行工作，在站控室无人值守的情况下，必须向中控室报告，并由中控室人员接管站场运行监管和对进入生产区域的人员进行监护。

（7）严禁未开展风险评价、识别危险点源、采取有效防范措施、无监护人及雷雨等恶劣气象等条件下进行各种作业。

3. 事故应急预案

（1）站场应建立完善高含硫化氢天然气泄漏、火灾、爆炸、人员中毒等突发事故的应急处置程序，并与区级或厂级应急预案对接。

（2）站场人员应熟悉所有应急处置程序，明确职责；经常检查各逃生路线的可通行情况。

（3）每月组织站场人员对应急处置程序进行培训和演练，并不断修改完善应急处置程序，提高应急处置能力。

4. 设备设施及安全附件的维护检测

（1）站场的设备、管道投产后要按照规定进行腐蚀检测和监测，并根据检测和监测结果制定调整防腐或生产措施。

（2）压力容器应由有检测资质的单位按《压力容器安全技术监察规程》定期进行检测，并在其出具检测合格报告有效期内运行。严禁检测不合格及安全附件缺失或不全的压力容器运行。

（3）消防设施及容器、管道的防雷、防静电装置经消防监督部门检查合格，并确保其完整、齐全、有效使用，做到定期检验。每年雨季前，技术保障站应对站场防雷、防静电装置及电器系统进行一次全面检查，并做好记录。禁止随意挪用消防设施，防止容器、管道的防雷、防静电装置受到损坏。

（4）安全阀每年校验一次，且在校验有效期内使用；其根部阀及出口阀要全开，并加以铅封。安全阀投运后，应当检查其密封情况，并做好记录。如果运行中发现安全阀不正常（泄漏或者其他故障）时，必须及时进行检修或者更换。

（5）仪器仪表应经检定合格后使用，并按照规定定期检定。压力表、温度计、液位计朝向要便于观察，应标志上下线，贴有检验标签，按规定加以铅封。

（6）电气、自动控制系统要定期检查并按照相关规定进行校验或标定等。

（7）进入站场的检修单位人员在经过硫化氢防护技术培训、取证，并在 HSE 办公室备案后，由 HSE 办公室工作人员依据检修主管部室下发的检修工作单，给其办理入站手续；办理《涉硫作业许可证》；涉及直接作业环节的办理相应作业票。

（8）检修前，检修单位应制定检修方案，检修方案中要有安全篇章，详细分析可能存在的危险危害因素并作出风险评价，制订相应风险消减措施和应急处置预案。

（9）进入站场检修人员必须按规定着装，检修单位要为进入高含硫化氢环境人员配备便携式硫化氢检测仪、正压式空气呼吸器及消防设备设施等。人身防护设备数量不得少于进入检修现场工作的人数。

（10）检修涉及气体置换作业的，要在检修方案中制定气体置换安全操作步骤并严格执行。发现异常应及时查明原因和排除不安全因素，情况紧急时，应启动应急处置预案。

（11）检修过程中涉及开启清管器收发装置、分离器、汇管、酸液缓冲罐、含硫污水储罐等密闭容器进行清洗、更换元器件的作业时，应采取防毒、防硫化亚铁自燃的措施。

（12）检修污水及其他固体废弃物，都有散发硫化氢的可能，作业中要采取防护措施。

（13）进入受限空间检修作业，首先应考虑防毒、通风，进入时应携带使用便携式硫化氢检测仪、正压式空气呼吸器，提前准备救援措施工具。作业时至少两人在场，一人进入作业，一人监护。

5. 人身安全防护

（1）按 SY/T6277《高含硫气田集输系统设计规范》配置安全设备和人身安全防护用品。

（2）安全设备和人身安全防护用品应指定专人管理，定期检验，并作记录，以确保有效使用。

6. 日常工作

集气站日常包括开（关）井、调产、设备的定时巡检、设备的维护保养、动静密封点的验漏、紧急情况的处理等工作。

高含硫气田集气站与常规气田集气站管理，在操作制度和防护用品的佩戴上有所不同，主要是从安全角度来考虑。

4.4　高含硫气田集气总站

4.4.1　概述

高含硫气田集气总站接收上游来气，经生产分离器进行气液分离，天然气经过外输计量后，进入天然气净化厂进行净化处理，污水通过排污总管线排入污水缓冲罐，经过缓冲沉降后再通过污水提升泵泵入污水气提塔，使用氮气进行 H_2S、CO_2 气提，经过处理的污水排至污水站，气提出的混合气先进入火炬分液罐，再进入天然气净化厂尾气回收装置进行处理。同时集气总站设置收球装置，作为管道清管、批处理的收球末端（图 4－12）。

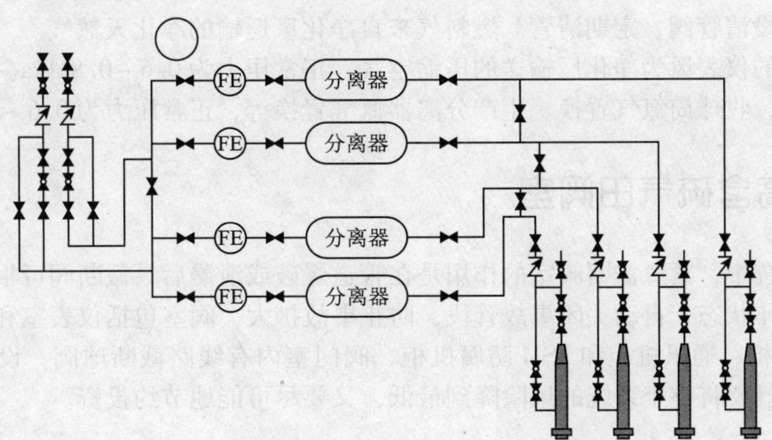

图 4－12 集气总站平面管网图

4.4.2 工艺流程

集气总站站场按流程顺序分五个区布置，主要由进站阀组区、分离计量区、外输阀组区、污水气提区和辅助生产厂房区组成。

1. 站场工艺

集气总站具有对来气进行分离、交接计量、放空、清管收球、污水气提、气相组分分析等功能。

站场主要功能设置：

（1）事故状态下的快速截断与放空；

（2）天然气进天然气净化厂交接计量；

（3）站场自动控制等；

2. 站场主流程

高含硫天然气从生产上游1#、2#、3#、4#管线进入集气总站后，分别进入4台生产分离器，生产分离器前设置旁通阀门连通，可进行流程切换操作，高含硫天然气经过生产分离器进行气、液分离，自分离器出来的天然气分成两路，1#线、2#线高含硫然气汇合进入净化厂的东区六系列高含硫化氢天然气处理单元，3#线、4#线高含硫天然气汇合进入西区六系列高含硫化氢天然气处理单元。

出站天然气流量计量采用高级孔板流量计量装置。从分离器出来的污水进入污水气提塔进行脱除硫化氢与二氧化碳处理，气提后的污水进入污水站进一步处理，气提后的高含硫化氢天然气进入天然气净化厂尾气硫磺回收单元。

3. 辅助工艺流程

辅助流程包括放空系统、仪表风系统、氮气系统、燃料气系统流程。

站场设置安全可靠的事故放空系统，在进站和出站管道分别设置紧急切断阀，当出现事故时可以自动或手动紧急切断，保护集气总站的安全。在站内设自动、手动放空阀，当出现事故时可自动放空泄压。BDV、安全阀和放空管线出口汇入放空总管后，输送到净化厂的放空火炬系统，最大放空量按$7.5\times10^4m^3/h$考虑。

燃料气系统负责输送整个普光气田各集气站所需的燃料气，气量约为$18.01\times10^4m^3/d$。在出站管线处设清管阀，定期清管。燃料气来自净化厂返输的净化天然气。

站内所用的仪表风为净化厂输送的压缩空气，正常压力为0.6~0.8MPa。站内氮气主要用来污水气提、收球筒氮气置换、生产分离器氮气置换等，正常压力为0.6~0.8MPa。

4.5 高含硫气田阀室

在集输系统中，紧急截断阀室的作用是在管道爆破或泄漏后，截断阀可根据管线的流速变化来判断工作状态，自动关闭事故管段，防止事故扩大，阀室包括仪表室和阀门室，仪表室内有UPS机柜、通讯机柜和FSM防腐机柜，阀门室内有线路截断球阀，设置截断阀室数量的前提是，既要将整个系统的风险降到最低，又要尽可能地节约投资。

4.5.1 阀室设置原则

目前，国内对紧急截断阀室设置的规定主要是针对输气干线的，对于高含硫气田集气系统尚无相应的规定。

加拿大高含硫气田紧急截断阀室的设置距离是根据管道的地区类别及管内硫化氢的体积来确定的，紧急截断阀室的距离最小不能小于 1km，一般都在 1 ~ 4m 范围内，依据地区的等级和安全泄放量确定阀室间距，参考加拿大高含硫气田 ESD 阀室的设置做法（表 4 – 1），不同管径的阀室间距计算结果（表 4 – 2）。

加拿大与我国的国情有很大不同，例如：地广人稀，高含硫化氢天然气管道可以很容易地避开人口密集区和城镇，而我国特别是四川省要这样做就很困难，因而在高含硫气田的开发中，应根据实际情况设置紧急截断阀室。

表 4 – 1　加拿大高含硫气田 ESD 阀室的设置依据

地区类别	人口密度（人/km^2）	设计安全系数	管内 H_2S 体积/m^3
1 类	≤10	0. 72	>6000
2 类	10 ~ 46	0. 6	2000 ~ 6000
3 类	>46	0. 5	300 ~ 2000
4 类	四层以上楼房	0. 4	<300

表 4 – 2　不同管径的阀室间距计算结果表

管径	地区类别	计算结果/m	备注
*DN*500	三类	535	实际阀室间距因环境及穿跨越的影响有所不同，但均小于本表计算结果
*DN*400		812	
*DN*300		1234	
*DN*200		1760	
*DN*150		4936	

4. 5. 2　阀室设备及功能

线路截断阀室一般采用半地下型式，保证集气管线不做竖向弯，阀室设置气液联动全通径球阀，并能通过清管器。阀室分为两间，一间为截断阀室，另一间为控制室，控制室内有 UPS 机柜和通讯机柜，截断阀室内有线路截断球阀。按管线数量分为单管阀室和多管阀室两种类型。线路截断阀主要用于管道破裂后阀门自动关闭，以保证高含硫化氢天然气的泄漏总量在可接受的安全范围内；其次用于联锁关断或人为关断。线路截断阀在接收到关断信号后能够立即实施关断，关断信号来自人工干预、ESD 系统、压力下降速率 3 个方面。阀室墙壁一般采用防雨百叶窗自然进风，截断阀室顶部安装一台轴流风机机械排风。阀室防爆风机与室内燃气泄漏报警装置联锁，发生泄漏后可自动起动。

1. 截断阀室

根据线路截断阀室当地的地形情况以及所处的管段位置以及阀池内高含硫化氢天然气管线的数量可以分为：Ⅰ型线路截断阀室和多型线路截断阀室。截断阀室内的主要控制阀门是 GPO 气液联动球阀。

GPO 气液联动在有气源的状态下共有 7 个动作：

（1）远程控制（指控制室和中控室）开阀，有开到位反馈显示。

（2）远程控制（指控制室和中控室）关阀，有关到位反馈显示。

（3）手动本地开阀；有开到位反馈显示。

（4）手动本地关阀；有关到位反馈显示。

（5）ESD 紧急关断联锁命令。一旦发生 ESD 紧急关断，有报警输出。

（6）GPO 破管紧急关断。有三种状况可以发生破管紧急关断：

①压降速率降低到设定值：设定值为 2.0MPa/min；

②压力降低到最低值：设定为 0bar（1bar = 0.1MPa）；

③压力升高到最高值：设定为 100bar。

（7）游动功能测试：检测阀门在长期打开的状态下是否被卡死。

在发生了 ESD 动作和 GPO 破管紧急关断后，需手动复位；手动复位的作用是在发生紧急关断时，阀门被锁死，故障解除后，必须在阀门的现场进行手动复位，才能进行阀门的本地或远程操作。

2. 控制室

线路截断阀室的另一间为控制室，控制室内有 UPS 机柜和通讯机柜，在远控线路截断阀室设置 RTU，监控阀室 RTU 的功能主要有：

（1）采集阀室的温度、压力和阴极保护等参数；

（2）监视线路截断阀的状态；

（3）控制线路截断阀开启、关闭。由调度控制中心远程关闭的线路截断阀，在确保安全的前提下可执行远程开阀；

（4）监视供电系统工作状态；

（5）监视阀室的可燃气体报警、火灾报警等。

4.5.3 日常管理

阀室日常管理以巡检为主，主要包括以下几个方面：

（1）认真记录阀室输气压力和线路截断阀的开关状态；

（2）清洁并保持阀室内和设备的卫生清洁；

（3）检查火气检测设备的工作情况，发现问题及时汇报，并做好记录；

（4）检查阀室内的轴流风机运转情况，发现问题及时汇报，并做好记录；

（5）检查阀室内消防设施的完好情况，如有压力不足和损坏及时汇报和更换，并做好记录；

（6）查看阀室外护坡情况，发现异常情况及时汇报；

（7）阀室如发生气体泄漏，应及时汇报，并做好现场警戒，等待救援抢险人员到来。

4.6 高含硫气田管网

4.6.1 管道的选择原则

1. 管网计算

集气管线工艺计算软件采用英国 ESI 公司推出的 PIPELINESTUDIOFORGAS（2.1 版）软件进行模拟计算。数学计算公式为：

$$q_v = 1051\left\{\frac{\left[p_1^2 - p_2^2\ (1+\alpha\Delta h)\right]\ d^5}{\lambda Z\Delta TL\left[1+\frac{\alpha}{2L}\sum_{i=1}^{n}\ (h_i + k_{i-1})\ L_i\right]}\right\} \quad (4-3)$$

式中　q_v——气体（$p_0=0.101325\text{MPa}$，$t_0=293\text{K}$）的流量，m^3/d；

p_1、p_2——输气管道计算管段起点压力和终点压力（绝压），MPa；

d——输气管道内直径，cm；

Z——气体压缩因子；

Δ——气体的相对密度；

T——输气管道内气体的平均温度，K；

L——输气管道计算段长度，km；

λ——水力摩阻系数；

α——系数（m^{-1}），$\alpha=2g\Delta/(RaZT)$；

Ra——空气的气体常数，在标准状况下，$Ra=287.1m^2/(S^2\cdot K)$；

Δh——输气管道计算段的终点对计算段的起点的标高差，m；

n——输气管道沿线计算管段数。计算管段是沿输气管道走向从起点开始，当其相对高差≤200m 时划作一个计算管段；

h_i、h_{i-1}——各计算管段终点和对该段起点的标高差，m；

L_i——各计算管段长度，km。

其中，水力摩阻系数采用 Colebrrok 公式计算：

$$\frac{1}{\sqrt{\lambda}}=-2.0\log\left[\frac{k}{3.71d}+\frac{2.51}{Re\sqrt{\lambda}}\right] \tag{4-4}$$

式中　λ——水力摩阻系数；

k——管内壁绝对粗糙度，m；

d——管内径，m；

Re——雷诺数。

2. 管网计算成果

在确定管径时输气量应按所输气量的 1.0 倍考虑，管道输气效率按 0.9 考虑。经过计算，管径组合方案如下：

干线 $6\times DN500+2\times DN400$；

支线 $2\times DN300+1\times DN250+5\times DN200+2\times DN150$。

3. 燃料气返输管线

与集气干线、集气支线同沟敷设至集气站和各单井集气装置的燃料气管线可供各站的生产及维护抢修时的置换气。气田燃料气用量约 $7425\times10^4m^3/a$，计算干线管径 $DN200$，燃料气支线管径 $DN80\sim DN150$，材质选用 L245 无缝钢管，设计压力 4.0MPa。

4. 管道强度计算

根据推荐计算公式、管径和设计压力，集气干线和集气支线的壁厚计算结果见表 4－3。

1）高含硫化氢天然气管道线路用管

在高含硫化氢天然气系统中，同时存在高浓度的 H_2S、CO_2（并可能存在氯离子和单质 S）等多重因素的腐蚀，腐蚀环境极其恶劣。从应用经验、加工制造、焊接和造价方面考虑，按地面设备、管线将按照 CSAZ622 规范设计。根据 NACEMR0175/ISO15156《石油天然气生产中－含硫化氢环境中原材料使用规定》标准的规定，管材经 HSC9 氢致开裂和 SSC（硫化物应力开裂）试验，在满足安全性、经济性、与其他组件的相结合等条件下，对本工程使用管道用材进行选择：主体管道采用抗硫碳钢＋缓蚀剂。其中酸气输送管道材料，

*DN*500 的管子采用 GB/T 9711.3 - 2005/ISO　3183.3 - 1999 L360MCS 直缝埋弧焊钢管，*DN*400 以下（包括 *DN*400）的管子采用 GB/T 9711.3 - 2005/ISO 3183.3 - 1999L360QCS 无缝钢管，执行标准 ISO3183 - 3《石油天然气工业输送钢管交货技术条件第 3 部分：C 级钢管》，其中 P104 集气站 - P105 集气站站外集气管线采用双金属复合管。

表 4 - 3　线路用管壁厚计算选用表

序号	公称直径/mm	管线外径/mm	钢种等级	壁厚/mm	备注
1	*DN*500	ϕ508	L360SAW 管	22.2	酸气管线
2	*DN*400	ϕ406.4	L360SAW 管	17.5	酸气管线
3	*DN*300	ϕ323.9	L360 无缝管	14.2	酸气管线
4	*DN*250	ϕ273	L360 无缝管	12.5	酸气管线
5	*DN*200	ϕ219.1	L360 无缝管	10	酸气管线
6	*DN*150	ϕ168.3	L360 无缝管	8.8	酸气管线
7	*DN*200	ϕ219.1	L245 无缝管	6.3	燃料气管线
8	*DN*150	ϕ168.3	L245 无缝管	6.3	燃料气管线
9	*DN*100	ϕ114.3	L245 无缝管	4.5	燃料气管线
10	*DN*80	ϕ88.9	L245 无缝管	4	燃料气管线

注：①L360MCS 指直缝抗硫碳钢管，L360QCS 指无缝抗硫碳钢管，双金属复合管指 L360QCS + 镍基 825 管材，内衬镍基层厚度 3mm。②NACE 标准指美国防腐工程师协会（NACE）认证的标准。

2）燃料气返输管道线路用管

气田燃料气返输管线管道材料根据 GB/T 9711.2—1999《石油天然气工业输送钢管交货技术条件第 2 部分：B 级钢管》选择，均采用 L245NB 无缝钢管。

4.6.2　管网的布置和敷设原则

1. 集输管网布置原则

（1）遵守安全第一的原则；

（2）尽量取直以缩短建设长度，尽量不破坏原有地貌和设施；

（3）宜与其他同类性质的管道、通讯线路同沟敷设；

（4）宜选择有利地形敷设，避开地质条件不良地段。

普光气田集输管网布置方案为“辐射 + 枝状”管网。

2. 管道敷设

管道的敷设方式随地形、地貌的变化表现出多样性，一般地段按普通方式执行，特殊地段需要采用特殊方法和相应的保护措施（图 4 - 13）。

1）一般地段敷设方式

除一些“V”字型河谷、冲沟采用直接跨越的方式外，全线其他管段均以沟埋方式敷设，各段集气管线和燃料气返输管线都是同沟敷设。

2）特殊地段敷设方式

(1) 冲沟地段。

普光气田集输管道在冲沟地段采用跨越方式跨过冲沟，即管道从钢结构桁架上通过冲沟。

图 4－13　桁架式管道跨越示意图

（2）陡坡地段。

为防止陡坡地段雨水冲刷管沟，设计在管沟内每隔适当距离设置截水墙，采用浆砌石砌筑，同时作好导水排水措施。

（3）冲刷严重地段。

受地形限制，线路局部沿山间谷地河床埋设，河床分布有砂卵石、巨石、大漂石的，也有基岩裸露的，雨季时山间谷地河道内水流量大、流速快、冲涮严重，水害威胁管线的安全，为了防止管道周围水土流失，造成管道架空，对冲涮严重段管线应埋入最大冲刷深度之下或采用现浇细石砼的方式防护。

（4）隧道。

以任何方式修建，最终使用于地表以下的条形建筑物，其内部空洞净空断面在 $2m^2$ 以上者均为隧道。管线隧道穿越克服了高程和地形障碍，降低了管线施工难度，具有管道敷设位置稳定、安全可靠、落差小、距离短、弯头弯管小、管线安装容易，征租地少、无需水工保护、减少对植被的破坏、生产管理容易等优点。

（5）管道穿越。

管道穿越均采用大开挖方式，套管选用钢筋混凝土套管。大开挖即挖沟埋设，具有造价低，施工简单，不受地质、地形的影响的优点。

3）管道转角

管道水平及竖向转弯，根据具体情况分别采用弹性敷设、冷弯弯管和热煨弯头来处理。

4.6.3　附属工程

1. 线路标志

按 SY/T6064－94《管道干线标记设置技术规定》，管道沿线设置永久的地面标志，线路标志包括线路转角桩、里程桩、穿（跨）越桩、结构桩、交叉桩设施桩和警示牌。

1）里程桩

表示该桩至路线起点的距离，一般每公里处设一个里程桩（图 4－14）。

2）转角桩

表示管道干线水平或纵向转交位置的主要变化参数。

图 4 – 14a　标志桩

图 4 – 14b　里程桩

管线在水平方向或纵向采用弯头处，在水平方向一次转角大于5°的弯管或弹性敷设处，设转角桩；转角桩上要标明管线里程，转角角度。

3）穿（跨）越桩

表示管道干线穿（跨）越铁路、公路、河渠处管道主要变化参数的设施。

管线穿越大中型河流、高等级公路的两侧均设置穿越桩；穿越标志桩上应标明管线名称、穿越类型、铁路公路或河流的名称，穿越长度，有套管的应注明套管的长度、规格和材质。

4）交叉桩

表示管道干线与其他建筑物发生交叉位置及相对关系参数的设施。

管线与其他地下建（构）筑物（如其他管道、电缆、坑道等）交叉时，应在交叉处设置相应的交叉桩；交叉标志桩上应注明线路里程、交叉物的名称、与交叉物的关系。

5）结构桩

表示管道干线管体或防护结构发生变化位置与变化特征的设施。

对于长距离管道段壁厚或防腐层结构发生变化的位置设结构桩；结构桩上要表明线路里程，并注明在桩前和桩后管道外防护层的材料或管道壁厚。

6）警示牌的设置位置

（1）易发生或多次发生危及管道安全的行为的区域；

（2）管道靠近人口集中居住区、工业建设地段等需加强管道安全保护的地方；

（3）穿跨通航河流处。

2. 固定墩

一般管道沿线需在下列地点加设固定墩：

（1）埋地管道的出土端；

（2）竖面上起伏较大，稳定性保证不了的地段；

（3）热力补偿段；

（4）大高差的底部。

本工程由于穿（跨）越较多，站间距也不长，规定在管线进出站、大型河流跨越和山体隧道低端口加设固定墩。

3. 水工保护

管道沿途主要经过山地丘陵、冲沟和山间凹地等地貌地段。低山丘陵和山区冲沟发育，会对管道运营产生潜在危害的不良地质作用，管道施工亦将使在自然状态下稳定、或相对稳定的地貌产生变化，从而引发不稳定因素，对管线安全构成威胁。为保证管道安全及管道附近地表或地基的稳定，防止由于洪水、重力作用、风蚀、地震、人为改变地貌的活动给管道造成的破坏，对于管道所经河流堤岸、陡坡、山前冲积扇纵坡地带以及冲刷剧烈的季节小河、山区谷地，采用护坡、截水墙、挡土墙、堡坎等措施进行防护。

1）护坡

护坡指的是为防止边坡受冲刷，在坡面上所做的各种铺砌和栽植的统称。分为植物护坡和工程护披。主要作用：一是抗风化及抗冲刷的坡面保护，该保护并不承受侧向土压力；二是提供抗滑力。

2）截水墙

为防止陡坡地段雨水冲刷，集输管道每隔适当距离设置截水墙。

3）挡土墙

挡土墙指的是为防止路基填土或山坡岩土坍塌而修筑的、承受土体侧压力的墙式构造物。主要用来支承路基填土或山坡土体，防止填土或土体变形失稳。结构形式分为直立式、倾斜式、台阶式。

4）堡坎

堡坎就是在河道、交通线、城镇建筑的，保护河岸或边坡的石料砌筑物，就是稳定土石边坡，起作挡土墙的作用，有的地方叫“驳坎”。

4.6.4 清管、试压、吹扫

1. 管道试压

为了掌握管道的承压状况，确定管线的运行操作压力，检验管道是否存在缺陷，在管道投运前应进行试压检漏。试压分为严密性试验和强度试验。

1）试验介质

根据《输气管道工程设计规范》（GB50251—2003）相关规定，管道强度试验采用水作试验介质；严密性试验用气体作为试验介质。

2）试验压力

按照《输气管道工程设计规范》（GB50251—2003）的规定，本工程线路段管道应进行分段试压，用水作为试压介质时，每段自然高度应保证最低点管道环向应力不大于 0.9σs，水质为无腐蚀性洁净水。试压宜在环境温度 5℃以上进行，否则应采取防冻措施。注水宜连续，排除管线内的气体。水试压合格后，必须将管段内积水清扫干净。

3）单独试压

对于沿线穿（跨）越的大中型河流和冲沟管段必须进行单独试压。经试压合格的管段间相互连接的焊缝经射线照相检验合格，可不再进行试压。

4）站间试压

站间试压前，管道线路、截断阀、穿（跨）越管道以及碰口连头工程应完成；站场的进出站管道、清管（球）器收发系统及临时排污管道应安装完毕。

2. 管线吹扫

1）管道吹扫的目的

在管道压力试验合格后，将管道内粉末杂物清扫出来。

2）管道吹扫的方法

（1）吹扫前，系统中节流装置孔板必须取出，调节阀、节流阀必须拆除，用短节、弯头代替连通。

（2）系统吹扫采用洁净压缩空气，吹扫速度不低于 20m/s，吹扫空气压力不超过 0.6MPa。吹扫宜分段进行，吹扫前应将流量计、过滤器、调节阀等设备或仪表拆除。

（3）系统吹扫宜间断性反复吹扫，直至吹扫合格为止。

3. 清管、试压

1）管道清管

选择采用设计规定的清管器，清管器应适用于清管三通和清管弯头，选择携带发射装置的清管器，并配备探测与接收装置；材质为具有耐磨性，适合于长距离清管的聚氨酯清管器；清管器过盈量为5% ~8%。皮碗清管器使用数量为 2 台，备用数量 1 台；直板清管器 1 台，本段站间清管采用聚氨酯直板清管器、皮碗电子发射跟踪清管器，根据以往施工经验要求管道进气量≥20m³/min。通球采用“二候一”的方式，通二个球，一个球等候。如出现串气可迅速再发射一枚清管器以解决串气问题，节省时间。

2）管线试压

（1）水压试验压力值、稳压时间及合格标准见表 4 -4。

表 4 -4　水压试验压力值

分类		强度试验	严密性试验
二级地区输气管道	压力值/MPa	1.25 倍设计压力	设计压力
	稳压时间/h	4	24
三级地区输气管道	压力值/MPa	1.4 倍设计压力	设计压力
	稳压时间/h	4	24
合格标准		无泄漏	压降不大于 1% 试验压力值，且不大于 0.1MPa

（2）水压试验升压、稳压程序，见表 4 -5。

表 4 -5　水压试验压力值

第一阶段	压力值	30% 强度试验压力
	稳压时间/min	30
	检　查	无异常现象
第二阶段	压力值	60% 强度试验压力
	稳压时间/min	30
	检　查	无异常现象
第三阶段	压力值	100% 强度试验压力
	稳压时间/h	4
	检　查	无泄漏
第四阶段	压力值	降至严密性试验压力
	稳压时间/h	24
	检　查	压降不大于 1% 试验压力值，且不大于 0.1MPa

4.6.5　工艺管道的防腐结构及保温

为保证管道的长期安全运行，抑制土壤电化学腐蚀，对站外埋地集输干线管道应采取涂层与阴极保护的联合保护方案。

管道地处山区，土壤腐蚀性较强，集输管道保温采用聚氨脂泡沫，保温层内管道防腐层推荐采用环氧粉末，补口采用辐射交联聚乙烯热收缩套。燃料气管道采用三层 PE 防腐结构，补口亦采用辐射交联聚乙烯热收缩套。

防腐、保温按照 SY/T0415 -96《埋地钢质管道硬质聚氨酯泡沫塑料防腐保温层技术标准》和SY/T0413－2002《埋地钢质管道聚乙烯防腐层技术标准》执行。

1. *DN*500非保温集输管线和燃料气管线防腐结构

（1）直管段：采用加强级3PE涂层，结构为：环氧粉末层、胶粘剂层、聚乙烯层。

（2）热煨弯管：采用无溶剂环氧涂料＋热收缩带缠绕的结构。

（3）管道补口：采用用无溶剂液体环氧涂料＋热收缩带方式。

高含硫气田常用管线防腐结构，见表4－6。

表4－6　高含硫气田常用管线防腐结构表

管线规格	环氧粉末层/μm	胶粘剂层/μm	防腐层最小厚度/mm
*DN*500酸气管线	≥150	170～250	3.2
*DN*80燃料气管线	≥150	170～250	2.5
*DN*100燃料气管线	≥150	170～250	2.5
*DN*150燃料气管线	≥150	170～250	2.7
*DN*200燃料气管线	≥150	170～250	2.7

2. *DN*400以下（包括*DN*400）保温集输管道防腐保温结构

1）直管段及热煨弯管结构

防腐层：无溶剂环氧防腐涂层　　　≥300μm

保温层：聚氨酯泡沫塑料　　　　　40mm

保护层：黑色聚乙烯夹克　　　　　3mm

防水帽：热收缩防水帽，每根自然管段两端头各一个

2）管道补口结构

底　层：采用用无溶剂液体环氧涂料＋热收缩带方式

热收缩带：基材、胶粘剂层

保温层：聚氨酯泡沫塑料

保护层：热收缩带

4.6.6　管道的投用与运行管理

1. 集输管道投产前的清管

投产前需对管道进行普通清管和智能清管，其目的是清洁管道内壁的锈斑、为管道缓蚀剂预涂膜、提高输送效率。

1）普通清管

普光气田内部的整个集输管网采用全密闭式的清管流程方案，即各段管线的清管液体将从各首端输至末端，最后输至集气末站统一处理。目的如下：

（1）不定期清除管网中的积液、机械杂质等。

（2）智能清管的需要，第一次智能清管前必须进行2次以上的普通清管。

2）智能清管

智能清管实际上是管道智能检测。

（1）检测原理：

管道智能检测主要是利用几何变形（EGP）及金属腐蚀（CDP）检测器对管道进行基线

检测，在检测完成后，通过专用软件对采集到的数据进行分析，准确定位出管道缺陷及设施，能及时掌握管线几何变形及金属腐蚀的情况，为今后生产运行参数和防腐措施的合理调整提供依据，为制定酸气管道的维修计划提供保障。

每次智能检测通球五次，分别为定径片双向移动清管器通球、刷头磁铁双向移动清管器通球、模拟检测通球、几何变形检测通球及金属损失检测通球。

（2）目的：

①集输工艺的需要；

②智能清管监测技术是腐蚀监测的有效措施之一；

③能够有效地预测泄漏的发生；

④为酸气管道及时维护与检修提供数据依据。

3）分段清管

在进行分段试压前必须采用清管器进行分段多次清管。分段清管应确保将管道内的污物清除干净。分段清管应设临时清管收发装置，清管接收装置应设置在地势较高的地方，50m之内不得有居民和建筑物。清管前，应确认清管段的线路截断阀处于全开状态。

4）站间清管

站间管道全部连通后进行站间清管。站间清管使用站场清管收发装置，与站间清管无关的其他工艺管线应进行隔离，以防止脏物进入，线路截断阀处于全开状态。

2. 缓释剂预涂膜

缓蚀剂预涂膜主要是为了有效控制高含硫天然气对管道的腐蚀，最大程度的保护管道的安全运行。在管道缓蚀剂预涂膜前对管道进行柴油打底可以清洁管壁，提高缓蚀剂预膜的质量，有效地保护管道。

采取两个清管球夹缓蚀剂的方法对管道进行预涂膜，利用液氮车注氮推动清管球，控制好清管球移动速度，达到涂膜均匀的目的。缓蚀剂预涂膜分为三个步骤：清管、柴油打底、缓蚀剂预涂膜。清管主要为了清除管道内积水、杂质；柴油打底主要为了清洁管壁，悬浮杂质，形成底膜；预涂膜是通过特殊亲金属性化学键作用，使缓蚀剂和管内金属表面强烈结合，形成一层保护膜，化学键的另一端为疏水端，隔绝腐蚀介质和管道内壁接触。预涂膜过程中缓蚀剂与管壁接触5～10s，即可形成约0.1mm左右厚的保护膜，有效地阻止酸性气体对管道的腐蚀。

管道缓蚀剂预涂膜之前，进行清管通球，通球完成后进行管道氮气置换，在管道末端进行含氧量检测，达到标准后停止注氮，完成管道氮气置换作业。

4.6.7 管道巡护管理

为及时了解发现高含硫化氢天然气管线、燃料气管线、阀室、穿跨越、桁架、悬索、隧道等工程在气田开发生产过程中所出现的问题、隐患，加强安全管理，做到问题及时上报、解决，进行有痕管理，保证气田安全、平稳运行。

1. 工作任务

（1）负责高含硫气田所有高含硫化氢天然气管线、燃料气管线的日常巡查；

（2）负责管线所经阀室、穿跨越、桁架、悬索、隧道等配套工程的日常巡查，并掌握运行情况，如：有无锈蚀、断裂、脱落、倾斜等现象；

（3）负责管线配套工程的日常简单维护，比如配合拆卸阀室压力表、阀门除锈上漆润滑保养、局部除锈上漆、门锁更换等；

（4）负责管道沿线“三桩”（转角桩、测试桩、标志桩）、警示标识、水保设施的巡护，是否完好、齐全，管沟内管道有无暴露、位移；

（5）负责阀室、穿跨越、桁架编号喷涂更新；

（6）巡检并掌握站场周边 300m，管线、阀室周边 100m，跨越周边 200m 范围内占压情况，及时统计、上报、更新；

（7）负责管线两侧 100m 以内的民居拆迁统计工作；

（8）负责管线周边村民《石油天然气管道保护法》、硫化氢知识的日常宣传、教育工作，不定期发放安全教育宣传材料；

（9）巡检并掌握站场、管线、阀室及穿跨越周边地质情况，雨季还应加密巡检次数，及时发现隐患并汇报；

（10）巡检并掌握管道、阀室抢修，道路状况，发现问题及时汇报；

（11）掌握阀室内有无积水、电控仪表及工艺设备是否运行正常，按时录取有关参数并作好记录，发现问题及时汇报；

（12）主动进行技术学习，对现场做到“七清三无”。“七清”即管线走向清、管道埋深清、管线规格清、周边地质情况清、阀室基本知识清、应急处置程序清、故障判断清。“三无”即管道两侧 5m 内无深根植物、管道无占压、阀室周边无外人随意出入；

（13）主动开展应急预案演练，努力提高体能素质，加强应急状态下的自我保护和互救能力，熟悉逃生路线及安全集合点等。

2. 工作标准

（1）巡线人员应该做到十清：

①管线设计基本情况（规格、设计输气量、压力等）清；

②管线材质情况清；

③管线走向清；

④管线埋深清；

⑤管线腐蚀情况清；

⑥阀室基本情况（位置、内部设施）清；

⑦阴极保护测试桩位置清；

⑧管线穿越、跨越（公路、铁路、河流）情况清；

⑨管线周围地形、地貌清；

⑩管线占压情况清。

（2）定期组织巡线人员学习业务知识。

（3）对管道重点区段，要重点巡查，及时发现，制止占压，确保管线上不出现占压情况。

（4）按规定着装上岗，配带工具用具齐全，巡线过程中向管道沿线群众宣传油气管道的重要意义，教育群众遵守管道保护条例。

（5）熟练使用硫化氢检测仪、空气呼吸器，PCM 金属探测仪。

（6）对一切危及管道安全的行为进行坚决制止，并及时向上级汇报。

3. 注意事项

（1）巡线人员在巡线过程中，要保持通讯畅通，便于联系，发生突发事故能及时汇报、能及时掌握上级的新指令。

（2）巡线人员应两人以上结伴巡线，不准单独行动，以防发生人身伤害。

（3）巡线人员巡线时遇雷雨要迅速关闭手机，禁止在高大建筑物下、大树下避雨，防止雷击。

（4）夏季巡线变动应避开高温时段，并带足饮用水及配发的防暑用品，以防止中暑。

（5）严禁跨越、行走无防护装置的跨河管道，以防摔伤。

（6）巡线人员在巡线途中严禁下河洗澡，以防发生溺水事故。

（7）巡线人员要按要求穿戴劳保服装，以防蚊虫叮咬及荆刺。

（8）巡线人员巡线时必须穿防滑胶鞋，执竹棒或木棒以防滑摔、防狗或毒蛇咬伤。

（9）巡线人员巡线时要查看巡线道路上是否有电线，以防触电。

（10）巡线人员巡线时遇土石松动处应绕行，以防砸伤。

（11）巡线人员在巡线过程中遇村民时语言要和气，不随意摘拿村民种植的水果，防止造成工农纠纷，影响单位形象。

（12）巡线人员巡线过程中严禁搭乘非巡线用的其他任何交通工具（渡河所乘船只除外），以防发生交通事故。

思考题

1. 简述集气站工艺流程。
2. 简述普光气田高含硫化氢天然气泄漏的安全控制措施。
3. 简述集输管网布置原则。

第5章

自动化控制及辅助系统

石油行业普遍采用了以计算机为基础的DCS与电力自动化监控系统（SCADA系统）进行生产监控，本章节重点介绍SCADA系统以及与其整合的相关自动化设备及辅助系统在高含硫气田的应用。

5.1 SCADA系统概述

SCADA（Supervisory ControlAnd Data Acquisition）系统，即数据采集与监视控制系统，是以计算机为基础的生产过程控制与调度自动化系统。它可以对现场的运行设备进行监视和控制，以实现数据采集、设备控制、测量、参数调节以及各类信号报警等各项功能。由于各个应用领域对SCADA的要求不同，所以不同应用领域的SCADA系统发展也不完全相同。

SCADA一词是指一个可以监控及控制所有设备的集中式系统，或是在由分散在一个区域（小到一个工厂，大到一个国家）中许多系统的组合。其中大部分的控制是由远程终端控制系统（Remote Terminal Unit，RTU）或可编程逻辑控制器（Programmable Logic Controller，PLC）进行，主系统一般只作系统监控层级的控制。

5.1.1 SCADA系统简介

1. SCADA系统应用范围

SCADA系统的应用领域很广，它广泛应用于电力系统、给水系统、石油、化工等领域的数据采集与监视控制以及过程控制等诸多领域。

例如在某气田对气提塔液位控制系统中，由PLC来控制气提塔的液位，而SCADA系统可以让操作员改变液位的目标值，设置需显示及记录的警告条件（例如液位过低，压力过高），或利用RTU来控制来控制压力或液位，而SCADA则监控系统的整体性能。

2. SCADA系统发展历程

SCADA系统自诞生之日起就与计算机技术的发展紧密相关。SCADA系统发展到今天已经经历了三代，第四代SCADA/EMS系统的基础条件已经或即将具备。

第一代是20世纪70年代基于专用计算机和专用操作系统的SCADA系统（集中式结构）。

第二代是20世纪80年代基于通用计算机的SCADA系统（集中式结构）。

第三代是20世纪90年代按照开放的原则，基于分布式计算机网络以及关系数据库技术的能够实现大范围联网的EMS/SCADA系统（客户/服务器）。

第四代主要是采用Internet技术、面向对象技术、神经网络技术以及JAVA技术等，继续扩大 SCADA/EMS 系统与其他系统的集成，综合安全经济运行以及商业化运营的需要的智能化、网络化 SCADA 系统。

3. SCADA 系统人机界面简介

人机界面（HMI）是一个可以显示程序状态的设备，操作员可以依此设备监控及控制程序。HMI 会链接到 SCADA 系统的数据库及软件，读取相关信息，以显示趋势、诊断数据及相关管理的信息。

HMI 系统常会用图像的方式显示系统的信息，而且会用图像模拟实际的系统，通过它，操作员可以看到待控制系统的示意图。它可以从 SCADA 系统读取相关参数并显示诸如泵的运行状态，管路中液体、气体的流量，流程中各监测点的温度、压力等数据。模拟图会通过包括线路图及示意图等控件来表示制程中的元素，也可用制程设备的图片，上面再加上动画来模拟说明制程情形。

5.1.2 SCADA 系统结构

1. 硬件结构

通常，SCADA 系统分为两个层面，即客户/服务器体系结构。服务器与硬件设备通信，进行数据处理和运算。而客户用于人机交互，如用文字、动画显示现场的状态，并可以对现场的开关、阀门进行操作。近年来又出现一个层面，通过 Web 发布在 Internet 上进行监控，可以认为这是一种“超远程客户”。

硬件设备（如 PLC）一般既可以通过点到点方式连接，也可以以总线方式连接到服务器上。点到点连接一般通过串口（RS232），总线方式可以是 RS-485，以太网等连接方式。

2. 软件结构

SCADA 有很多任务组成，每个任务完成特定的功能。位于一个或多个机器上的服务器负责数据采集，数据处理（如量程转换、滤波、报警检查、计算、事件记录、历史存储、执行用户脚本等）（图 5-1）。

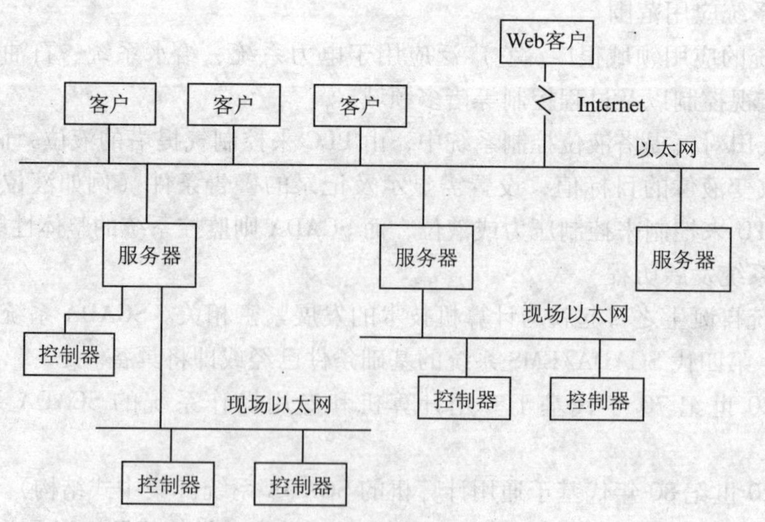

图 5-1 典型的 SCADA 配置图

服务器间可以相互通讯，有些系统将服务器进一步单独划分成若干专门服务器，如报警服务器，记录服务器，历史服务器，登录服务器等。各服务器逻辑上作为统一整体，但物理上可能放置在不同的机器上。分类划分的好处是可以将多个服务器的各种数据统一管理、分工协作，缺点是效率低，局部故障可能影响整个系统。

3. 通信结构

SCADA 系统中的通信分为内部通信、与 I/O 设备通信和外界通信。客户与服务器间以及服务器与服务器间一般有三种通信形式：请求式、订阅式与广播式。设备驱动程序与 I/O 设备通信一般采用请求式，大多数设备都支持这种通信方式，当然也有的设备支持主动发送方式。SCADA 通过多种方式与外界通信，例如采用 OPC 标准。SCADA 系统一般都会提供对应的 OPC 客户端，用来与设备厂家提供的 OPC 服务器进行通讯。因为 OPC 有微软内定的标准，所以 OPC 客户端无需修改就可以与各家提供的 OPC 服务器进行通讯，一般通信结构，如图 5 -2 所示。

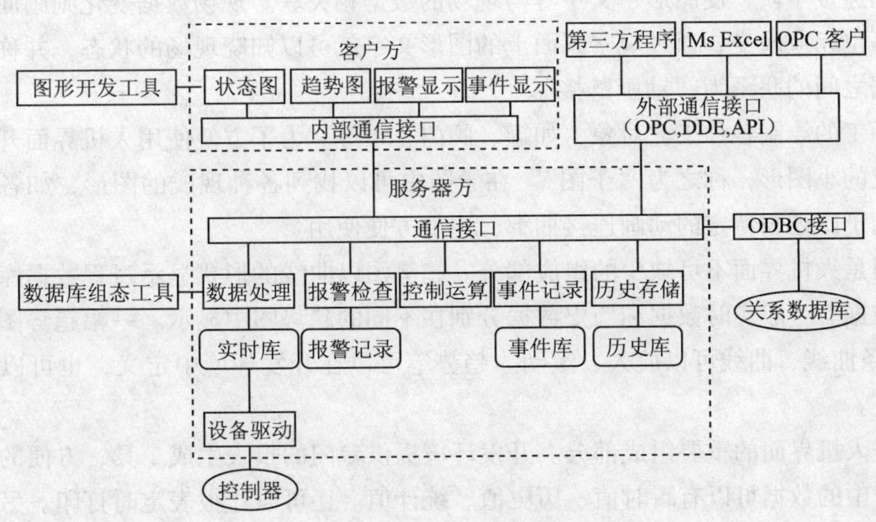

图 5 -2　SCADA 通讯结构

4. 内部组织结构

1）服务器内部组织

服务器包括过程数据库，I/O 驱动，Web 服务器等。服务器的核心是过程数据库，下面对其内部组织加以介绍。

过程数据库是由完成各种特定功能的算法块组成，这些算法块也被称为“内部仪表”或“虚拟仪表”，更常用的称呼是“点”。

点是组成过程数据库的基本单位，点分为很多类型，每种类型的点完成一定的功能，如模拟量 I/O 点，专门用于对模拟量 I/O 进行处理，PID 点完成 PID 控制运算等。点由各种参数组成，不同的点有不同的参数，如模拟量 I/O 点有 NAME、PV、LO、HI 等参数。可以想象点类型相当于关系数据库中的表结构，参数相当于字段。与表结构不同的是，每种点类型有特定的内部处理算法，参数间存在内定的联系，如 LO 是 PV 的低限报警值，PV 低于 LO 将产生低限报警，报警检查是点的内置功能，不需要编写另外的程序来实现。

参数是组成数据库的最小单位。一般地，一个点只有一个参数与外界相连，通常称其为测量值（PV）。其他参数作为 PV 的辅助参数，如 LO 为 PV 的低限报警限值，HI 为 PV 的高限报警限值，SP 为 PV 的目标值等。有的系统允许一个点有多个参数与外界相连。

点的测量值（PV）通常与控制器（如 PLC）的输入/输出通道相连。PV 值代表测量值的大小或状态。

按照装置或场地可以将点逻辑划分为区域或单元，一般区域包括单元。

2）人机界面内部组织

人机界面由多个窗口组成，窗口包含图形和文字。文字和图形可动态变化。如文字可显示现场模拟量的大小，图形的颜色变化表示现场数字量的改变等。同时显示的窗口一般只有一个，窗口间可以互相连接、跳转，也可以设立菜单或专门的窗口负责窗口间的切换。

人机界面开发环境中提供了各种绘画工具，如画矩形、椭圆、文字、位图等工具。同时提供了动画连接手段，使图形、文字等与现场的数据相关联。现场数据变化则画面上图形颜色、位置等也相应改变，通过观察画面上的图形文字就可以知晓现场的状态，并称这种图形文字与数据之间的联系为“动画链接”。

可以手工的绘制各种工艺对象，如罐、阀门、泵等。为了方便使用人机界面开发环境都提供了现成的小图形，称之为“子图”。在子图中可以找到各种现成的图形，如各种形状的阀门。有的子图还与特定的动画连接捆绑，更加方便使用。

趋势图是人机界面不可缺少的组成部分。趋势图以曲线的形式显示过程数据库中实时数据或历史数据。一般实时数据和历史数据分别在不同的趋势图中显示。一幅趋势图中通常最多显示 31 条曲线，曲线可以放大、滚动。趋势笔可以在开发环境中定义，也可以在运行时动态指定。

报表是人机界面的重要组成部分。开发环境提供专门的报表生成工具，方便的形成各种报表。报表中的数据可以有瞬时值、历史值、统计值。还可以让报表定时打印。另外还可以利用 SCADA 的 Excel 插件，用 Ms Excel 生成报表。

此外，在人机界面中还有许多其他种类的组件，如 XY 曲线、报警浏览、总貌等。另外人机界面几乎都是 OLE 容器，可以嵌入 OLE 对象，或 ActiveX 控件。

5.2 SCADA 系统功能

集输工程 SCADA 系统由调度控制中心、站控系统和阀室控制系统组成。在气田开发地面集输工程中设置一个调度控制中心，主要是完成全管网、集气站场、集气总站、污水处理站以及线路截断阀室的数据采集监控和安全保护功能，同时作为整个系统的数据中心。

采用冗余光纤环网作为 SCADA 系统的主干网，5.8G 无线网络作为备用，具体网络路径的切换由路由器完成。

5.2.1 中控系统

中控系统是自动控制系统的调度控制中心，在正常情况下操作人员在中控室通过计算机系统即可完成对全气田的监控和运行管理等任务，如图 5－3 所示。

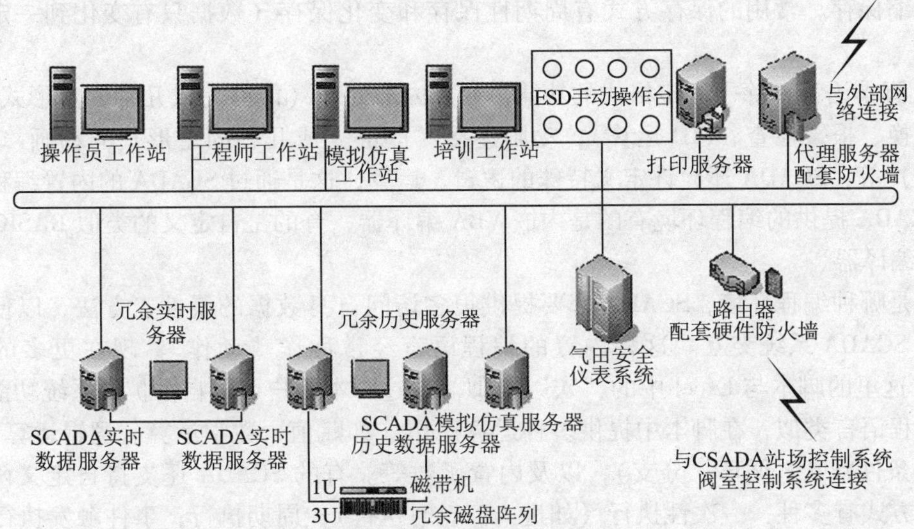

图 5－3　调度控制中心系统工作图

1. 中控系统的主要功能

(1) 数据采集、处理以及归档；

(2) 工艺流程的动态显示；

(3) 报警显示、报警管理以及事件的查询、打印；

(4) 实时数据的采集、归档、管理以及趋势图显示；

(5) 历史资料的采集、归档、管理以及趋势图显示；

(6) 生产统计报表的生成和打印；

(7) 标准组态应用软件和用户生成的应用软件的执行；

(8) 天然气气井产量预测和优化；

(9) 气田生产系统的稳态模拟仿真和优化；

(10) 模拟培训；

(11) 安全保护；

(12) SCADA 系统诊断；

(13) 仪表的故障诊断和分析；

(14) 网络监视及管理；

(15) 通信信道监视及管理；

(16) 通信信道故障时主备信道的自动切换。

2. 功能说明

(1) 过程报警功能：过程报警是过程数据库的基本功能。报警是对测量值的范围、变化速度的预警。报警包括限值报警，变化率报警，偏差报警，异常报警等。

发生报警后，操作员可以通过报警画面对报警进行“确认”，报警信息，报警确认信息，报警恢复（报警消除）等信息系统自动记录下来。报警按照重要程度可分为多个优先级，如低级、高级、紧急。报警发生时系统可以通过多种方式通知用户，如弹出报警窗、发出声响，甚至可以发送短信或电子邮件。

(2) 历史存储：对实时数据可以进行历史存储。为了节省存储介质空间，对保存的数据使用压缩保存。常用的保存方式有周期性保存和变化保存（数据只有变化到一定程度才保存）。

（3）脚本语言：除了固定格式的功能，如点内部处理（能够完成几种固定形式的功能，如量程转换、报警检查、PID 运算），动画连接（能够完成几种固定形式的动画，如颜色、位置改变）等，SCADA 还允许定义特殊的逻辑、运算，这是通过 SCADA 的内置编程语言实现的。SCADA 提供的编程环境有的是内嵌 VBA 编译器，有的是自定义的类似 BASIC 或类似 C 语言的编译器。

无论是哪种编程环境，SCADA 都要提供很多访问自身数据的属性、方法，以便在编程环境中与 SCADA 系统交互。这种内置的编程语言经常称作“动作”，现在更多的称呼是“脚本”。这里的脚本与 Excel 中的“宏”类似。通过脚本用户可以自由扩展系统功能。脚本与一般编程语言类似，在脚本中提供多种运算操作（如赋值、数学运算、逻辑运算），控制语句（如条件判断，循环，分支），以及内置函数等。有的 SCADA 还支持自定义函数。脚本的触发方式有多种：一次性执行（如进入窗口时执行）；周期执行；事件触发执行（如数据改变时执行，按键触发）。脚本也能产生多种输出动作：如向过程数据库写数据；发送短信；调用窗口；产生声响等。

3. 安全仪表系统（SIS）

安全仪表系统根据调度控制中心人工的确认来触发全气田的关断逻辑。与沿线各站场以及各阀室的安全仪表系统之间的数据通信采用安全认证的安全协议，确保监测以及指令的正确。

集输系统紧急关断系统从高到低依次分为一、二、三、四个级别，分别如下设置：

1）一级关断（全气田关断）

一级关断为最高级别，触发全气田所有集气站及集气总站保压关断，并关断事故点上下游阀室所有紧急切断阀。一级关断的触发条件有净化气输气首站、净化厂、集气总站保压或泄压关断。

当一级关断条件发生后，在中控室手操台上依次拔出报警确认按钮与一级关断按钮，或在中控室电脑人机界面上紧急触发全气田一级关断指令。

2）二级关断（支线关断）

二级关断为 1 号线、2 号线、3 号线、4 号线支线及部分管线和站场关断，二级关断的条件是输气支线爆管泄漏、支线阀室发生火灾、阀室泄漏等事故。

二级关断条件发生后，在中控室手操台上依次拔出相应支线的二级报警确认按钮与紧急关断按钮，或在中控室电脑人机界面上紧急触发相应支线关断指令。触发泄漏点上游站场的保压关断，并关闭事故点上下游阀室切断阀。

3）三、四级关断属于是单站范围内的关断，详细内容见 5. 2. 2。

除根据预定的逻辑完成 ESD 安全关断的功能之外，还需要联动 CCTV、PA/GA 等系统以便于人员的远程监视和报警。

4. 数据服务系统

数据服务器系统主要负责采集各站场、阀室的过程控制系统的数据，同时通过调度控制中心的安全仪表系统采集各站场、阀室的安全仪表系统的数据，对这些数据进行集中的显示、存档，并根据服务器中的各种应用软件（包括仿真软件）实现全气田的集中监控以及统筹调度管理的要求；安全仪表系统主要负责采集各站场、阀室的安全仪表系统的数据，并根据净化厂安全仪表系统与气田开发生产有关的报警信息实现全气田的安全联锁。

5. 中控系统的主要硬件配置

1）服务器

（1）SCADA 实时数据服务器。

实时数据服务器采用热备冗余配置，对数据的实时采集，操作系统采用 Windows 的实时多任务系统。

（2）SCADA 历史数据服务器。

历史数据服务器采用热备冗余配置，具有对历史数据归档存储、查询功能，操作系统采用 Windows 的实时多任务系统。

（3）模拟仿真服务器。

模拟仿真服务器运行气田模拟仿真软件，实现在线模拟仿真、管道负荷预测、气井产量预测以及各种生产优化等功能，同时提供培训功能。操作系统采用 Windows 的实时多任务系统。

（4）OPC 服务器。

OPC 服务器是 SCADA 系统与上级管理部门所属管理系统之间的衔接服务器。SCADA 系统将有关信息写入 OPC 服务器，并对其实时更新。操作系统采用 Windows 的实时多任务系统。

2）工作站

根据所完成的工作不同，调度控制中心配备不同的工作站。

（1）操作员工作站。

操作员工作站是调度、操作人员与调度控制中心计算机监控系统的人机接口（HMI），它在调度控制中心计算机监控系统中是作为客户机。操作员通过它可详细了解管道全线的运行状况并下达命令，它们通过 LAN 与服务器互连并交换信息。操作员工作站采用微型计算机，操作系统采用 Windows XP。

（2）工程师工作站/模拟仿真工作站。

工程师工作站/模拟仿真工作站是系统工程师的操作平台。工程师可通过它们对计算机监控系统的应用软件及数据库等进行维护和维修；利用模拟仿真软件完成所需的工作。同时还可以对系统进行再开发，实现其所允许的功能。操作系统采用 Windows XP 系统。

（3）培训工作站。

培训工作站运行培训软件，通过 LAN 共享服务器的资源。操作系统采用 Windows XP 系统。

3）外存储设备

为系统配备一台冗余磁盘阵列，用于存储系统的历史数据和其它数据。配备 1 台磁带机（光介质），其容量应满足对系统进行完全备份的要求。

4）打印机

调度控制中心配置 3 台打印机：1 台作为报警/事件打印机，为针式点阵宽行打印机；1 台激光打印机作为报告、报表和工程师用打印机，可打印 A3 幅面；1 台彩色激光打印机，可用于屏幕硬拷贝。

5）GPS

用于 SCADA 全系统时钟同步。

6）手操台

中控室设置 ESD 手操台一套，以手动方式完成调度控制中心对全气田的关断。手操盘面应提供醒目的状态显示及对应按钮，手操盘表面加装透明的防护罩，并采用拉出式旋钮开关，确保避免人为非操作性碰击。

5.2.2 站控系统

站控系统（SCS）由过程控制系统（PCS）和安全仪表系统（SIS）组成，同时设置服务器和操作站，供工作人员监控。PCS 负责对现场液位、压力、温度、流量等参数进行采集和监控，SIS 负责站场逻辑关断及火气设备监测。服务器负责对 PCS 和 SIS 数据进行采集及处理，操作站用于工作人员对现场 PCS 和 SIS 数据进行监控。

沿线各工艺站场的站控系统作为气田 SCADA 系统的现场控制单元，除完成对所处站场的监控任务外，同时负责将有关信息传送给调度控制中心或后备控制中心并接受和执行其下达的命令。

1. 站控系统的主要功能

(1) 对现场的工艺变量进行数据采集和处理；

(2) 经通信接口与第三方的监控系统或智能设备交换信息；

(3) 监控各种工艺设备的运行状态；

(4) 对电力设备及其相关变数的监控；

(5) 对阴极保护站的相关变量的检测；

(6) 提供人机对话的窗口；

(7) 显示各种工艺参数和其它有关参数；

(8) 显示报警一览表；

(9) 数据存储及处理；

(10) 显示实时趋势曲线和历史曲线；

(11) 运行特性曲线显示；

(12) 生产过程的调节与控制；

(13) 逻辑控制；

(14) 安全联锁保护；

(15) 打印报警和事件报告；

(16) 打印生产报表；

(17) 数据通信管理；

(18) 为调度控制中心提供有关数据；

(19) 接受并执行调度控制中心下达的命令等。

2. 安全仪表系统（SIS）

安全仪表系统包括火气检测系统（FGS）和紧急关断系统（ESD）。各集气站、集气总站均设有一套安全仪表系统（SIS）。

1）火气检测系统（FGS）

火气检测系统（FGS）主要是接收现场设置的火灾以及气体探测器的信号，根据设定值进行判断，实现站场火气状态的检测、报警以及相关联动的功能：

(1) 根据危险介质的属性（有毒/可燃）设置相应的探测器，并在站场各明显部位设置报警器以及状态指示灯。

（2）在站场关键部位设置火焰探测器。

（3）在站控室、机柜间以及发电机房设置感烟或感温探测器。

火气系统是紧急关断系统的重要组成部分，火气探测器在检测到站场、阀室或隧道阀室火灾或泄漏的情况下能够立即触发火灾报警或气体泄漏报警，提醒操作人员根据事故原因触发相应级别的关断；紧急关断系统必须经过火气探测器表决后才能触发，即现场报警的火气探测器只有达到设计要求的数量时才能触发紧急关断，表决数量在不同的站场、站场的不同区域其数量有所不同。

2）紧急关断系统（ESD）

站场紧急关断系统从高到低依次分为三级关断和四级关断，分别设置如下：

（1）三级关断（单站关断）。

三级关断是集气站单站关断，是站场发生火灾或站场发生气体泄漏。根据关断条件的不同，三级关断分为保压关断及泄压关断，保压关断的触发条件为气体泄漏，泄压关断的触发条件为火灾爆炸。

三级关断条件发生后，在站控室手操台上依次拔出报警确认按钮与紧急关断按钮，或在中控室、站控室电脑人机界面上紧急触发三级关断指令。

三级关断触发后，将关闭全站地面安全阀，加热炉，关出站管线及进站燃料气橇块紧急切断阀，并停甲醇与缓蚀剂注入泵和火炬分液罐罐底泵，并根据关断类型决定是否触发井口 BDV 及汇管区 BDV 进行泄压。

对于单站关断来说，泄压关断即 ESD－1 级关断，保压关断即 ESD－2 级关断，单元关断即 ESD－3 级关断。

（2）四级关断（单元关断）。

四级关断是为保护工艺单元或设备而设置的联锁关断。当井口一级节流后压力值低于 6MPa 或高于 30MPa 时，自动触发关闭该井地面安全阀，关断加热炉。在中控室、站控室人机界面上也可人为手动触发。

井下安全阀的关闭也属于四级关断，在需要关闭井下安全阀时，可在人机界面及手操台进行触发。

3. 过程控制系统（PCS）

过程控制系统是采集 PCS（Process Control System）是结合了包括顺序、运动和过程控制在内的多种控制平台，并具备更强的信息处理能力。此技术提供了开放的工业标准、增强的区域功能以及公共的开发平台。同时，PCS 又能够跟踪和管理整个操作过程中的性能表现，访问工厂现场控制系统中的信息。PCS 设计为软硬件最大可能地集成在一起，整个系统只有一个编程和支撑环境。这种能力包括了对系统中所有功能的访问，结合了远程 I/O、运动控制、传动、PID 控制和其他控制，并通过使用工业以太网、Internet 以及 IT 标准集成到企业的 MES 和 ERP 中。

主要功能简述如下：

（1）根据工艺要求实现站内流程的监视和控制；

（2）采集辅助系统（电力/给排水/防腐）的数据，并根据要求实现控制；

4. 站控系统的主要硬件配置

1）服务器

站控系统配置了两台冗余服务器，其采用了工业型计算机，操作系统采用 Windows

server2003，每台服务器配置一台显示器，用于程序调试及参数修改。

2）操作站

站控系统配置了两台操作站，其同样采用了工业型计算机以及 Windowsserver2003，每台操作站配备两台显示器进行双屏显示，以便操作人员监控更多的画面。

3）打印机

站控系统配置 2 台打印机：1 台作为打印报表、报告用的 A3 面激光打印机，另 1 台为打印报警/事件用的针式点阵宽行打印机。

4）ESD 手操台

设置 ESD 手操台一套，用以手动完成对站场的关断。手操盘面提供醒目的状态显示及对应按钮，手操盘表面加装透明的防护罩，并采用拉出式旋钮开关，确保避免人为非操作性碰击。

5.2.3 阀室控制系统

地面集输工程线路阀室分为单线路截断阀阀室，双线路截断阀阀室和三线路截断阀阀室。阀室机柜间安装电、信、控的设备。阀室控制系统（BSCS），管理着各阀室的每座线路截断阀。BSCS 由远程终端控制单元（RTU）和安全仪表系统（SIS）组成。RTU 负责对阀室内管线压力、阀门状态等参数进行采集和监控；SIS 负责监控阀室内火气设备，同时接收调度控制中心关断指令并关断阀门。阀室的 RTU 和 SIS 数据统一上传至中控室，阀室控制系统结构见图 5－4 所示。

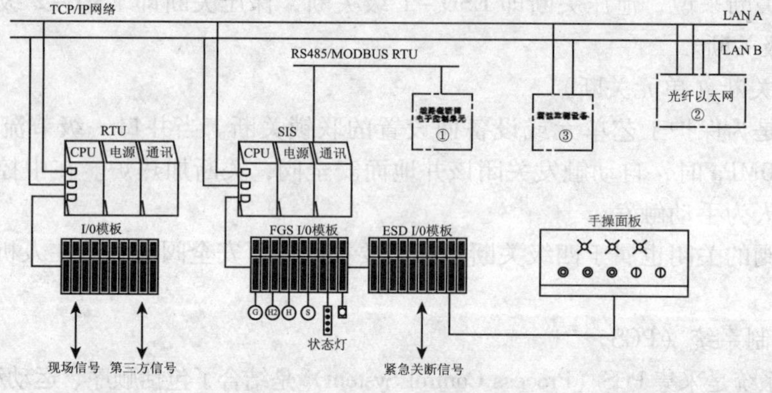

图 5－4 阀室控制系统结构

调度控制中心与阀室控制系统通信采用 TCP/IP，并支持 Modbus TCP/IP 或 IEC 60870－5－104 标准。调度控制中心与阀室控制系统建立直接的通信联系，直接通过 BSCS 读、写数据。

1. 阀室控制系统的主要功能：

（1）对现场的工艺变量进行数据采集和处理；

（2）监控线路紧急截断阀；

（3）供电系统的监控；

（4）采集和处理阴极保护系统的相关变数；

（5）数据存储及处理；

（6）逻辑控制；

（7）安全联锁控制；

（8）为调度控制中心提供有关数据；

（9）接受并执行中控系统下达的命令等。

2. 远程终端控制单元（RTU）系统

（1）RTU（Remote Terminal Unit）即远程终端控制单元，是安装在远程现场的电子设备，用来监视和测量安装在远程现场的传感器和设备，并将测得的状态或信号转换成可在通信媒体上发送的数据格式，其次将从中央计算机发送来得数据转换成命令，实现对设备的功能控制。每套 RTU 系统配置了 1 面 10in 的彩色液晶触摸屏作为人机接口。

（2）RTU 具有的特点。

①通讯距离较长；

②用于各种恶劣的工业现场；

③模块结构化设计，便于扩展；

④在具有遥信、遥测、遥控领域广泛使用。

（3）普光集输系统的 RTU 系统应用。

①线路截断阀开关控制、阀位及状态检测、管线压力检测；

②采集阴极保护系统线路测试桩信号；

③提供 RJ45，10/100Mbps TCP/IP 数据接口，将所有数据通过光纤冗余环网（或在故障时采用无线网络）上传至调度控制中心（DCC），接收并完成调度控制中心的指令。

3. 安全仪表系统（SIS）

安全仪表系统采用取得 SIL2 认证的安全 PLC，所选用的的模板是带电可插拔型模板，每块模板都具有自诊断功能，并且是故障安全型的设计。阀室安全仪表系统主要用于以下几个方面：

（1）接收中控系统发出的关断命令并关断截断阀门；

（2）阀室可燃气体、有毒气体、机柜间感温/感烟检测。

5.2.4 SCADA 系统维护保养

SCADA 系统的正常运转，关系到高含硫气田正常运行，因此对其进行的维护保养是必须进行的。SCADA 系统的维护保养应该包括系统巡检以及系统维护维修两部分。

1. SCADA 系统巡检

对 SCADA 系统的巡检应该按照时间对其进行三类巡检：

1）日巡检

各集气站以及总站应每天进行一次自动化设备的巡回检查，其主要内容有：

①检查控制室内计算机设备、盘装仪表、UPS 电源和通信接口设备外观状况。

②检查仪表间空调的运行状况。

③查看重要参数测量仪表的指示值。

④巡回检查发现的问题应及时处理或上报。

2）每月巡检

由专业技术人员对SCADA系统进行巡回检查，检查内容包括每日巡检内容，同时增加以下几项：

①检查现场取源部件、测量仪表、执行器和盘装仪表的运行状况。

②检查仪表设备动力源、仪表管线和仪表线路的技术状况。

③检查控制室内计算机设备、盘装仪表、UPS电源和通信接口设备硬件运行状况。

3）半年巡检

应由专业技术人员以及专业系统维护保养人员每半年对仪表控制系统和SCADA系统设备进行一次集中巡回检查。在进行半年巡回检查前应编制方案，报相关安全技术管理部门审批。巡回检查过程中应统一协调，相关专业配合，严格执行审批方案和有关规范规定。其主要内容有：

（1）根据检定与校准周期对测量仪表进行检定和校准，按规定的检查周期和内容对执行器和仪表控制系统进行检查和维护。

（2）对计算机和受控设备进行联动调试，不具备联动条件的应进行模拟测试，对各站和全线的自动联锁和保护程序进行模拟测试；

（3）对各站调节回路的“手动～自动”切换、手动输出和PID参数设置等进行检查。

（4）对PLC（RTU）AI、AO模块每个通道的0，50%，100%三点的准确度进行校准。

（5）通过测试程序检查PLC（RTU）DI、DO模块的动态响应状态，对PLC（RTU）其他输入类型输入模块进行测试。

（6）检查现场仪表显示与计算机显示的一致性，检查计算机系统的显示、报警、记录、打印和通信等功能，并备份操作系统软件、应用软件。

（7）进行热备冗余计算机设备和通信信道的切换试验，记录切换时间，检查系统运行状态。

（8）检查各种硬件设备和PLC（RTU）模块的指示灯和表面温度状态，检查机房内环境温度、湿度和接地电阻的阻值，并对空调机、加湿机和干燥机进行维护保养。

（9）检查不间断电源断电后的持续供电时间，当持续供电时间低于设计要求时应更换整套电池组，紧固一遍机柜内所有接线端子的螺纹和搞好相应的清灰工作。

2. SCADA系统维修

在系统运行过程中如发现异常或故障时，应由专人及时进行处理，并记录故障现象、原因、处理措施及结果。当出现故障涉及联锁保护系统时，为确保正常生产运行，现场值班人员应首先对现场设备切换至手动状态或在SCADA界面上进行超弛屏蔽，并及时汇报相关上级部门。

SCADA系统的整体大修原则上随装置停运大修同步进行，大修由安全生产技术部门组织，由SCADA系统设备所属部门负责协调进行，专职技术维护部门以及专业系统维护保养人员负责实施。大修后要对系统进行调试、诊断、维护和系统联校，并对联锁系统进行确认，同时对系统外围设备进行检查和测试，控制系统的检修程序应按相关检修规程进行。

5.3 SCADA 系统在普光气田的应用

普光气田的集输自动控制系统采用国际先进的计算机为核心的数据采集和监控系统（SCADA——SupervisoryControlAndDataAcquisition），该系统采用中控室和站控室两级管理制。SCADA 系统作为气田地面集输系统的主要控制系统，其中中控室与站控室均通过人机界面操作 SCADA 系统对相关生产流程进行监控。

5.3.1 人机界面介绍

1. 画面说明

集气站内设置有两台服务器以及两台双屏操作站，工作人员一般通过操作站对生产流程进行监控。操作站的屏幕显示分布区域如图 5－5 所示。

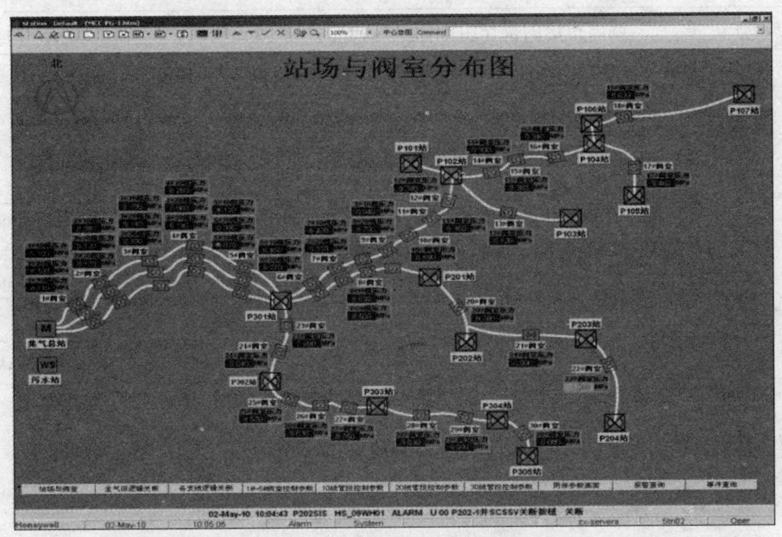

图 5－5　操作台屏幕分区实景图

（1）Menubar（菜单栏）：你可以从操作站的菜单来选择要执行的功能。例如，调用事件摘要，选择 View > Events > Event Summary。

（2）Toolbar（工具栏）：通过点击工具栏中经常要用的命令，来快速访问。

（3）Command Zone（命令区）：在命令栏区域中打入命令。

（4）Message Zone（信息区）：在信息区域操作站显示解释信息，例如，调用一个不存在的画面，在信息区可能会出现“The display file *xxxx* was not found”（这个画面文件不存在）。

（5）Display（显示区域）：画面区域，进行监视和控制。

（6）Alarm Line（报警信息行）：通常报警行显示未确认的较高级别的最新报警信息。

（7）Status Line（状态行）：提供系统状态的报警，例如红色字段在闪，指示一个未确认的状态报警。

2. 工具栏介绍

在画面顶端工具栏内罗列出了 16 项工具按钮，这些按钮的介绍见表 5－1。

表 5 - 1　工具栏菜单介绍

按钮	描　述
	系统菜单键（System Menu）：快速调出系统菜单画面
	调出报警摘要（Alarm Summary）：每个报警提供一行描述
	报警的确认与消铃（Acknowledge/Silence Alarm）：报警或选择的报警进行确认并消铃
	相关的画面（Associated Display）：调出一个报警目标或选择的目标所关联的画面
	调出一个指定的画面（Callup Display）：点击按钮，打入要调用显示画面名称或图号按回车
	调出当前画面的下一幅画面（Page Down）调出当前画面的前一幅画面（Page Up）
	向导向后（Navigate Back）；向导向前（Navigate Forward） 能够通过向前和向后这两个键来访问你先前调用过的画面，也可以通过点击按钮右边向下的箭头调出你先前访问过的画面清单，来选择访问
	刷新当前画面（Reload Page）
	调出指定的趋势显示（Trend）：1. 点击按钮 2. 输入趋势号，回车
	调出指定的操作组画面（Group）：1. 点击按钮；2. 输入组号，回车
	增加一个参数值（Raise）　降低一个参数值（Lower）
	接受新的输入值（Enter）　取消新的输入值，返回到最初值（Cancel）
	对点的使能/禁止：进行维护任务时，一般将点禁止防止误报警的产生（Enable/Disable）当一点无效时，系统停止扫描该点
	细目显示和搜索，根据应用环境执行两个中的一个功能（Detail/Search）： 1. 如果在当前画面，一个报警或目标被选择后，点击该按钮调出对应点的点细目画面； 2. 如果在当前画面没有任何目标被选择，点击该按钮调出搜寻画面
100%	将当前画面缩放（Zoom），一般设置在 100%
Command	命令在文本字段打入。命令输入框也保留先前所打入的命令文本。从列表中选择后回车执行命令

3. 状态行说明

状态行提供系统状态的概貌，操作站（station）的状态行如图 5 - 6 所示。

图 5 - 6 状态行

下面对状态行的每个字段从左起进行描述。

（1）日期和时间（Date and time）：系统的当前日期和时间。

（2）Alarm：指示有无报警。

①空：没有报警；红色闪：表示至少有一条未确认的报警；

②红色不闪：表示至少有一条报警，且已被确认；

③点击这个字段调出报警摘要，列出每条报警显示。

（3）System：指示有无系统报警，例如服务器和其他设备通讯连接故障（如通道、控制器等）：

①空：没有系统报警；

②青色闪：表示至少有一条未确认的系统报警；

③青色不闪：表示至少有一条系统报警，且已被确认；

④点击这个字段调出系统状态显示，列出每条系统报警显示。

（4）Message：指示有无信息报警。

①空：没有信息报警；

②绿色闪：表示至少有一条未确认的信息报警；

③绿色不闪：表示至少有一条系统报警，且已被确认；

④点击这个字段调出信息摘要，列出每条信息显示。

（5）Alert：指示有无警报。

①空：没有警报；

②绿色闪：表示至少有一条未确认的警报；

③绿色不闪：表示至少有一条警报，且已被确认；

④点击这个字段调出警报，列出每条警报显示。

（6）Server ID：与操作站连接的服务器的名称，服务器为冗余配置，此状态行显示："servera"。

（7）Station number：操作的操作站的名字，此状态行显示："Stn03"，而 Console 操作台显示为：CStn01_ 1。

（8）　Security level：登录在工作站上的安全级别，此状态行显示："Oper"。

在人机界面上有数个权限不同的安全级别，通过安全级别来限制对系统的操作，保证系统的安全，安全级别介绍如下：

View only——只读，允许查看画面、趋势和报警，不允许任何修改；

Ack only——确认，允许确认报警，查看画面、趋势和报警，不允许任何修改；

Oper——表示操作员级，允许确认报警，并对分配给的操作站的位号进行操作；

Supv——表示值班长级，具备操作员的权限，并对趋势和操作组进行组态；

Engr——表示工程师级，可以对分配的部分位号和系统组态；

Mngr——表示管理员级，对整个系统可以组态和操作，具备最高权限。

安全级别的缺省值为最低权限 Oper。级别越高，操作权限越大。当在人机界面进行操作时出现："Higher security level required" 时，说明当前安全级别权限不够，不能进行此项操作。操作站启动时就自动以 Oper 安全级别登录。

4. 报警功能及其画面说明

在操作站的显示画面底部的报警栏，显示最新的报警信息。在操作站的状态栏上的报警指示，用颜色闪烁显示未经报警确认的最高优先级的报警，减少操作人员反应时间。在报警摘要画面上，显示所有过程参数报警和系统报警，并按报警时间顺序从最新发生的报警开始排列。可通过双击底部报警信息查看报警摘要。报警摘要中的报警，每个报警提供一行描述，未经确认的报警始终处于闪烁状态。在报警摘要画面中的报警可以单条或按页确认。

标准的报警摘要画面可使操作人员将注意力集中在所出现的问题上。在报警摘要画面中的报警可以单条或按页确认。在报警汇总画面和流程图上，根据自己的监控要求来设定各种报警优先级的颜色。Experion PKS 过程系统支持报警优先级颜色的组态。各个优先级报警均可在所有流程画面上显示出来。除了这些功能外，在操作员站（Station）状态栏上的报警指示会将未经报警确认的最高优先级的报警用预先设定的颜色闪烁显示，见表 5－2 所示。

当一个新的报警产生时，工作站喇叭将发出声音报警，值班人员要进行报警的消铃或确认，确认方法如下：

（1）在工具栏中点击按钮（报警确认）；

（2）点击鼠标右键，选择 "Acknowledge"。

报警摘要中确认报警方法如下：

（1）选择这个报警，点击工具栏按钮（报警确认）。

（2）选中这个报警，点击鼠标右键，然后选择“Acknowledge”。

（3）在报警摘要中确认当前画面的所有报警：在画面中点击“AcknowledgePage”按钮。

值得注意的是，当要确认报警时，需要对每一个报警进行查看、分析，做到心中有数，然后再按确认键进行确认，切不可不经查看就盲目确认报警。

报警摘要画面具有方便的报警查询功能，提供了过滤功能以允许操作人员可以集中精力在急需处理的问题上，报警可以通过下面的条件进行过滤：区域、确认状态、优先级、时间等。

报警的优先级和状态用不同的颜色来区分，使操作人员立即判断出什么报警是最重要的。报警的优先级为：Urgent－紧急优先级；High－高优先级；Low－低优先级；Journal－事件杂志。

表5－2　画面上图标说明

图标	报警描述
	红色闪烁：报警为紧急优先级，还未确认，报警仍然存在
	红色不闪烁：报警为紧急优先级，已确认，但报警仍然存在
	反色调闪烁：报警为紧急优先级，还未确认，但报警已经不存在
	反色调不闪烁：报警为紧急优先级，已确认，但报警仍然不存在
	黄色闪烁：报警为高级别的，还未确认，报警仍然存在
	黄色不闪烁：报警为高优先级，已确认，但报警仍然存在
	反色调闪烁：报警为高优先级，还未确认，但报警已经不存在
	反色调不闪烁：报警为高优先级，已确认，但报警已经不存在
	青色闪烁：报警为低优先级，还未确认，报警仍然存在
	青色不闪烁：报警为低优先级，已确认，但报警仍然存在
	反色调闪烁：报警为低优先级，还未确认，但报警不存在
	反色调不闪烁：报警为低优先级，已确认，但报警不存在

报警摘要界面上关键因素：Time－报警时间；Area－产生报警的区域；Source－产生报警的点或装置；Condition－报警状态；Description－报警描述；Trip Value－触发报警的值；Live Value－现值，经常更新；Units－工程单位。

5.3.2　系统图介绍

人机界面由多幅画面组成，在各个画面上设置有相关的文本框、标签、按钮等控件，通过模拟集输生产情况监控实际生产，各个画面可通过界面上的快捷按钮进行相互切换。

1. 总图介绍

总图展现的是整个气田或集输站场工艺流程的概况，如图5－7所示。

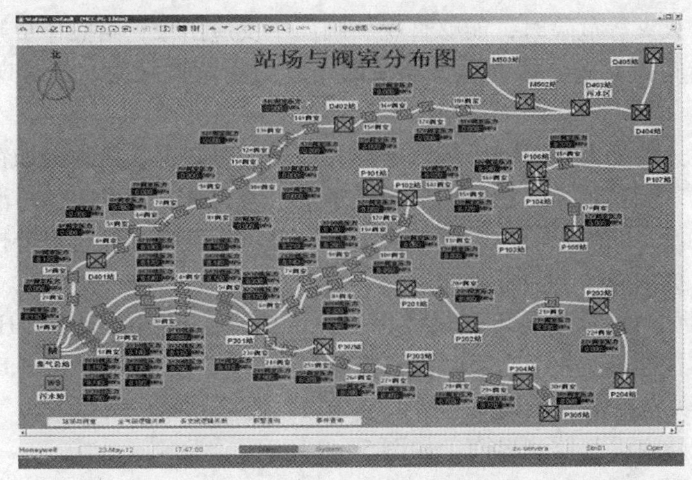

图 5－7　中控室工艺流程总图

在总图上单击当前页面顶部的“Pxxx 站或 xx 阀室，即可进入相应的站场或阀室如图 5－8 所示。

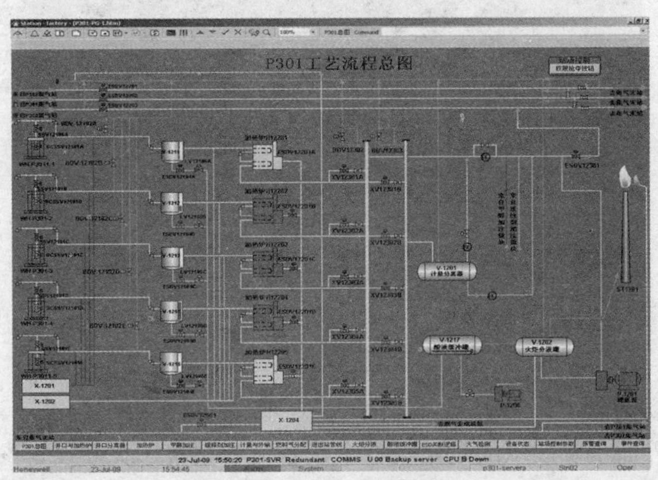

图 5－8　集气站工艺流程总图

2. 工艺设备流程图

工艺设备流程图展现的是单个设备或管段的工艺流程运行情况，包括了“井口与加热炉”、“井口分离器”、“井口加热炉”、“甲醇加注”、“缓蚀剂加注”、“计量与外输”、“燃料气分配”、“火炬分液罐”、“酸液缓冲罐”及“XX 收发球筒区”等界面。

3. 站场关断逻辑界面

站场关断逻辑界面展现的是全气田或单个集气站 ESD 系统，在必要时候，工作人员可通过该界面触发相应级别的逻辑关断功能。该界面包括了 ESD－1、ESD－2、ESD－3、ESD－4 四种级别关断，其中中控室人机界面上只有 ESD－1 级及 ESD－2 级关断，集气站人机界面上只有 ESD－3（保压关断）、ESD－3（泄压关断）、ESD－4 级关断界面。

4. 火气检测界面

火气检测平面示意图能够直观反应各个火器在现场的确切安装位置以及现在工作检测状

态，在发生泄漏、火灾等危险时，能够直观从画面中反应出来，给操作员判断故障原因，以及采取何种应对措施提供重要帮助。火器平面布置图为监控画面。仅对现场所有火器设备监控。

正常情况下，火器平面布置图反应数据均为现场实时数据。该数据如在生产工艺允许范围内，画面显示正常，显示为绿色，无报警提示及报警闪烁。当发生气体泄漏、火灾等情况下，相关数值超过设定的阈限值，对应探头报警，显示为红色，此时报警栏应闪烁报警，并且伴随声音报警，提示操作员注意。

站场火气检测页面显示了各可燃气体探测器（GD）、感温探测器（HD）、状态指示灯（GAL）、有毒气体探测器（AT）、手动报警按钮（MAC）、火焰报警器（FD）、声光报警器（BL）的分布及相关检测值。该界面包括了站场火气监测界面、站控室火气监测界面、阀室火气监测界面以及隧道火气监测界面，如图 5－9 所示。

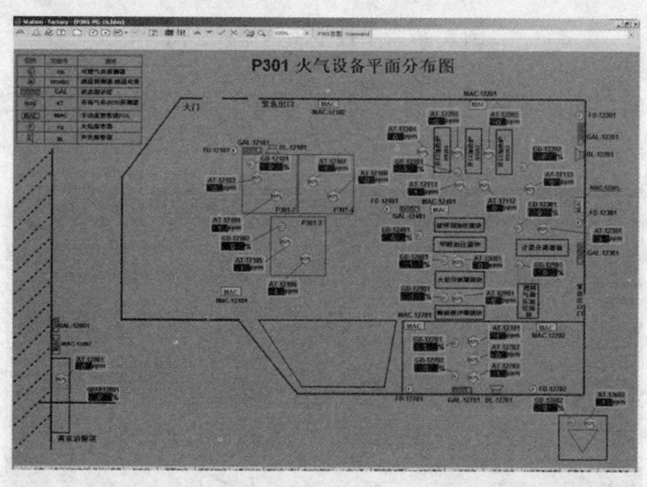

图 5－9　站控室火气监测界面

5. 站场控制参数界面

站场控制参数界面主要展示的是站场各个设备流程报警、关断设定参数，通过该界面可以对各个参数进行修改，如图 5－10 所示。

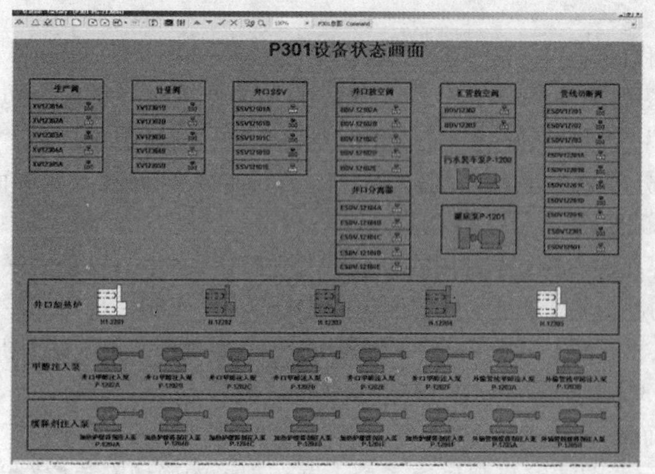

图 5－10　站场控制参数界面

6. 报警查询界面及事件查询界面

报警查询界面及事件查询界面展示的是系统检测到的系统报警、阀门动作等参数的变化，按照发生时间顺序在两个界面中进行分类罗列。其中报警查询界面中包含了报警状态、报警时间（Date&Time）、报警地点（Location Tag）、信号来源（Source）、触发条件（Condition）、优先级别（Priority）、报警描述（Description）、设定值（Trip Value）、当前值（Live Value）（图 5 - 11）。事件查询界面页面中包含了所有自控操作。其中包括事件时间（Date&Time）、事件发生地点（LocationTag）、信号来源（Source）、触发条件（Condition）、动作（Action）、优先级别（Priority）、事件描述（Description）、显示情况（Value），如图 5 - 12 所示。

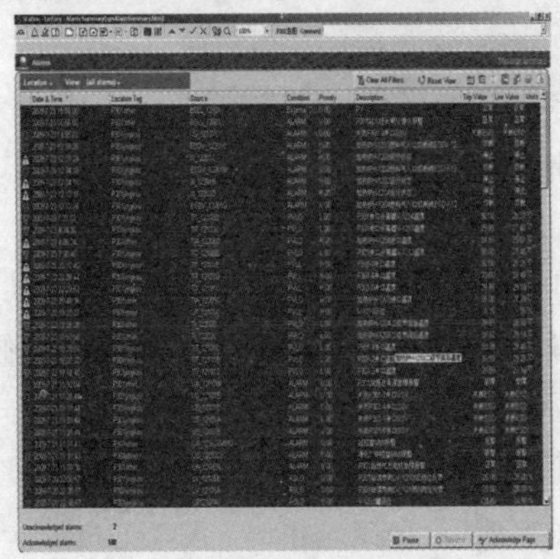

图 5 - 11 报警查询界面

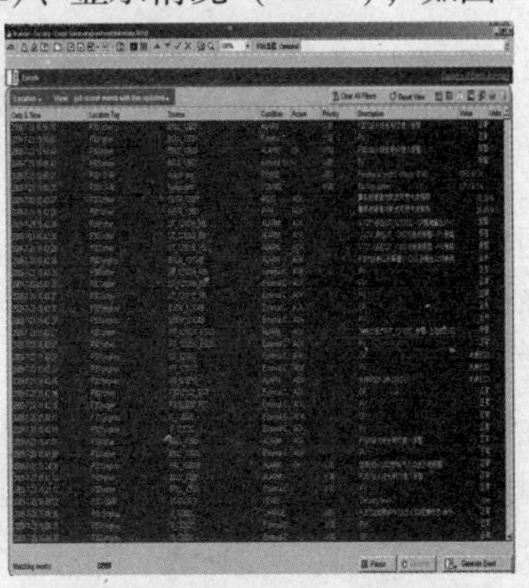

图 5 - 12 事件查询界面

5.3.3 人机界面操作

1. 页面切换

鼠标左键单击当前页面下方各个页面快捷按钮，各标题就可进入相应的界面（图 5 - 13）。

图 5 - 13　页面下部位置标题

2. 操作权限的切换

鼠标左键单击人机界面右下角的“Oper”（图 5 - 14），出现对话框（图 5 - 15），输入不同的权限口令可执行相应权限的操作，需要注意的是，全部密码均是小写输入。

18-Apr-10	21:39:48	Alarm	System			zx-servera	Stn02	Oper

图 5 - 14　页面下部位置信息栏

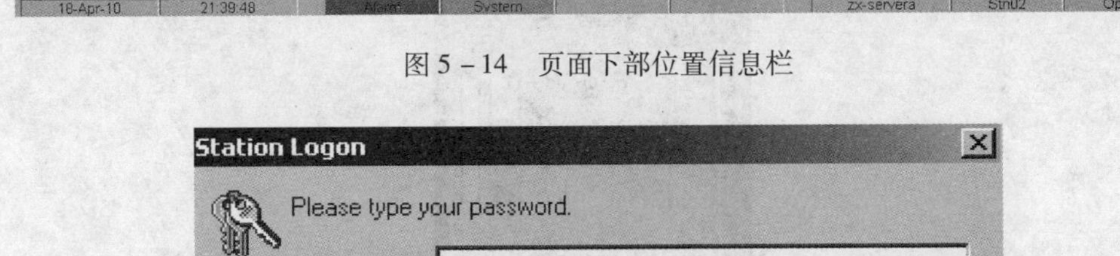

图 5 - 15　对话框

3. 权限抢夺

各站的自控系统均受中控室和站控室两个地方的控制。当站控室需要进行某项远程操作时，必须先按照账号的登录步骤进入工程师操作环境，然后左键单击总图右上角的“权限抢夺”，再点击弹出对话框中的“Yes”或者回车，将“权限抢夺”按钮上面变为“站场控制”之后才能进行相关操作。当站控室和中控制同时进行权限抢夺时，中控室掌握主控权（图5－16）。

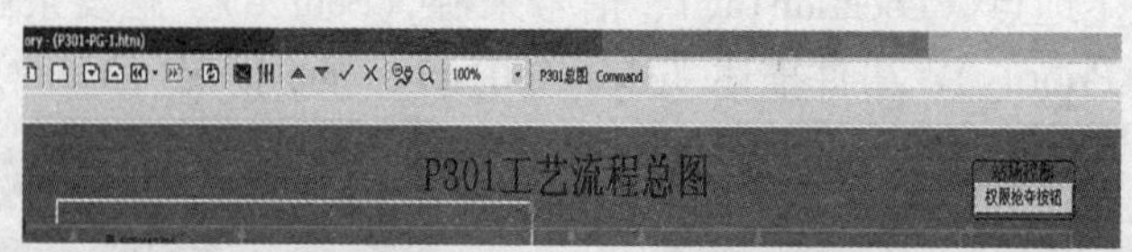

图5－16 权限抢夺按钮

4. 阀门状态辨识

（1）确认阀门当前处于状态（注：灰色状态项没有权限就在界面不能进行以上操作）；

（2）在开关阀门时请注意阀门状态，不要在阀门没有开到位或关到位的时候进行开关阀操作，以免造成阀门逻辑错误而引起的器件损坏；

（3）阀门状态指示：绿色为全开、黄色为运行、红色为全关、蓝色为故障：

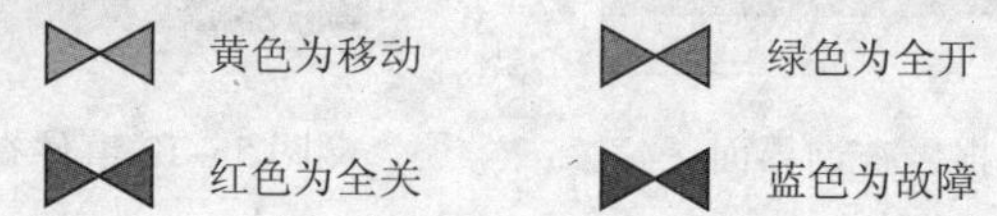

（4）如果是自动控制类型的阀，操作完成后，将手动打到自动状态，以便程序自动控制执行。

（5）设备的状态同阀门状态的指示一样：绿色为全开、红色为全关。

5. 设备操作

如果某阀门属于自控阀门，同时其不属于紧急关断阀或紧急放空阀，将能够在人机界面上对其进行远程开关阀控制。例如：在人机界面上对LV阀进行手动控制。

在“Mngr”安全级别下单击LV阀，出现对话框，将对话框中MD设置为“手动”状态，然后在“OP”中可输入LV阀的开度值，之后两次回车就可改变井口分离器液位调节阀的开度。机泵的启停等工艺设备流程操作均可依照阀门开关操作进行（图5－17）。

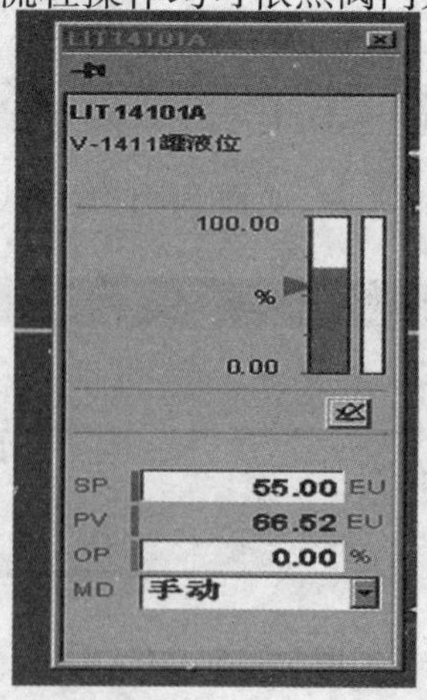

图5－17 LV手动调节

6. 系统超弛、旁路、关断以及复位

操作人机界面上“ESD 逻辑关断界面”可以对集气站、总站进行相应级别的关断以及复位处置。同时在该界面，能够对相关信号源进行超弛、旁路设置（图 5－18）。

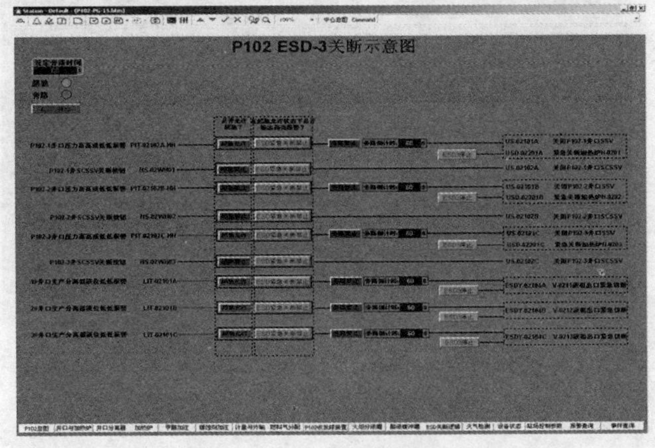

图 5－18 ESD 界面相关操作

7. 信号超弛以及取消操作。

（1）将安全级别改为“Mngr”，将界面点至相应的界面；

（2）单击相应的信号源对应的“超弛禁止”按钮，在出现的对话框“是否允许超弛”点击“是”，然后再次点击回车键确认，“超弛禁止”按钮改变为红底的“超弛允许”按钮。如果需要取消超弛允许，则点击“超弛允许”按钮进行同样操作即可。

8. 信号旁路以及取消操作。

（1）将安全级别改为“Mngr”，将界面点至相应的界面；

（2）单击相应的信号源对应的“旁路禁止”按钮，在出现的对话框“是否允许旁路”点击“是”，然后再次点击回车键确认，“旁路禁止”按钮改变为红底的“旁路允许”按钮。“旁路允许”状态在计时器计时结束后将自动恢复至“旁路禁止”状态。

9. ESD－3 级关断以及复位操作。

（1）将安全级别改为“Mngr”，将界面点至相应的界面；

（2）点击“ESD3 停止”按钮，在出现对话框点击“是”，然后再次点击回车键确认，“ESD3 停止”按钮改变为红底的“ESD3 启动”按钮；

（3）需要对 ESD－3 级关断进行复位时，首先将相关信号源进行超弛，并将“ESD3 启动”按钮按照原方式改为“ESD3 停止”；

（4）点击左上角“ESD3 复位”按钮，在出现对话框点击“是”，然后再次点击回车键确认，观察“ESD3 复位”按钮是否改为绿底的“ESD3 复位成功”按钮，如按钮改变两秒后恢复为“ESD3 复位”，则说明人机界面复位成功。

10. ESD－2 级关断以及复位操作。

（1）将安全级别改为“Mngr”，将界面点至相应的界面；

（2）点击“ESD2 停止”按钮，在出现对话框点击“是”，然后再次点击回车键确认，“ESD2 停止”按钮改变为红底的“ESD2 启动”按钮；

（3）需要对 ESD－2 级关断进行复位时，首先将相关信号源进行超弛，观察将“ESD2 启动”按钮改为“ESD2 停止”按钮，然后在手操台上对其进行复位（图 5－19）。

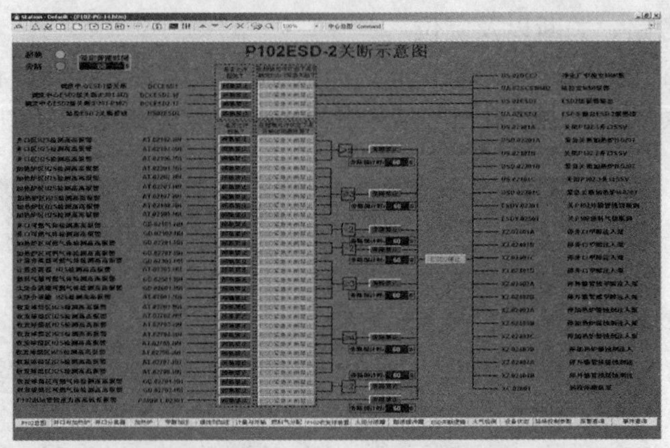

图 5－19　ESD－2 级关断界面

11. ESD－1 级关断以及复位操作。

（1）将安全级别改为“Mngr”，将界面点至相应的界面；

（2）点击“ESD1 停止”按钮，在出现对话框点击“是”，然后再次点击回车键确认，“ESD1 停止”按钮改变为红底的“ESD1 启动”按钮；

（3）需要对 ESD－1 级关断进行复位时，首先将相关信号源进行超驰，观察将“ESD1 启动”按钮改为“ESD1 停止”按钮，然后在手操台上对其进行复位（图 5－20）。

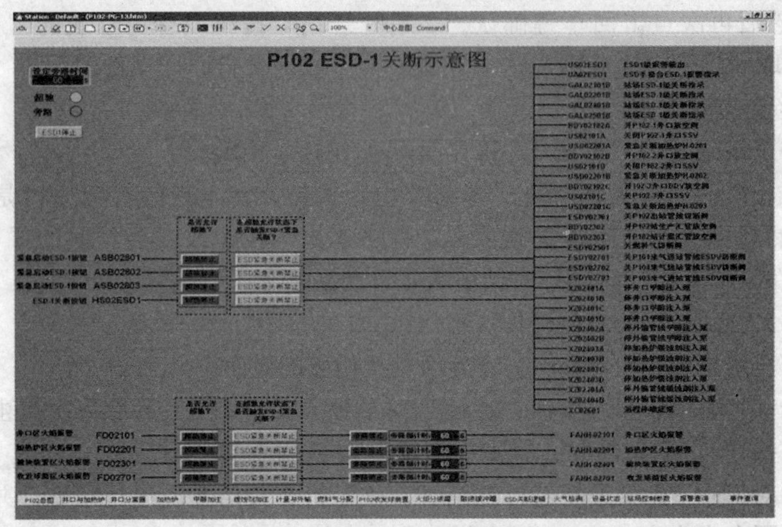

图 5－20　ESD－1 级关断界面

12. 参数设定

部分 SCADA 系统参数可以在人机界面上进行直接输入，如在控制参数界面，可以修改火气仪表报警阈限值以及压力监控关断值。

（1）将安全级别改为“Mngr”，将界面点至相应的界面；

（2）单击需要修改参数的文本框，通过键盘输入需要修改的值；

（3）出现对话框后点击“是”，然后再次点击回车键确认（图 5－21）。

其他直接输入数据的操作如修改旁路允许时间等与该操作一致。

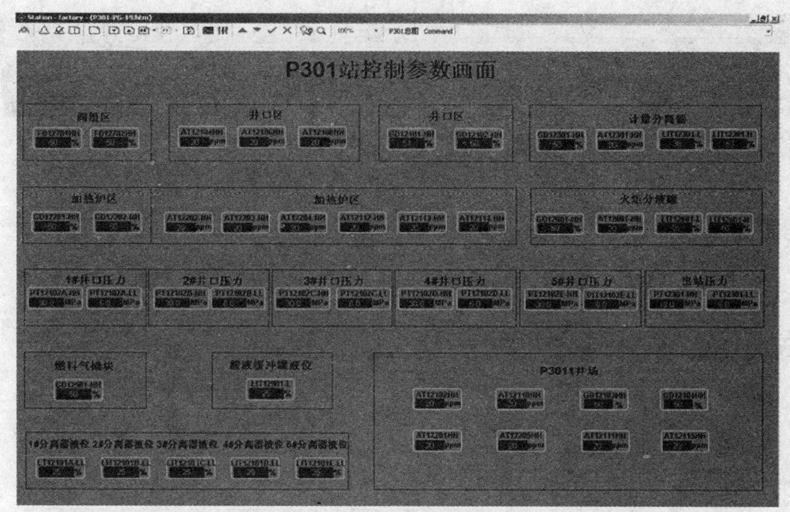

图 5－21　系统参数设定

13. 实时（历史）数据属性查看

对监控参数的 PV 值报警以及历史数据查看（图 5－22）

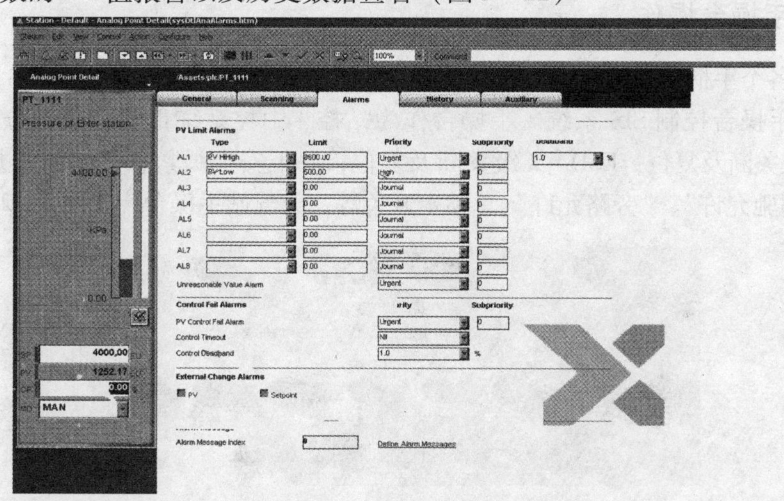

图 5－22　实时数据

（1）双击画面上的某个值，进入该值的属性设置区域；

（2）单击‘Alarms’标签进入此页面；

（3）类型：分别依次为高高报警（HHIGH）、高报警（HIGH）、低报警（LOW）、低低报警（LLOW）；

（4）报警值：报警值可根据实际工艺要求自行设置；

（5）报警优先级：紧急报警（URGENT、高报警（HIGHT）、低报警（LOW）、一般报警（GENER）；次要级别：不做要求；死区：1.0；

（6）单击‘History’标签进入历史页面，选择需要查看的时间段以及监控间隔，可以查看该参数的历史趋势图以及历史数据（图 5－23）。

图 5－23　历史数据查询

5.3.4　手操台操作

手操台上各个手柄以及按钮通过硬接线与 SIS 系统相连接，当操作站对 SIS 系统控制失效时，可以启用手操台控制 SIS 系统。手操台作为站控、中控系统重要组成部分，拥有以下功能：ESD－1 级关断及复位；ESD－2 级关断及复位；井下安全阀紧急关闭；各井井口 BDV 的手动放空；“超驰允许”、“旁路允许”总锁定开关等，集气站手操台，如图 5－24 所示。

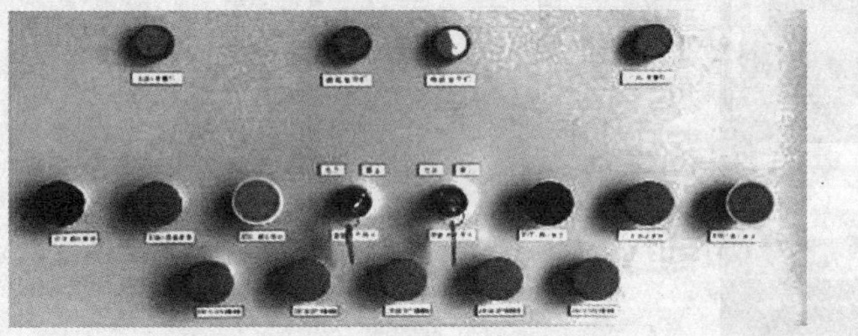

图 5－24　集气站手操台

中控室手操台，见图 5－25 所示。

图 5－25　中控室手操台

手操台上各个手柄以及按钮可以启动或复位相应级别的关断，状态灯则对应相应级别的关断信号是否触发或复位。

1. ESD－1 级报警灯如图 5－26 所示

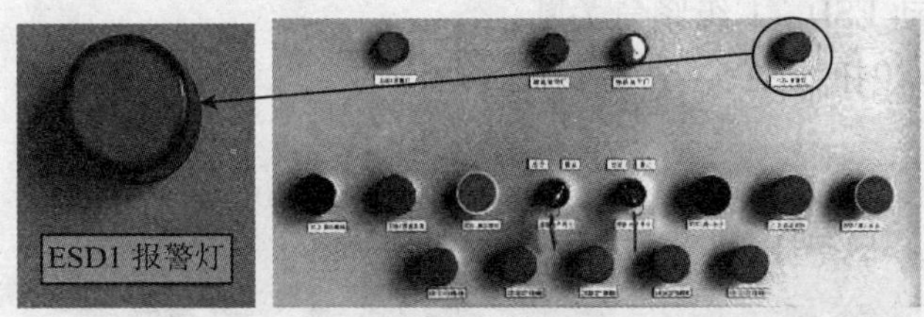

图 5－26　ESD－1 报警灯

指示站控 ESD－1 级关断状态，该状态灯具有熄灭、闪烁及常亮三种显示方式：

（1）熄灭：现场情况一切正常。

（2）闪烁：当现场工况条件需要触发 ESD－1 情况下，ESD－1 灯闪烁。提示需要启动 ESD－1。

（3）常亮：PKS 上位机直接触发或手动直接拔起触发 ESD－1 启动按钮，ESD－1 级报警灯常亮。

站场 ESD－1 级关断触发条件包括了以下几种：

（1）调度控制中心 ESD－1 级关断（常亮）；

（2）站场大门手动 ESD－1 级按钮（常亮）；

（3）紧急出口门手动 ESD－1 级按钮（常亮）；

（4）站控 ESD 手操台 ESD－1 级按钮（常亮）；

（5）阀组区火焰同时报警（闪烁），人工确认非误报后，触发 ESD－3 紧急关断（泄压关断）（常亮）。

2. ESD－1 级确认按钮如图 5－27 所示

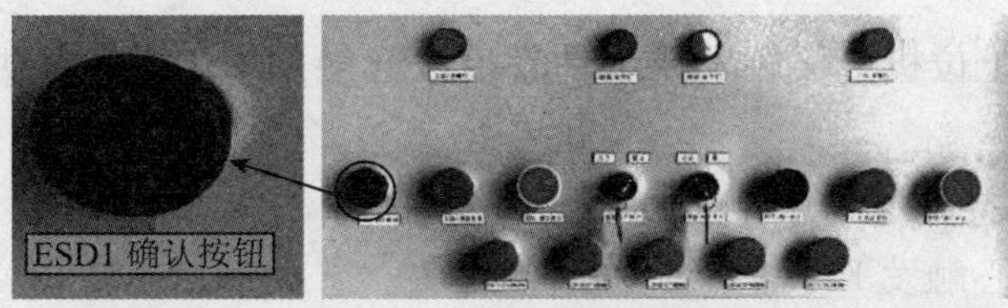

图 5－27　ESD－1 确认按钮

接收到现场工况条件需要触发 ESD－1 情况下（ESD－1 级报警灯闪烁），确认报警并非误报后，拔起 ESD－1 级确认按扭。

ESD－1 级确认按扭为规范操作流程按钮，既是否对此按钮进行操作，均不影响直接触发 ESD 紧急关断。在现场工况条件需要触发 ESD－1 级关断情况下，需人为确认是否为误报，确认非误报情况下，拔起 ESD－1 级确认按扭，然后触发 ESD－1 级紧急关断。正常操作时不允许跳过此确认过程，直接触发 ESD－1 级紧急关断，以免给生产带来不必要的损失。

3. ESD－1 级启动按钮如图 5－28 所示

图 5－28　ESD－1 启动按钮

现场工况条件需要触发 ESD－1 级关断情况下，需人为确认是否为误报，确认并非误报情况下，拔起按钮启动 ESD－1 级紧急关断。

4. ESD－1 级复位按钮如图 5－29 所示

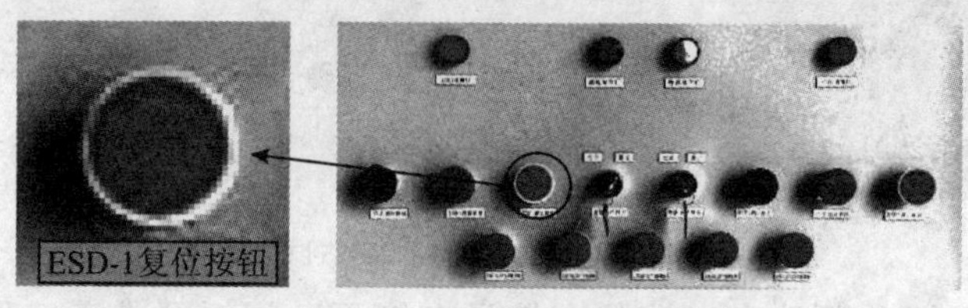

图 5－29　ESD－1 复位按钮

在 ESD－1 级关断启动后，等到现场设备具备恢复正常生产工艺条件时，按下 ESD－1 级启动按钮，进行复位操作，再按下 ESD－1 级复位按钮，复位操作完成。如果 ESD－1 级报警灯熄灭，则可以恢复正常工艺流程。如果 ESD－1 级报警灯继续常亮，则复位操作失败，现场仍然有触发 ESD－1 级关断的条件成立。如果 ESD－1 级报警灯闪烁，则复位操作成功，但现场仍然有报警提示需要触发 ESD－1 级关断，需要人为确认是否为误报，确认并非误报情况下，拔起按钮启动 ESD－1 级紧急关断，确认为误报情况下，应及时采取措施解决误报。

5. ESD－2 级报警灯

ESD－2 级关断报警灯与其他报警灯一样，包括了熄灭、闪烁及常亮三种显示方式：

（1）熄灭：现场情况一切正常；

（2）闪烁：当现场工况条件需要触发 ESD－2 情况下，ESD－2 灯闪烁。提示需要启动 ESD－2；

（3）常亮：PKS 上位机直接触发或手动直接拔起触发 ESD－2 启动按钮，ESD－2 级报警灯常亮。

站场 ESD－2 级关断触发条件包括了以下几种：

（1）调度控制中心触发 ESD－2 级关断；

（2）站控 ESD 手操台 ESD－2 级按钮；

（3）井口区 H_2S 有毒气体泄漏检测（闪烁），大于等于两个同时高高报警，人工确认非误报后，触发 ESD－2 级关断（常亮）；

（4）加热炉区 H_2S 有毒气体泄漏检测（闪烁），大于等于三个同时高高报警，人工确认非误报后，触发 ESD－2 级关断（常亮）；

（5）井口区可燃气体泄漏检测（闪烁），大于等于两个同时高高报警，人工确认非误报后，触发 ESD－2 级关断（常亮）；

（6）加热炉区燃气体泄漏检测（闪烁），大于等于两个同时高高报警，人工确认非误报后，触发 ESD－2 级关断（常亮）；

（7）计量分离器、燃料气撬、火炬分液罐可燃气体和有毒气体 H_2S 泄漏检测（闪烁），大于等于三个同时高高报警，人工确认非误报后，触发 ESD－2 级关断（常亮）；

（8）出站压力高高低低报警，人工确认非误报后（闪烁），触发 ESD－2 级关断（常亮）。

6. ESD－2 级确认按钮

当现场工况条件需要触发 ESD－2 情况下（ESD－2 级报警灯闪烁），确认报警并非误报后，拔起 ESD－2 级确认按扭。

ESD－2 级确认按扭为规范操作流程按钮，既是否对此按钮进行操作，均不影响直接触发 ESD 紧急关断。在现场工况条件需要触发 ESD－2 级关断情况下，需人为确认是否为误报，确认并非误报情况下，拔起 ESD－2 级确认按扭，然后在触发 ESD－2 级紧急关断。正常操作时不允许跳过此确认过程，直接触发 ESD－2 级紧急关断，以免给生产带来不必要的损失。

7. ESD－2 级启动按钮

在现场工况条件需要触发 ESD－2 级关断情况下，需人为确认是否为误报，确认并非误报情况下，拔起按钮启动 ESD－2 级紧急关断。关闭现场相应设备。

8. ESD－2 级复位按钮

在 ESD－2 级关断启动后，等到现场设备具备恢复正常生产的工艺条件时，按下 ESD－2 级启动按钮，进行复位操作，操作完成后再按下 ESD－2 级复位按钮，复位操作完成。如果 ESD－2 级报警灯熄灭，则可以恢复正常工艺流程。如果 ESD－2 级报警灯继续常亮，则复位操作失败，现场仍然有触发 ESD－2 级关断的条件成立。如果 ESD－2 级报警灯闪烁，则复位操作成功，但现场仍然有报警提示需要触发 ESD－2 级关断，需要人为确认是否为误报，确认并非误报情况下，拔起按钮启动 ESD－2 级紧急关断，确认为误报情况下，应及时采取措施解决误报。

9. 超驰允许开关

工艺需要对某个设备进行超驰时，旋转按钮，允许超驰。

10. 超驰指示灯（红色）

超驰允许开关设为允许状态下，ESD 超驰指示灯亮。否则 ESD 超驰指示熄灭。

11. 旁路允许开关

工艺需要对某个设备进行旁路时，旋转按钮，允许旁路。

12. 旁路指示灯（红色）

旁路允许开关设为允许状态下，ESD 旁路指示灯亮。否则 ESD 旁路指示熄灭。

13. 井下安全阀（SCSSV）关断手柄（红色）

需要远程关闭井下安全阀时，可将该手柄拉出，关断井下安全阀。

正常情况下，手操台状态指示灯全部熄灭。说明全线工艺生产正常，运行平稳。此时不需要触发 ESD 紧急关断。

当状态指示灯出现闪烁报警提示时，说明相应管线发出 ESD 紧急关断报警。需要人工确认此报警是否为误报。如为误报，进入误报应急程序。如报警真实存在，拔起与其对应的确认按钮，人工确认后，触发 ESD 紧急关断。确认按扭为规范操作流程按钮，既是否对此按钮进行操作，均不影响直接触发 ESD 紧急关断。在现场工况条件需要触发 ESD 级关断情况下，需人为确认是否为误报，确认并非误报情况下，拔起 ESD 确认按扭，然后在触发 ESD 级紧急关断。正常操作时不允许跳过此确认过程，直接触发 ESD 级紧急关断，以免给生产带来不必要的损失。

状态指示灯出现常亮报警提示时，说明相应管线已经启动 ESD 紧急关断，关断相应阀门，这时应进入故障排除、工艺流程恢复程序，故障排除后，点击上位机复位按钮，恢复到正常工艺流程。

发生误报时，需人为确定故障原因，确定解决方案。需要对该设备进行超驰控制的，先将超驰允许开关旋转置超驰位置。通过操作画面选择需要超驰允许设备，将此设备设置为超驰允许状态，在超驰允许输出后选择完成，设备超驰允许操作完成。

通过上位机 PKS 操作画面将此设备设置为旁路允许状态，设备旁路允许操作完成。旁路功能启用，旁路功能计时器启动。设置旁路允许时间内，旁路设备不参与 ESD 逻辑。超过旁路允许时间后，旁路设备自动恢复参与 ESD 逻辑。

5.4 生产辅助系统

5.4.1 工业以太网系统

1. 工业以太网系统概述

工业以太网是基于 IEEE802.3（Ethernet）强大的区域和单元网络。利用工业以太网，SIMATICNET 提供了一个无缝集成到新的多媒体世界的途径。企业内部互联网（Intranet），外部互联网（Extranet），以及国际互联网（Internet）提供的广泛应用不但已经进入今天的办公室领域，而且还应用于生产和过程自动化。继 10M 波特率以太网成功运行之后，具有交换功能，全双工和自适应的 100M 波特率快速以太网（FastEthernet，符合 IEEE802.3u 的标准）也已成功运行多年。

普光气田地面集输系统中采用的工业以太网系统采用有线与无线结合的解决方案。有线网络采用双网冗余结构，使用工业以太网构架网络；无线网络作为有线网络的备用通道。系统骨干网络为 1000Mbit/s 全双工线速交换能力（实际提供 2000Mbit/s 双向带宽）光纤以太网络，中控室、场站及阀室内部的子系统网络为 100Mbit/s 的电气以太网络，基于具体设备实际连接距离需要，子系统网络内部亦可采用 100Mbit/s 的光纤以太网络。有线网络向无线网络（5.8G 无线以太网）提供标准以太网接口。

整个网络包括：中心骨干网（主骨干环网与备骨干环网）与 47 个子系统（主子系统和备子系统）网络共同组成普光气田集输以太网系统单网；同时包括无线主网和无线备网作为有线网的备份网络如图 5－30、图 5－31 所示。

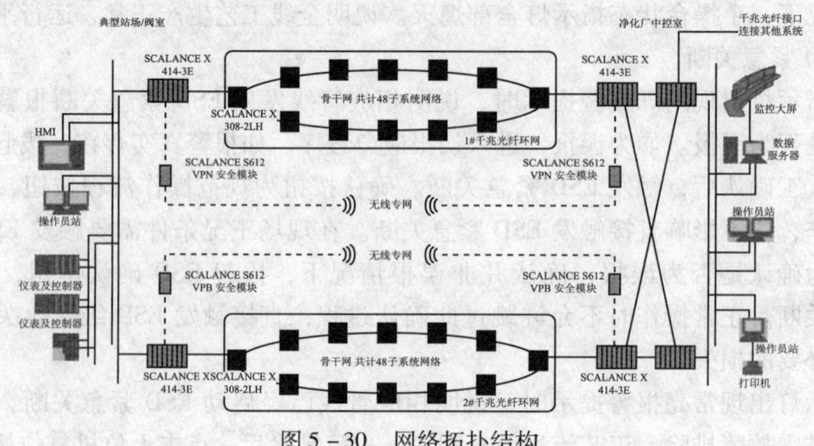

图 5－30 网络拓扑结构

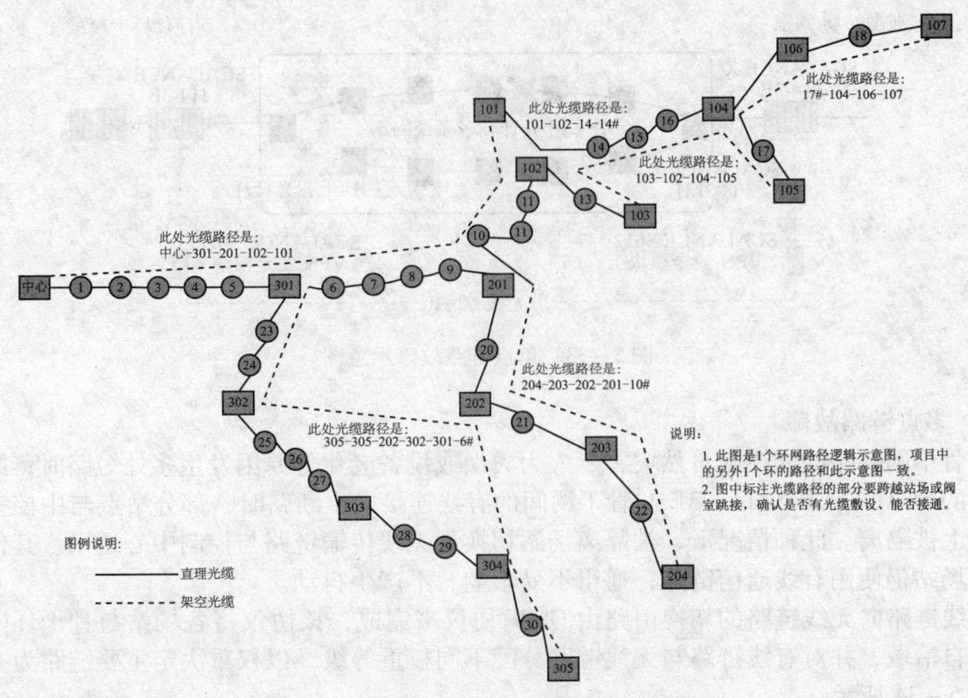

图 5 - 31　工业以太网环网路径逻辑图

2. 工业以太网结构与原理

场站与中控室间建立了四重冗余的链路进行连接。正常情况下，场站与控制室间通讯如图 5 - 32 所示。场站数据通过主要有线链路通道，到达 A 环（1#）千兆光纤环网，经由环网传输到达中控室。

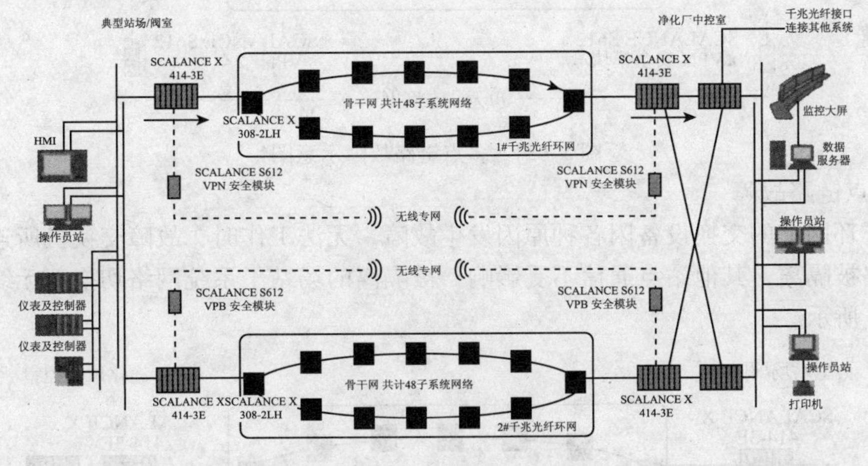

图 5 - 32　工业以太网结构图

1）单点链路故障

当骨干网环路的光缆因自然灾害、人为失误或设备老化等原因发生断路时。HSR 高速冗余环协议可以将骨干环网上的数据流向改变，提供一个故障点的保护。该切换由交换机完成，链路故障自愈时间不超过 300ms 如图 5 - 33 所示。

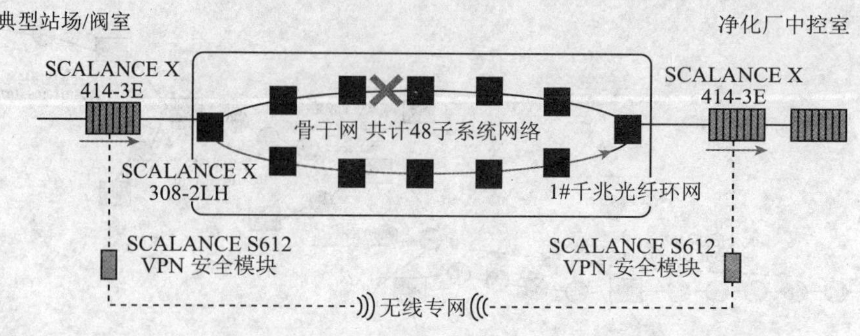

图 5－33　单点链路故障示意图

2）多点链路故障

当骨干网环路的光缆因自然灾害、人为失误或设备老化等原因发生多处短路时；或场站所连接的 SCALANCE X414－3E 与骨干网间的有线连接发生断路时，部分站点与中控室在有线链路上被隔离。此种情况下，被隔离场站切换到无线传输链路与控制中心通讯。其他为被隔离的场站仍使用有线通信链路，通讯不受影响，不产生抖动。

有线链路向无线链路的切换由路由 OSPF 协议来完成，该协议将各场站与骨干环网划分成不同自治域，并对有线链路与无线链路分配不同权重等级，以权重决定主要链路为有线链路如图 5－34 所示。

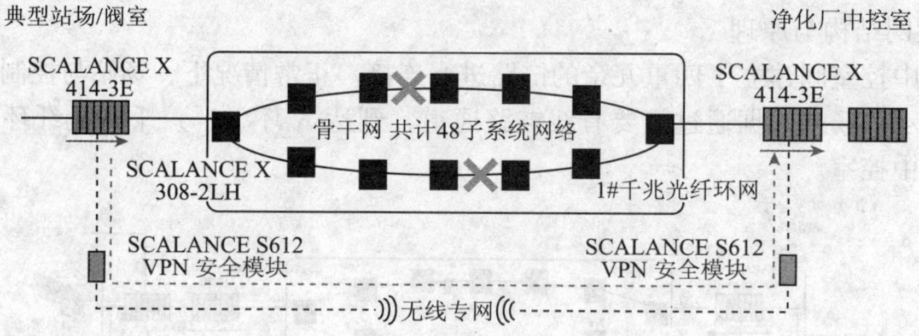

图 5－34　多点链路故障示意图

3）多点链路故障

当骨干环网上的交换设备因各种原因发生故障，无法工作时，故障交换机所连接的场站子系统网络被隔离，其他站点通信不受影响。被隔离的场站子系统网络切换至无线传输网络如图 5－35 所示。

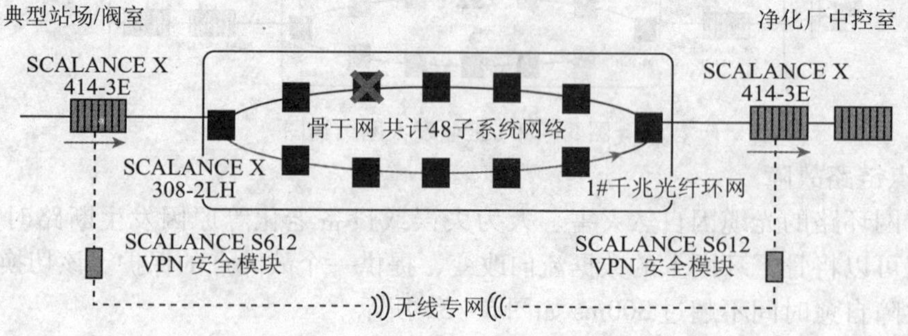

图 5－35　单点设备故障示意图

4）接入连接点故障或通讯超时

站场子系统网络中的 SCALANCE X414－3E 发生故障，或子系统网络连接至该设备的连接发生断路时，单网有线链路与无线链路均无法进行通信。基于双网冗余的系统结构，数据通信整体由 1[#] 千兆光纤环网切换到 2[#] 千兆光纤环网。

该类切换由数据采集系统对数据采集源网卡的切换完成，其响应时间由数据采集系统决定，与数据库倒换时间、网卡绑定方式有关。该类切换还有可能产生于通信应用的中断或连接超时如图 5－36 所示。

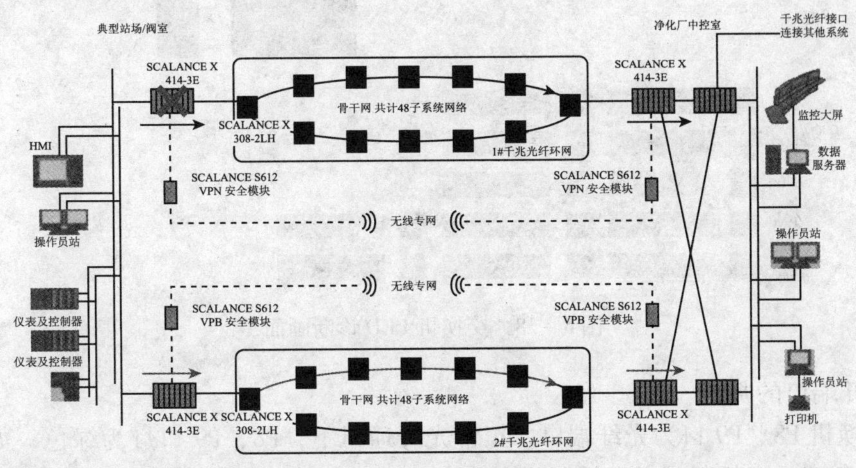

图 5－36　信道切换示意图

由于双网系统中，两张网络结构完全相同。切换后，该系统仍然能够承受上文所述的几种故障情况发生，并能进行相应的切换。

因此，该系统网络所能承受的故障点数量最多可达到 5 个。由于除大规模自然灾害的情况下，同时发生 2 个故障点以上的可能性不高，该系统的可用性已经基本可以确保整体网络的不间断运行如图 5－37 所示。

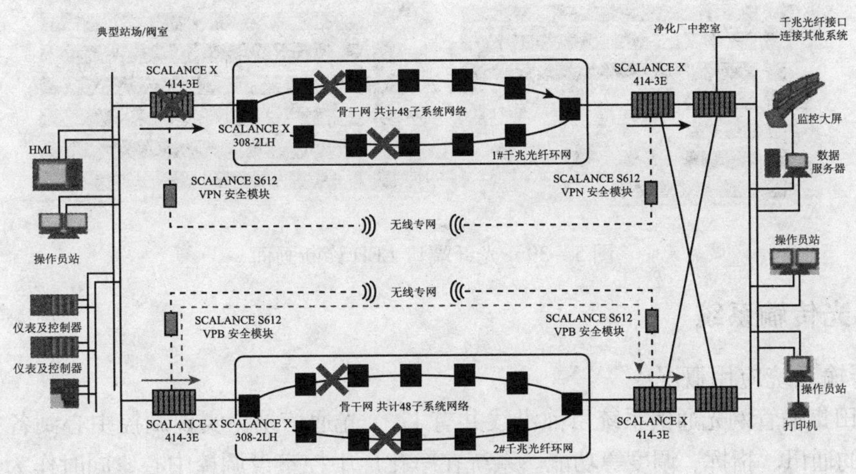

图 5－37　故障点饱和示意图

3. 常见故障判断及处理

1）交换机指示灯的判定如图 5－38 所示

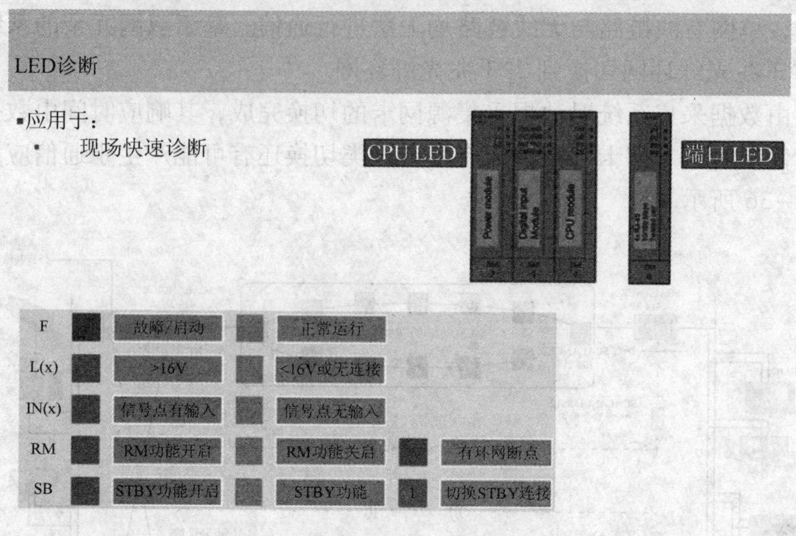

图 5－38　交换机 LED 诊断画面

2）光纤端口的判定

308 交换机 P8、P9 口为光纤端口，正常光纤通讯下，P8，P9 口灯为绿色，如果发现灭或者为桔红色表示光纤断或者光纤接口不稳定，这时要检查站场或阀室是否为断电/光纤断及光纤的接头不牢固如图 5－39 所示。

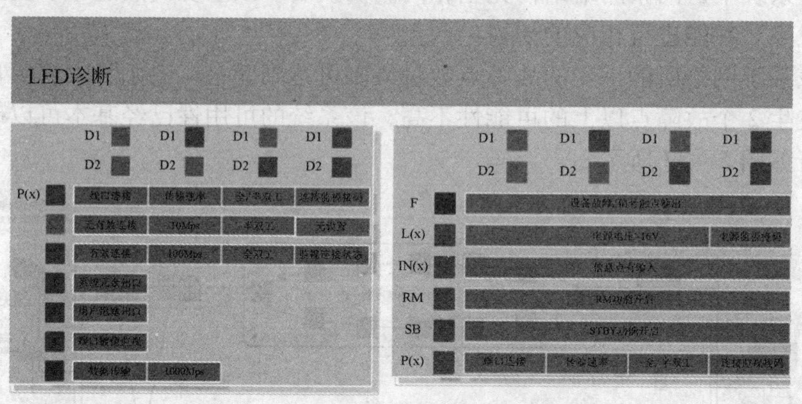

图 5－39　光纤端口 LED 诊断画面

5.4.2 光传输系统

1. 光传输系统应用概况

普光气田集输管网光通信系统目前沿线共有 17 个光通信站，实现调控中心到各集气站场以及站场之间的通讯、指挥、调度等功能。系统在净化厂中控室设调控中心，同时作为光通信系统的网管控制中心。干线网络选用同步数字系列 STM－16 等级的光传输设备，传输容量为 2.5Gbit/s。支线 11 个节点站，支线网络选用同步数字系列 STM－4 等级的光传输设备，传输容量为 622Mbit/s。光网络系统为链型结构，采用 1＋1MSP 保护方式，各站场数据业务通过光网络系统汇聚到净化厂中控室。普光气田地面集输工程光传输系统网络拓扑结构，如图 5－40 所示。

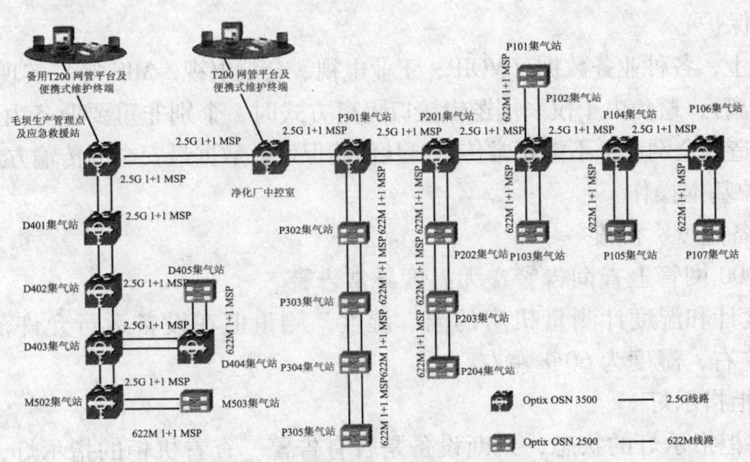

图 5－40　光传输网络拓扑结构

2. 光传输系统组成简介

普光气田地面集输工程构建的通信网络结构为链型网，全线采用 1＋1 物理链路冗余备份，网络保护方式为 1＋1 线性复用段保护方式（1＋1MSP）。其中干线链路速率为 2.5Gbit/s，可平滑升级到 10Gbit/s；支线链路速率为 622Mbit/s，可平滑升级到 2.5Gbit/s。

净化厂中控室及干线各集气站采用 OptiX OSN 3500 设备逐站进行配置，支线各集气场站均采用 OptiX OSN 2500 设备逐站进行配置。该 OSN 系列光通信产品是华为技术公司推出，用于城域网传输的 STM－4/STM－16/64 兼容下一代多业务、智能化光传输设备（NGSDH），具备优异完备的数字交叉功能，能够方便的实现传输网络的容量和带宽管理，支持各种复杂的网络拓扑，具备各种网络保护功能，提供丰富的业务接口。除了能够支持 SDH 设备传输的各种业务外，还有强大的数据业务处理能力。利用 SDH 完善的组网和业务调度能力、以太网业务的灵活汇聚、调度能力，实现了话音、数据等多种业务的传输；另外还充分考虑了未来网络对大量数据业务处理、智能调度的需求，具有良好的可扩展性。

3. 网络安全和保护

所有站点均采用成熟稳定的 OptiX OSN 3500 和 OptiX OSN 2500 设备组网，设支持 MESH、2F/4FMSP、SNCP、PP、DNI、1＋1/1：NMSP、VP－Ring、RPR、ET－Ring 等组网能力。其中 OptiX OSN 3500 是 MADM 系统，可提供多达 40 路 ECC 的处理能力，完全满足复杂组网的要求，支持 STM－1/STM－4/STM－16/STM－64 级别的线形网、环形网、枢组形网络、环带链、相切环和相交环等复杂网络拓扑。同时，OptiX OSN 3500 支持四纤/二纤复用段环保护、线性复用段保护、共享光路虚拟路径保护和子网连接保护等网络级保护，组网能力的强大和完善，为网络安全可靠带来保障。

1）网络级保护

本次工程网络构建为 1＋1 链型网络，网络保护方式为 1＋1 线性复用段保护（1＋1MSP）。此种方式通过两条独立的物理线路互为冗余备份，当一条线路出现故障时，业务会自动倒换到另外一条线路上，倒换动作瞬间完成，不会影响业务正常通信。

2）设备级保护

本次工程所选用的通信设备对其中的重要组件均提供保护。对于关键板件如：主控、交叉、时钟、电源等关键单元具备 1＋1 热备份能力，避免由于关键板件故障引起的业务中断；业务单板具备 1＋1 或 1：N 的保护的能力；对单板提供二次电源备份功能。

3）业务级保护

在业务传送上，各种业务数据（VOIP、工业电视、会议电视、MIS 等）实现物理硬件上的隔离（即单板的隔离），避免由于仅采用逻辑接口隔离方式时，个别非重要业务由于感染病毒或产生广播风暴时，造成全网业务不能正常传输，从而确保业务数据最安全的传输方式。

4. 设备维护基本操作

1）检查设备温度、湿度

（1）在 T2000 网管上查询告警，无温度异常告警。

（2）用温度计和湿度计测量机房的温、湿度，测量值在设备运行允许范围内。保持机房温度为 20℃左右，湿度为 60%左右。

2）观察机柜指示灯

通过查看机柜指示灯的状态，判断设备是否有告警。查看机柜的指示灯，正常状态没有告警，只有电源指示灯绿灯亮。

3）观察单板指示灯

通过观察单板指示灯的状态，判断单板是否有告警。

（1）查看处理板指示灯状态，正常情况下是四个指示灯全部是绿色。

（2）参看交叉时钟板的指示灯是否正常，正常情况下是五个指示灯全部是绿色。

（3）参看 SCC 板的指示灯是否正常，正常情况下是六个指示灯全部是绿色，ALMC 灯灭。

4）检查设备声音告警

检查设备声音告警功能是否正确设置，并检查声音告警功能是否正常。检查 SCC 板的 ALMC 指示灯，正常状态是灭。如果 SCC 板的 ALMC 指示灯是绿灯亮，请按 SCC 板上的“ALM CUT”按钮。

5）检查和定期清理风扇

检查风扇运行是否正常，并及时清理防尘网，保证设备能否正常散热。

检查风扇状态以及清理防尘网步骤：

（1）在网管上查看 FAN 的状态，正常状态是无告警。

（2）查看 FAN 指示灯状态，正常状态是绿灯亮。

（3）抽出防尘网。

（4）将粘贴在防尘网上的海绵撕下后用水冲洗干净，并在通风处吹干。

（5）清理工作完成后，将海绵重新粘贴在防尘网上，将防尘网沿子架下部的滑入导槽轻轻插回原位置。

5.4.3 工业电视监视系统

1. 工业电视监视系统介绍

站场工业电视监视系统，主要用于对工艺站场内工艺设备、控制仪表、火炬头和室内重要岗位等的生产情况的监视，以及预防意外闯入和及时发现险情给予报警及火灾确认等。

普光气田工业电视系统采用网络数字化监控模式，实现两级监控。工业电视监控系统原理图，工艺站场站控室监控设备实现本地级显示、存储和控制，同时实现在中控室监控中心的远程监控和中心存储，以及具备将监控信号上传至更上一级监控中心的能力。每个一级监控站点一般独立配置 2 ~4 台室外一体式防爆摄像机，2 台室外枪型摄像机，1 台室内一体化球机（中控室为二级监控点，站场为一级监控点）如图 5－41 所示。

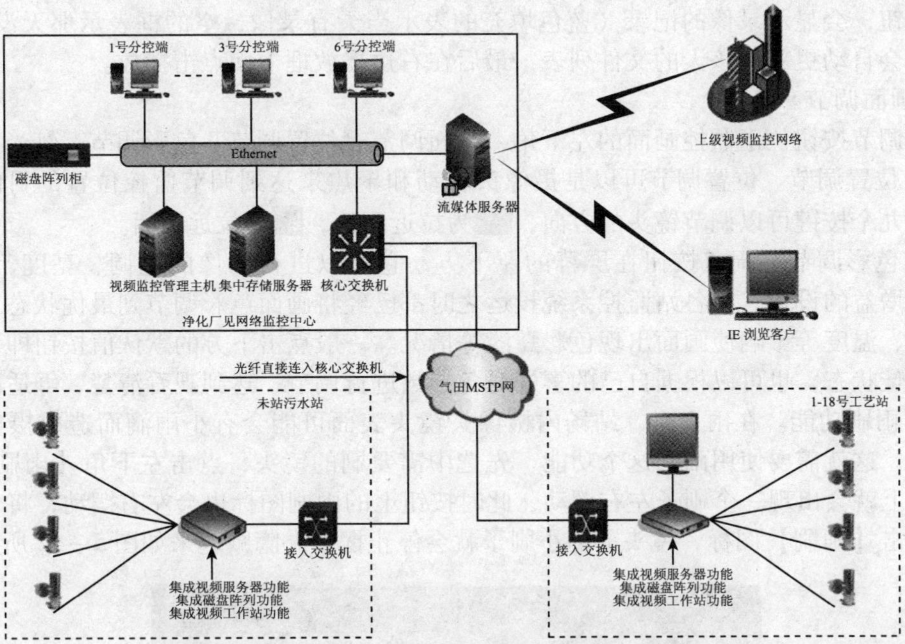

图 5－41CCTV 原理图

2. 中控室工业电视监视系统操作

（1）打开 IE 浏览器。双击桌面的 IE 浏览器，点击【进入登录平台】。

（2）出现以下登录窗口输入用户及密码点击登录。视频窗口可以划分成多屏：4 分屏，9 分屏，16 分屏，25 分屏，36 分屏，49 分屏，64 分屏。

（3）画面回放。

①点击按钮使按键切换到回放，此时文件回放模式开启；

②选择当前播放窗口，单击指定摄像机；

③在时间列表中选择回放的开始与结束时间；

④在文件回放控制器中控制录像播放的进度、快慢和播放帧。

3. 集气站工业电视监控系统的操作

1）进入系统菜单

正常开机后，按 ENTER 键确认键（或单击鼠标左键）弹出【登录】对话框，在输入框中输入用户名和密码。仅有就地监视、回放、备份权限等权限。每 30 分钟只能试密码 5 次，否则账户锁定。

2）预览

在正常情况下，CCTV 检测视频画面都处于预览界面。在预览界面，界面左边是通道名称，右边是各个监控画面，左下角是调节按钮，下方是事件描述。通过预览界面可以观看到集气站场主要设备主要岗位的工作状态。

员工可以在站控室通过预览界面及时了解站场情况和大门口来往人员车辆等信息。中控室可以通过预览界面及时了解站场人员和设备情况。在集气站发生气体泄漏或火灾时中控室及时监控站场信息。

3）回放

当需要观看历史记录的时候，就需要用到回放功能。其具体操作如下：

在界面上点击回放，选择需要观看的通道，然后点击日历图标选择回放的日期，点击下方搜索按钮，会显示录像的记录（蓝色填充的表示当天有录像，空的框表示那天没有录像）文件列表会自动更新成该天的文件列表，最后在右边播放框下面点击播放。

4）画面调节

画面调节按钮位于监控画面的左下角，画面调节有位置调节、色彩调节、灯光和雨刷。

（1）位置调节。位置调节可以是摄像头转动和聚焦来达到调节监控位置的目的，如图显示左边九个按键可以调节镜头的方向，![]为拉近画面，![]为拉远画面。

（2）色彩调节。调节按钮在屏幕的左下方，它可以进行图像的色调、亮度、对比度、饱和度、增益的设置。在各站监控系统投运之时都已经将画面色彩调节到最优状态，在运行中受光线、温度等影响使画面出现色彩黯淡等情况。一般点击下方的默认值按钮即可将画面调整到最佳状态，也可以根据自己的喜好对各参数进行调节，达到观看清楚、舒适的目的。

（3）雨刷功能。在雨天时，站场内摄像头镜头表面可能会有小雨滴而造成摄像和画面模糊不清，这就需要使用雨刷这个功能，先选中需要刷的镜头，点击左下角【雨刷】图标，对应画面上就会出现一个刷子左右摆动，此时按钮上的雨刷图标也会左右摆动，将水滴刷掉后再次点击【雨刷】图标，镜头前的小刷子就会停止摆动并隐藏起来如图 5－42 所示。

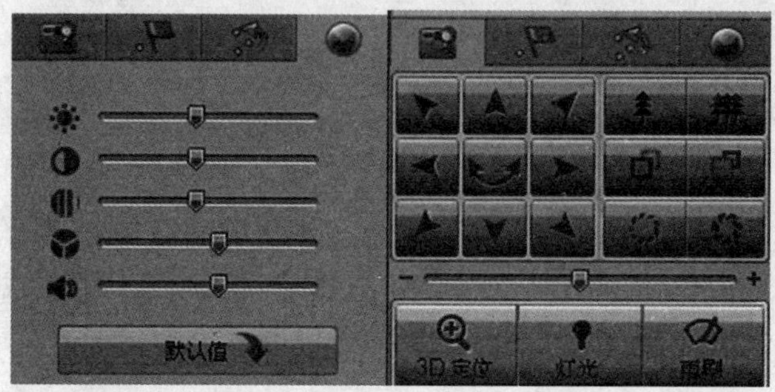

图 5－42　CCTV 色彩调节和云台控制

5.4.4　语音软交换系统

1. 语音软交换系统介绍

语音软交换系统主要用于解决 IP 网上两个 IP 终端之间媒体流（这里指语音流）的交换。在普光气田主要是用华为公司的 ET523 这一款高性能的 IP 电话作为主要的通信终端设备。每个站场有 5 部 IP 电话，中控室有 8 部 IP 电话如图 5－43，图 5－44 所示。

2. 功能说明（表 5－3）

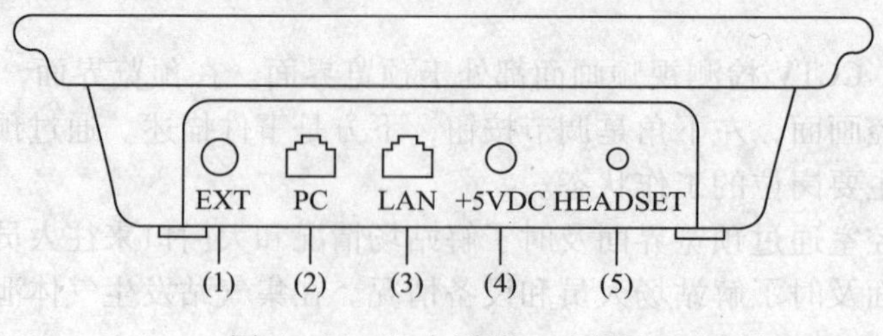

图 5－43　IP 电话端口示意图

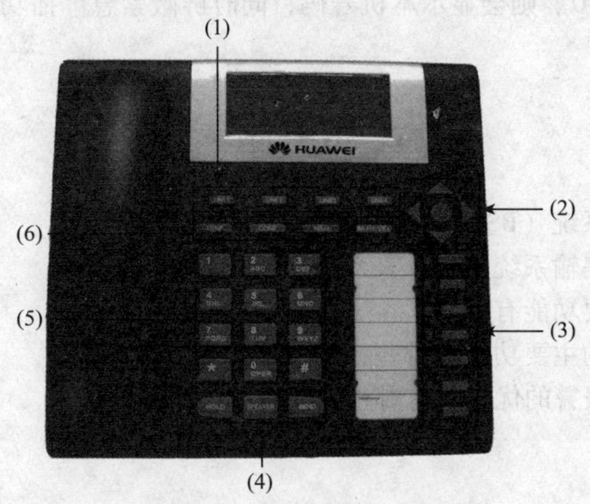

图 5－44　IP 电话功能分区

表 5－3　IP 电话端口说明

序号	接口	说明
1	扩展板接口	使用配套的连接线将扩展板连接到 ET523 主机上。通过电源适配器或 ET523 主机的 PoE 电源供电
2	LAN 接口	10/100Mbit/sRJ45LAN（网络）接口。支持 PoE（802.3af）供电
3	PC 接口	10/100Mbit/sRJ45PC 接口
4	电源接口	5V 电源接口
5	耳机接口	2.5mm 耳机接口

5.4.5　站场广播对讲系统（PA/GA）

1. 站场广播对讲系统介绍

站场广播对讲系统主要用于保障各集气站场日常生产，以及发生紧急情况时报警并指挥人员疏散。本系统还用于与自控的火灾、气体报警等系统进行连接，实现报警联动。报警分为两级联动：在控制中心通过局域网与 SCADA 数据服务器连接，接受报警信号，按照设定范围、方式向指定站场广播报警：在站场本地系统机柜接受站场 RTU 所提供的 4 类触点信号（ESD－1：全站关断，泄压：ESD－2：全站关断，不泄压；站场火灾：站场泄露），并按照不同情况进行广播报警。

站场设置 PA/GA 系统远端主机 1 套，外接 1 个室外防爆话站，2 个室外防爆扬声器，1 个室内操作台（室内话站）。PA/GA 系统中心主机设置在中控室，统一实现整个系统的控制、网管等功能。控制中心的人员能够及时准确灵活地对指定远程终端进行紧急广播和对讲。

2. 话站对讲操作

（1）按下对应话站的号码，建立双方通讯。

（2）按下面板上的“X”结束通话。

（3）在通话时，按下面板上的“↑↓”键，可以调节话站扬声器的音量，按下回车键对该音量进行确认。

（4）直接按下“4T0”则会显示本机号码，同时屏蔽紧急广播功能，再按下“4T1”恢复紧急广播功能。

思考题

1. 简述阀室控制系统（BSCS）的功能。
2. 简述普光主体集输系统安全仪表系统（SIS）应用。
3. 站控系统的主要功能有哪些？
4、调度控制中心的主要功能有哪些？
5. PKS 系统报中报警的优先级有哪些？

第6章 采气设备与设施

高含硫气田集气站场采气设备与设施主要有分酸分离器撬块、分水分离器撬块、加热炉撬块、甲醇加注撬块、缓蚀剂加注撬块、计量分离器撬块、火炬分液罐及火炬、酸液缓冲罐、燃料气分配撬块、燃气发电机、收（发）球筒等。本章主要从设备设施的结构原理、工艺、自控参数、运行操作和设备维护保养。

6.1 分酸分离器撬块

本节主要介绍高含硫化氢集气站场在开采初期产出天然气中的游离水进行分离的站场临时设备——分酸分离器，从它的工艺原理、结构材质到运行操作及设备维护保养等方面进行系统阐述。

6.1.1 概述

分酸分离器是将井口采气树产出天然气中的游离水进行分离的站场临时设备，一般在开采初期产水量较大的情况下使用，待游离水基本排放完毕后，该设备就转移其他站场如图6-1所示。

图6-1 分酸分离器

1. 工艺原理

分酸分离器带有入口装置和除雾器，以增强分离性能。经过节流的混合气以及吹扫天然气从分离器侧上部进入，将酸液分离后，气体从分离器顶部流出然后进入加热炉，酸液达到规定液位时就从侧下部放出，然后流进酸液缓冲罐。同时，在分离器顶部设有安全阀，防止设备超压；分离器底部设有一个冲砂口和一个排污，可对设备进行清洗和排污。

集气站场所使用的分酸分离器，其设计保持出口处的水不超过50mg/m^3，水滴体积不大于100μm如图6-2所示。

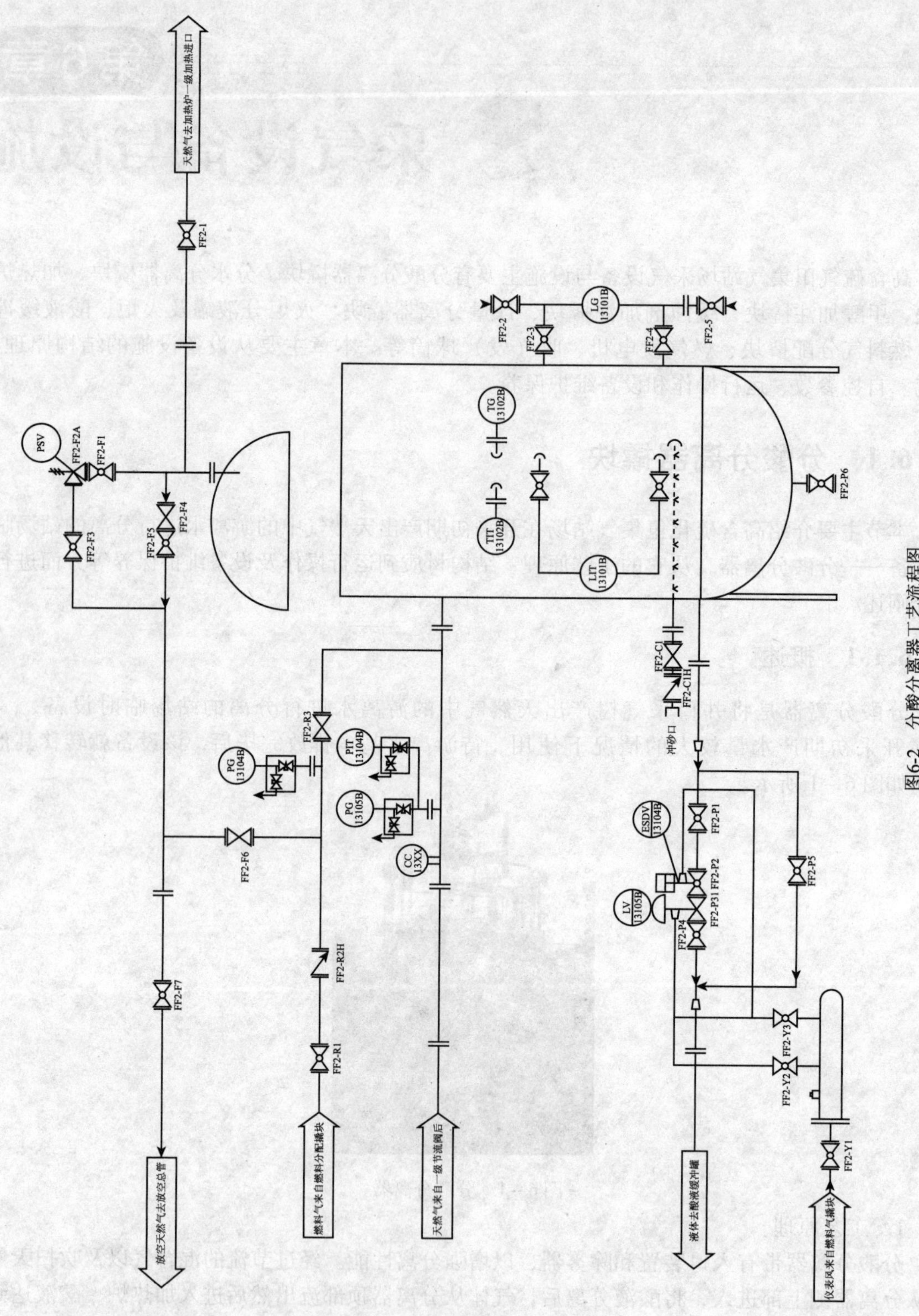

图 6－2 分酸分离器工艺流程图

2. 结构与材质

分离器结构形式为球形两相分离压力容器，所有与分酸分离器撬块连接的管道接口采用法兰，见表 6－1。

表 6－1　分酸分离器结构材质表

撬块附件	结构名称	材质
分离器本体	壳体	SA516－70N
	支座	SA516－70N（垫板）＋A36
	管口	A－350－LF2
分离器附件	温度计、液位计、安全阀、压力表等	

6.1.2　工艺、自控参数

1．工艺数据

分酸分离器的工艺数据主要参考普光气田地面集输设备数据，从设备设计尺寸、压力、温度、流量等方面进行列举、参考，具体内容见表 6－2。

表 6－2　分酸分离器工艺参数表

撬块附件	单位	参数	撬块附件	单位	参数
尺寸	mm	1200×5000	全容积	m^3	5.65
设计压力	MPa	22	运行压力	MPa	19
设计温度	℃	60	运行温度	℃	45
设计流量	m^3	40×104～100×104			
介质名称		酸性天然气、污水	介质密度	kg/m^3	0.88
腐蚀裕量	mm	≥3.2	焊接接头系数		1

2．检测控制

（1）一个控制回路，即通过液相管线上的调节阀（LV）来控制分离器的液相处于稳定状态。

（2）一个紧急关断回路，即分离器液位超低时紧急关闭液相管线上的关断阀（ESDV）。

（3）检测变量。

①温度、压力、液位；

②阀门的阀位反馈（调节阀和紧急关断阀）。

3．自控、仪表设定点

分酸分离器的自控、仪表设定点主要参考普光气田地面集输设备数据，主要从设备安全阀及变送器参数等方面进行阐述，具体内容见表 6－3。

表 6－3　分酸分离器自控、仪表设定表

仪器	设定点	仪器	设定点
PSV（安全阀）	21.1MPa（起跳压力）	LIT（液位变送器）	$H=65\%$（高报警）
TIT（温度变送器）	$T=30$℃（低报警）		$L=27.5\%$（低报警）
PIT（压力变送器）	$H=20$MPa（高报警）		$L=25\%$（ESD 关断液位）
仪器风压力	最低 550kPa；最高 850kPa		$LL=15\%$（低低报警）

6.1.3　分酸分离器操作

1. 投运操作

上游来气后注意观察液位、压力显示：

（1）正常液位范围为：27.5% ~65%；

（2）正常压力范围为：（11 ~19）MPa。

站控室自动排液操作规程如下：

（1）确认人机界面上液位高于65%；

（2）确认LV自动打开，当液位降至27.5%时LV自动关闭；

（3）若液位继续降至25%，导致ESDV关闭，当液位恢复到65%时在ESD－3级关断界面中进行ESD－3复位，打开ESDV。

现场手动排液操作规程：

（1）在人机界面上确认液位高于65%；

（2）缓慢打开排液管线旁通球阀，再打开截止阀，当液位降至25%时关闭截止阀，再关闭球阀。

2. 长时间停运操作（关井状态）

（1）通过站控室人机界面把分酸分离器液位的控制回路打到超驰状态，打开旁通排液球阀，打开截止阀，排净容器内的积液；

（2）缓慢打开手动放空截止阀进行放空，直至罐内压力为“0”；

（3）打开入口管线上的燃料气阀门对管线及设备进行吹扫。5min后通过高含硫化氢天然气入口压力表的双阀组放空阀检查容器内硫化氢浓度低于20ppm时关闭吹扫阀门；

（4）待容器内燃料气压力为零时关闭手动放空截止阀。

6.1.4　设备维护保养

1. 日常维护、保养

检查设备运行是否正常；检查各连接部位是否松动或泄漏；检查腐蚀挂片是否损坏；检查分离器罐体液位计、温度表、压力表处于正常工作状态；通过SCADA系统对仪表、ESDV、液位调节阀进行实时控制。

2. 定期保养

设备使用中累计达到以下规定的工作时间后，应由专业人员进行如下保养。

（1）每6个月检查所有仪表一次；每一年安全阀送检一次；每年对分离器进行冲砂处理；每次停运后重新启动时检查所有仪表、阀门的运行状态；

（2）定期对容器进行内部检查，有无侵蚀现象，内部防腐层有无损坏，容器内是否被腐蚀，有无固体沉积等。

3. 各项设备维护保养内容

（1）每日目视检查容器的所有部件及保温层完好无损，精心维护、严格执行巡回检查制度，发现问题及时处理，保证设备的安全运行；

（2）掌握设备故障的预防、判断和紧急处理措施，保持安全防护装置完整好用，并做好记录；

（3）对于日常的仪器仪表维护，应经常检查其是否处于完好状态，巡检过程中认真记录仪表的指示值，与SCADA系统对照，确保仪表指示正确无误；

（4）定期对容器内部进行检查，检查其有无侵蚀现象，内部防腐层有无损坏，容器内是否被腐蚀，有无固体沉积等。对容器内部进行检查时，卸掉的所有内部部件必须再正确安装，所有内部的螺栓连接都要使用双螺帽或有耳垫圈。

4．附件的检查

（1）防爆接线箱的维护，应定期检查和清扫，外壳不得堆积尘土和杂物，不得用水龙头喷射清扫防爆接线箱。

（2）安全阀的维护，定期检查运行中的安全阀是否存在内漏，每年将安全阀拆下进行全面清洗送检一次，检验合格后方可重新使用。使用中若安全阀发生起跳，必须送检合格后方可重新使用。当环境温度低于摄氏零度时，还应采取必要的防冻措施以保证安全阀动作的可靠性。

6.2　分水分离器撬块

本节主要介绍高含硫化氢集气站场中，汇集站场将上游管道高含硫化氢天然气分离气液的设备——分水分离器撬块，从它的工艺原理、结构材质到运行操作及设备维护保养等方面进行系统阐述。

6.2.1　概述

分水分离器主要作用是分离气液，并且计量液体流量。上游管道及本站外输管道出来后的含水天然气从罐体顶部一端进入分水分离器，然后由分离器根据气液两相在密度上的不同进行重力分离如图6－3所示。

1．工艺原理

图6－3　分水分离器撬块

两相分离器用于实现把气体和液体分离成各自对应的气相和液相。分离出气体中夹带的液体是分离器设计工作的主要挑战内容，这是因为：第一气体在分离器容器内的停留时间较短，通常仅有几秒钟，并且设计出的分离器必须具有在可利用的有限时间内使液滴沉降到液面的能力。第二个设计上的问题是分离出液体中夹带的气泡。气泡的分离通常不是问题，这是因为液体在容器内有充足的停留时间，使液体能够充分脱气（图6－4）。

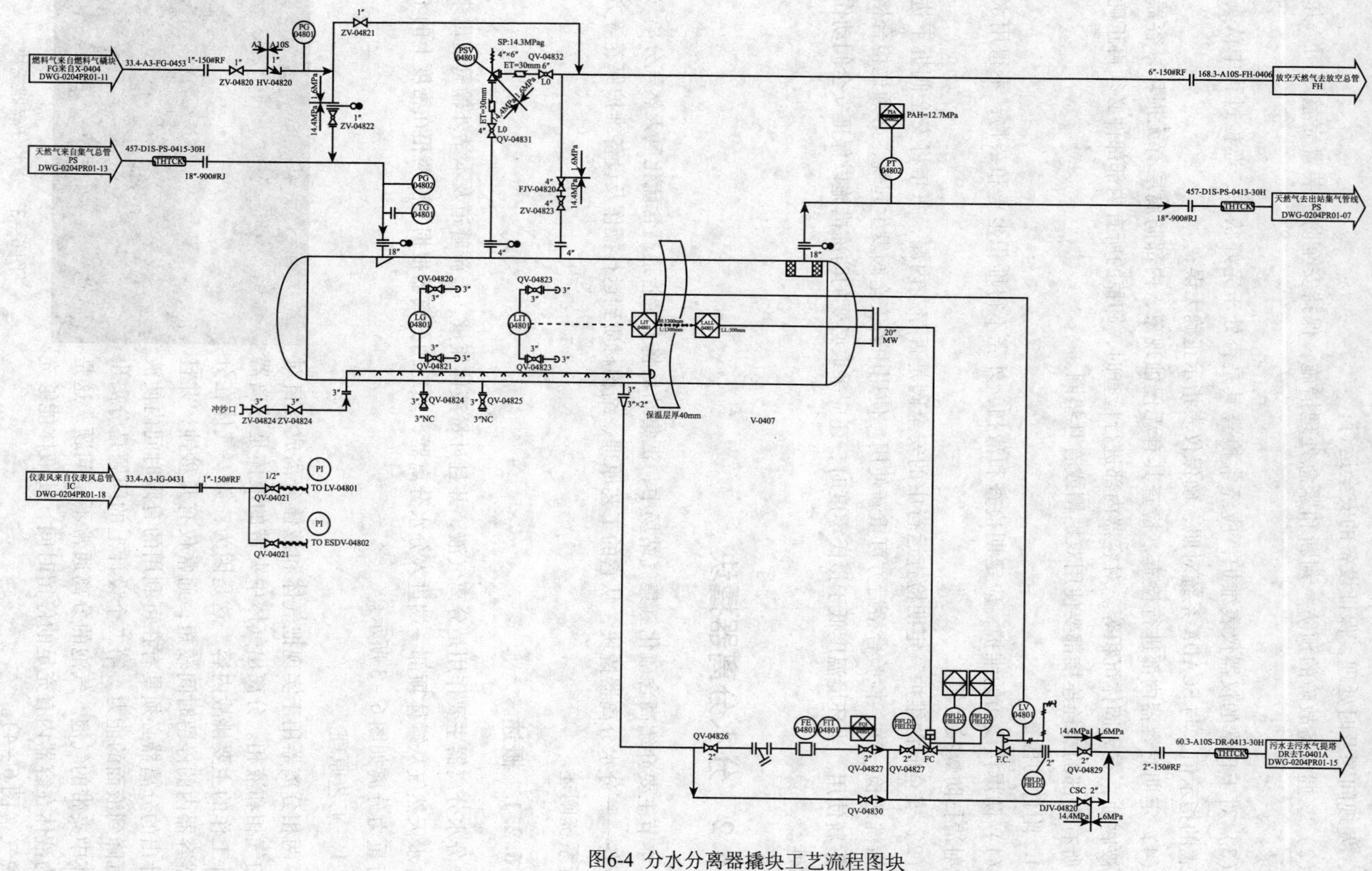

图6-4 分水分离器撬块工艺流程图块

2. 结构与材质

分水分离器撬块内部组件和接口尺寸、压力等级、法兰连接面以及连接形式，其组成部分见表 6－4。

表 6－4　分水分离器撬块结构与材质表

名称	数量	型号及规格	单件	小计
			质量/kg	
短接	2	锻件 16MnⅡ＋堆焊	123	246
弯管	2	锻件 16MnⅡ＋堆焊	16	32
法兰	4	锻件 16MnⅡ＋堆焊	15.6	62.4
弯管	2	锻件 16MnⅡ＋堆焊	6	12
短接	2	锻件 16MnⅡ＋堆焊	135	270
平台预焊垫板	8	钢板厚 10Q235R	2.7	21.6
固定鞍座	1	BⅠ2600－F Q235B/Q345R		488
冲砂管组	1	焊接件		215
滑动鞍座	1	BⅠ2600－S Q235B/Q345R		488
接管法兰	4	锻件 16MnⅡ＋堆焊	149	596
防涡流挡板	1	钢板厚 10022Cr17Ni12Mo2		1.3
人孔	1	焊接组合件		1891
球形封头	1	钢板 Q345R＋堆焊		5786
套筒	1	钢板厚 10022Cr17Ni12Mo2		177
丝网除沫器	1	X1400－100 SP 316L/316L		75.12
筒体	1	钢板 Q345R＋堆焊		76687
TP 板组支架	1	焊接组合件		162
TP 板组	0.9m^2	钢板厚 0.5022Cr17Ni12Mo2		603
接管法兰	2	锻件 16MnⅡ＋堆焊	184	368
挡板	1	钢板厚 10022Cr17Ni12Mo2		29
缓冲板	1	钢板厚 10022Cr17Ni12Mo2		115
接管法兰	2	锻件 16MnⅣ＋堆焊	1186	2372
球形封头	1	钢板 Q345R＋堆焊		6123

6.2.2 工艺、自控参数

1. 主要工艺技术参数

设备工艺参数结合普光气田集气站场所使用的设备参数进行列比，见表6-5。

表6-5 分水分离器工艺参数表

附件名称	单位	参数
设计温度	℃	70
设计压力	MPa	14.4
工作温度	℃	40~50
工作压力	MPa	8.3~12.5
设备容积	m^3	58
气体处理量	m^3/d	$800\times10^4 \sim 1000\times10^4$
腐蚀裕量	m	3.2×10^{-3}

2. 检测控制

(1) 一个控制回路，用于排污管线上调节阀（LV）的控制，分离器液位高报警时打开此阀，液位低报警时关闭此阀。

(2) 检测变量。

①压力、液位、流量；

②阀门的阀位反馈。

3. 仪表设定点

分水分离器罐体全通量安全阀，设定的泄压值为14.3MPa。其仪表参数见表6-6。

表6-6 分水分离器仪表设定表

附件名称	设定点
分水分离器	压力高报 12.5MPa
	液位高高：92.8% 液位低低：82.1% 液位低：17.8% 液位低低：7.14%

6.2.3 分水分离器操作

1. 投运操作

(1) 关闭分水分离器手动放空闸阀；

(2) 关闭分水分离器手动放空截止阀；

(3) 关闭液位调节阀旁通闸阀；

(4) 打开液位调节阀上下游闸阀；

(5) 关闭涡轮流量计旁通闸阀；

(6) 打开涡轮流量计上下游阀；

(7) 打开分水分离器出口阀；

(8) 打开分水分离器进口阀。

2. 停运操作

(1) 接到停运命令，将 SCADA 系统中分离器液位控制打到“超驰允许”状态；

(2) 关闭分水分离器进口电动闸阀；

(3) 关闭分水分离器出口电动闸阀；

(4) 打开液位调节阀和涡轮流量计旁通阀，排净分离器内液体，关闭液位调节阀和涡轮流量计旁通阀；

(5) 关闭排污管线液位调节阀和涡轮流量计上下游阀；

(6) 打开分离器安全阀旁通阀放空；

(7) 停运分离器安全附件。

6.2.4 设备维护保养

1. 日常维护、保养

检查设备运行是否正常；检查各连接部位是否松动或泄漏；检查分水分离器罐体液位计、温度表、压力表、液体流量计处于正常工作状态；通过 SCADA 系统对压力传感器、背压阀、液位调节阀进行实时控制；检查计量系统各个部件完好，放空及截断阀开关灵活。

2. 定期保养

设备使用累计达到以下规定的工作时间后，应由专业人员进行如下保养。

(1) 每 6 个月检查所有仪表一次；每年安全阀送检一次；每年对分水分离器进行冲砂处理；每半年拆卸高级孔板阀检查孔板的腐蚀情况；每次停运后重新启动时检查所有仪表、阀门的运行状态；应定期对容器进行内部检查，有无侵蚀现象，内部防腐层有无损坏，容器内是否被腐蚀，有无固体沉积等。

(2) 在投产初期应根据实际情况缩短检查和校验时间，保持设备的正常运转。

3. 各项设备维护保养内容

每日检查容器的所有部件及保温层完好无损，精心维护、严格执行巡回检查制，发现问题及时处理；检查各法兰、螺纹接口是否漏气，可用肥皂水涂抹各接口，检查有无气泡产生等；检查差压控制阀和液位调节阀的供气系统连接正常；对于日常的仪器仪表维护，应经常检查其是否处于完好状态，巡检过程中认真记录仪表的指示值，与 SCADA 系统对照，确保仪表指示正确无误；对液位变送器和液位计要及时排污。

定期对容器内部进行检查，检查其有无侵蚀现象，内部防腐层有无损坏，容器内是否被腐蚀，有无固体沉积等。对容器内部进行检查时，卸掉的所有内部部件必须再正确安装，所有内部的螺栓连接都要使用双螺帽或有耳垫圈。

4. 附件的检查

1) 防爆接线箱的维护

定期检查和清扫，外壳不得堆积尘土和杂物，不得用水龙头喷射清扫防爆接线箱。

2) 安全阀的维护

定期检查运行中的安全阀是否存在内漏，每年将将安全阀拆下进行全面清洗送检一次，检验合格后方可重新使用，使用中若安全阀发生起跳，必须送检合格后重新使用。当环境温度低于 0℃时，还应采取必要的防冻措施以保证安全阀动作的可靠性。

6.3 加热炉撬块

本节主要介绍高含硫化氢集气站场高含硫化氢天然气经水浴间接加热，最后达到加热工艺气目的设备—加热炉，从它的工艺原理、结构材质到运行操作及设备维护保养等方面进行系统阐述。

6.3.1 概述

加热炉撬块主要将井口采出的高压天然气节流、加热、并初步计量，具有两级节流、两级加热及自动调节流量、压力、温度的特点。采气站场管道内的天然气在二级节流和三级节流后进行加热，确保集输过程中气体温度处于正常水平，通过自身的控制系统对通过盘管的天然气进行加热，使之达到预定的值如图6－5所示。

1. 工艺原理

加热炉加热原理为水浴间接加热，通过燃料气在火管中的燃烧，使火管升温，火管再传递热量到外部罐内的软化水，软化水通过对浸没其中的盘管的加热，最后达到加热工艺气的目的如图6－6所示。

图6－5 加热炉撬块

间接式加热炉火管是浸没在热媒（HM）中并加热热媒的，天然气气流会流经一个盘管，而这个盘管也是浸没在热媒中被间接加热的。加热炉的这种间接加热方法使加热炉炉体中的软化水来回运动，达到一次次的动态加热循环。

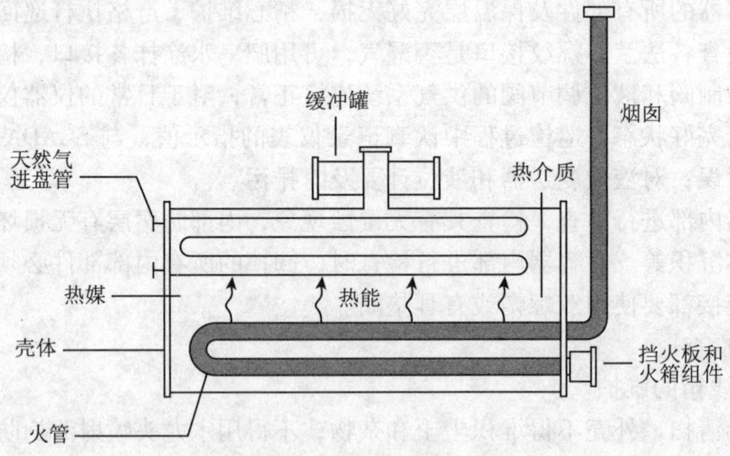

图6－6 加热炉火管加热图

加热炉撬块还具有将井口采出的高压天然气节流、并初步计量的功能。设置两道节流阀进行压力、温度调节，管道内的天然气在二级节流和三级节流后进行加热，确保集输过程中气体温度处于正常水平，在管道出口设置计量装置对天然气进行初步计量，见图6－7所示。

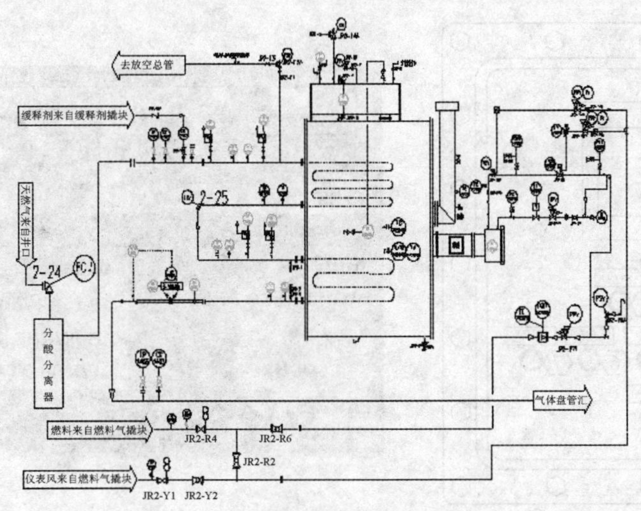

图 6－7　加热炉撬块工艺流程图

2. 结构与材质

加热炉结构形式采用圆筒式间接式，所有管道连接均采用法兰式连接。具体内容见表 6－7。

表 6－7　到加热炉工艺参数表

撬块附件	结构名称	尺寸	材质
	炉身	1676mm（外径）10058mm（长）9.4mm（厚）	SA_ 516_ 70N
	火管	609mm（24inOD）	SA－106B
	烟管	609mmOD 7925（24inOD×26/0inH）	SA－53BERW
加热炉本体	缓冲罐	609mm 外径×3048mmL（24in 外径×96in 长）	6.35mm（1/4in）厚 SA_ 516_ 70N 炉身/端板
	预热盘管（盘管 1）	6 道 4in160	SA_ 333Gr.6 管线、材质 SA－420 WPL6 大半径回转弯头
	二级加热盘管（盘管 2）	6 道 4in80	SA_ 333Gr. 连接法兰：1500#RTJSA_ 350LF2
	压力安全阀、手动排气阀、热媒等		
加热炉附件	温度表、压力表、压力变送器、安全阀、液位计等		

3. 控制面板（BMS）介绍

1）第一部分：操作盘如图 6－8 所示

按钮 1：绿色指示灯，燃烧器开始启动时，该灯发亮。

按钮 2：红色指示灯，加热炉停止时，该灯发亮。

按钮 3、4：燃烧器开启和停止按钮，燃烧器开启按钮用来开启 BMS 和启动燃烧器点火程序。燃烧器停止按钮将立即关闭 BMS，切断燃烧器的燃料气供应。

按钮 5：燃烧器重置按钮，操作员在报警和停车情况发生以后操作此按钮，按下重置按钮，重置先前的报警和关闭信息，并确认所有已发生报警的情况已经消除，建议在重置时从控制面板的显示屏上观察重置的信息，从显示屏可以读取当前加热炉状态信息，以及关断和报警的反馈信息。

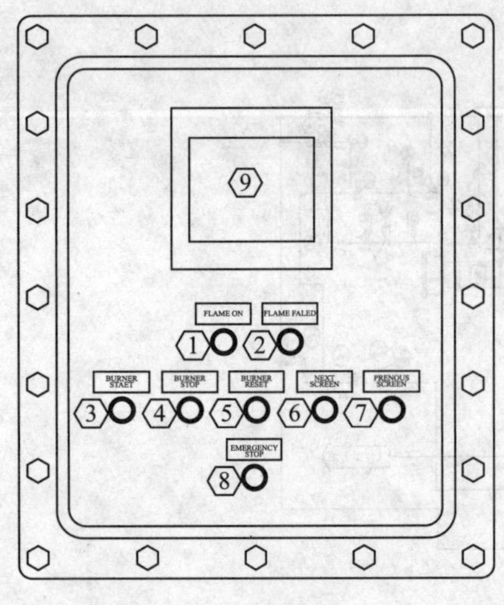

图6-8　加热炉操作面析

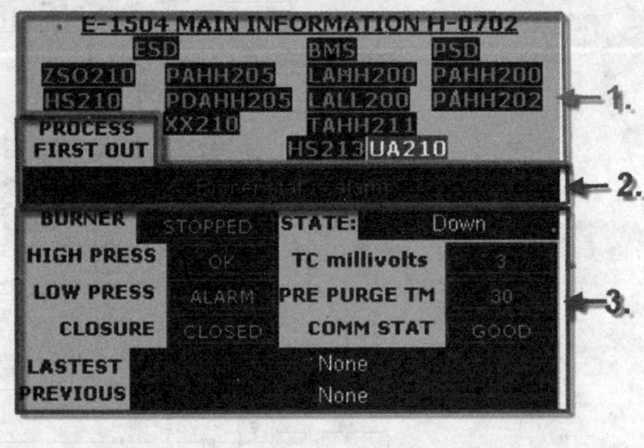

图6-9　加热炉操作面析

按钮6、7：上一屏幕和下一屏幕按钮，按下此按钮可以滚动到下一屏幕或上一屏幕，读取到一屏幕或上一屏幕的相关信息，同时按下这两个按钮将返回主屏幕。

按钮8：ESD紧急关断按钮，按下此按钮将会导致紧急关断（加热炉），将（加热炉）工艺转为安全状态。一二级截流阀将关闭，BMS将立即切断燃烧器的燃料气。

2）第二部分：控制面板

加热炉的主要信息屏幕，在每次启动加热炉时，应确定在显示屏上显示主要信息屏幕，并从此屏幕上读取主要信息，因该屏幕上包含加热炉和燃烧器控制器所有的报警和紧急关断信息。在开启（加热炉）时，如果有紧急关断，屏幕上会告知发生了什么紧急关断，如图6-9所示。

（1）ESD关断信息。

ZSO210-燃烧器燃料气管线上的紧急关断阀如果在BMS关闭后10s内仍显示为开启状态的情况下，如果该紧急关断发生，操作人员应紧急关闭燃烧器管线上的手动球阀，确认紧急关断阀门是否已关闭。如果ESDV阀门已经关闭，操作人员应检查ESDV阀开关位置，如果阀门没有关闭，可能是阀门执行机构或者阀门故障。

HS210-控制面板前的ESD按钮已按下，控制面板的ESD按钮为一个锁定按钮，在加热炉重置前必须拔出。

PAHH205-加热炉筒体压力超出72.14kPa，该紧急关断最有可能在初次开启加热炉时发生，当加热炉筒体温度达到水沸腾温度，筒体压力的蒸汽压力可能超过72.14kPa。倘若该情况发生，操作员应该打开膨胀罐上的放空阀放空，然后再重置加热炉。该紧急关断，可以防止加热炉筒体由于一二级盘管的潜在泄露造成的超压，当遇到该紧急关断报警时应该严肃对待，谨慎处理。

PDAHH205-水箱压力变化频率超过3kPa/s时，很有可能发生工艺高含硫化氢天然气进入筒体的潜在危险。该紧急关断，可以防止加热炉筒体由于一二级盘管的潜在泄露造成的超压，当遇到该紧急关断报警时应该严肃对待，谨慎处理。

XX210-站控室的遥控紧急关断将会在主显示屏上XX210和HS210显示为红色。在重新开启加热炉前时，应该先在站控室重置，并在现场重置加热炉。

（2）BMS 报警信息。

LAHH200－加热炉水箱内水液位到达或超过 95%，操作人员应该将水箱内的水放到缓冲罐玻璃液位计的底部。可以通过水箱底部的排污阀放空，然后重置并启动加热炉。

LALL200－水箱液位低于 45%，操作人员应在系统重置启动前，给水箱加软化水。

TAHH211－水箱温度达到或超过 115℃，该紧急关断发生时，操作人员应该监测水箱温度，直到加热炉可以能重置并启动前，水箱温度应低于 115℃。

HS213－按燃烧器停止按钮按下，该关断一般是在操作人员可控制的情况下进行的，加热炉从故障排除的角度来说可以相对容易重置并启动。

UA210－如果是红的，燃烧器关闭；绿色，说明燃烧器开启，没有复位清除状态。当系统重置并且按下开启按钮，UA210 应该从红色变为绿色。如果在没有任何紧急关断，并且加热炉状态没有任何变化的情况下，加热炉不能启动。操作人员应该按住停止按钮 1 秒钟，再按住重置按钮 1 秒钟，然后按启动按钮。

（3）PSD 报警信息。

PAHH200－一级盘管压力达到关断点时，1000kW 加热炉紧急停车关断点为 19MPa，800kW 加热炉紧急关断设置点为 21MPa。当该紧急关断发生时，操作人员应该查看 FCV 和 PCV 的操作设置点，以确认阀门没有超过设计操作范围。

PAHH202－二级盘管压力达到关断点，1000kW 加热炉紧急停车关断点为 10.5MPa，800kW 加热炉紧急关断设置点为 10.5MPa。当该紧急关断发生时，操作人员应该查看 FCV 和 PCV 的操作设置点，以确认阀门没有超过设计操作范围。

（4）报警消除。

此出显示加热炉最近的报警或紧急关断的信息。如果报警已清除，一定要按下重置按钮以清除报警信息。

（5）报警记录。

该部分记录关于燃烧器管理系统（BMS）最近的信息。如果 BMS 在开启时发生故障，应参考该部分显示信息进行故障排除。

Burner－燃烧器－说明燃烧器是开启、工作或停止状态。

High Press－高高报警－正常或报警－主燃烧器上的燃料气高高报警。

Low Press－低低报警－正常或报警－主燃烧器上的燃料气低低报警。

Closure－停止－停止或开启－燃烧器 ESDV 阀状态。

STATE－状态－说明 BMS 在开启时的状态。

TC millivolts－长明灯热电偶电压－mV，从 K 型热电偶读取。

PRE PURGETM－预吹扫时间－点火之前预吹扫倒计时。

COMM STAT－Good or Bad－通信状态－好或者坏－显示 PLC 和 BMS 之间通讯状态。

LATEST－最近的报警信息－如果 BMS 启动失败且控制面板前面的（红色）指示灯亮，最近的 BMS（启动）失败报警信息将在这里显示。

PREVIOUS－先前的报警信息－BMS 先前的（启动）失败报警。

6.3.2 工艺、自控参数

1. 工艺数据

加热炉工艺参数主要从涉及站场连锁关断的参数以及安全阀起跳压力等方面进行描述，见表6-8。

表6-8 加热炉工艺参数表

结构名称	参数
预热盘管（最大允许工作压力）	20MPa
二次加热盘管（最大允许工作压力）	10.7MPa
炉体设计温度	115℃
最低设计金属温度	-29℃
二次加热盘管	-29℃ 10.7MPa
炉体最大允许工作压力	0.1MPa
腐蚀裕量	3.2mm
壳体厚度：预热盘管	13.5mm
二次加热盘管	10.97mm
一级加热进口安全阀（起跳压力）	19.9MPa
缓冲罐罐顶安全阀（起跳压力）	0.078MPa
燃料气进口安全阀（起跳压力）	229kPa

2. 检测控制

(1) 加热炉应具有故障联锁报警（切断）功能，主要报警点设置有：

①水浴液位低报警；

②水浴液位低低报警关断；

③水浴温度高报警；

④工艺气温度低低报警关断；

⑤火焰故障报警；

⑥燃烧器复位启动。

(2) 加热炉应具有远程紧急停炉、信号上传功能。加热炉可接受远程紧急停炉信号，在紧急情况下实现远程停炉；加热炉可把重要的状态、参数上传给控制中心，加热炉 PLC 可通过 RS-485 通讯口与控制室进行通讯，主要信号有：

①加热炉运行状态；

②火焰故障报警信号；

③加热炉水浴温度；

④水浴压力；

⑤水位低报警信号；

⑥进口压力、温度；

⑦出口压力、温度。

3. 自控、仪表设定点

加热炉设备自控程度较高，与站场其他采气设备连锁共同实现高含硫气田开发站场的远程控制与关断，其自控仪表参数见表 6－9。

表 6－9　加热炉自控仪表参数表

结构名称	设定点	单位
缓冲罐氮气注入口	0.021	MPa
仪表风调压阀	0.552	MPa
燃料气进口调压阀	0.1	MPa
长明灯调压阀	0.03	MPa
溶液水浴液位	60%	
加热炉出口流量	1000000	Sm^3/d
燃料气进口流量	145	Sm^3/h

6.3.3　加热炉撬块操作

1. 投运操作

（1）按下加热炉控制面板停止键，再按下复位键，最后按下启动键，控制面板上绿灯亮，开始自动点火；

（2）加热炉软化水温度达到 65℃左右，打开缓冲罐手动排气阀平衡压力，然后关闭手动排气阀；

（3）填写相关记录。

2. 停运操作

确认停运指令后，在 BMS 控制柜上按下停止键，燃烧器停止工作。

6.3.4　设备维护保养

1. 日常维护、保养

检查各设备是否运行正常；检查加热炉缓冲罐液位；监控各系统的压力、温度、流量是否正常；监控各连接部位是否松动或泄漏；检查主燃烧器和长明灯的火焰情况。可以从视窗观察主燃烧器和长明灯的火焰情况（正常情况为蓝色）。

2. 定期保养

设备使用中记录实际工作时间，累计达到以下规定的工作时间后，由专业人员进行如下保养。

每 6 个月检查高级孔板阀一次；每 6 个月检查所有仪表一次；每 6 个月检查加热炉火管

一次；每年送检校验安全阀一次；每年检查各管汇阀门一次。

3. 各项设备维护保养内容

（1）炉身的维护。加热炉身在使用过程中，应定期检查和清扫，外壳不得堆积尘土和杂物，不得用水龙头直接清洗。

（2）安全阀的维护，定期检查运行中的安全阀是否存在内漏，每年将安全阀拆下进行全面清洗送检一次，检验合格后方可重新使用。使用中若安全阀发生起跳，必须送检合格后方可重新使用。当环境温度低于摄氏零度时，还应采取必要的防冻措施以保证安全阀动作的可靠性。

（3）加热盘管。定期清除加热盘管的锈蚀和结垢，防止加热过程有过热的情形产生，影响盘管寿命。

（4）节流阀。定期检查节流阀连接螺栓有无松动；密封面有无毛刺和锈蚀产生。

6.4 甲醇加注撬块

本节主要介绍高含硫化氢集气站场，防止压降过程中水合物的形成，对管道进行甲醇加注的设备——甲醇加注撬块，从它的工艺原理、结构材质、运行操作及设备维护保养等方面进行系统阐述。

6.4.1 概述

高含硫气田开井初期，地层的固液混合物随酸气进入集气管道，在节流生产过程中易形成水合物，在集气管道加注甲醇的目的是防止生产过程中水合物的形成，堵塞集输管道如图6－10所示。

图6－10 甲醇加注撬块

1. 工艺原理

甲醇连续加注系统，包括井口管线加注系统和外输管线加注系统，加注介质—甲醇储存在药剂储存罐内，经Y形过滤器过滤、隔膜计量泵加压后，通过流量计（计量数据传至站控室）、管汇、阀门、雾化装置等管件注入井口或外输管线。隔膜计量泵的启和停都由防爆控制柜控制，并接受远程信号，进行保护性停机。脉冲阻尼器用于减小介质加注的冲击，使加注量趋于平稳；流量标定柱用于标定流量计加注量，准确计量；Y形过滤器用于截留加注介质—甲醇中的固体悬浮物，防止杂质对管汇堵塞和流程中各元器件造成损毁如图6－11所示。

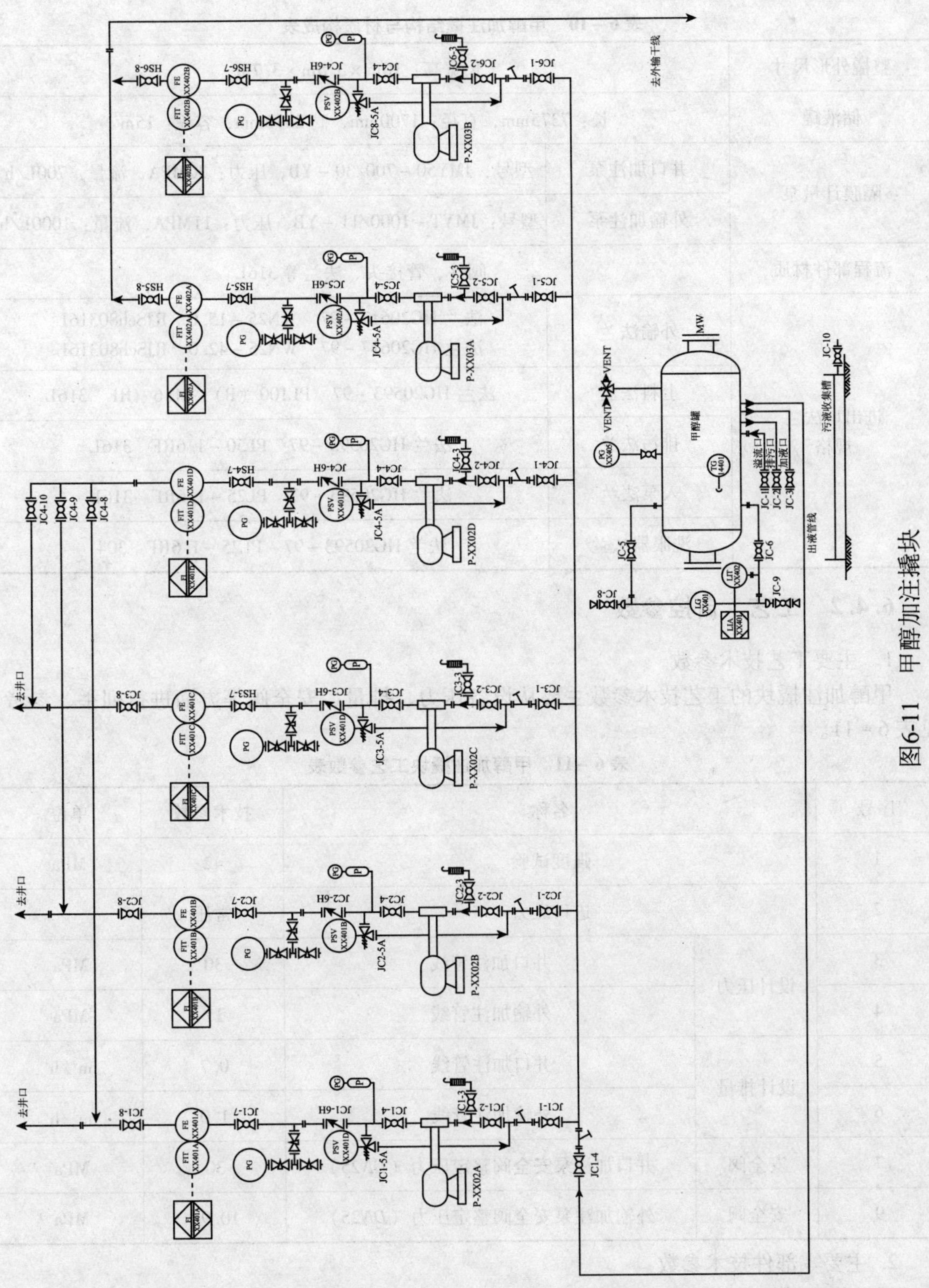

图6-11　甲醇加注撬块

2. 结构与材质

甲醇加注撬块其结构与材质见表 6－10。

表 6－10　甲醇加注撬结构与材质构成表

整撬外形尺寸	长宽高：10m×3.5m×3.7m	
储液罐	长：7375mm，直径：1700mm，高 2516mm，容积：15m^3	
隔膜计量泵	井口加注泵	型号：JMY50－700/30－YB，压力：30MPA，流量：700L/h
	外输加注泵	型号：JMYT－1000/11－YB，压力：11MPA，流量：1000L/h
流程部件材质	阀件、管接头、法兰等 316L	
进出口法兰规格	外输法兰	法兰 HG20617－97　WN25－15.0　RJSch80316L 法兰 HG20617－97　WN25－42.0　RJSch80316L
	上料法兰	法兰 HG20593－97　PL100（B）－1.6　RF　316L
	排污法兰	法兰 HG20593－97　PL50－1.6RF　316L
	入泵法兰	法兰 HG20593－97　PL25－1.6RF　316L
	洗眼器法兰	法兰 HG20593－97　PL25－1.6RF　304

6.4.2　工艺、自控参数

1. 主要工艺技术参数

甲醇加注撬块的工艺技术参数主要从设备压力、排量、安全阀等方面进行列举、参考，见表 6－11。

表 6－11　甲醇加注撬块工艺参数表

序号	名称		技术参数	单位
1	强度试验		42	MPa
2	进口压力		常压	
3	设计压力	井口加注管线	30	MPa
4		外输加注管线	11	MPa
5	设计排量	井口加注管线	0.7	m^3/h
6		外输加注管线	1.0	m^3/h
7	安全阀	井口加注泵安全阀整定压力（*DN*25）	30	MPa
9	安全阀	外输加注泵安全阀整定压力（*DN*25）	10.98	MPa

2. 主要零部件技术参数

甲醇加注撬块内部构造分井口加注和外输管线加注，其部件规格型号、技术参数列举，见表 6－12。

表 6－12 甲醇加注橇块零部件技术参数表

序号	产品名称	规格型号	技术参数	备注
1	隔膜计量泵（井口加注泵）	25HJ	压力：20MPa 流量：2.4L/H	
2	隔膜计量泵（外输加注泵）	25HJ	压力：11MPa 流量：7.3L/H	
3	齿轮流量计	JVM－01CG	测量范围：0.227－56.775L/H 信号输出：4～20mA	
4	双法兰液位变送器		信号输出：4～20mA	
5	井口脉冲阻尼器	HLMZ－QS0.4/20	工作温度：－10～70℃ 额定压力：20MPa	
6	外输脉冲阻尼器	HLMZ－QS0.4/11	工作温度：－10～70℃ 额定压力：11MPa	
7	井口安全阀	A21W－320	设计压力：20MPa 整定压力：21MPa	
8	外输安全阀	A21W－160	设计压力：11MPa 整定压力：11.5MPa	
9	ABB 电机	M2JA80M4A	功率：0.55kW 转速：1450r/min	
10	药剂罐	ϕ1600	长度：L＝4350mm 容积：8m^3	
11	磁翻板液位计	KM26S	L＝1600m	
12	温度计	S5502/2	－40～80℃	
13	井口止回阀	H12W－320R3	DN15PN32MPa	
14	外输止回阀	H12W－160R3	DN15PN16MPa	
15	耐震防腐径向压力表	0～40MPa	0～40MPa	
16	耐震防腐径向压力表	0～25MPa	0～25MPa	
17	耐震防腐径向压力表	0～1MPa	0～1MPa	
18	标定柱	HLBD－250mL	容积：250mL	
19	防爆阻火呼吸阀	HXF－1Z	DN50	
20	Y 型过滤器	SY－140 目－*DN*15	140 目 *DN*15	
21	Y 型过滤器	SY－60 目－*DN*50	60 目 *DN*50	

3．检测控制

（1）甲醇加注橇块设有以下紧急关断回路，负责停井口甲醇注入泵和外输管线甲醇注入泵。

①甲醇罐液位低；

②甲醇加注橇可燃气体泄漏；

③全站关断。

（2）检测变量。

①甲醇加注罐的温度、液位、压力；

②甲醇加注泵的出口压力和流量；

③甲醇加注泵的运行状态。

6.4.3 甲醇加注撬块操作

1. 投运操作

（1）旋转计量泵流量控制手轮，使行程显示器指针到“0”位；

（2）旋转控制面板启泵控制开关，空载5～10min，并检查确认泵体无异常声响；

（3）逆时针旋转计量泵流量控制旋钮到该井加注量；

（4）顺时针旋转锁紧螺母，将流量控制手柄固定。

2. 停运操作

1）正常停运

（1）顺时针旋转计量泵流量控制手柄缓慢减小直至“0”位，然后旋转控制面板控制开关，停泵。

（2）关闭加注口前球阀。

2）紧急停运

（1）旋转控制面板计量泵电源控制开关，停泵；或者当站场发生一级关断或二级关断时进行紧急停运。

（2）在紧急状态解除后关闭加注口球阀。

6.4.4 设备维护保养

1. 日常维护、保养

检查储液罐液位、温度；监控各输出系统的压力、流量；监控隔膜计量泵工作状态；监控各连接部位是否松动或泄漏。

2. 定期保养

设备使用中记录实际工作时间，当累计达到以下规定的工作时间后，应由专业人员对各项设备进行如下保养。

每月清洁加注介质供给系统Y形过滤器一次；每2个月检查呼吸阀一次；每3月检查连接螺栓一次；每6个月清洗药剂储存罐一次；每6个月检查所有仪表一次；每一年安全阀送检校验一次；每年检查各管汇阀门一次。

3. 各项设备维护保养内容

1）控制柜和防爆接线箱的维护

（1）控制柜在储存时应保持干燥，避免摔碰，避免周围环境温度的急剧变化。

（2）控制柜在使用过程中，应定期检查和清扫，外壳不得堆积尘土和杂物，不得用水龙头喷射清扫控制柜。

（3）控制柜的维修与调试必须在停电情况下，在安全场所进行。

2）安全阀的维护

定期检查运行中的安全阀是否存在内漏，每年将将安全阀拆下进行全面清洗送检一次，检验合格后方可重新使用。使用中若安全阀发生起跳，必须送检合格后方可重新使用。当环境温度低于摄氏零度时，还应采取必要的防冻措施以保证安全阀动作的可靠性。

3）隔膜计量泵的维护

隔膜计量泵的保养分为一级保养和二级保养。一级保养是在隔膜计量泵累计运行 720h 后以操作者为主，维修工辅助，对其进行的定期维护；二级保养是在隔膜计量泵累计运行超过 1440h 后以维修者为主、操作者参加的维护保养。

（1）一级保养的主要内容。

清洗设备外观；检查润滑油品是否变质，若变质将变质的润滑油进行更换，油位高低是否合适；更换拆卸部位不合格密封垫片；检查电路接头有无松动，线路有无老化情况；将设备各零部件进行紧固。

（2）二级保养的主要内容。

更换齿轮油和液压油；查看隔膜形状是否变形，若变形则予以更换；拆洗内件并更换易损件；维修并清除现有故障；检查是否存在异响，若有异响则消除异响；注意液力端密封情况，发现有漏液现象时，可将密封函压帽压紧，或更换密封件。

6.5　缓蚀剂加注撬块

本节主要介绍高含硫化氢集气站场防止高含硫化氢天然气对管道的腐蚀，对管道进行缓蚀剂加注的设备——缓蚀剂加注撬块，从它的工艺原理、结构材质到运行操作及设备维护保养等方面进行系统阐述。

6.5.1　概述

缓蚀剂连续加注装置是将计量泵、药剂储存罐、控制系统及管路阀门等设备、组件按一定的技术规范和工艺流程组装在同一个撬座平台上，实现药剂储存、计量投加、全程序自动停泵、报警等功能单元的独立完整的系统装置。缓蚀剂加注装置适用于高含硫气田开发地面集输工程集气站及相应井口的缓蚀剂连续加注系统，该系统包括井口加注系统（其中每橇一套备用泵）和外输管道加注系统如图 6－12 所示。

图 6－12　缓蚀剂加注撬块

1. 工艺原理

缓蚀剂加注装置由橇座、药剂储存罐、隔膜计量泵、遮阳箱、防爆电控柜、防爆接线柜以及管汇、阀门、流量计、压力表、脉冲阻尼器、流量标定柱、Y 形过滤器等组成。加注介质——缓蚀剂储存在药剂储存罐内，经 Y 形过滤器过滤、隔膜计量泵加压后，通过流量计、管汇、阀门等组件注入井口或外输管线。隔膜计量泵的启/停由防爆控制柜控制，并能接受远程信号，进行保护性停机。遮阳房用于遮光挡雨，减少外界对设备的损毁，提高设备使用寿命；脉冲阻尼器用于减小加注介质对管线的冲击及流量波动，使加注压力及流量趋于平稳；流量标定柱用于标定流量计，准确计量加注量；Y 形过滤器用于截留加注介质中的固体悬浮物，防止杂质对管汇流程中各元器件造成损毁如图 6－13 所示。

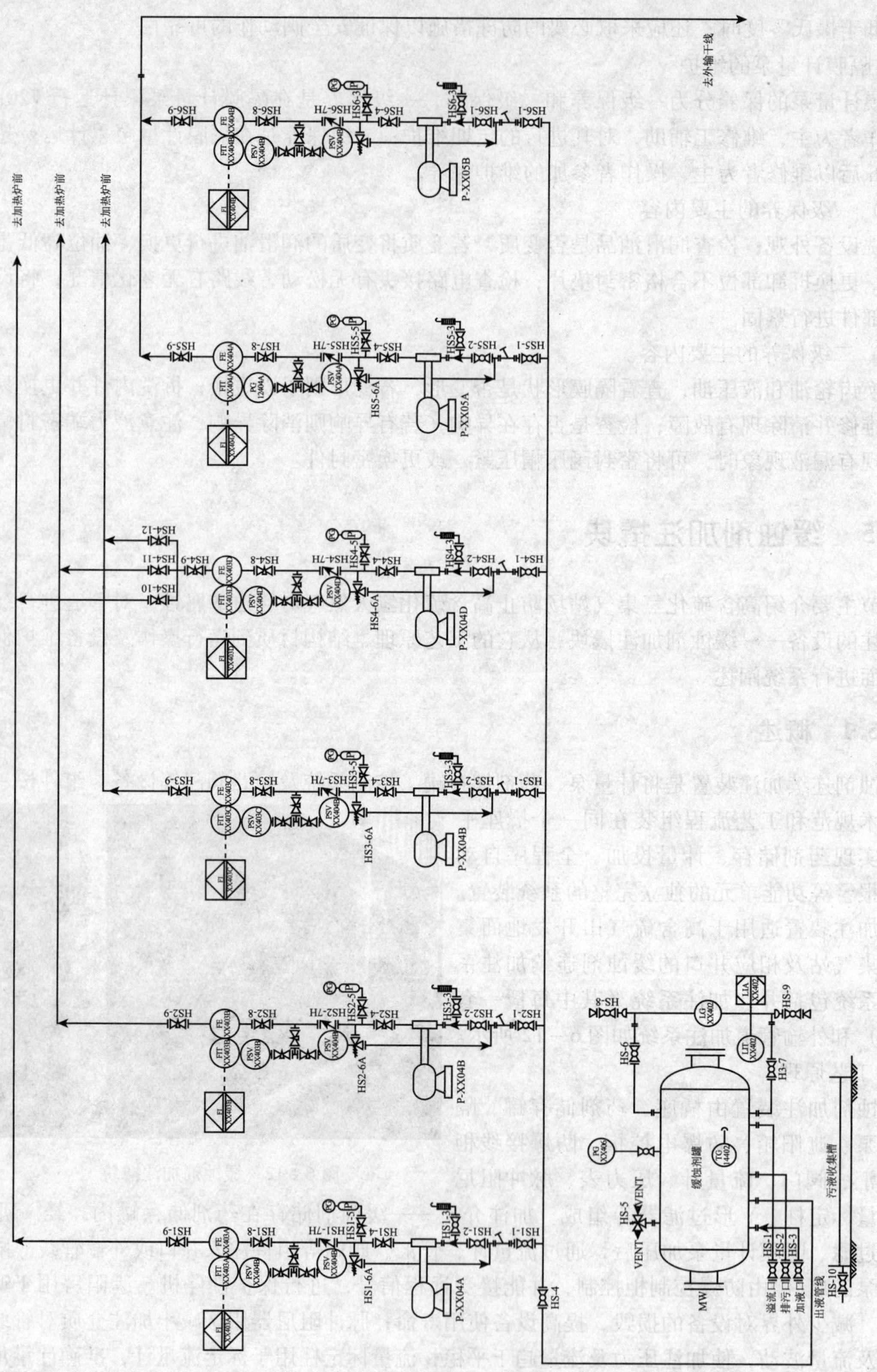

图6-13　缓蚀剂加注撬块

2. 结构与材质

缓蚀剂加注撬块的结构与材质，结合地面集输站场所使用的设备，其主要构造见表6-13。

表6-13　缓蚀剂加注撬结构与材质构成表

产品名称	规格型号	技术参数
撬座	外形尺寸	长：6650m，宽：2474mm，箱体高：2720mm
储液罐	外形尺寸	长：4676m，宽：1600mm，箱体高：2622mm，容积：$8m^3$
井口隔膜计量泵	25HL	压力：22MPa，流量：2.4L/H
外输隔膜计量泵	25HL	压力：14.4MPa，流量：7.3L/H
外输法兰	HG20595 WN25-25RJ	材质：316L
上料法兰	JB81-94*DN*50PN1.6MPa	材质：316L
洗眼器法兰	JB81-94*DN*50PN1.6MPa	材质：316L

6.5.2　工艺、自控参数

1. 主要工艺技术参数

缓蚀剂加注撬块的工艺技术参数主要参考普光气田地面集输设备数据，从设备压力、排量、安全阀等方面进行列举、参考，具体内容见表6-14。

表6-14　缓蚀剂加注撬块工艺参数表

产品名称	规格型号	技术参数
隔膜计量泵（井口加注泵）	25HJ	压力：20MPa 流量：2.4L/h
隔膜计量泵（外输加注泵）	25HJ	压力：11MPa 流量：7.3L/h
齿轮流量计	JVM-01CG	测量范围：0.227~56.775L/h 信号输出：4~20mA
双法兰液位变送器		信号输出：4~20mA
井口脉冲阻尼器	HLMZ-QS0.4/20	工作温度：-10~70℃ 额定压力：20MPa
外输脉冲阻尼器	HLMZ-QS0.4/11	工作温度：-10~70℃ 额定压力：11MPa
井口安全阀	A21W-320	设计压力：20MPa　整定压力：21MPa
外输安全阀	A21W-160	设计压力：11MPa　整定压力：10.98MPa
ABB 电机	M2JA80M4A	功率：0.55kW 转速：1450r/min
药剂罐	ϕ1600	长度：L=4350mm 容积：$8m^3$
磁翻板液位计	KM26S	L=1600m
温度计	S5502/2	-40~80℃
井口止回阀	H12W-320R3	*DN*15PN32MPa
外输止回阀	H12W-160R3	*DN*15PN16MPa
耐震防腐径向压力表	0~40MPa	0~40MPa

续表

耐震防腐径向压力表	0～25MPa	0～25MPa
耐震防腐径向压力表	0～1MPa	0～1MPa
标定柱	HLBD－250mL	容积：250mL
防爆阻火呼吸阀	HXF－1Z	*DN*50
Y型过滤器	SY－140目－*DN*15	140目*DN*15
Y型过滤器	SY－60目－*DN*50	60目*DN*50

2. 检测控制

（1）紧急关断回路，负责停井口缓蚀剂注入泵和外输管线缓蚀剂注入泵，站场三、四级关断时触发此关断。远传信号通过缓蚀剂加注装置橇块内控制柜送至站控系统，紧急关断功能由站控系统实现。

（2）检测变量。

①缓蚀剂加注罐的温度、液位、压力；

②缓蚀剂加注泵出口压力和流量；

③缓蚀剂加注泵的运行状态。

3. 仪表设定值

缓蚀剂罐液位低报：25%；缓蚀剂罐液位高报：75%

6.5.3 缓蚀剂加注撬块操作

1. 启泵操作

（1）转计量泵流量控制手轮，使行程显示器指针到“0”位；

（2）旋转控制面板启泵控制开关，启泵空载5～10min，并检查确认泵体无异常声响；

（3）逆时针旋转计量泵流量控制旋钮到该井加注量；

（4）将流量控制旋钮提起，进行锁定。

2. 停运操作

1）正常停运

（1）顺时针旋转计量泵流量控制手柄缓慢减小直至“0”位，然后旋转控制面板控制开关，停泵。

（2）关闭加注口球阀。

2）紧急停运

（1）旋转控制面板计量泵电源控制开关，停泵；或者当站场发生一级关断或二级关断时进行紧急停运。

（2）紧急状态解除后关闭加注口前球阀。

6.5.4 设备维护保养

1. 日常维护、保养

检查各设备是否运行正常；检查储液罐液位、温度、压力；监控各输出系统的压力、流量；监控隔膜计量泵工作状态；监控各连接部位是否松动或泄漏。

2. 定期保养

设备使用中记录实际工作时间，当累计达到以下规定的工作时间后，应由专业人员对各项设备进行如下保养。

每月清洁加注介质供给系统 Y 形过滤器一次；每 3 个月检查呼吸阀一次；每 3 月检查紧固所有连接螺栓一次；每 6 个月清洗药剂储存罐一次；每 6 个月检查所有仪表一次；每一年校对安全阀一次；每年检查各管汇阀门一次；脉冲阻尼器每 3 个月检查压力一次；洗眼器每周启用一次；每次重新启动时检查加注介质供给系统 Y 型过滤器，呼吸阀，仪表，清洗剂储存罐等。

3. 各项设备维护保养内容

1）安全阀的维护

定期检查运行中的安全阀是否存在内漏，每年将安全阀拆下进行全面清洗送检一次，检验合格后方可重新使用。使用中若安全阀发生起跳，必须送检合格后方可重新使用。当环境温度低于摄氏零度时，还应采取必要的防冻措施以保证安全阀动作的可靠性。

2）齿轮流量计的维护

如果没有持久的流量或者流量计需要长时间停用，齿轮流量计必须用足够的清洗液进行清洗。特别是测量介质容易固化在流量计产生固态颗粒的情况下清洗更加重要。

3）隔膜计量泵的维护

隔膜计量泵的保养分为一级保养和二级保养。一级保养是在隔膜计量泵累计运行 1000h 后以操作者为主，维修工辅助，对其进行的定期维护；二级保养是在隔膜计量泵累计运行超过 2000h 后以维修者为主、操作者参加的维护保养。

（1）一级保养的主要内容：

清洗设备外观；检查润滑油品是否变质，若变质将变质的润滑油进行更换，油位高低是否合适；更换拆卸部位不合格密封垫片；检查电路接头有无松动，线路有无老化情况；将设备各零部件进行紧固。

（2）二级保养的主要内容：

更换齿轮油和液压油；查看隔膜形状是否变形，若变形则予以更换；拆洗内件并更换易损件；维修并清除现有故障；检查是否存在异响，若有异响则消除异响；注意液力端密封情况，发现有漏液现象时，可将密封函压帽压紧，或更换密封件。

6.6 计量分离器撬块

本节主要介绍高含硫化氢集气站场将高含硫化氢天然气分离气液，并且分别计量气体和液体流量的设备—计量分离器撬块，从它的工艺原理、结构材质到运行操作及设备维护保养等方面进行系统阐述。

6.6.1 概述

计量分离器主要作用是分离气液，并且分别计量气体和液体流量。经计量汇管出来后的含水天然气从封头处进入计量分离器，然后由分离器根据气液两相在密度上的不同进行重力分离。而提供一个相对静止的空间则是计量分离器主要涉及的过程，使气液两相能够实现分离并且找到各自的液位如图 6－14 所示。

图 6－14　计量分离器撬块

1. 工艺原理

两相分离器用于实现把气体和液体分离成各自对应的气相和液相。分离出气体中夹带的液体是分离器设计工作的主要挑战内容，这是因为气体在分离器容器内的停留时间较短，通常仅有几秒钟，并且设计出的分离器必须具有在可利用的有限时间内使液滴沉降到液面的能力。第二个设计上的问题是分离出液体中夹带的气泡。气泡的分离通常不是问题，这是因为液体在容器内有充足的停留时间，使液体能够充分脱气如图 6－15 所示。

2. 结构与材质

结合计量分离器撬块其内部组件和接口尺寸、压力等级、法兰连接面以及连接形式，其组成部分见表 6－15。

表 6－15　计量分离器撬块结构与材质表

数量	名称	ANSI 等级	*DN*/mm	法兰形式	连接面	法兰标准
1	8in 气体进口	900 磅	200	WN	RTJ	ASME B16.5
1	8in 气体进口	900 磅	200	WN	RTJ	ASME B16.5
2	2in 液位控制器口	900 磅	50	WN	RTJ	ASME B16.5
1	2in 安全阀口	900 磅	50	WN	RTJ	ASME B16.5
1	2in 放空口	900 磅	50	WN	RTJ	ASME B16.5
1	2in 液体出口	900 磅	50	WN	RTJ	ASME B16.5
1	3in 冲沙口入口	900 磅	75	WN	RTJ	ASME B16.5
1	3in 排沙口	900 磅	75	WN	RTJ	ASME B16.5
1	$1^1/_2$in 温度计口	900 磅	38	WN	RTJ	ASME B16.5
2	1in 液位计口	900 磅	25	WN	RTJ	ASME B16.5
1	1in 压力表口	900 磅	25	WN	RTJ	ASME B16.5
1	1in 压力变送器口	900 磅	25	WN	RTJ	ASME B16.5
1	20in 人孔带吊柱	900 磅	500	WN	RTJ	ASME B16.5

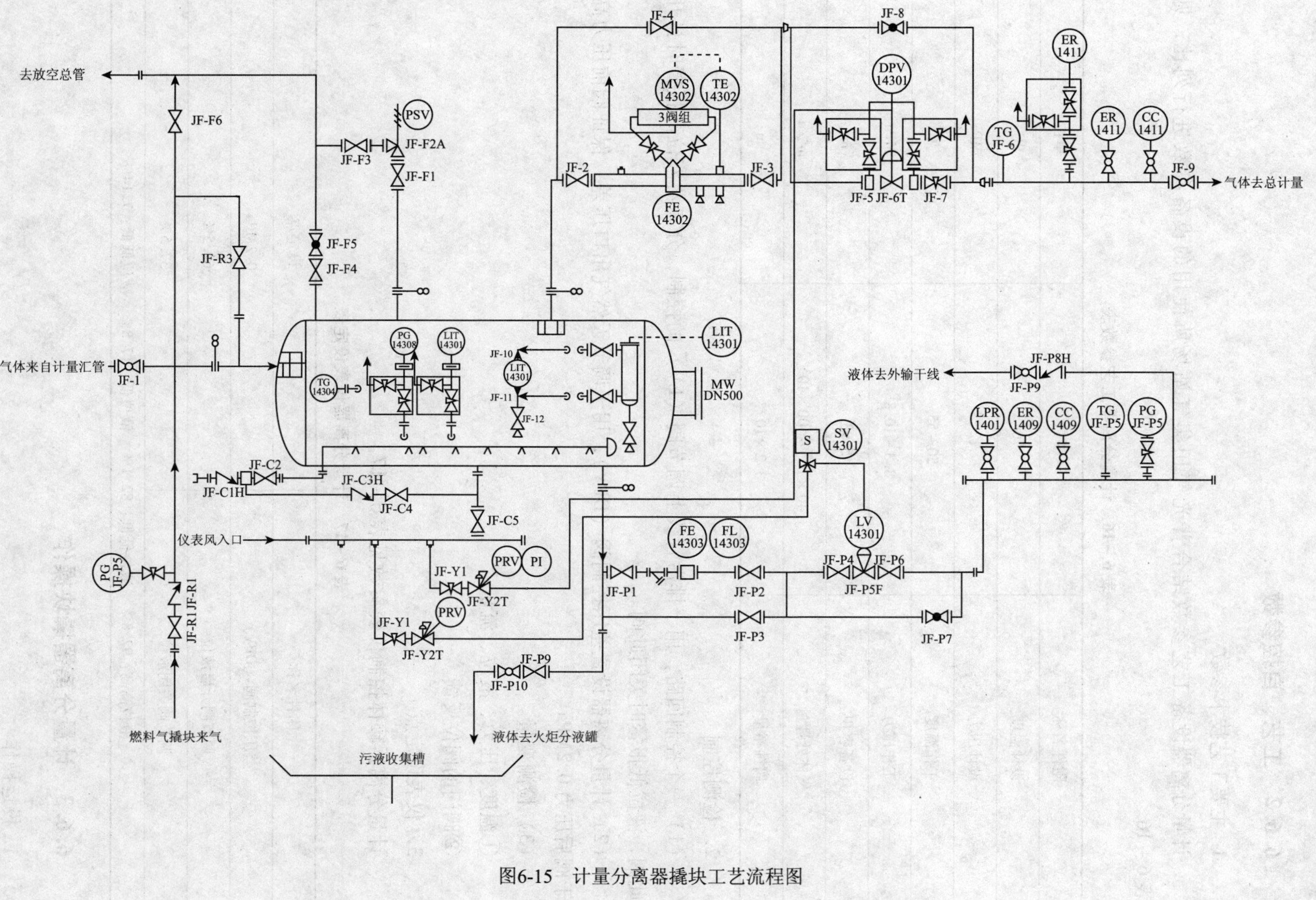

图6-15　计量分离器撬块工艺流程图

6.6.2 工艺、自控参数

1. 主要工艺技术参数

计量分离器设备工艺参数结合普光气田集气站场所使用的设备参数进行列比，见表6－16。

表6－16 计量分离器工艺参数表

附件名称	参数	单位
设计温度	70	℃
设计压力	12	MPa
工作温度	50～55	℃
工作压力	8.3～10.8	MPa
设备容积	5.93	m^3
气体处理量	40×10^4～100×10^4	m^3/d
腐蚀裕量	3.2×10^{-3}	m

2. 检测控制

(1) 一个控制回路，用于排污管线上调节阀（LV）的控制，分离器液位高报警时打开此阀，液位低报警时关闭此阀。

(2) 计量分离器设置差压控制阀（DPV），用于调节天然气出口压差，保证阀前压力高于阀后压力0.2MPa。

(3) 检测变量。

①温度、压力、液位、流量；

②阀门的阀位反馈。

3. 仪表设定点

计量分离器罐体控制仪表参数见表6－17。

表6－17 计量分离器仪表设定表

附件名称	设定点
差压控制阀（DPV）	0.2MPa
调节阀开启液位	62.5%
调节阀关闭液位	37.5%

液位高高：92.8%　液位低低：82.1%　液位低：17.8%　液位低低：7.14%

6.6.3 计量分离器撬块操作

1. 投运操作

(1) 打开背压阀的前后阀门，投运背压阀；

（2）打开孔板阀的前后阀门，关闭孔板阀的旁通阀，投运气相流量计；

（3）液位达到设定值后，打开旁通阀吹扫污物后关闭，打开液位调节阀的前后阀门，投运液位调节阀；

（4）打开电磁流量计的前后阀门，关闭电磁流量计的旁通阀，投运电磁流量计。

2. 停运操作

（1）远程打开生产汇管气动双作用球阀；

（2）打开液位调节阀的旁通阀，排完分离器液体后，关闭液位调节阀的旁通阀；

（3）远程关闭计量汇管处气动双作用球阀，关闭计量分离器出口球阀。

6.6.4 设备维护保养

1. 日常维护、保养

检查设备运行是否正常；检查各连接部位是否松动或泄漏；检查计量分离器罐体液位计、温度表、压力表、液体流量计处于正常工作状态；通过SCADA系统对压力传感器、背压阀、液位调节阀进行实时控制；检查计量系统各个部件完好，放空及截断阀开关灵活。

2. 定期保养

设备使用中记录实际工作时间，当累计达到以下规定的工作时间后，应由专业人员进行如下保养。

每6个月检查所有仪表一次；每一年安全阀送检一次；每年对计量分离器进行冲砂处理；每半年拆卸高级孔板阀检查孔板的腐蚀情况；每次停运后重新启动时检查所有仪表、阀门的运行状态；应定期对容器进行内部检查，有无侵蚀现象，内部防腐层有无损坏，容器内是否被腐蚀，有无固体沉积等。

3. 各项设备维护保养内容

（1）每日检查容器的所有部件及保温层完好无损，精心维护、严格执行巡回检查制，发现问题及时处理；检查各法兰、螺纹接口是否漏气等；检查差压控制阀和液位调节阀的供气系统连接正常；对于日常的仪器仪表维护，应经常检查其是否处于完好状态，巡检过程中认真记录仪表的指示值，与SCADA系统对照，确保仪表指示正确无误；对液位变送器和液位计要及时排污。

（2）定期对容器内部进行检查，检查其有无侵蚀现象，内部防腐层有无损坏，容器内是否被腐蚀，有无固体沉积等。对容器内部进行检查时，卸掉的所有内部部件必须再正确安装，所有内部的螺栓连接都要使用双螺帽或有耳垫圈。

4. 附件的检查

（1）防爆接线箱的维护。应定期检查和清扫，外壳不得堆积尘土和杂物，不得用水龙头喷射清扫防爆接线箱。

（2）安全阀的维护。定期检查运行中的安全阀是否存在内漏，每年将安全阀拆下进行全面清洗送检一次，检验合格后方可重新使用。使用中若安全阀发生起跳，必须送检合格后方可重新使用。当环境温度低于摄氏零度时，还应采取必要的防冻措施以保证安全阀动作的可靠性。

6.7 火炬分液罐撬块

本节主要介绍高含硫化氢集气站场将高含硫化氢天然气进行气/液二相分离的设备——火炬分液罐撬块，从它的工艺原理、结构材质，运行操作及设备维护保养等方面进行系统阐述。

6.7.1 概述

火炬分液罐：气（含液相）从容器一端上方入口进入，在容器前部分离区内经重力分离，液体聚积在罐内底部从液体出口管线排出；与此同时，气体不断从液体中溢出，经 TP 板分离元件进一步去除气体中夹带的小液滴后，气体穿过 TP 板分离元件在整个卧罐的上半部形成气体区。达标气体从罐的另一端上部气体出口管线排出，从而完成整个气/液二相分离过程如图 6－16 所示。

图 6－16 火炬分液罐撬块

1. 工艺原理

来自放空总管的天然气从容器一端上方进入，在容器前部分离区内经重力分离，液相下降，形成液相区，与此同时气体不断从液相中溢出。在经过 TP 板分离元件时，气体中挟带的液体被进一步“滤出”，沿 TP 板沉积于容器底部；而气相本身则穿过 TP 板分离元件进入容器后端上部，脱离气体的油/水也集聚于容器后端下部，从而完成气/液分离。分离后的气体直接去火炬燃烧，同时液体通过罐底泵增压后去外输管线。整个过程均采用自动控制。设备内部除根据工艺条件合理地布置了 TP 板元件和各个接口的位置外，还装设了冲砂器、捕雾器等内件，从而进一步保证了整个工艺过程高效顺利的进行如图 6－17 所示。

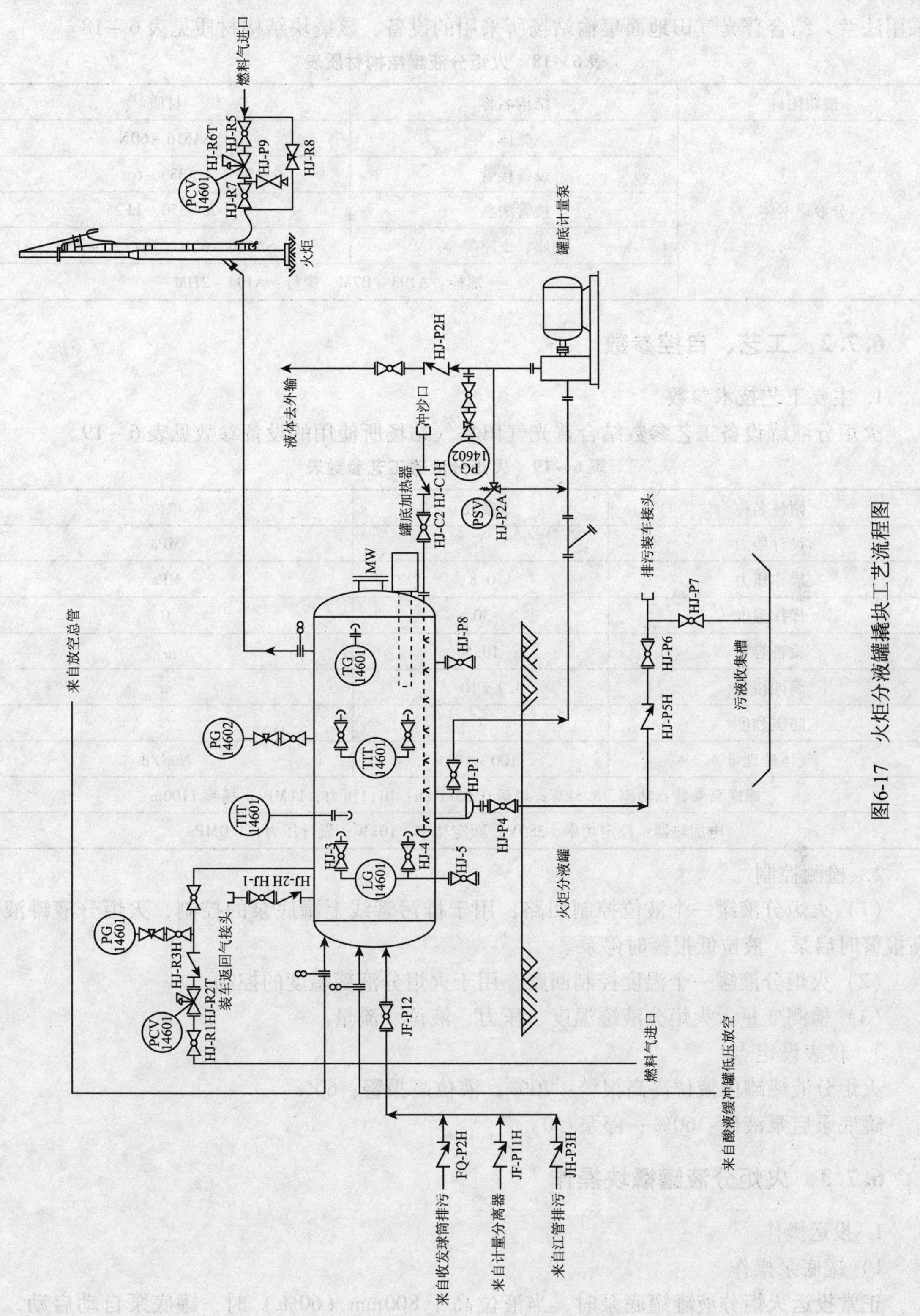

图 6－17　火炬分液罐撬块工艺流程图

2. 结构与材质

火炬分液罐结构形式为球形两相分离压力容器，所有与火炬分液罐撬块连接的管道接口采用法兰，结合普光气田地面集输站场所采用的设备，该撬块结构材质见表6－18。

表6－18 火炬分液罐结构材质表

撬块附件	结构名称	材质
分液罐本体	壳体	SA516－60N
	设备接管	A333－6
	接管法兰	A－350－LF2
	底座、支座等	SA516－60N（垫板）＋A36
	螺栓：A193－B7M　螺母：A194－2HM	

6.7.2 工艺、自控参数

1. 主要工艺技术参数

火炬分液罐设备工艺参数结合普光气田集气站场所使用的设备参数见表6－19。

表6－19 火炬分液罐工艺参数表

附件名称	参数	单位
设计压力	1	MPa
操作压力	0.8	MPa
操作温度	30	℃
设备容积	10.5	m^3
腐蚀裕量	3.2×10^{-3}	m
防震烈度	7	
气体处理量	100×10^4	Nm^3/d
罐底泵参数：功率，5.5kW；排量 $0.55m^3/h$；出口压力，11MPa；扬程1100m		
电加热器：额定功率，380V；额定功率，10kW；设计压力，1.0MPa		

2. 检测控制

（1）火炬分液罐一个液位控制回路，用于排污管线上罐底泵的控制，火炬分液罐液位高报警时启泵，液位低报警时停泵。

（2）火炬分液罐一个温度控制回路，用于火炬分液罐温度的控制。

（3）检测变量：火炬分液罐温度、压力、液位、流量。

3. 仪表设定点

火炬分液罐罐内液位高高报警：70%，液位高报警：60%。

罐底泵启泵液位：60%；停泵：0。

6.7.3 火炬分液罐撬块操作

1. 投运操作

1）罐底泵操作

正常投运火炬分液罐罐底泵时，当液位高于800mm（60%）时，罐底泵自动启动，液体排至0时，罐底泵自动停止。

液位高于900mm（70%）而罐底泵未启动时，必须现场手动打开罐底泵，液位排至0时，关闭罐底泵。

2）投运加热器

打开控制面板上电源开关，查看电源指示灯明亮，按下加热器按钮，使得加热器处于运行状态，加热器工作范围：5 ~ 15℃。

2. 停运操作

（1）确保上游来气阀门关闭；

（2）导通燃料气进火炬分液罐流程，5min 后检查容器内硫化氢浓度，低于 20ppm 时关闭吹扫管线球阀；

（3）关闭总电源。

6.7.4　设备维护保养

1. 日常维护、保养

每天检查压力表、温度计、液位计读数；检查有无泄漏；检查记录有无失常。每周检查控制器和阀门是否正常。每年检查安全阀；检查容器内件和容器的腐蚀情况，根据实际情况进行清洗和修补；检查清洗阀门，控制器，更换坏损部件。

2. 定期保养

设备使用中记录实际工作时间，累计达到以下规定的工作时间后，应由专业人员进行如下保养。

安全阀每一年定期送检一次，以保证阀工作自如，确保压力释放和安全性能；每 6 个月使用冲砂管冲洗罐内淤物；每 6 个月清洗液位计浮子。

3. 设备维护保养内容

（1）壳体的维护。壳体在储存时应保持干燥，避免周围环境温度的急剧变化；壳体在使用过程中，应定期检查和清扫，外壳不得堆积尘土和杂物，不得用水龙头喷射清扫外壳；壳体的维修与调试必须在停电情况下，在安全场所进行。

（2）安全阀的维护。定期检查运行中的安全阀是否存在内漏，每年将将安全阀拆下进行全面清洗送检一次，检验合格后方可重新使用。使用中若安全阀发生起跳，必须送检合格后方可重新使用。当环境温度低于摄氏零度时，还应采取必要的防冻措施以保证安全阀动作的可靠性。

（3）柱塞泵的维护。柱塞泵的保养分为一级保养和二级保养。一级保养是在柱塞泵累计运行 720h 后以操作者为主，维修工辅助，对其进行的定期维护；二级保养是在柱塞泵累计运行超过 1440h 后以维修者为主、操作者参加的维护保养。

①一级保养的主要内容为：

清洗设备外观；更换拆卸部位不合格密封垫片；检查电路接头有无松动，线路有无老化情况；将设备各零部件进行紧固。

②二级保养的主要内容为：

更换润滑油；拆卸并检查内部零件，更换易损件；检查并标定柱塞泵的精确度；检查泵的运行情况，对异响情况采取措施进行处理；对设备整体进行防腐保养；管汇系统的维护，随时注意管汇有无渗漏变形情况。

6.8 火炬

火炬是高含硫化氢集气站场的一种安全控保装置设备，它是集气站出现事故安全放空后燃烧的主要装置，从它的工艺原理、结构材质、运行操作及设备维护保养等方面进行系统阐述。

6.8.1 概述

为了保证集气站的安全生产，在集气站场紧急放空时，经火炬燃烧后排至大气中。火炬主要由塔架、筒体和火炬头构成。塔架固定筒体，筒体连接集气站放空管线，火炬头进行打火和长明火燃烧作用，此形式为塔架式。火炬的另外一种形式是拉绳式，主要由拉绳、筒体和火炬头构成如图 6－18 所示。

图 6－18 火炬

1. 工艺原理

来自各个设备设施的废气及携带液和高压放空总管末端的火炬燃料气汇集到火炬分液罐完成气/液分离后，进入火炬筒体，达到安全放空高度后进行燃烧。

火炬点火原理：集气站燃料气通过火炬底部的阀门进行过滤调压后进入火炬头，通过火炬头的自动点火装置自动打火点燃长明火，长明火引燃火炬筒体排出的气使火炬处于燃烧状态。火炬装置还装设了吹扫口，当火炬头需要检修时，通过吹扫口将有害气体进行吹扫，防止人员伤害，火炬头结构如图 6－19 所示，火炬头工艺流程图如图 6－20 所示。

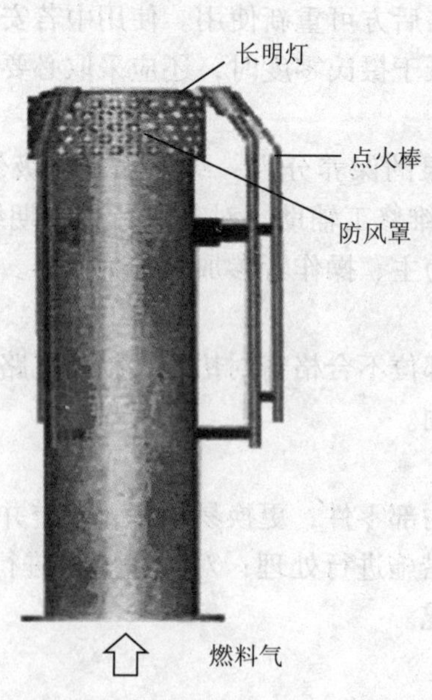

图 6－19 火炬头

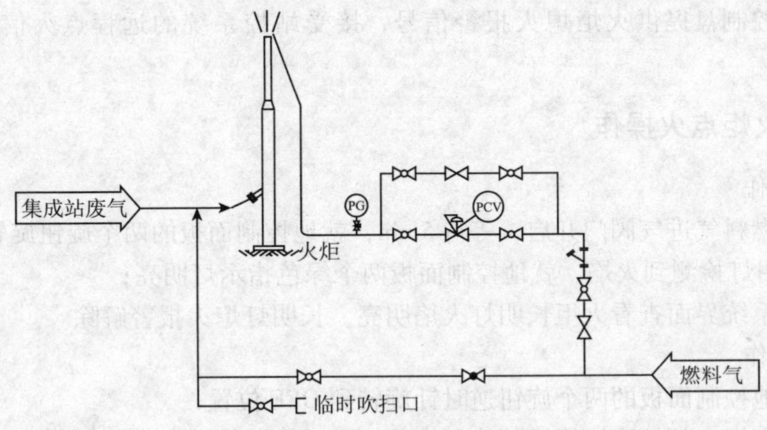

图 6 – 20　火炬头工艺流程图

2．结构与材质

火炬结构形式为塔架式支撑，整个塔架为三边形桁架钢管结构，变截面柔性体系。塔架和火炬筒体的固定通过垂直方向的抱箍和水平拉杆，将火炬筒体固定在塔架中。火炬头固定于塔架顶部平台，其另外一种形式为拉绳式支撑。

结合普光气田地面集输站场所采用的设备，该装置结构材质具体参考见表 6 – 20。

表 6 – 20　火炬结构材质表

装置结构附件	材质
塔架主体	Q235B
扶梯及平台	20#
火炬筒体	A333 – GR6
筒体法兰	A350LF2
燃料气管线	20#
管道支架	Q235A

6.8.2　工艺、自控参数

1. 火炬装置工艺参数

结合普光气田集气站场所使用的设备参数进行列比见表 6 – 21。

表 6 – 21　火炬工艺参数表

项目	设计参数	单位
火炬高度	55．85	m
设计压力	1.6	MPa
最大燃烧速度	20000 ~ 37500	m^3/h

2．检测控制

（1）火炬内部的检测控制由点火控制盘负责完成，点火控制盘应能实现就地手动/自动点火和远程手动点火。点火系统采用电点火方式。

（2）燃料气供气管线设置一台自力式调压阀（PCV），用于调节阀后压力，满足火炬的燃料气供气压力。调压阀选用流通能力大的轴流式或截止式阀门，调节精度应优于 ±2.5%。

(3) 点火控制盘提供火炬熄火报警信号，接受站控系统的远程点火信号，均为触点信号。

6.8.3 火炬点火操作

1. 投运操作

(1) 火炬燃料气进气阀门开启，等待5min，就地控制面板的两个旋钮旋转到自动位置，循环打火，长明灯检测到火焰，就地控制面板两个绿色指示灯明亮；

(2) 站控系统界面查看火炬长明灯火焰明亮，长明灯熄火报警解除。

2. 停运操作

(1) 将就地控制面板的两个旋钮逆时针旋转到OFF位置；

(2) 关闭火炬底部长明灯管线的球阀、截止阀、调压阀的旁通截止阀；

(3) 站控系统界面查看火炬长明灯火焰闪动，长明灯熄火报警开始报警。

6.8.4 设备维护保养

(1) 每天检查压力表，控制面板指示灯；(2) 检查有无泄漏；(3) 检查记录有无失常；(4) 检查清洗阀门，控制器，过滤器，更换坏损部件。每周检查控制器和阀门是否正常。每年检查筒体的腐蚀情况，根据实际情况进行清洗和修补。

6.9 酸液缓冲罐撬块

本节主要介绍高含硫化氢集气站场，在开采初期处理分离气体中的液、固体杂质设备——酸液缓冲罐撬块，从它的工艺原理、结构材质到运行操作及设备维护保养等方面进行系统阐述。

6.9.1 概述

酸液缓冲罐橇块为气井井口临时设备，撬块易于拆卸，搬迁方便，各站场之间可以交替使用。撬块主要由罐体、罐底泵、流量计、压力表、温度计、Y形过滤器、安全阀等组成。本撬块作为集气站一个临时设备，其作用是分离处理初期采气阶段气体中的液、固体杂质如图6-21所示。

1. 工艺原理

来自井口分离器的污水经容器一端上方进料，在容器前部分离区内经重力分离，液相下降，形成液相区，与此同时气体不断从液相中溢出。在经过TP板分离元件时，气体中携带的液体被进一步滤出，沿TP板沉积于容器下部；而气体本身则穿过TP板分离元件进入容器后端上部，脱离气体的油/水也集聚于容器后端下部，从而完成气/液分离。分离后的气体直接去火炬分液罐，当分离后的液体液位达到78.4%，人机界面报警，经现场确认后通知调度拉运酸液如图6-22所示。

图6-21 酸液缓冲罐撬块

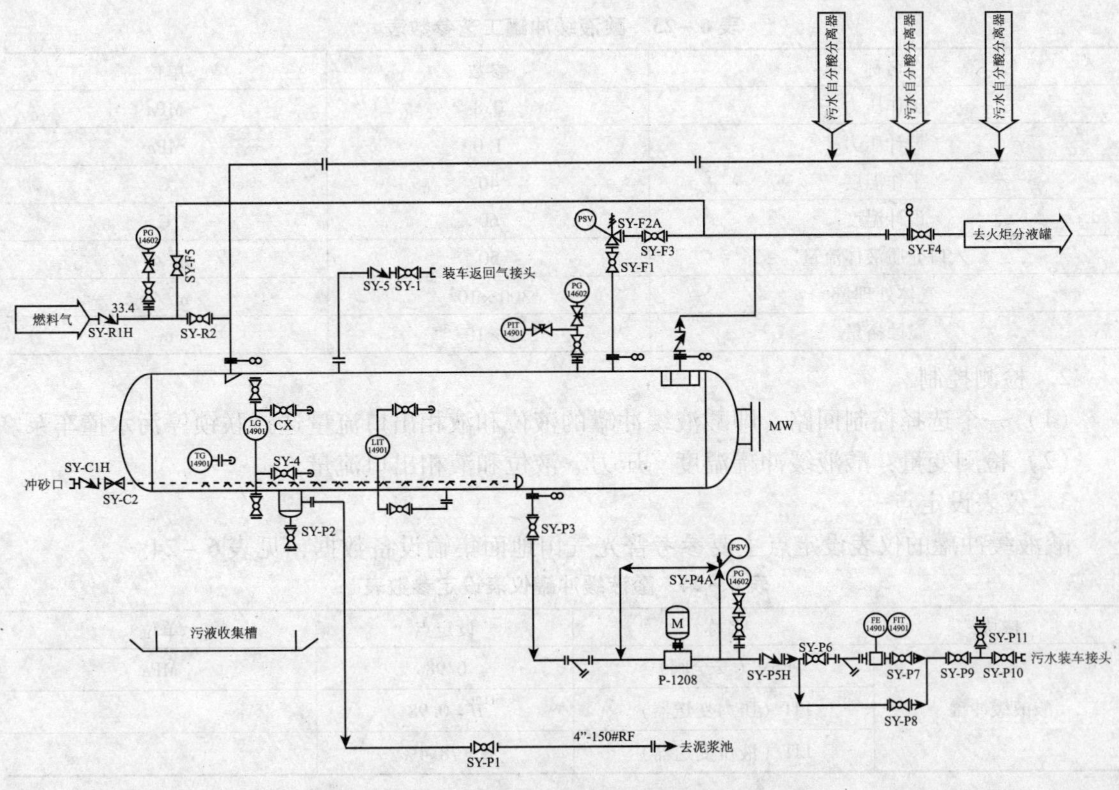

图 6－22　酸液缓冲罐撬块

2. 结构与材质

酸液缓冲罐撬块主要由筒体、封头、支座、接管法兰等部件构成，其结构与材质见表 6－22。

表 6－22　酸液缓冲罐部件结构与材质表

部件	材质
筒体	20R（HIC）
封头	20R（HIC）
支座	20R（HIC）/Q235－B
接管法兰	16Mn（HIC）
接管	16Mn（HIC）
螺栓（外）	35CrMoA
螺母（外）	30CrMoA
螺栓（内）	316L
螺母（内）	316L
垫片	316L＋C. C.

6.9.2　工艺、自控参数

1. 主要工艺技术参数

酸液缓冲罐设备工艺参数结合普光气田集气站场所使用的设备参数进行列比，具体见表 6－23。

表 6－23　酸液缓冲罐工艺参数表

名称	参数	单位
工作压力	0.8	MPa
设计压力	1.0	MPa
工作温度	40	℃
设计温度	60	℃
入口介质液体流量	50	m^3/d
气体处理量	300×10^4	m^3/d
腐蚀裕量	3.2×10^{-3}	m

2．检测控制

（1）一个选择控制回路，即酸液缓冲罐的液位和液相出口流量选择联锁停污水撞车泵。

（2）检测变量：酸液缓冲罐温度、压力、液位和液相出口流量。

3．仪表设定点

酸液缓冲罐的仪表设定点主要参考普光气田地面集输设备数据，见表 6－24。

表 6－24　酸液缓冲罐仪表设定参数表

撬块	名称	设定点	单位
酸液缓冲罐	PSV（安全阀）	0.98	MPa
	PIT（压力变送器）	$H=0.98$	
	LIT（液位变送器）	$H=78.4\%$	

6.9.3　酸液缓冲罐撬块操作

酸液缓冲罐投用操作：

（1）密闭水罐车到位；

（2）强力排风扇安放到管线连接处；

（3）连接好罐车与酸液缓冲罐的管线接头和返回气管线接头，并导通阀门；

（4）依次缓慢打开罐车进口阀门、装车酸液管线出口阀门；

（5）启动装车泵进行装车；

（6）酸液缓冲罐液位达到 21.4%，自动停泵；若自动未动作，当液位达到低报警值 7.14% 时，立即手动停止罐底泵；

（7）关闭装车酸液管线出口阀门、打开清水置换阀对残液进行置换；

（8）置换完成后关闭罐车进口阀门、罐车罐顶回气阀、装车返回气管线阀门。

6.9.4　设备维护保养

1．日常维护、保养

每天检查压力表，温度计，液位计读数；检查有无泄漏；检查记录有无失常。每周检查控制器和阀门是否正常。每年检查安全阀；检查容器内件和容器的腐蚀情况，根据实际情况进行清洗和修补；检查清洗阀门，控制器，更换坏损部件。

2．定期保养

设备使用中记录实际工作时间，当累计达到以下规定的工作时间后，应由专业人员进行如下保养。

安全阀每年定期送检一次，以保证阀工作自如，确保压力释放和安全性能；每 6 个月使用冲砂管冲洗罐内淤物；每 6 个月清洗液位计浮子。凡需要润滑剂的阀门和控制器都必须对要润滑的部位进行清理和润滑。

3．各项设备维护保养内容

（1）壳体的维护。壳体在储存时应保持干燥，避免周围环境温度的急剧变化；壳体在使用过程中，应定期检查和清扫，外壳不得堆积尘土和杂物，不得用水龙头喷射清扫外壳。壳体的维修与调试必须在停电情况下进行。

（2）安全阀的维护。定期检查运行中的安全阀是否存在内漏，每年将安全阀拆下进行全面清洗送检一次，检验合格后方可重新使用。其中安全阀起跳必须重新校验。当环境温度低于摄氏零度时，还应采取必要的防冻措施以保证安全阀动作的可靠性。

（3）磁力泵的维护。磁力泵的保养分为一级保养和二级保养。一级保养是在磁力泵累计运行 720h 后以操作者为主，维修工辅助，对其进行的定期维护；二级保养是在磁力泵累计运行超过 1440h 后以维修者为主、操作者参加的维护保养。

①一级保养的主要内容：

清洗设备外观；更换拆卸部位不合格密封垫片；检查电路接头有无松动，线路有无老化情况；将设备各零部件进行紧固。

②二级保养的主要内容：

检查磁力泵管路及结合处有无松动现象；向轴承体内加入轴承润滑机油，观察油位应在油标的中心线处，润滑油应及时更换或补充；检查电机运行情况，采取措施对运行不正常的电机进行维修。

6.10　燃料气分配撬块

本节主要介绍高含硫化氢集气站场经净化厂来的高压天然气，将较高进口压力天然气调至设定所需的较低出口压力，并在用气量变化及进口压力波动的情况下自动地将出口压力稳定在一定范围内，供给站场设备、仪表所需的天然气、仪表风的设备——燃料气分配撬块，从它的工艺原理、结构材质到运行操作及设备维护保养等方面进行系统阐述如图 6－23 所示。

图 6－23　燃料气分配撬块

6.10.1　概述

燃料气分配橇块的主要作用是将较高进口压力天然气调至设定所需的较低出口压力，并在用气量变化及进口压力波动的情况下自动地将出口压力稳定在一定范围内。本橇块的主要功能配置有：燃气压力调节、流量计量、超高压切断及超高压安全放散功能、燃料气过滤分离等如图 6－24 所示。

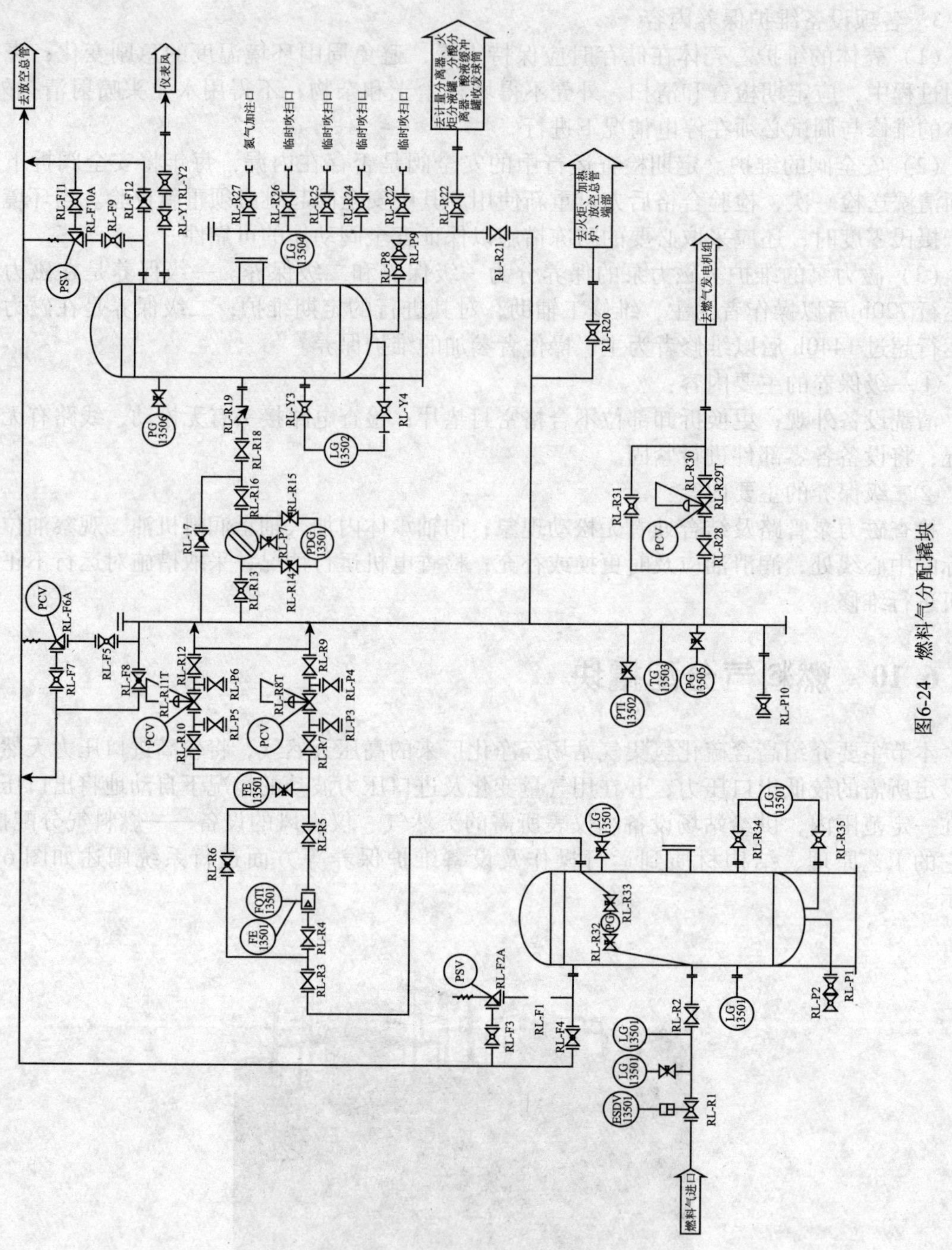

图 6－24　燃料气分配撬块

1．工艺原理

燃料气分配橇块主要由入口气动球阀、燃料气分离器、用气计量、压力控制、仪表风缓冲罐、调压系统、安全放散系统、放空系统、仪表电气系统以及相应的管道、阀门、管件等组成。为保证下游设备的正常工作，提高系统的可靠性，系统计量配置采用 1 用 1 旁通的方式，调压采用 1 用 1 备的方式。同时，为便于系统的灵活操作，在相应的设备后增加中间汇管。燃料气先进入燃料气分离器罐，经过重力沉降，然后出气经过调压，进入仪表风缓冲罐，再经过沉降分配到各个撬块的仪表用气，同时出气又直接分配到集气站各个设备，如吹扫气、燃料用气。

2. 结构与材质

1）燃料气分离器

燃料气分离器又名“HF/0.2 高效旋流过滤分离器”对天然气的净化具备三重分离效应，即：第一步重力沉降分离（预处理）；第二步高效旋流分离（预处理）及第三步精密过滤分离（精处理），其分离器结构组成见表 6－25。

表 6－25　燃料气分离器结构表

撬块附件	结构名称	备注
分离器本体	壳体、支座、管口等	
分离器附件	温度计、液位计、安全阀、压力表等	

2）仪表风缓冲罐

燃料气仪表风缓冲罐主要由壳体、支座等依靠法兰连接组合而成，其结构部件见表 6－26。

表 6－26　仪表风缓冲罐结构表

撬块附件	结构名称	备注
缓冲罐本体	壳体、支座、管口等	
缓冲罐附件	温度计、液位计、安全阀、压力表等	

6.10.2　工艺、自控参数

1. 主要工艺技术参数

燃料气分配撬块包括燃料气分离器和仪表风缓冲罐两部分，对照普光气田地面集输设备其工艺参数见表 6－27。

表 6－27　燃料气分配撬块工艺参数表

撬块	名称	仪表参数	单位
燃料气分离器	设计压力	5	MPa
	操作压力	4	MPa
	操作温度	40	℃
仪表风缓冲罐	设计压力	1	MPa
	操作压力	0.8	MPa
	操作温度	20	℃
燃料气撬块	入口压力	3.2～3.5	MPa
	出口压力	0.6～0.8	MPa
	入口气动球阀	公称直径：*DN*80，最大工作压力：5MPa。	

2. 检测控制

（1）设置三台自力式调节阀（PCV），均是调节阀后压力。其中两台用作调节燃料气分离器出口燃料气输送压力，另外一台用作调节去燃气发电机组的燃料气压力。

（2）一个紧急关断回路，负责切断来自末站的燃料气进站（ESDV）。

（3）检测变量：温度、压力、液位、流量；阀门的阀位反馈。

3. 仪表设定点

燃料气分配撬块其仪表设定点主要参考普光气田地面集输设备数据，见表6-28。

表6-28　燃料气分配撬块仪表设定参数表

设备部件	名称	参数	单位
高效蓝氏过滤器	设计压力	1	MPa
	操作压力	0.8	MPa
	当过滤分离器进出口的两个测压口压差达到50KPa时，应取出脏滤管进行再生清洗，切忌超差压使用而损坏滤管		
安全阀	燃料气分离器	3.96	MPa
	仪表风缓冲罐	0.96/0.98（大湾）	MPa
	撬内汇管	0.96/0.98（大湾）	MPa

6.10.3　燃料气分离器撬块操作

1. 开车操作

（1）打开燃料气进口闸阀，缓慢开启气动球阀。

（2）燃料气进入撬块充压，观察撬块前的压力表显示为3.2~3.6MPa；调压后的压力显示为0.6~0.8MPa。

（3）观察燃气发电机组压力显示为1.74~2.74kPa。

（4）开启仪表风出口球阀、燃料气出口球阀。

2. 停车操作

（1）待集输站场各燃气设备处于停运状态，关闭燃料气出口球阀。

（2）待各设备仪表及气动设备已停运，关闭仪表风缓冲器出口球阀。

（3）关闭燃料气分配撬块入口闸阀。

（4）作好停机记录并汇报。

6.10.4　设备维护保养

（1）定期检查调压器出口压力是否满足工作要求，如有不正常预兆，需立即检查维护。

（2）定期检查调压器关闭压力，如关闭压力过高或漏气，应检查调压器皮膜是否老化或破损并清洗调压器阀口。

（3）定期检查切断阀的切断压力。如切断压力过低，则应检查弹簧是否失去应有强度或折断并重新调整切断阀；如切断压力过高或漏气，则应检查切断阀皮膜是否老化或破损。定期检查切断阀的关闭特性，如果切断后关闭不严，则应检查并清洗切断阀阀口。

（4）安全阀每年定期送检一次，其中安全阀起跳必须重新校验。

（5）定期更换调压器及切断阀皮膜，周期应视燃气质量而定。

（6）设备表面应无尘土、掉漆、杂物堵塞等情况。

（7）设备内各检测仪表完好，如压力表等不得发生失灵情况。

（8）仪表风缓冲罐的排污阀属易损件，阀门开启和关闭的过程应逐步缓慢不宜过快，切忌突然完全打开阀门。每次排污结束后应注意检查各排污阀的气密性及完好性，平时对排污阀做好外表防锈等保养工作。

（9）日常检查，当蓝式过滤分离器进出口的两个测压口压差达到50kPa时，应取出脏滤管进行再生清洗，切忌超差压使用而损坏滤管。

6.11　燃气发电机

本节主要介绍高含硫化氢集气站场在站场停大电后，能自动启动正常供给站场电力需求的设备——燃气发电机，从它的工艺原理、结构材质到运行操作及设备维护保养等方面进行系统阐述。

6.11.1　概述

燃气发电机组是集气站场的备用电源，主要作用是站场停大电后能自动启动正常供给站场电力需求如图 6 – 25 所示。

图 6 – 25　燃气发电机

燃气发电机连续地从大气中吸入空气并将其压缩；压缩后的空气进入燃烧室与喷入的燃料混合后燃烧，成为高温燃气，并将燃料燃烧的化学能转变为热能。再将热能转变为机械能的装置，带动发电机转动。

6.11.2　工艺、自控参数

1. 工艺参数

设备工艺、自控参数结合普光气田集气站场所使用的设备参数进行列比见表 6 – 29。

表 6 – 29　燃气发电机设备参数表

结构	参数	单位
机油压力	45 ~ 75	psi
冷却液温度	72 ~ 82	℃
进气压力	1. 74 ~ 2. 74	kPa

2. 检测控制

（1）发电机控制盘应提供可在市电停电后，在 10s（可调）内发电机组自动启动，待机组运行平稳后向负载供电。

（2）发动机控制可以就地进行启动和停机。

（3）发电机组具有自动试机功能，即待机期间机组可按预先设定的时间（可调）自启动空载运行，然后自行关断。自启动时间间隔可以设定。

（4）控制系统采用直流电源。提供 RS－485 通信接口与 SCADA 系统连接。

（5）火气检测设备：包括可燃气体探测器和感温探测器。

（6）控制系统提供仪表或显示，见表 6－30。

表 6－30　燃气发电机控制仪表及显示

信号	安装地点		备注
	就地控制盘	SCADA 系统	
发动机速度（远传）	√	√	
运行时间表	√	√	
启动计数器	√	√	
发动机运行/停止指示	√	√	
启动、停止开关	√	√	
速度控制、就地远程选择开关	√	√	
发电机运行正常指示灯	√		
发电机故障指示灯	√		
发电机紧急停机按钮	√	√	
冷却器出水温度	√		
发动机出水温度	√		
水箱液位	√		
环境温度	√		
入口汇管温度	√		
入口汇管压力	√		
空气过滤诊断程序	√		
排气温度	√		
电压调节器	√		
功率因数表	√	√	
电压表及选择开关	√	√	
电流表及选择开关	√	√	
发电机故障指示灯	√	√	
有功电能表	√	√	
频率表	√	√	
过电压	√	√	
欠电压	√	√	
断路器控制开关	√		
断路器指示	√		
发动机轴及定子线圈温度检测	√		

6.11.3　燃气发电机操作

1. 启动

（1）机侧启动：将发电机控制器上的主开关置于“RUN（启动）”位，启动发电机。主开关未置于“AUTO（自动）”位时，“NOTINAUTO（未在自动）”灯会亮且警报器响。

（2）自动启动：机组进行自动启动时，将机组主开关置于“AUTO（自动）”位。

2. 启动后检查

（1）发动机检查：发动机运转平稳；机油、燃气、防冻液无泄漏；排烟正常；各连接口无漏气；充电机运转正常。

（2）控制器仪表检查：机油压力为 45～75psi；冷却液温度为 72～82℃。

3. 停机

（1）手动停机：卸除负载，让发电机空载运行至少 5min 后，将发电机主开关置于“OFF/RESET”位。

（2）紧急停机：按下紧急停机开关。

6.11.4　设备维护保养

当发电机组停用三个月以上，请按照如下保养步骤操作。

1. 润滑系统

（1）运行发电机组至少 30min 使之达到正常工作温度。

（2）关闭发电机组。

（3）发动机仍然温热时，从曲轴箱排出机油。

（4）拆卸与更换滤油器。

（5）向曲轴箱内重新注入适合于气候的机油。

（6）运行发电机组 2min 以分配洁净的机油。

（7）关闭发电机组。

（8）检查油位，在必要时进行调节。

2. 冷却系统

（1）使用冷却剂测定器检验冷却剂冷却保护。

（2）根据需要添加或更换冷却剂以保证足够的冷却保护。

（3）让发电机组运转 30min，以便重新分布。

3. 燃料系统

（1）启动发电机组。

（2）发电机组运转时，关闭天然气供应。

（3）运转发电机组直到发动机停止。

（4）把发电机组总开关置于 OFF/RESET（关闭/复位）位置。

4. 发电机外部

（1）清洁发电机组的外表面。

（2）使用不吸水的胶带密封除进气口之外的所有发动机开口。

（3）遮盖电源插头。

（4）在未涂漆的金属表面散布一层薄油膜以抑制生锈和腐蚀。

5. 电池

（1）发电机组总开关置于 OFF/RESET（关闭/复位）位置。

（2）断开电池，先断开负极（－）电线。

（3）按照相关的清洁步骤清洁电池。

（4）电池放置于阴凉、干燥的地方。

（5）把电池连接到浮动/均衡电池充电器或每个月一次使用直流电池充电器给其充电。维持满负荷用以延长电池的使用寿命。

6.12 收（发）球筒

本节主要介绍高含硫化氢集气站场进行管道批处理涂膜所用的收发球筒的快开盲板，从它的工艺原理、结构材质到运行操作及设备维护保养等方面进行系统阐述。

6.12.1 概述

快开盲板是集气站场收发球筒端的开关装置，它的作用主要是清管、管道智能检测等作业时进行收发清管球、清管器。快开盲板具有可快速开关、操作便捷的特点如图 6－26 所示。

图 6－26 快开盲板

1. 工艺原理

发球时，关闭收发球筒的上下游阀门，打开快开盲板，把清管器装入收发球筒后关闭快开盲板，导通流程使清管器前后产生压差推动清管器在管道中移动进行清管、涂膜；收球时，待清管器进入收发球筒后，倒换流程并关闭收发球筒的上下游阀门，打开快开盲板取出清管器后再关闭快开盲板。

2. 结构与材质

快开盲板的结构主要包含端法兰、胀圈、头盖、门轴总成、机械自锁结构等，其主要材质（指接触酸气的部分）有 A350 － LF2（快开盲板法兰、快开盲板头盖）、ASME II S31803（快开盲板卡环）、HNBR + INCONELX750（快开盲板密封件）。

6.12.2 工艺参数

主要工艺技术参数见表 6－31。

表 6－31 主要工艺技术参数

设计压力/MPa	14.4	介质名称	酸性天然气（湿气）
设计温度/℃	80	介质密度/（kg/m^3）	0.88
工作压力/MPa	13.33	工作温度/℃	60

腐蚀裕量/mm	≥3.2	打开角度/（°）	≥180

6.12.3 快开盲板操作

1. 打开快开盲板操作

（1）将手柄插入卸压螺钉孔中。

（2）逆时针松开卸压螺钉并手动拧出。

（3）取掉互锁板。

（4）通过盖板的沟槽将手柄插入动密封环的孔中。

（5）通过手柄逆时针旋转动密封环。

（6）打开塞堵。

2. 关闭快开盲板操作

（1）塞上塞堵。

（2）将手柄通过盖板的沟槽插入动密封圈的孔中。

（3）通过手柄顺时针旋转动密封圈。

（4）取掉手柄。

（5）将互锁板放回，小心地将两根长销钉插入孔内锁住扇形体，小心地将一根短销钉插入孔中锁定动密封圈并将卸压螺钉拧入母扣。

（6）将手柄插入卸压螺钉的孔中。

（7）手动顺时针拧动卸压螺钉并手动紧固。

6.12.4 设备维护保养要求

（1）每一季度进行一次维护，且开关一次就要维护一次。维护的主要工作是清洗、润滑和更换垫圈和密封圈。

（2）维护时，要检查各种垫圈和密封圈，根据其使用寿命或快开盲板的使用要求进行定期更换，维护时发现损坏及时更换。

（3）用机油清洁密封面上的凹坑、划痕、腐蚀坑，用细砂纸打磨修理，使其不能是轴向的和放射状的。

（4）采用合乎性能要求的润滑剂，清洁所有的密封面、润滑铰链旋转轴、扇形体以及动密封圈、卸压螺钉垫圈/卸压螺钉的丝扣和螺纹孔、动密封圈。

（5）注意可拆卸部件的松紧度和锈蚀等情况并进行调整，使其合乎使用要求。

思考题

1. 集气站工艺流程内主要撬装设备名称是什么？
2. 集气站场紧急放空系统的功能及作用？
3. 火炬分液罐撬块工作原理及其设备用途？

第7章

天然气计量

天然气计量是采气过程中一项重要的工作，是科学组织生产、气量调配、生产控制的依据。天然气计量是指对天然气集输过程中的压力、温度、体积流量、能量流量和质量流量等的测量。

7.1 基础知识

7.1.1 基本概念

1. 测量

以确定量值为目的的一组操作，分为直接测量和间接测量。

2. 计量

计量是以实现单位统一、量值正确可靠为目的的测量。计量是一种特定形式的测量，以公认的计量基础、标准为基础，依据计量法规和法定的计量检定系统进行量值传递来保证量值准确的测量。

计量工作是为实现“统一”和“准确”这一过程的全部操作，具有三种特征：

(1) 统一性：这是测量的根本目的；

(2) 准确性：它是计量统一的前提；

(3) 法制性：它是保证统一的手段。

计量工作概括起来，“统一是目的，准确是基础，法制是手段”。

3. 计量单位

用于表示与其相比较的同种量的大小的约定定义和采用的特定量。

4. 计量器具

单独地或连同辅助设备一起用以进行测量的器具。一般分为实物量具、计量仪器仪表和计量装置。

5. 允许基本误差

在正常测量时，测量设备在全量程范围内的最大绝对误差与全量程范围之比的百分数。

6. 测量准确度

测量结果与被测量之值（真值）的一致程度。

7. 不确定度

表征合理地赋予被测量值的分散性，与测量结果相联系的参数。

8. 准确度等级

按国家统一规定对计量器具或测量设备允许的基本误差而划分的等级。比如：0.02 级、

0.05 级、0.1 级、0.16 级、0.25 级、0.2 级、0.4 级、1.0 级、1.6 级、2.5 级和 4.0 级等。准确度等级在数值上就是把计量仪表允许的最大相对误差去掉"±"号和"%"。

9. 检定

评定计量器具的计量性能（准确度、稳定度、灵敏度等）并确定是否符合法定要求所进行的检查、加标记和出具检定证书等全部工作。分为强制检定和非强制检定。

10. 校准

为确定计量器具或测量设备所代表的量值，与对应的由标准所复现的量值之间关系的一组操作。

7.1.2 法定计量单位

法定计量单位是指国家以法令的形式规定强制使用或允许使用的计量单位。我国的法定计量单位包括国际单位制计量单位（SI 单位）和国家选定的其他计量单位（非 SI 单位）为法定计量单位。非法定计量单位应当废除。

7.1.2.1 国际单位制单位（SI 单位）

国际单位制单位是 1960 年第 11 届国际计量大会通过的，其国际代号为 SI。自 1978 年 1 月 1 日起实行国际单位制，国际单位制是在国际公制和米千克秒制基础上发展起来的。在国际单位制中，规定了 7 个基本单位和 2 个辅助单位，其他单位均由这些基本单位和辅助单位导出。

1. 国际单位制的基本单位

国际单位制的基本单位共有 7 个，见表 7－1。

表 7－1 七个国际单位制基本单位

量的名称	单位名称	单位符号	定义
长度	米	m	米是光在真空中 1/299792458s 时间间隔内所经路程的长度（1983 年第 17 届国际计量大会）
质量	千克	kg	千克是 6.02×10^{26}u。而把碳原子质量的十二分之一作为质量单位 u
时间	秒	s	秒是铯—133 原子基态的两个超精细能级间跃迁所对应的辐射的 9192631770 个周期限的持续时间（1967 年第 13 届国际计量大会）
电流	安培	A	在真空中截面积可忽略的两根相距 1m 的无限长平行圆直导线内通以等量恒定电流时，若导线间相互作用力在每米长度上为 2×10^{-7}N，则每根导线中的电流为 1A（1948 年第 9 届国际计量大会）
热力学温度	开尔文	K	开尔文是水三相点热力学温度的 1/273.15（1967 年第 13 届国际计量大会）
物质的量	摩尔	mol	摩尔是一系统的物质的量，该系统中所包含的基本单元数与 0.012kg 碳 12 的原子数目相等，基本单元是原子、分子、离子、电子及其他粒子，或是这些粒子的特定组合（1971 年第 14 届国际计量大会）
发光强度	坎德拉	cd	坎德拉是光源发出频率为 540×10^{12} Hz 的单色辐射，且在此方向上的辐射强度为（1/683）W/sr（1979 年第 16 届国际计量大会）

2. 国际单位制的辅助单位

国际单位制的辅助单位有 2 个，见表 7－2。

表 7-2　两个国际单位制辅助单位

量的名称	单位名称	单位符号	定义
平面角	弧度	rad	圆内两条半径在圆周上截取的弧长等于半径时所夹圆心角为 1rad
立体角	球面度	sr	顶点在球心的立体角在球面上截取的面积等于以球半径为边长的正方形面积时为 1sr

3. 国际单位制中具有专门名称的导出单位

国际单位制的专门名称的导出单位有 19 个，都是以著名的科学家名字命名的，见表 7-3。

表 7-3　具有专门名称的导出单位

量名称	单位名称	单位符号	其他符号
频率	赫［兹］	Hz	s^{-1}
力	牛［顿］	N	$kg \cdot m/s^2$
压力，压强，应力	帕［斯卡］	Pa	N/m^2
能［量］，功，热量	焦［耳］	J	$N \cdot m$
功率，辐［射能］通量	瓦［特］	W	J/s
电荷［量］	库［仑］	C	$A \cdot s$
电压，电动势，电位，（电势）	伏［特］	V	W/A
电容	法［拉］	F	C/V
电阻	欧［姆］	Ω	V/A
电导	西［门子］	S	A/V
磁通［量］	韦［伯］	Wb	$W \cdot s$
磁通［量］密度，磁感应强度	特［斯拉］	T	Wb/m^2
电感	亨［利］	H	Wb/A
摄氏温度	摄氏度	℃	K
［放射性］活度	贝可［勒尔］	Bq	s^{-1}
吸收剂量	戈［瑞］	Gy	J/kg
剂量当量	希［沃特］	Sv	J/kg
光通量	流［明］	lm	$cd \cdot sr$
［光］照度	勒［克斯］	lx	lm/m^2

4. 国际单位制的十进倍数和分数单位的词头（表 7-4）

表 7-4　国际单位制的词头

所表示因数	名称	词冠符号	所表示因数	名称	词冠符号
10^{18}	exa（艾）	E	10^{-1}	deci（分）	D
10^{15}	peta（拍）	P	10^{-2}	centi（厘）	C
10^{12}	tera（太）	T	10^{-3}	milli（毫）	m
10^{9}	giga（吉）	G	10^{-6}	micro（微）	μ
10^{6}	mega（兆）	M	10^{-9}	nano（纳）	n
10^{3}	kilo（千）	k	10^{-12}	pico（皮）	p
10^{2}	hecto（百）	h	10^{-15}	femto（飞）	f
10^{1}	deca（十）	da	10^{-18}	atto（阿）	a

7.1.2.2 国家选定的非国际单位制单位

国家选定的非国际单位制单位，见表 7－5。

表 7－5 我国选定的非 SI 的单位

量名称	单位名称	单位符号
时间	分	min
	［小］时	h
	天（日）	d
［平面］角	［角］秒	"
	［角］分	′
	度	°
质量	吨	t
	原子质量单位	u
体积	升	L
能	电子伏	eV
级差	分贝	dB
长度	海里	n mile
速度	节	kn
旋转速度	转每分	r/min
线密度	特［克斯］	tex

7.1.3 误差理论

1. 测量误差

测量误差是指测得值与被测量真值之差。真值是一个量在一定条件下本身所具有的真实值，它是一个理想的概念，一般是无法得到的，通常用理论真值、约定真值或相对真值来代替。

（1）理论真值：如三角形之和为恒定 180°。

（2）约定真值：一般为计量学约定的真值，例如国际千克基准为 1kg。

（3）相对真值：高一等级计量标准器的误差与低一等级计量标准器的误差相对，前者一般称为相对真值，后者为实际值。

测量误差可表示为：

测量误差 = 测得值 － 真值

2. 误差的表示方法

1）绝对误差

定义为某量的测量值与其真值之差。计算公式为：

$$\varepsilon = A - A' \tag{7-1}$$

式中 ε——绝对误差；

A——测得值；

A'——被测量的真值。

在测量过程中出现误差是不可避免的，但可以通过在测量值上加上修正值对其进行修正以消除绝对误差，近似达到真值目的。修正值是绝对误差的相反数。

2）相对误差

绝对误差与被测量值的真值之比。即

$$\varepsilon = \frac{A - A'}{A'} \tag{7-2}$$

式中　ε——相对误差；

A——测得值；

A'——被测量的真值。

相对误差用绝对误差占真值的百分比数来表示，没有量纲，其含义为测量结果的准确程度。

3）引用误差

定义为测量仪器的绝对误差与仪器仪表的量程或标称范围的上限之比。它是一种简便实用相对误差的表示方法，实际应用中仪表的准确度等级就是用引用误差表示的，例如准确度等级为1.5级的旋进旋涡流量计表示其最大引用误差不得超过±1.5%。

3. 测量误差来源及分类

1）测量误差的来源

误差的来源主要有以下几种：

（1）装置误差。

装置误差指由于装置本身不完善，结构及量值没有达到理想标准状态而产生的误差。计量装置误差是标准器具误差、仪器仪表误差及附件误差的总和。

（2）方法误差。

由于近似、估算或者不合理测量方法和计算方法而引起的误差。例如在读取压力表示数时斜视表盘读取的数据会比正对表盘读数有一定的误差。

（3）人员误差。

受测量人员技术水平、熟练程度、感觉器官、反应速度、固有习惯等原因所引起的误差。例如不同技术人员对同一刻度值读取可能偏高也可能偏低。

（4）环境误差。

由于环境因素与计量装置所要求的标准条件不一致而导致计量装置和被测量值的变化而引起的误差。例如管段的震动会严重影响旋进旋涡流量计的测量值。

2）测量误差的分类

测量误差按照性质分为随机误差、系统误差和粗大误差三类。

（1）随机误差。

随机误差是指在同一测量条件下，多次测量同一量值时，绝对值和符号以不可预定方式变化着的误差，也称偶然误差。

（2）系统误差。

系统误差是指在同一条件下，多次测量同一量值时，绝对值和符号保持不变；或在条件改变时，按一定规律变化的误差。

(3) 粗大误差。

粗大误差是指超出在规定条件下预期的误差。此误差值较大，明显歪曲测量结果，如测量时对错标志、读错或记错数、使用有缺陷的仪器以及在测量时因操作不细心引起的过失性误差等。

4. 数据修约

对测量结果表示时一般只需要有限位数表示即可，如果表示位数过多便失去意义，对多出的位数或者不需要保留的数字常常要舍去，这就需要按照修约规则对其进行数据修约。

1）有效数字

在测量工作中实际能够测到的数字。所谓能够测量到的是包括最后一位估计的、不确定的数字，由若干位准确数字和一位可疑数字(欠准数字)构成。有效数字一般指从第一个非零的数字算起的所有数字。例如：

1. 25（3 位有效数字）　　1. 250（4 位有效数字）

0. 0125（3 位有效数字）　1. 0025（5 位有效数字）

2）数据修约规则

在一般测量中，有效位数是根据计量器具的最小刻度值来确定。数字有效位数确定后，对多于的位数进行取舍，数据修约按照 GB/T8170 – 2008《数值修约规则与极限数值的表示和判定》执行。四舍六入五考虑、五后非零则进一、五后皆零视奇偶、五前为偶应舍去、五前为奇则进一。

例：请将下列数据修约到只保留二位小数

①302. 21549——>302. 22

②302. 22499——>302. 22

③302. 22600——>302. 23

④302. 22500——>302. 22

⑤302. 215000——>302. 22

⑥302. 225001——>302. 23

7.1.4 计量仪表

计量仪表是指天然气的压力（差压)、温度和流量等其中一个参数或全部参数在测量过程中转换成可直接观测的示值或等效信息的计量器具。

7.1.4.1　组成

一般情况下，计量仪表根据组成主要分为以下四个部分。

1. 检测部分

检测部分又叫传感器，是把被测量转换成相应的机械的、电的或其他形式易于观察、传递、测量的信号，以供传输与变换环节使用。如玻璃水银温度计其检测元件是水银泡，它利用热胀冷缩原理把温度转换成相应的水银柱高度。

2. 变换部分

变换部件是测量仪表的中间环节，它的作用是将检测元件的输出信号进行放大、处理或转换成标准统一的信号输出，以供给显示部件进行显示。如在弹簧管压力表中，变换部分是齿轮与杠杆传动机构，它将弹簧管的微弹簧形变转换并放大为指针的偏转。

3. 显示部分

显示部件是人机联系的主要环节，作用是向观察者显示被测量数值的大小。也是将转换放大后的信号与被转换了的测量单位用人们易于观察的形式相比较，指示出被测量的大小。

4. 传输部分

传输部件是联系仪表的各个部件，给其他环节的输入输出信号提供通路。

7.1.4.2　性能指标

1. 准确度

表示测量结果与真值的一致程度。随机误差与系统误差都小。例如一台测量范围 0 ~ 1000kPa 的压力表，其最大绝对误差 10kPa（在整个量程范围内），仪表准确度为 10/1000 = 0.01 = 1%。

2. 线性度

线性度也叫非线性误差，指计量仪表的输出量与输入量之间的关系曲线与理论参考直线的最大偏差与满量程的百分比。用来表征仪表的输出量和输入量的实际对应关系与理论直线的吻合程度。

3. 允许误差

仪器仪表的允许误差是指仪器仪表在规定的工作条件下允许的最大相对误差的百分数。

$$\varepsilon = \frac{\Delta_{mas}}{X_{mas} - X_{min}} \times 100\% \tag{7-3}$$

式中　ε——最大绝对误差，%；

X_{max}——仪表最大量程；

X_{min}——仪表最小量程。

7.1.5　天然气计量

7.1.5.1　天然气计量方法

天然气的计量主要是天然气的流量计量。天然气流量是天然气在管输流动过程中通过测量天然气的压力、温度及组成等参数间接测量得出的。

1. 天然气流量计量方式

天然气流量计量可分为体积流量计量、质量流量计量和能量流量计量三种。

1）体积流量计量

体积流量是计量单位时间内流过管道横截面的天然气体积。由于一定量的气体在不同状态条件下（压力、温度）的体积是不同的，所以，体积流量一定要注明其所处状态条件（压力、温度）。我国标准规定，天然气体积计量的标准参比条件为 293.15K 和 101.325kPa，在贸易交接中也可以采用合同双方约定的参比条件。

2）质量流量计量

质量流量计可以分为直接式质量流量计和推导式质量流量计两大类型。

直接式质量流量计除直接称量式外，还有科里奥利式、陀螺式和量热式等质量流量计。其中，较典型具有代表性的产品有科里奥利流量计和量热流量计等。

推导式质量流量计主要是采用各种型式的体积流量计与气相色谱仪或密度计相结合，间接获得天然气的质量流量。

3）能量流量计量

天然气的能量是指天然气燃烧时产生的热能。能量流量是体积流量（标准参比条件下）与单位体积发热量（标准参比条件下）的乘积；或者是质量流量与单位质量发热量（标准参比条件下）的乘积。

7.1.5.2　天然气计量相关标准

为了保证天然气测量准确可靠、量值统一，国家以及石油天然气行业制定了一系列的标准规范。天然气计量中常用的标准有 GB/T18603《天然气计量系统技术要求》、GB/T21446《用标准孔板流量计测量天然气流量》、GB/T18604《用气体超声流量计测量天然气流量》等。

7.1.6　孔板计量

7.1.6.1　孔板定义

孔板是指安装在封闭管道中，按节流装置的原理，测量液体、气体和蒸汽流量的检出元件。标准孔板是一块具有圆形开孔的金属薄板，圆孔壁与孔板前端面成直角，安装时孔板轴心与管道轴线同心。

7.1.6.2　结构及工作原理

充满管道的流体，当它们流经管道内的节流装置时，流束将在节流装置的节流件处形成局部收缩，从而使流速增加，静压力低，于是在节流件前后便产生了压力降，即压差，介质流动的流量越大，在节流件前后产生的压差就越大，所以可以通过测量压差来衡量流体流量的大小。这种测量方法是以能量守衡定律和流动连续性定律为基准的如图 7－1 所示。

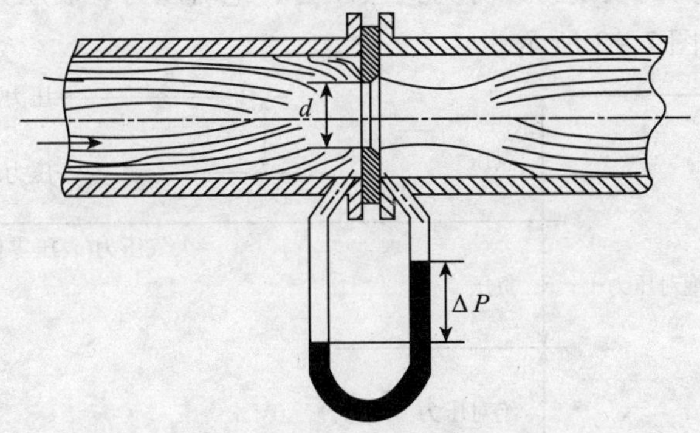

图 7－1　孔板节流示意图

孔板取压方式在国际标准中规定为径距取压、法兰取压和角接取压（取压孔紧靠孔板）3 种。当测量含有少量固体的液体或含有少量液体的气体时，为便于少量固体或液体通过，孔板的开孔可制成扇形的，或制成与管道的轴线是偏心的。

孔板是测量流量的差压发生装置，配合各种差压计或差压变送器可测量管道中各种流体的流量。节流装置包括环室孔板，喷嘴等。节流装置与差压变送器配套使用，可测量液体、蒸汽、气体的流量，它广泛应用于石油、化工、冶金、电力、轻工等部门。

7.2 压力测量

压力（包括差压）是天然气采输过程中需要测量和控制的重要工艺参数之一，压力的大小可以及时反映生产工艺设备的运行工况，压力的变化会影响处理效果和计量准确性。分离器、调压阀等各种设备都必须在一定压力下工作，过高会危及设备安全，外输管线的压力大小及其变化是调节外输流量、判断管线事故（穿孔、堵塞）的重要依据。

7.2.1 概述

7.2.1.1 压力的基本概念

压力是垂直均匀作用在物体单位面积上的力，在物理学上称为压强，但在工程中常把它称为压力。

7.2.1.2 压力的单位

在国际单位制（SI）和我国法定计量单位中，压力的单位是“帕斯卡”，简称“帕”，符号为 Pa。1Pa 相当于 $1m^2$ 面积上垂直均匀作用 1N 力产生的压力，即 $1Pa = 1N/m^2$。

计量工作中常用的压力导出单位有千帕（kPa）和兆帕（MPa）两种。其换算关系为：

$$1MPa = 10^3 kPa = 10^6 Pa \tag{7-4}$$

值得注意的是千帕的单位符号是小写的 k、大写 P 和小写 a 组成，兆帕的单位符号是由大写 M、大写 P 和小写 a 组成，在计量文件书写中和计量报表统计中尤其需要注意。

7.2.1.3 压力的表示方法

在压力测量中对压力的表示可以分为大气压力、绝对压力、表压力、负压力和差压力之分，它们之间的关系见图 7-2 所示。

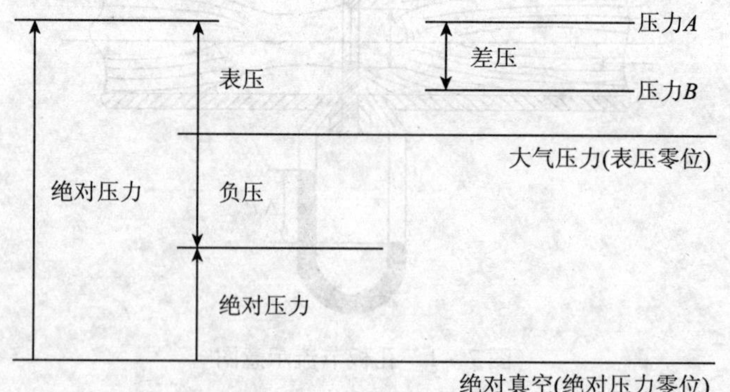

图 7-2　压力定义示意图

1. 大气压力

指地球表面空气因重力所产生的平均压力值。它随时间、地点的不同而不同。在物理学中，把纬度为 45°海平面（即海拔高度为零）上的常年平均大气压力规定为 1 标准大气压。

$$1\ 标准大气压 = 760\text{mmHg} = 0.10133\text{MPa}$$

2. 绝对压力

以完全真空作为零标准表示的压力。实际测量中，流体压力的真实值称绝对压力。

$$P_{绝} = P_{表} + P_{大气} \tag{7-5}$$

例：管道上压力表指示的压力为 1.0MPa，当地大气压为 0.101325MPa，则管道内绝对压力为 1.10325MPa。

3. 表压力（正压力）

以大气压力作为零标准表示的压力，等于高于大气压力的绝对压力与大气压力之差。

$$P_{表} = P_{绝} - P_{大气}\ (P_{绝} > P_{大气}) \tag{7-6}$$

表压力是一般压力测量仪表，如压力表所指示的压力。如无特别说明，工程上所指的压力均为表压力。

4. 差压力

指两个压力之间的差值，或者以大气压力以外的任意压力作为零点所表示的压力，用 ΔP 表示。

$$\Delta P = P_1 - P_2 \tag{7-7}$$

在测量天然气流量时，习惯上把差压变送器较高一侧的压力称为正压，较低一侧的压力称为负压。

7.2.2　压力测量仪表

压力测量仪表是用来测量天然气压力的工业（自动化）仪表，又称压力表或压力计。

7.2.2.1　按原理分类

常见的压力测量仪表按测压原理可分为三类。

1. 重力式

按重力与被测压力平衡方法，直接测量单位面积上所承受力的大小。例如液柱式压力计和活塞式压力计。

1）液体式压力仪器

它是基于流体静力学原理，利用液柱高度差来测量压力值。常用液体压力仪器有水银压力计、U 型和杯型压力计、补偿式微压计和斜管微压计等。

2）活塞式压力计

它可以将被测压力转换成活塞上所加平衡砝码的重量进行测量。一般作为标准压力测量仪表，用来对其他弹簧管压力表进行校验。

2. 弹性式

按弹性力与被测压力平衡方法，测量弹性元件受压后形变而产生的弹性力大小。例如弹簧管压力表、波纹管压力表、膜片压力表和膜盒压力表。

3. 电测式

利用某些物质与压力有关的物理特性，如受压时电阻变化、受压时电压变化等，可以将被测压力转换成电量进行测量，常作为远程传送式压力表，即压力变送器。

7.2.2.2 准确度等级

准确度等级是各种仪器仪表应符合有关不确定度的一组规范。

（1）一般压力表准确度等级：1.0 级、1.6 级、2.5 级和 4.0 级。

（2）精密压力表准确度等级：0.1 级、0.16 级、0.25 级和 0.4 级。

（3）活塞式压力计准确度等级：0.02 级（一等）、0.05 级（二等）和 0.2 级（三等）。

（4）根据 JJG 882－2004《压力变送器》，压力变送器准确度等级分为：0.05 级、0.1 级、0.2 级（0.25）、0.5 级、1.0 级、1.6 级、2.0 级和 2.5 级。

7.2.3 罗斯蒙特 3051 智能型压力变送器

压力变送器被测介质的两种压力通入高、低两压力室，作用在 δ 元件（即敏感元件）的两侧隔离膜片上，通过隔离片和元件内的填充液传送到测量膜片两侧。测量膜片与两侧绝缘片上的电极各组成一个电容器。

当两侧压力不一致时，致使测量膜片产生位移，其位移量和压力差成正比，故两侧电容量就不等，通过振荡和解调环节，转换成与压力成正比的信号。

1. 压力变送器的零点修正

零点修正是用来补偿安装位置和管道压力影响的单点调节方式。在进行零点修正的时候，确保所有的平衡阀门已打开，以及管路内的液位灌充至正确的位置上。

（1）如果零点的偏移量不超过实际零点的 3%，压力变送器的零点修正可以用 HART 手操器来调整。步骤如下：

①打开手操器的电源，把手操器的两根表笔按正负极分别接到变送器的信号正负极。

②选中“HART Application”，按 Delete 键进入菜单。

③按“Page Dn”按钮，选中“Online”，按 Delete 键进入菜单。

④按“Page Dn”或“Page Up”按钮，选中“LRV”或“URV”，按 Delete 键进入数字表进行零点或量程的调整。

（2）如果零点的偏移量超过实际零点的 3%，压力变送器的零点修正用变送器的零点调节按钮来调整。步骤如下：

①松开防爆认证标牌上的螺钉，露出零点调整按钮。

②按下零点按钮 2 分钟设置 4mA 输出点。检查输出是否变成了 4mA。LCD 表头的变送器会显示“ZERO PASS”。

7.2.4 弹簧管式压力表

弹簧管式压力表分多圈及单圈弹簧管式压力表。多圈弹簧管压力表灵敏度高，常用于压力式温度计。单圈弹簧管压力表可用于真空测量，也可用于高达 109Pa 的高压测量，品种型号繁多，使用最为广泛。根据其测压范围一般又分为压力表，真空表及压力真空联成表三类。一般精度等级为 1.0～4.0 级，标准表可达 0.25 级，如图 7－3 所示。

单圈弹簧管是弯成圆弧形的空心管子。它的截面积呈扁圆或椭圆形，椭圆形的长半轴 a 与垂直于图面的弹簧管中心轴相平行。A 为弹簧管的固定端，即被测压力的输入端；B 为弹簧管的自由瑞，即位移输出瑞；γ 弹簧管中心角初始角；$\Delta\gamma$ 为中心角的变化量；R 和 r 分别为弹簧管弯曲圆弧的外半径和内半径；a 和 b 为弹簧管椭圆截面的长半轴和短半轴。

弹簧管是一个压力—位移的转换元件，当被测压力 P 通入固定端后，由于椭圆截面在压力的作用下将趋向于圆形，其自由端就由 B 移到 B′，弹簧管中心角随之减小 $\Delta\gamma$。

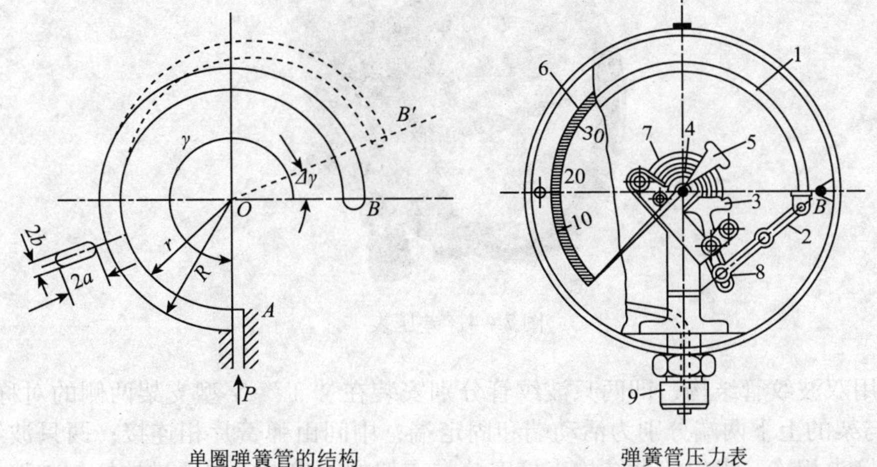

图 7－3　弹簧管压力管

根据弹性变形的原理可知，中心角的相对变化值 $\Delta\gamma/\gamma$ 与被测压力 P 的关系可用式(7－8)表示：

$$\frac{\Delta\gamma}{\gamma}=P\frac{1-\mu^2}{E}\frac{R^2}{bh}\left(1-\frac{b^2}{a^2}\right)\frac{a}{\beta+K^2} \tag{7-8}$$

式中　μ、E——弹簧管材料的泊松系数和弹性系数；

h、K——弹簧管壁厚和几何参数；

α、β——与 $\frac{a}{b}$ 比值有关的参数。

$$K=\frac{Rh}{a^2}$$

该式仅适用于计算薄壁（即 $h/b<0.7\sim0.8$）弹簧管。如要求 P 与 $\Delta\gamma/\gamma$ 成正比关系，必须使其余参数均为定值。而中心角的变化量 $\Delta\gamma$ 又与中心角的初始值成正比（一般取 $\gamma=270°$），并随圆短半轴 b 的减小而增大。如果 $b=a$，则 $\Delta\gamma$ 将等于 0 所以具有均匀壁厚的圆形弹簧管不能作测压元件。此外，$\Delta\gamma$ 的数值与弹性材料的性质、几何尺寸等因素有关。

7.2.5　差压表

差压表适用于化工、化纤、冶金、电力、核电等工业部门的工艺流程中测量各种液（气）体介质的差压、流量等参数。仪表结构全部采用不锈钢制成，其中的测量系统（双波纹管及连接部件）、导压系统（包括接头、导管等）采用特种结构设计合理、工艺先进、具有体积小、重量轻、稳定性好、使用寿命长、外观新颖、适应性强等优点。仪表接头的连接形式有平行式

（可直接与三阀组连接）和斜式两种，能够适应不同客户的配套安装如图7－4所示。

图7－4 差压表

仪表采用双波纹管结构，即两只波纹管分别安装在“工”字型支架两侧的对称位置上。“工”字型与架的上下两端分别为活动端和固定端，中间由弹簧片相连接；两只波纹管与表壳上的低压接头相连，齿轮传动结构直接安装在支架的固定端。并通过拉杆与支架的活动端相连接；度盘则直接固定在齿轮传动机构上。

当施加不同压力（一般高压端高于低压端）时，两波纹管作用在活动支架上的力则不相等，使分别产生的位移带动齿轮传动机构传动并予以放大，由指针偏转后指示的差压值。

7.2.6 压力表更换操作规程

7.2.6.1 准备

（1）消气防用具：便携式硫化氢检测仪2台、正压式空气呼吸器2套、8kg灭火器2具。

（2）工用具：仪表组合工具1套、防爆排风扇1台。

7.2.6.2 检查

（1）检查压力表周围及本体是否有硫化氢泄漏；

（2）检查确认待更换压力表完好无损、量程合适且在检定期内。

7.2.6.3 操作

（1）选定合格的压力表，准备好工具和材料、油料；

（2）记录新旧压力表的编号、厂名、等级、规格、工作地点；

（3）关闭压力表取压阀；

（4）关压力表的控制阀，打开放空阀放空。若无放空阀，可用扳手把压力表活接头卸松1~2圈，让流体沿丝扣处缓慢泄压直至压力表示值为零；

（5）卸放表内压力后，继续卸活接头，最后用手缓慢旋下压力表；

（6）取下活接头、垫片，检查活接头、垫片可否再用（如垫片损伤、严重变形，更换新垫片）；

（7）将新表装入活接头螺纹后，再双手对握扳手，将压力表上紧，对正压力表表盘方向；

（8）关放空阀（若无放空阀，无此项操作）；

（9）缓慢打开压力表控制阀，对压力表接口处进行验漏；

（10）验漏合格后，擦试工具、用具并放回原处；

（11）填写更换压力表记录。

7.2.6.4　注意事项

（1）操作时必须穿戴防护器具，且有人监护；

（2）被测压力应在所选压力表量程的 1/3 ~2/3 范围内；

（3）未卸完压力表内压力前不能拆旧表；

（4）拆卸压力表时应侧向操作；

（5）操作时，应使用两把活动扳手，扳手开口大小应与被夹持工件表面相吻合，且双手同时用力，配合得当，防止压力表掉地；

（6）开压力表控制阀时动作缓慢，两眼注视指针，使压力慢慢上升，不准猛开表，使指针冲击式上升；

（7）填写记录时把压力表规格型号、精度等级、仪表位号、厂名、使用地点、换表原因、时间等栏目填写清楚。

7.2.7　压力变送器、压力表解堵操作规程

7.2.7.1　准备

（1）气防器具：便携式硫化氢检测仪 2 只、正压式空气呼吸器 2 套。

（2）工用具：防爆对讲机 2 部、碱液半桶、开水 1 壶。

7.2.7.2　检查

（1）检查确认被堵部件位置，若被堵设备是参与控制连锁的压力变送器，则需将站控室人机界面将该关断信号打至超驰；

（2）检查所有连接部件紧固，无破损；

（3）碱液桶中碱液液面在 1/2 处。

7.2.7.3　操作

（1）将压力表或压力变送器放空管线插入碱液桶中；

（2）用开水从压力表或压力变根部到双阀组来回浇 2min；

（3）关闭压力表或压力变送器根部取压针阀；

（4）缓慢打开放空针阀到 3 圈，直至压力表或压力表示值为“0”；

（5）关闭放空针阀；

（6）缓慢打开压力表或压力变根部取压针阀；

（7）观察压力表或压力变示值是否恢复正常。若正常则解堵操作完成；若不正常则按照上述 2~6 步骤再次进行解堵；

（8）解堵完成后，将人机界面关断超驰信号取消，恢复正常。

7.2.7.4　注意事项

（1）操作时必须穿戴防护器具，且有专人监护；

（2）在开关针阀过程中切忌猛开、猛关；

（3）若解堵设备为参与控制连锁的压力变送器，一定要在人机界面将其超驰，防止引起意外关断；

（4）操作人员在进行解堵操作时，要站立在上风口，切忌半蹲姿势；

（5）当打开放空针阀还没有反应时，应关闭放空针阀，用开水重新进行浇注；

（6）当高低压限位阀和被解压力表或压力变共用一个管台时，应将高低压限位阀取压针阀关闭，并在解堵完成后恢复。

7.3 温度测量

7.3.1 概述

7.3.1.1 温度基本概念

1. 温度

是表示物体冷热程度的物理量。

2. 温标

用来表示温度数值的方法叫温标。它规定了温度的读数零点和测量温度的基本单位。常用的温标有摄氏温标、热力学温标、国际实用温标和华氏温标。

7.3.1.2 温度的单位

1. 摄氏温标单位

单位名称是摄氏度，单位符号是“℃”。在标准大气压下，冰的融点为0℃，水的沸点为100℃，从0 ~100℃间划分为100 等分，每一等分为1℃。

2. 热力学温标单位

单位名称是开尔文，单位符号是“K”。在 -273.15℃时，理想气体的分子停止运动，即分子热运动的动能等于零，这个温度叫热力学温度。

3. 国际实用温标

国际实用温标，是一个国际协议性温标，它与热力学温标相接近，而且复现准确度高，使用方便。我国于1994 年1 月1 日全面实施ITS -90 国际温标。

4. 华氏温标单位

单位名称华氏度，单位符号是“℉”。在标准大气压下，冰的熔点为32 ℉，水的沸点为212 ℉，中间有180 等分，每等分为1 ℉。

5. 温度的换算

（1）摄氏温度与热力学温度的换算公式：

$$t\ (℃) = T\ (K) - 273.15 \tag{7-9}$$

$$T\ (K) = t\ (℃) + 273.15 \tag{7-10}$$

（2）摄氏温度与华氏温度的换算公式：

$$t\ (℉) = \frac{9}{5}t\ (℃) + 32 \tag{7-11}$$

$$t\ (℃) = \frac{9}{5}\left[t\ (℉) - 32\right] \tag{7-12}$$

7.3.2 温度测量仪表

温度不能直接测量，而是以热平衡为基础，借助于物质随温度变化的一些性质来间接测量。

温度测量仪表按照测量的方法不同可分为接触式和非接触式两种。

1. 接触式温度测量仪表

温度敏感元件与被测对象直接接触，经过换热后两者温度相等。按照测量原理可分为膨胀式温度计、热电偶温度计、热电阻温度计和压力式温度计等。

接触式测温仪表简单、可靠，测量准确度较高，但由于仪表要与被测介质进行热交换达到热平衡，所以存在测温延迟现象，受感温元件材料限制，不能用于很高温度的测量。

2. 非接触式温度测量仪表

利用物体的热辐射与温度的关系进行测量，与被测物体不直接接触。可分为光学温度计、辐射式温度计、比色温度计等。

非接触式温度测量仪表不与被测介质接触，测温范围很广，不存在测温上限，不会破坏被测介质温度场，反应速度快，但测量准确度不如接触式温度测量仪表高。

7.3.3　双金属温度计

双金属温度计的工作原理是利用两种不同温度膨胀系数的金属，一端焊接在固定点，另一端当温度变化时扭曲变形，将其转换成指针偏转角度，指示温度。

工业用双金属温度计主要的元件是一个用两种或多种金属片叠压在一起组成的多层金属片。为提高测温灵敏度，通常将金属片制成螺旋卷形状。当多层金属片的温度改变时，各层金属膨胀或收缩量不等，使得螺旋卷卷起或松开。由于螺旋卷的一端固定而另一端和一可自由转动的指针相连，因此，当双金属片感受到温度变化时，指针即可在一圆形分度标尺上指示出温度来，见图 7－5 所示。

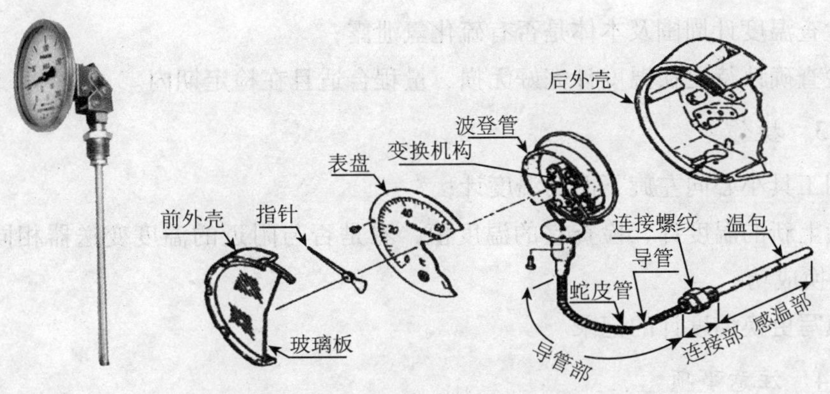

图 7－5　双金属温度计结构示意图

7.3.4　一体化温度变送器

一体化温度变送器的作用是把热电偶或热电阻这类温度传感器输出的热电势或电阻值转换成统一标准信号输出，以便送给其他单元组合仪表进行指示或控制，见图 7－6 所示。

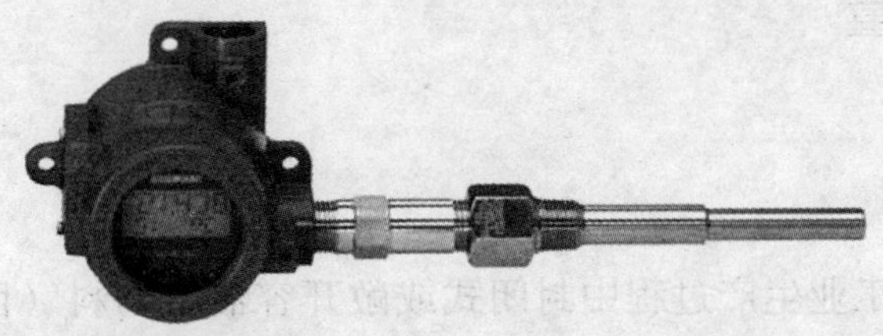

图 7－6　一体化温度变送器

一体化温度变送器具有抗干扰性强、维护简单、无需贵重的补偿导线，适合野外安装和造价低等优点，温度变送器按所配用的温度传感器为热电阻温度变送器。

1. 温度变送器的零点或量程修正

温度变送器的零点或量程修正可用 HART 手操器来调整，步骤如下：

（1）打开手操器的电源，把手操器的两根表笔按正负极分别接到变送器的信号正负极。

（2）选中“HART Application”按 Delete 键进入菜单。

（3）按“Page Dn”按钮，选中“Online”，按 Delete 键进入菜单。

（4）按“Page Dn”或“Page Up”按钮，选中或“LRV”或“URV”，按 Delete 键进入数字表进行零点或量程的调整。

7.3.5 双金属温度计更换操作规程

7.3.5.1 准备

（1）消、气防器具：便携式硫化氢检测仪 2 台；正压式空气呼吸器 2 套；

（2）工用具：仪表组合工具 1 套。

7.3.5.2 检查

（1）检查温度计周围及本体是否有硫化氢泄露；

（2）检查确认待更换温度计完好无损、量程合适且在检定期内。

7.3.5.3 操作

（1）用工具小心向左旋下旧的温度计；

（2）旋上新的温度计，检查它的温度值，看是否与附近的温度变送器相同，相同则表示温度计更换成功；

（3）填写更换温度计的记录。

7.3.5.4 注意事项

（1）操作时必须穿戴防护器具，且有人监护；

（2）双金属温度计检定周期为一年，拆装及送检时要小心保护感温元件和玻璃表面，以免损坏；

（3）双金属温度计感温杆的长度，应与保护套管长度相对应。

7.4 物位测量

7.4.1 概述

物位测量通常指对工业生产过程中封闭式或敞开容器中物料（固体或液位）的高度进行检测；如果是对物料高度进行连续的检测，称为连续测量。如果只对物料高度是否到达某一位置进行检测称为限位测量。完成这种测量任务的仪表叫做物位计。

7.4.2 差压液位变送器

差压法是目前使用最多的一种液面测量法，用普通差压变送器可以测量容器内的液面，也可用液面差压变送器测量容器液面，如单法兰液面（差压）变送器、双法兰液面（差压）变送器。其测液面的原理完全一样，就是差压法。

7.4.2.1 常压容器内差压测量

常压容器预留上、下两个孔，是测液位准备的。上孔可以不接任何加工件，也可以配一个法兰盘，中心开个小孔，通大气。下孔接差压变送器的正压室，差压变送器的负压室放空，如图7-7所示。

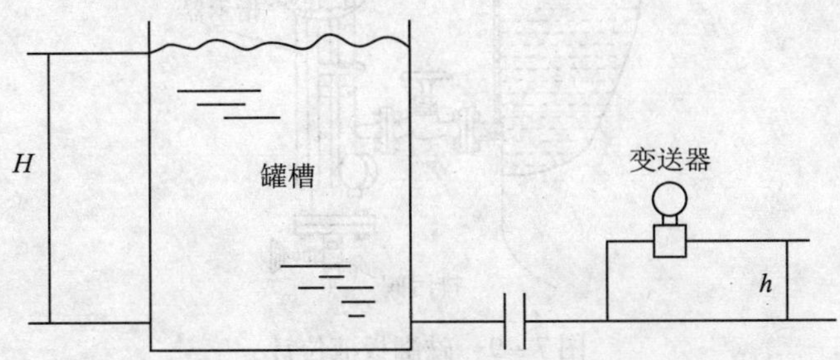

图7-7 常压容器用差压法测量液位

安装时要注意的问题是下孔（一般是预留法兰）要配一个法兰，法兰接管装一个截止阀，阀后配管直接接差压变送器的正压室即可。

7.4.2.2 有压容器内差压测量

测有压容器，只要把上孔与负压室外相连。这种安装也很简单，按照设计要求，配上两对法兰（包括垫片和螺栓），配上满足压力与介质测量要求的两个截止阀及配管。上孔接负压室，下孔接正压室即可，如图7-8所示。

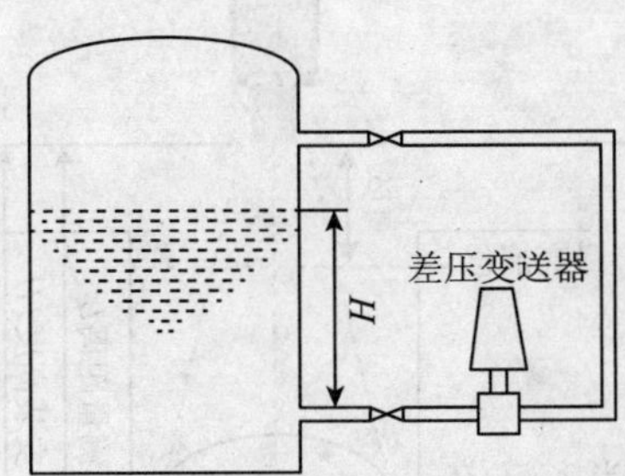

图7-8 有压容器的液面测量（用差压法）

以上两种是差压法测液面的基本形式，测量条件变化，安装略有变化。

7.4.3 磁翻板液位计

磁翻板液位计的结构是利用旁通管的原理，非磁性连通主导管内的液位和容器设备内的液位高度一致，根据阿基米德定理，磁性浮子在液体中产生的浮力和重力平衡，浮子浮在液面上，当被测容器中的液位升降时，液位计主导管内的浮子也随之升降，浮子内的永久磁铁通过磁耦合驱动指示器内的翻板指示器，当液位上升或下降时，翻板指示器由白色翻转为红色，或由原来的红色翻转为白色，指示器的颜色改变的高度就是被测介质液位的实际高度，从而实现液位的现场指示，如图7－9所示。

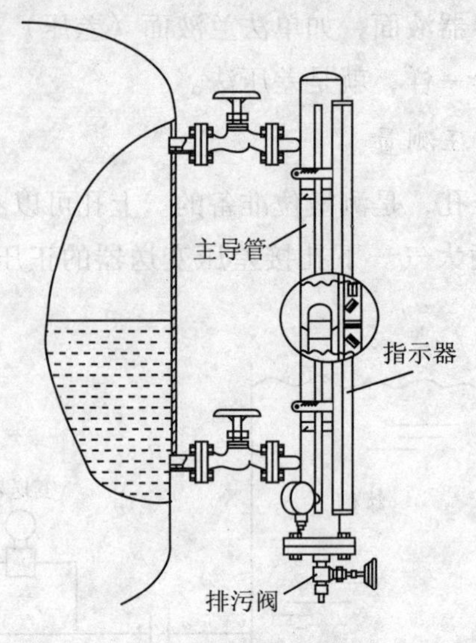

图7－9　磁翻板液位计

7.4.4　超声波液位计

超声波液位计（如图7－10）工作时，高频脉冲声波由换能器（探头）发出，与被测物体（液面）表面被反射折回，部分反射回波被同一换能器接收，转换成电信号。脉冲发射和接收之间的时间（声波的运动时间）与换能器到物体表面的距离成正比。声波传输距离 S 与声速 C 和传输时间 t 之间的关系可用公式表示：

$$S = C \times t/2$$

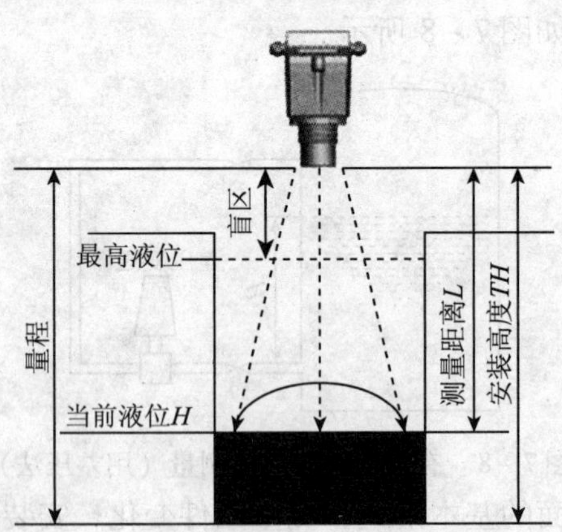

图7－10　超声波液位计工作原理图

7.4.5　雷达液位计

雷达液位计是一种“朝下看”的测量系统，基于时间行程原理，测量从参考点反射回来的雷达波经天线接收，并传输到内部电子模块。由微处理器分析这些信号，并从中识别由介质表面反射回来的有用液位回波，如图 7－11 所示。

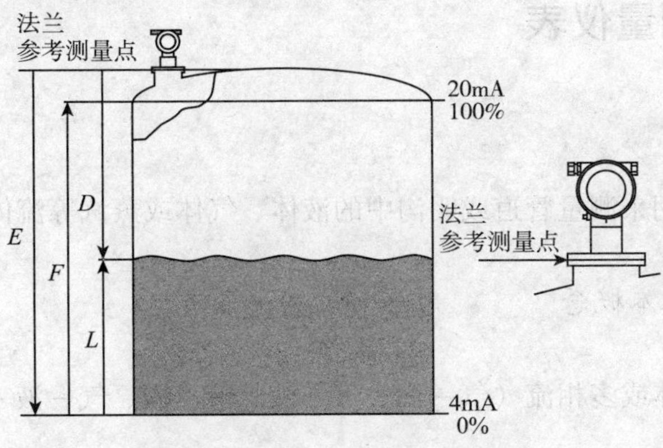

图 7－11　雷达液位计工作原理图

7.4.6　玻璃板液位计

玻璃板液位计可用来直接指示密封容器中的液位高度，具有结构简单，直观可靠，经久耐用等优点，但容器中的介质必须是与钢、钢纸及石墨压环不起腐蚀作用的。

玻璃板液位计工作原理：仪表在上下阀上都装有螺纹接头，通过法兰与容器连接构成连通器，透过玻璃板可直接读得容器内液位的高度。根据连通器原理，通过透明玻璃直接显示容器内液位实际高度。在仪表上下阀门内装有安全钢球，当玻璃意外破损时，钢球能在容器内压力的作用下，自动关闭液流通道，以防止液位继续外流。在仪表的阀端有阻塞孔螺钉，可供取样时用，或在检修时，放出仪表中剩余液体时用，如图 7－12 所示。

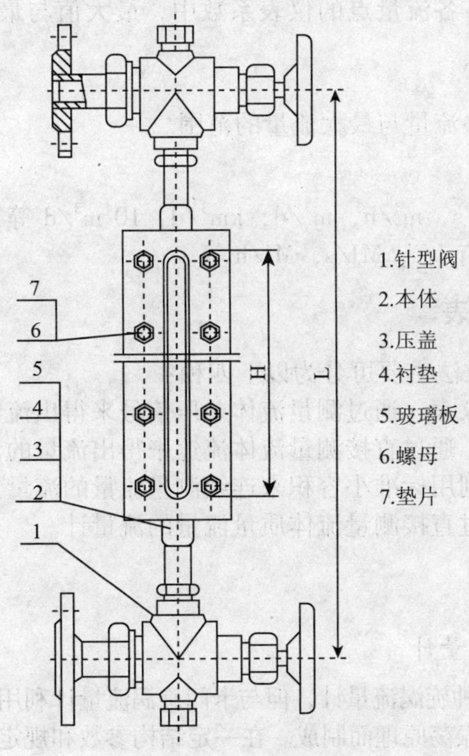

图 7－12　玻璃板液位计

7.5 流量测量仪表

7.5.1 概述

流量测量仪表是用来测量管道或明沟中的液体、气体或蒸汽等流体流量的工业自动化仪表，又称流量计。

7.5.1.1 流量基本概念

1. 流体

流动的气体、液体或多相流（气-固、气-液、液-固、气-液-固）统称为流体。

2. 流量

单位时间内流经某一截面的流体数量。流量可用体积流量、质量流量，能量流量。

3. 体积流量

以体积表示的单位时间内流过的流体，称为体积流量。

4. 质量流量

以质量表示的单位时间流过的流体，称为质量流量。

5. 累积流量

一段时间内流体流量的累计值。

6. 瞬时流量

反映在流量仪表上的某一时刻的流量叫做天然气的瞬时流量。

7. 流速

单位时间内流体在流动方向上所流过的距离，称为流速，其单位一般为 m/s。

在规定的流量范围内，各流量点的仪表系数中，最大值与最小值的算术平均值，以 K_0 表示（也称仪表系数）。

8. 流量范围

符合达到准确度的最小流量与最大流量的范围。

7.5.1.2 流量的单位

体积流量的单位有 m^3/s，m^3/h，m^3/d，km^3/d，$10^4m^3/d$ 等，质量流量的单位有 kg/s，kg/h 等，能量流量的单位有 J/s，MJ/s，MJ/h 等。

7.5.2 流量测量仪表

流量测量仪表按测量方法主要可分为以下四种：

（1）差压式流量测量仪表，通过测量流体差压信号来得出流量的流量计；

（2）速度式流量仪表，通过直接测量流体流速来得出流量的流量计；

（3）容积式流量计，利用标准小容积来连续测量流量的流量计；

（4）质量流量计，通过直接测量流体质量流量的流量计。

7.5.3 流量仪表

7.5.3.1 旋进漩涡流量计

旋进旋涡流量计也是一种旋涡流量计，但与卡门旋涡流量计利用自然振荡原理不同。旋进漩涡流量计是采用流体的强迫振荡原理而制成。在一定结构参数和规定的雷诺数范围内，输出信号与工作状态条件下的体积流量成正比，而与流体的温度、压力、成分、黏度、密度等无关。

旋进漩涡流量计由旋涡发生器、压电传感器、出口导流体、智能流量积算仪和壳体五大部件组成。

当沿着轴向流动的流体进入流量传感器入口时，螺旋形叶片强迫流体进行旋转运动，于是在旋涡发生体中心产生旋涡流，旋涡流在文丘利管中旋进，到达收编段突然节流使旋涡流加速，当旋涡流进入扩散段后，因回流作用强迫进行旋进或二次旋进。此时旋涡流的旋转频率与介质流速成正比，并为线形，见图 7－13 所示。

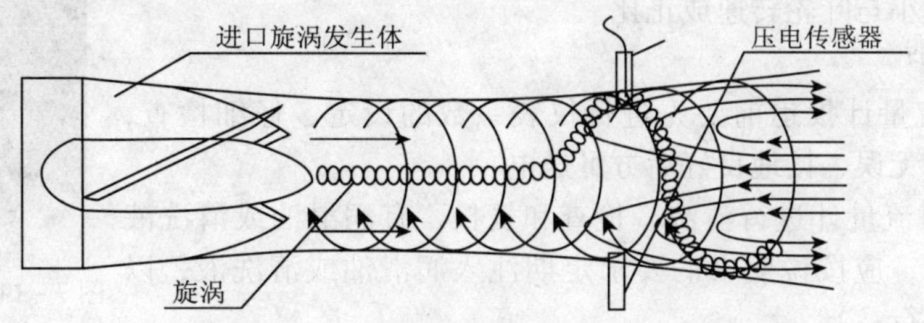

图 7－13 旋进漩涡流量计工作示意图

7.5.3.2 热式质量流量计

1. 结构及原理

热式气体质量流量计采用热扩散原理，其典型传感元件包括两个热电阻（铂 RTD），一个是速度传感器，一个是自动补偿气体温度变化的温度传感器。当两个 RTD 被置于介质中时，其中速度传感器被加热到环境温度以上的一个恒定的温度，另一个温度传感器用于感应介质温度。流经速度传感器的气体质量流量是通过传感元件的热传递量来计算的。气体流速增加，介质带走的热量增多。使传感器温度随之降低。为了保持温度的恒定，则必须增加通过传感器的工作电流，此增加的部分电流大小与介质的流速成正比。

2. 维护

当测量介质较脏时，仪表经过一段时间运行以后，有可能在传感器表面堆积一些污垢，需要定期对传感器部分进行清理维护，去除污垢。测量介质较纯净时，则可以省略本操作。

3. 故障排除（表 7－6）

表 7－6 常见故障排除方法

存在问题	故障原因	处理方法
无显示	没有送电	打开电源
	电源接反	检查极性
流速低	探头方向接反	正确安装探头方向
	传感器脏	清洁传感器
流速异常波动大	液体性质是脉动流	调整阻尼
	传感器脏	清洁传感器
	传感器损坏	返厂修理
4～20mA 输出异常	4～20mA 量程设置有误解	正确设置 4～20mA 量程值
	转换器故障	返厂修理
	接线未形成环路	检查接线
RS－485 输出异常	波特率和站号设置有误解	正确输入
	极性接反	改变极性

7.5.3.3　涡轮流量计

1. 结构及原理

图 7－14　涡轮流量计工作原理图

涡轮流量计是属于速度式流量计。其工作原理是在管道中安装一个自由转动、轴与管道同心的叶轮。当流体流过时，带动叶轮转动，叶轮带动与之相连的齿轮或电磁感应线圈如图 7－14 所示。管道中流体的流速大小与叶轮转速成正比。

2. 日常维护

（1）涡轮流量计投运前要先进行仪表系数的设定，仔细检查，确定流量计接线无误、接地良好后方可送电；

（2）定期对流量计进行清洗、检查和复校，有润滑油或清洗液注入口的流量计，应按说明书的要求定期注入润滑油或清洗液，以维护叶轮良好运行；

（3）监查显示仪表状况，评估显示仪表读数，有异常要及时检查；

（4）保持过滤器畅通，过滤器堵塞情况可以从其入口、出口处压力表读数差的增大来判断出，出现堵塞及时排除。

3. 常见故障及处理

1）液体正常流动无显示，累积量数不增加

①用万用表检查，排除故障点；

②更换线路板；

③用铁条在检测头下快速移动，无信号输出，则应检查线圈有无断线和焊点脱焊；

④将电源电压提高至规定要求；

⑤去除异物，并清洗或更换损坏零件，更换零件后应重新标定。

2）流量显示逐渐减小

①清除过滤器内杂物；

②修理或更换阀门；

③清洗流量计，必要时重新标定。

3）流量为零时，流量显示不为零，显示值不稳

①检查接地，排除干扰；

②加固管线或在流量计前后加装支架；

③检修或更换阀门；

④采取“短路法”或逐一检查，找出故障点。

4）显示流量与实际流量不符

①修理叶轮或更换后重新标定；

②清除杂物；

③检查线圈绝缘电阻和导通电阻；

④关严旁通阀，必要时更换。

7.5.3.4　齿轮流量计

1. 结构

罗茨（型容积）流量计是一种齿轮型容积式流量计，也称腰轮容积流量计。这种流量

计的工作原理和工作过程与椭圆齿轮型基本相同，同样是依靠进、出口流体压力差产生运动，每旋转一周排出四份“计量空间”的流体体积量。所不同的是在腰轮上没有齿，它们不是直接相互啮合转动，而是通过按装在壳体外的传动齿轮组进行传动。罗茨流量计用于各种液体流量的测量，尤其是用于油流量的准确测量。在高压力、大流量的气体流量测量中，这类流量计也有应用。由于椭圆齿轮容积流量计直接依靠测量轮啮合，因此对介质的清洁要求较高，不允许有固体颗粒杂质通过流量计。

2. 工作原理

当气体通过流量计时，在入口和出口间产生的压差作用在与高精密同步齿轮联结在一起的一对罗茨轮上，从而驱动罗茨轮旋转。在这期间，罗茨轮与壳体内壁和盖板之间形成的密闭空间—计量腔周期的充气和排气。罗茨轮的转数与通过流量计的气体体积量成正比。罗茨轮的旋转经由磁电转换器变为电脉冲信号，送入流量积算仪进行运算处理，并显示气体总量。

3. 故障排除

齿轮流量计常见故障排除方法见表 7－7。

表 7－7 常见故障排除方法

故障现象	原因分析	排除方法
接通电源后无输出信号	1. 无流量或者流量低于始动流量； 2. 电源与输出线不匹配； 3. 转子被脏物卡住或者按照应力过大导致其不转动； 4. 磁敏传感器无信号	1. 开阀调节流量； 2. 正确接线； 3. 打开罗茨流量计传感器，彻底清除脏物，检查过滤器规格及完好程度；重新安装，排除管道安装应力； 4. 更换磁敏传感器
有异常响声和噪音	1. 流量过大，超过规定的流量范围； 2. 转子互相碰撞，轴承有损坏； 3. 安装应力大	1. 调整流量到规定范围内； 2. 向厂方提出检修和更换； 3. 按说明书正确安装流量计
渗漏	1. 加（放）油处螺塞松动； 2. “O”形圈有损坏	1. 拧紧螺塞； 2. 更换“O”形圈，上紧螺塞
计量误差大	1. 选型不正确（大口径的表测小流量）； 2. 流量计内有积水； 3. 旁路有渗漏； 4. 润滑油油位过高，油进入计量腔	1. 选择流量范围合适的流量计； 2. 排除积水，或改为垂直安装； 3. 关紧旁通阀门，系统检漏； 4. 清洗罗茨流量计传感器，按规定加油
积算仪显示流量偏小	1. 过滤器堵塞，流通能力下降； 2. 系统漏气，或旁路有气体通过； 3. 常用流量小于最大流量的 10%	1. 清洗过滤器； 2. 关紧旁通阀门，系统检漏； 3. 选择流量范围合适的流量计
瞬时流量示值显示不稳定	1. 接地不良； 2. 流量低于下限值	1. 检查接地线路，使之正常； 2. 提高流量值

7.5.3.5 FloBoss 103 流量管理器

1. 结构及原理

一般情况下，FloBoss 103 单位由选用或没选用 I/O 点的终端板，RAM 的备用电池板，可选的第二通信端口的通信卡，处理器板，充电器电路板，背板，显示器和防风雨外壳。该 FloBoss 103 用一个孔板通过三个或五个阀瓣连在涡轮流量计或转子流速计安装导管的 NE-

MA4 外壳安装。铝合金外壳保护设备免受伤害和被恶劣的环境危害。

FloBoss 103 有两个用来进行连线和通信的 3/4 螺丝孔。拧开外壳两端的螺丝可以进行现场维修。

积分双变量传感器（DVS）有个供外壳和 DVS 安装在管架或支架上的托架。FloBoss 103 的脉冲接口模块也有一个通用的安装法兰，它也有把外壳和接口安装到仪表上的托架如图 7－15 所示。

FloBoss 103 的主要职能是测量流过孔板、涡轮流量计或转子流速计的天然气流量。

AGA3 流量测量功能的主要输入是差压、静压和温度。差压和静压是每秒从双变量传感器的取样压力，温度输入是每秒从 RTD 探针取样的曲线压力。

图 7－15 FloBoss 103 流量管理器

AGA7 流量测量功能的主要输入是脉冲输入（PI）计数、静压和温度。脉冲输入计数是从转子流速计（脉冲接口模块）或涡轮流量计（PI 在终端板上），静压输入从压力传感器测得，温度输入从 RTD 探针读入。

1）用孔板计量流量

流量计算是按照 ANSI/API 2530－92（1992 年的 AGA 的第三报告），API 的 14.2 章节（1992 年首次印刷，1994 年第 2 次印刷的 AGA 的第八报告），和 API 第 21.1 章。流量计算均可配置公制或英制单位。

2）流量测量时间

每两个差压都要与最低流量进行比较，以便于存储。如果差压小于或等于最低流量或静压少于或等于零时，那段时间的流量为零。重新计算期的流动时间的定义是多少秒该压差超过最低流量。

3）输入和扩展计算

FloBoss 103 每秒都存储差压、静压、温度和整数值的测量输入。整数值（IV）是上游静压的平方根。

输入和 IV 配置的平均测量流量时间是计算的，除非在整个计算阶段里没有流量。不在流量测量阶段里，输入的线性平均数被记录下来监视。

4）瞬时速率计算

积分值的瞬时速率使用与以前的计算期间的积分乘法器（通气）来计算的瞬时流量。IMV 是不包括 IV 在内的流量速率的所有因素的计算结果值。瞬时流量是使用体积热值计算的瞬时能量变化率。

5）流量和能量计算

差压、静压、温度和 IV 和的平均值是在测量阶段测得的流量和能量。每小时都要计算能量和流量。在设定的时间里，流量和能量，然后储存的日常历史记录和锁定为开始新的一天（配置时间）。

6）涡轮流量计计算流量

涡轮流量计算根据 1996 年 AGA 七号报告（1993 年 API21.1 章）。按照八号报告书 1992 年（API14.2 章）FloBoss 103 用 1992 年的 AGA8 压缩算法计算。

一次扫描期间，FloBoss 103 单位处理脉冲计数，确定了一些脉冲计数、计算的速度。

接下来，读取静压和差压力值。有必要的话，读取温度和适用于压力读数的线性补偿。

一分钟后，一旦一个小时，记录的数据以及其他配置数据的历史数据库，在配置的时间里，存储的数据的日常历史记录和锁定为开始新的一天。

7.5.3.6 电磁流量计

1. 结构及原理

电磁流量计的测量原理是法拉第电磁感应定律，导体在磁场中切割磁力线运动时在其两端产生感应电动势。导电性液体在垂直于磁场的非磁性测量管内流动，与它们垂直的方向上产生于体积流量成比例的感应电动势，电动势的方向按“右手规则”，其值为：

$$E = BDv \tag{7-13}$$

式中 E——感应电动势，V；

B——磁感应强度，T；

D——测量管内径，m；

v——平均流速，m/s。

电磁流量计把电动势 E 放大转换为 4 ~ 20mA 信号或脉冲信号。

它采用双频励磁，具有快速响应和消除输出噪声功能，确保零点稳定性（高频励磁不受流体噪声干扰影响，低频励磁有着极好的零点稳定性）。

2. 日常维护

日常维护与检修注意事项：

（1）流量计到货后，检查其外观、型号、技术规格和附件。

（2）不要擅自改变转换器的方向和震动冲击它。

（3）清洁时，用柔软干燥的布擦去污渍。

（4）避免大的温度变化和有强烈腐蚀性的大气环境。

（5）检查接地线是否正常，在流量计的两侧安装法兰并联了一根接地线是为了保持两端等电位，起到零点稳定的作用。

3. 常见故障及处理

1）仪表无流量信号输出

（1）确认已接入电源，检查电源线路板输出各路电压是否正常，或尝试置换整个电源线路板，判别其好坏。

（2）检查电缆是否完好，连接是否正确。

（3）检查液体流动方向和管内液体是否充满。对于能正反向测量的电磁流量计，若方向不一致虽可测量，但设定的显示流量正反方向不符，必须改正。若拆传感器工作量大，也可改变传感器上的箭头方向和重新设定显示仪表符号。管道未充满液体主要是传感器安装位置不妥引起的，应在安装时采取措施，避免造成管道内液体不满管。

（4）检查变送器内壁电极是否覆盖有液体结疤层，对于容易结疤的测量液体，要定期进行清理。

（5）若判断为是转换器元器件损坏引起的故障，更换损坏的元器件即可。

2）输出值波动

（1）确认是否为工艺操作原因，流体确实发生脉动，此时流量计仅如实反映流动状况，脉动结束后故障可自行消除。

（2）外界杂散电流等产生的电磁干扰。检查仪表运行环境是否有大型电器或电焊机在工作，要确认仪表接地和运行环境良好。

（3）管道未充满液体或液体中含有气泡时，两者皆为工艺原因引起的。此时可请求工艺人员确认，待液体满管或气泡平复后，输出值可恢复正常。

（4）变送器电路板为插件结构，由于现场测量管道或液体震动大，常会造成流量计的电源板松动。如松动，可将流量计拆卸开，重新固定好电路板。

3）流量测量值与实际值不符

（1）检查变送器电路板是否完好。若接线盒进水或被腐蚀性被测液体腐蚀，可导致电器性能下降或损坏，此时应更换电路板。

（2）保证管道内被测液体的流速在最低流量界限值之上，以使变送器能够正常工作。

（3）检查信号电缆连接和电缆的绝缘性能是否完好，若出现信号电缆松动现象，将其重新连接即可；若检查到电缆的绝缘性不符合绝缘要求，则需要换新的电缆。

（4）重新对转换器设定值进行设定，并对转换器的零点、满度值进行校验。

4）输出信号超满度量程

（1）检查信号回路连接正常与否，若信号回路断开，输出信号将超满度值，此时需重新正确连接信号电缆。同时，需检查电缆的绝缘性能是否完好，若已经不符合要求，则需更换新的电缆。

（2）详细检查转换器的各参数设定和零点、满度是否符合要求。

（3）检查到转换器与传感器的型号不配套，则需要与厂方联系调换。

5）零点不稳

（1）管道未充满液体或液体中含有气泡皆为工艺原因，此时应请求工艺人员确认，工艺正常后，输出值可恢复正常。

（2）管道内有微量流动，这不是电磁流量计故障。

（3）若杂质沉积测量管内壁或在测量管内壁结垢，或电极被污染，均有可能出现零点变动，此时必须清洗；若零点变动不大，也可尝试重新调零。

（4）由于受环境条件的影响，灰尘、油污等可能进入表壳体内，因此，需要检查电极部位绝缘是否下降或破坏，若不符合绝缘要求，则必须进行清理。

7.5.3.7 超声波流量计

1. 结构

根据对信号检测的原理，超声流量计可分为传播速度差法（直接时差法、时差法、相位差法和频差法）、波束偏移法、多普勒法、互相关法、空间滤法及噪声法等。当超声波束在液体中传播时，液体的流动将使传播时间产生微小变化，并且其传播时间的变化正比于液体的流速，当声波在流体中的传播速度已知时，只要测出时间差即可求出流速，进而可求出流量。

普光气田大湾区块集气站的超声波流量计为1010GCN外夹式超声波流量计如图7－16所示，该流量计采用的是数字式多脉冲MultiPulse时差技术，超声波流量计由超声波换能器、电子线路及流量显示和累积系统三部分组成。超声波流量计的电子线路包括发射、接收、信号处理和显示电路。测得的瞬时流量和累积流量值用数字量或模拟量显示。超声波发射换能器将电能转换为超声波能量，并将其发射到被测流体中，接收器接收到的超声波信号，经电子线路放大并转换为代表流量的电信号供给显示和积算仪表进行显示和积算。

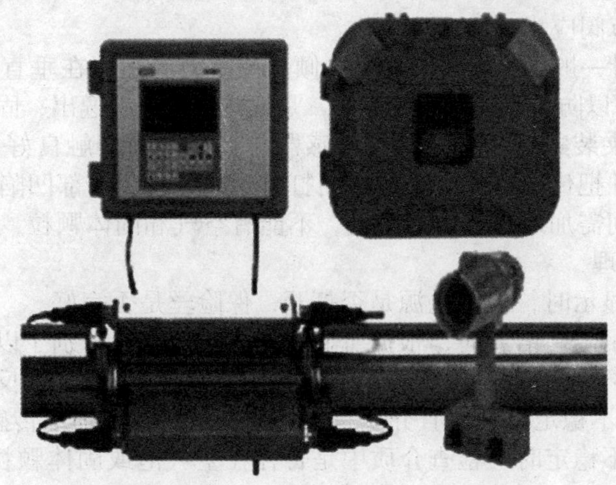

图 7－16　超声波流量计

2. 日常维护

1）夹装式换能器的安装方式

夹装式换能器可采用反射（V 型）安装如图 7－17 所示，也可采用直射（Z 型）安装如图 7－18 所示。流量计算机在分析所输入的管道和流体参数后，将给出推荐的安装方式。目前现场采用的直射式安装方式。

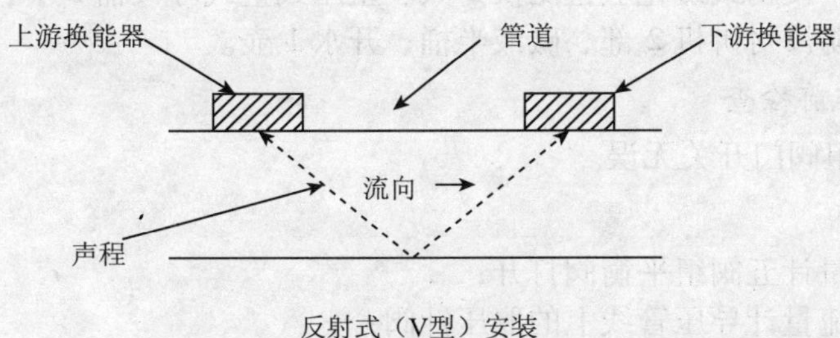

图 7－17　超声波流量计 V 型安装方式

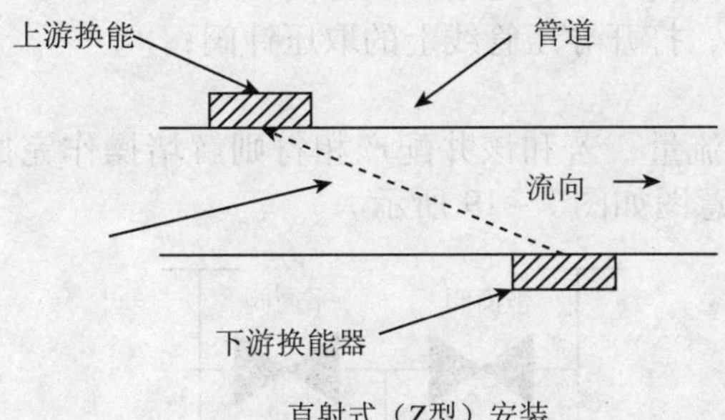

图 7－18　超声波流量计 Z 型安装方式

2）安装注意事项

（1）直管段：声波流量计是一种速度式流量计，在测量中必须保证一定长度的直管段，以形成稳定的速度分布。一般要求前直管段为 10*D* 以上（*D* 为流量计公称通径，下同），后直管被测管段应远离泵、弯头、阀等流体流动紊乱的地方，泵、弯头应位于被测管段上游侧

50D 以上，而流量调节阀应为 30D 以上。

（2）方向：流量计一般均可安装于水平、倾斜或垂直管道，在垂直管道上安装应使流体流向自下而上，一是可以防止出现非满管流；二是气体可以向上逸出，固体杂质可以沉落。

（3）接触面：外夹装式安装，为确保传感器与管道之间接触良好，首先应剥净安装段内保温层和保护层，并把传感器安装处的壁面打磨干净，避免局部凹陷，凸出物修平，漆锈层磨净。其次两者之间需加入足够的耦合剂，不能有空气和固体颗粒，以保证耦合良好。

3．常见故障及处理

（1）当流量计无显示时，检查电源是否打开，保险丝是否完好。

（2）当流量计显示出错信息时，根据所显示的出错信息，分别予以解决。

（3）当输出电流小于4mA 时，检查是否为负流量；传感器电缆是否接反；零点设定是否正确。

（4）当输出 4mA 不稳定时，检查介质是否稳定；传感器电缆或传感器振子是否有问题。

（5）当输出电流不稳定时，检查介质中是否存在空气泡或固体颗粒；是否为脉动流量；传感器电缆或传感器振子是否有问题。

7.5.4 流量计解堵

集气站场由于冬季气温较低，导压管较细，容易被气体中的固体杂质沉积下来，造成堵塞，导致流量计量不准确，需要及时对其解堵。

7.5.4.1 准备工作

（1）气防器具：便携式硫化氢检测仪 2 只、正压式空气呼吸器 2 套；

（2）工用具：防爆对讲机 2 部、碱液半桶、开水 1 壶。

7.5.4.2 操作前检查

检查确认五阀组阀门开关无误。

7.5.4.3 操作

（1）将气相流量计五阀组平衡阀打开；

（2）关闭气相流量计导压管线上的取压针阀；

（3）用开水反复浇五阀组及流量计导压管线；

（4）将气相流量计放空管线导入碱桶；

（5）先缓慢打开放空针阀，然后逐渐开大针阀；

（6）将放空针阀关闭，打开导压管线上的取压针阀；

（7）将平衡阀关闭；

（8）站控室人员观察流量，若和该井配产相符则解堵操作完成；若不一致则按照上述步骤再次解堵，五阀组示意图如图 7－19 所示。

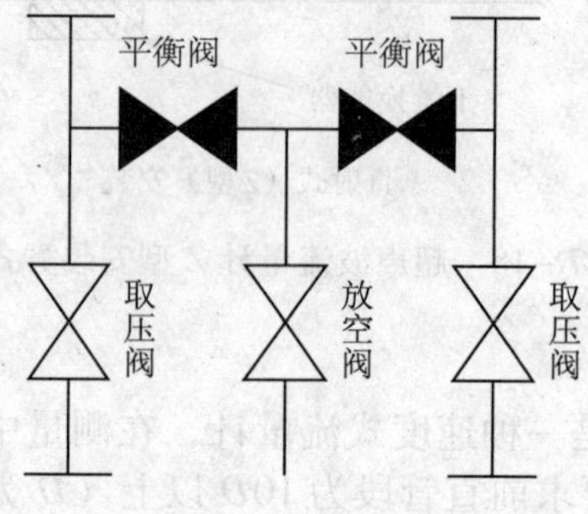

图 7－19 五阀组示意图

7.5.4.4　注意事项

（1）操作时必须穿戴防护器具，且有人监护；

（2）在开放空针阀过程中切忌猛开；

（3）解堵过程中严格按照相关操作规程操作，防止流量计膜片损坏；

（4）严禁不关闭取压阀时，打开放空阀。

7.6　分析仪表

7.6.1　在线色谱分析仪

7.6.1.1　结构及原理

应用于工矿企业，具有全天候服务的能力，连续不间断的对被测介质进行自动的分析测量、数据输出、信号处理等能力的色谱分析仪叫工业在线色谱分析仪。它利用先分离、后检测的原理进行工作，是一种大型、复杂的仪器，具有选择性好、灵敏度高、分析对象广以及多组分分析等优点。

7.6.1.2　基本组成

在线色谱分析仪由分析器、控制器、样品处理及流露切换单元（简称采样单元）三个部分组成。一般来说，三者组装在一体化机箱内。在某些欧、美国家及一些国际标准中，要求在火灾爆炸危险场所使用的过程色谱仪，其采样单元必须安装在分析小屋外，只允许分析器和控制器安装在分析小屋内。此时，分析器和控制器组装在一起，采样单元装在另一个箱体内。但无论如何，分析器、控制器和采样单元是过程色谱仪的三个有机组成部分，分析器、采样单元均在控制器的控制下按动作程序协调工作。当出现“样品流量低”等情况时，采样单元发出报警信号，控制器指挥分析器和其信息处理部分采取相应措施加以应对。

1）分析器

分析器主要由以下部件组成：

①恒温炉　给分析器提供恒定的温度，在程序升温型的色谱仪中，还需要设置程序升温炉供色谱柱按程序升温。

②自动进样阀　周期性向色谱柱送入定量样品。

③色谱柱系统　利用各种物理化学方法将混合组分分离开。

④检测器　据某种物理或化学原理将分离后的组分浓度信号转换成电量。

2）控制器

控制器的功能包括炉温控制、进样、柱切和流路切换系统的程序控制，对检测器信号进行放大处理和数值计算，本机显示操作和信号输出，与 SCADA 系统通信等。

3）采样单元

包括样品处理、流路切换、大气平衡部件等，这里所说的样品处理仪是对样品进行一些简单的流量、压力调节和过滤处理。如果样品含尘、含水量较大，或含有对分析器有害的组分，则需另设样品处理系统预先加以处理。

除了上述部件之外，还有气路控制指示部件（其作用是对进入仪器的载气及辅助气体进行稳压、稳流控制和压力、流量指示）、防爆部件（各种隔爆、正压、本安防爆部件及其报警联锁系统）等。

7.6.1.3　主要性能指标

1. 测量对象

过程气相色谱仪的测量对象是气体和可汽化的液体，一般以沸点来说明可测物质的限度，可测物质的沸点越高说明可分析的物质越广。

高沸点物质的分析以往在实验室色谱仪上完成，现在这些物质的分析也可在过程色谱仪上完成，但分析周期较长。通常的在线分析还是局限于低沸点物质。

2. 测量范围

这是一个很重要的性能指标，能充分体现仪器的性能，测量范围主要体现在分析下限，即 ppm 及 ppb 级的含量可否分析。目前能达到的指标如下：

TCD 检测器分析下限一般为 10ppm。

FID 检测器一般为 1ppm。

FPD 检测器一般为 0.05ppm。

3. 重复性

重复性也是过程色谱仪的一项重要指标。对于色谱仪而言，提重复性，而无精度指标，这主要有两个原因。

其一，在线色谱仪普遍采用外标法，其精度依赖于标准气的精度，色谱仪仅仅是复现标准气的精度。

其二，在线色谱分析仪是一种间断分析方法，重复性更能反映仪器本身的性能，它体现了色谱仪的稳定性。

目前，色谱仪的重复性误差一般如下：

1000 ~ 500ppm	±1% FS
500 ~ 50ppm	±2% FS
50 ~ 5ppm	±3% FS
<5ppm	±4% FS

4. 分析流路数

分析流路数是指色谱仪具备多少个采样点样品的能力。目前，色谱仪分析流路最多 31 个（包括标定流路），实际使用一般为 1 ~ 3 个流路，少数情况为 4 个流路。但要说明以下几点。

（1）对同一台色谱仪，各流路样品组成应大致相同，因为它们采用同一套柱子进行分析。

（2）分析某一流路的间隔时间是对所有流路分析一遍所经历的时间，所以多流路分析是以加长分析周期时间为代价的。当然也可根据需要对某个流路分析的频率高些，对其他流路频率低些。总之，多流路的分析会使分析频率降低，以致不能保证 SCADA 系统对分析时间的要求。

（3）一般推荐一台色谱仪分析一个流路。当然对双通道的色谱仪（有两套柱系统和检测器）来说，其本身具有两台色谱仪的功效，可按两台色谱仪考虑。

5. 分析组分数

是指单一采样点中最多可分析的组分数，或者说软件可处理的色谱峰数，这也不是一个很重要的指标。通常的分析不会需要太多的组分，而只对工艺生产有指导意义的组分进行分析，分析组分太多会使柱系统复杂化，分析周期加长。目前，色谱仪测量组分多最多为：恒温炉 50 ~ 60 个，程序升温炉 255 个，实际使用一般不超过 6 个组分。

6. 分析周期

分析周期是指分析一个流路所需要的时间，从控制的角度讲，分析周期越短越好。色谱仪的分析周期一般如下。

填充柱：无机物 3～6min，有机物 6～12min。

毛细管柱：1min 左右。

7.7　火气仪表

7.7.1　点式红外线可燃气体检测仪

7.7.1.1　ULTIMA－XIR 点式可燃气体探测器结构及原理

1. 可燃性气体检测原理

它的原理是一个双路电阻（一般称作惠斯通电桥）检测单元在这其中的一个铂金丝电桥上涂催化剂，不论何种易燃气体，只要它能够被电极引燃，铂金电桥的电阻就会由于温度变化发生改变，这种电阻变化同可燃气体浓度成一定比例，通过仪表的电系统和微处理机可以计算出可燃气体浓度，可燃气体检测原理图如图 7－20 所示。

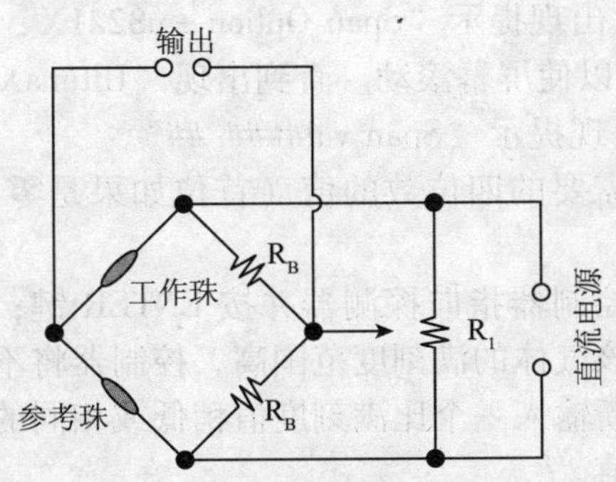

图 7－20　可燃气体检测原理图

2. 红外光声原理

（1）样品进入检测室，如图 7－21 所示。

（2）气体受脉冲红外能量辐射图，如图 7－22 所示。

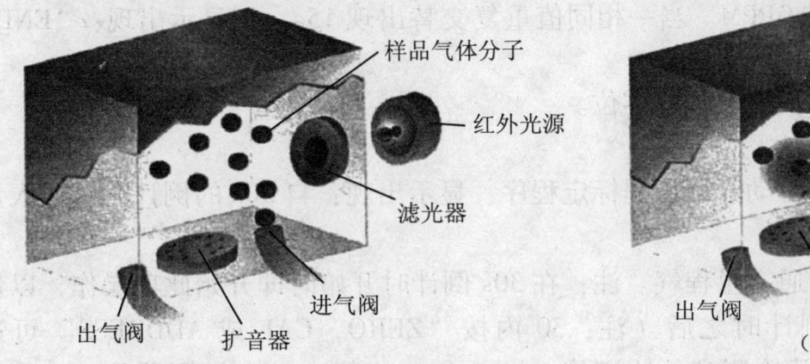

图 7－21　样品进入检测室

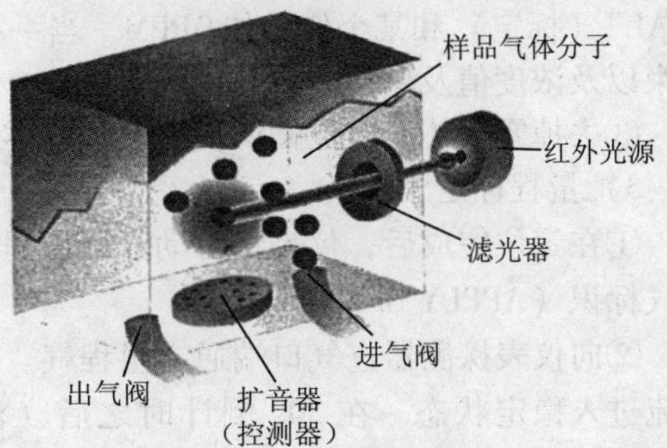

图 7－22　红外脉冲辐射

（3）气体吸收能量升温或冷却，使检测室压力变化，通过扩音器将压力变化转换为成正比的电信号图，如图 7－23 所示。

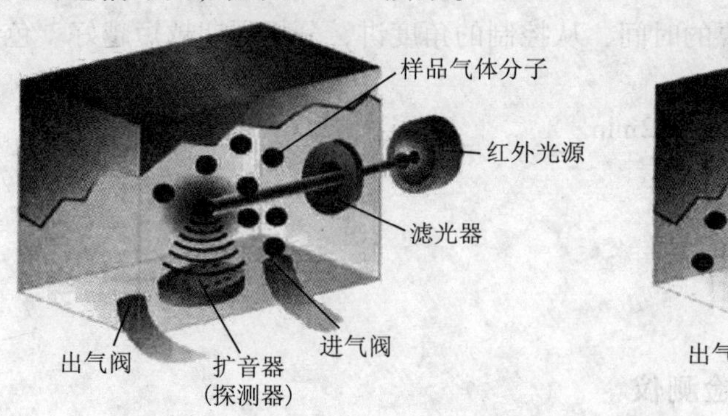

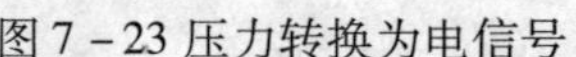
图 7－23 压力转换为电信号

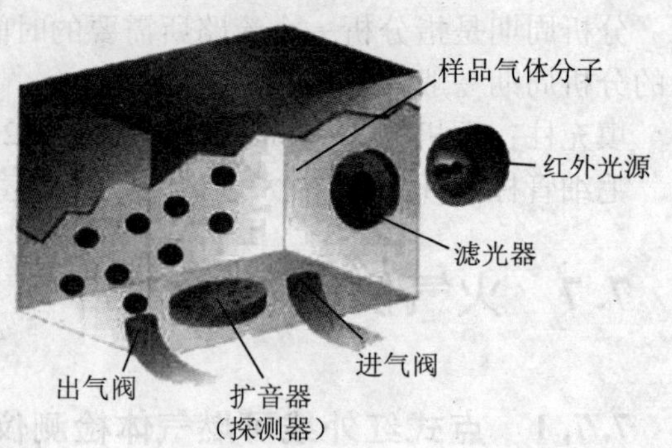

图 7－24 排出气体

（4）排出气体如图 7－24 所示，重复以上周期。

7.7.1.2　操作规程

Ultima－X 气体探测器的标定如下：

1）设定标定量程值（SPAN VALUE）

①按"SEND"键；显示出现提示"SEND?"。

②按"SPAN"键；显示出现提示"Span Option ± u8221X。

③按"+"或"－"键以使屏幕滚动。直到出现"UltimaX SpanVal"。

④按 ENTER 键；显示出现提示"Span val####. ##"。

⑤使用数字键，输入所需要的四位数的值（首位如果是零不可省略）；可使用"DEL"键更正输入。

⑥所需的值输入后，将控制器指向探测器并按 ENTER 键；仪表将显示新的量程值 5s；如果这一量程气体浓度值比该气体的满刻度范围高，控制器将不会向仪表输送这一值，只会显示原来标定的值。需要重新输入一个比满刻度值稍低或相同的量程值。调整后仪表的气体量程值已改变为所输入的数值。

2）校零位

①在仪表探测器进气口端头接上一零位气体气瓶或拧上一只零位帽。

②在出现"READY"（准备就绪）提示后，将控制器指向仪表显示窗部分，并按压标定（CAL）键。显示出现：自 30s 至 0s 的倒计数。通入零气标识（APPLY　ZEROGAS）在 30s 倒计时之后（注：30 内按"ZERO，CAL 或 ADDRESS"可退出）；显示交替出现"CAL"（标定）和某个值，如 0PPM。当一相同值重复交替出现 15s。则显示出现："END"结束以及浓度值及单位（PPM% 或% LEL）。

③去掉零气体或零位帽。仪表已校好零位。

3）量程标定

①在零位完成后，仪表将自动开始量程标定程序。显示出现：自 30s 的倒计时。通入量程气标识（APPLY SPAN　GAS）。

②向仪表探测器进气口端通入量程气。注：在 30s 倒计时开始时即开始此项操作，以使气流进入稳定状态。在 30s 倒计时之后（注：30 内按"ZERO，CAL 或 ADDRESS"可退出）；显示交替出现"CAL"及检测到的浓度值，如一个 0～100ppmCO 探测器的 60ppm）。这个值是传感器锁检测到的气体浓度读数，是所装探头预先设定的，不能更改。一旦某个相同值与"CAL"重复交替出现 15s，则显示出现"END"（结束），及量程浓度值单位

(ppm, % 或% LEL)。无须做任何调整。

③去掉量程气瓶；仪表已完成标定。

7.7.1.3 日常维护

1. 零点漂移

由于仪表使用时间较长，本身的电流会有细微误差。

解决措施：

(1) 用标定控制器（P/N809086）正对可燃气体探测器接受端按“ZERO”键，仪表会只校零位。

(2) 标定/检验 4~20mA 输出信号。

①按 SEND 键；出现提示“SEND?”。

②按“CAL”键：出现提示“SEND?”

③按“+”或“-”使显示滚动至显示“4~20”信息；出现提示 0 =4mA 1 =20mA。

④按数字键 0/1 进行选择，出现提示 0 = Check 1 = Adjust。

⑤按数字键 0/1 进行选择，指向探测器按 0 键对输出进行检验，指向探测器按 1 键对输出进行调整；按 0 键，仪表将出现闪烁信息“CAL”和某一数值交替出现。

⑥要调整按 1 键；仪表将出现闪烁信息：+ = INC - = DEC。要增加按“+”键（INC），要减少按“-”键（DEC）。调整了 4mA 后，需要调整 20mA，通常调整 20mA 后不需要调整 4mA。

2. 更换探头

在正常的操作条件下，Ultima - X 气体探测器基本无需维护。但是，探头器需要定期更换。典型情况下，探头使用快到期限必须更换时在 Ultima - X 气体探测器的 LCD 显示屏上将出现提示信息 CHANGESENSOR。

探头需小心处置。电化学探头的密封内芯含有腐蚀性电解液。如有泄漏，务必小心，切勿接触皮肤、眼睛或衣物，以免烧伤。如有触及应立即用大量的水冲洗。如接触眼睛，立即用大量的水冲洗至少 15min，并请医生诊治。

Ultima - XIR 由于利用的是光学原理，所以对光路系统要求很严格，为了防止水、灰尘、油性物质对镜片的污染，要经常对镜片进行擦拭，只需要用干净、柔和的布，打开防护罩对镜片进行擦拭。擦拭完毕，进行零位校准和标定即可。

注意：在探测器组件中不可安装有泄漏的探头。泄漏探头应按照当地或国家有关规定妥善处理。新的探测器请按 MSA 部件号定购。

(1) Ultima - XE/XA 若更换探头，无须切断电源。

(2) 无需打开探测器主壳体，只需旋开仪表下部的探头。在取下的时候忌讳迅速取出，最好在取出前滞留 10s，然后慢慢取出。

(3) 请辨认所需探测器的探头型号，并取得相同型号的替换探头。

(4) 自动对准位置，旋上新的探头，旋紧即可，不可过分用力。

(5) 接好电源。即完成了对 Ultiam - XE/XA 探头的更换。

注：Ultima - XIR 可燃气体探测器的探头需要在切断主电源的情况下，旋开探测器盖子，从主组件线路板上取下探头接线。旋出坏的 XIR 探头，旋上新的 XIR 探头，在主组件线路板上接上探头接线，旋上盖子，即完成了 XIR 探头的更换。

(6) 仪表通电稳定，建议按照说明书中第二部分进行初始标定。这一步骤与标准的标定步骤稍许有些不同。对新更换探头的探测器使用这一初始标定程序是为了确保 Ultima - X 仪表的顺利进行气体检测，否则可能导致仪表出现标定故障。

7.7.1.4 故障排除

点式红外线可燃气体检测仪，故障分析及解决方法见表 7 - 8。

表 7 - 8 故障分析及解决方法

LCD 显示	可能的原因	解决方法
MN SUPPLY FAULT	供电电压或电流不足；接线不正确；输入端处导线局部短路	检查供电及接线情况，探头连线，或更换探头
CHANGE SENSOR	探头使用寿命已到	更换探头
SENSOR MISSING	线路板与探头的通讯故障	检查连线或更换探头
SENSOR WARNING	探头使用接近其寿命	准备更换探头
CHECK CAL	标定过程须检验	执行一个完整的标定过程
SNSR FLASH FAULT	探头内部程序储存器有故障	更换探头
SNSR RAM FAULT	探头内部 RAM 受到损坏	更换探头
SNSR DATA FAULT	探头内部数据表有错误	用控制器复位并重新传送数据，如果还有错误，更换探头
MN EEPROM FAULT	主板 EEPROM 有问题	更换主板
MN FLASH FAULT	主板上的程序储存器有问题	更换主板
MN RAM FAULT	主板上的 RAM 储存器有缺陷	更换主板
INVALID SENSOR	探头型号不对	更换符合型号的探头
CONFIG RESET	EEPROM 储存器被复位	用控制器重新设置参数
RELAY FAULT	主板上的继电器有故障	检测继电器，或更换主板
TEMP FAULT	温度超过使用范围	检测周围环境，或重新安装到温度适合的地方
SENSOR POWER FAULT	探头上的供电范围不对	检查探头连线，更换主板，或更换探头
und	数据急剧负漂	重新标定，或更换探头
Und	数据缓慢负漂	重新标定，或更换探头
+ LOC	仪表锁定在超量程	重新标定，对探头进行复位
IR SOURCE FAULT	IR 源损坏	考虑检测或更换探头
REF SIG FAULT	IR 参照极损坏	考虑检测或更换探头
ANA SIG FAULT	IR 检测极损坏	考虑检测或更换探头
LOW SIGNAL	IR 检测信号太弱	清洁镜片，或更换探头
- SUPPLY FAULT	探头负电压超过范围	检测探头连线或更换探头
PARAM FAULT	操作参数或探头自检错误	重新启动，或更换探头

7.7.2 有毒气体检测仪

7.7.2.1 结构及原理

电池样电化学传感器，包括阳极、阴极和电解液。目标气体通入电池并扩散，发生化学反应并产生电流，电池分解决定了进入电池的气体浓度，产生的电流与电池中目标气体的消耗成一定比例。

7.7.2.2 操作规程

1 标定方法

1）仪表面板介绍

本菜单操作系统由四个单独的磁开关控制，每一个开关的功能和手动操作仪表盘相似。四个按键分布于面板上下方并标有 M、E，▲和▼，如图7－25所示，主要功能见表7－9。

表7－9 仪表面板功能

按键 M：	模式
按键 E：	确认
按键▲：	向上（+）
按键▼：	向下（-）

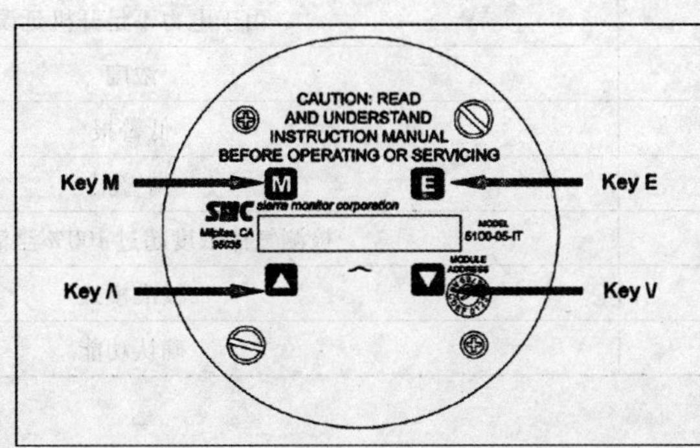

图7－25 固定式硫化氢检测仪控制面板示意图

2）主要菜单

主要菜单人机接口操作见表7－10、表7－11。

表7－10 主要人机接口操作

按键	功能	显示	说明	备注
ME▲▼	模式		开关［M］	
ME▲▼	确认		开关［E］	
ME▲▼	向上		开关［▲］上一次按钮	
ME▲▼	向下		开关［▼］下一个按钮	
		5100－XX	开机第一个画面：型号	
		VXX－XX－	开机后第二个画面：版本号	
		STARTING	开机后第三个画面：开机延迟	
		XXXPPM	正常情况－默认显示	
ME▲▼	模式	ALM RSET	模式功能－警报重设	
			提示：按［E］重设警报	
ME▲▼		RESET	警报重设	
		XXXPPM	默认显示	
ME▲▼	模式	ALM RSET	模式功能－警报重设	
ME▲▼	模式	CALIB—	模式功能－校准	

续表

按键	功能	显示	说明	备注
ME▲▼	模式	SETUP：－－	模式功能－设置点调整	
ME▲▼	模式	MAINT：－－	模式功能－保养	
ME▲▼	模式	EXIT－？－	退出菜单	
ME▲▼	确认	XXXPPM	应用选择模式（退出）	
		XXXPPM	默认显示（传感器每隔一分钟显示一次探头地址）	

表 7－11　人机接口系统的操作显示值

显示	说明
STARTING	由于电力不足开机延误
XXXPPM	浓度
LXXXPPM	低警报
HXXXPPM	高警报
_ HIGH_	检测气体浓度超过 100% 至满量程
CXXXPPM	校准模式
_ ACK_	确认功能

3）外观设置点

探头设置点菜单被用来激活报警设置点，继电器动作，气体种类和量程，4～20mA 功能，RS－485/Sentry 地址和波特率。

4）报警设置点

一旦选中设置菜单，按［E］键激活报警设置点屏幕。用［▲］［▼］键来选择低警报和高警报菜单。［▲］键可以向上调整数值，［▼］向下调整数值。一旦设置到合适的数值，［E］键会确认，屏幕显示 ACK。

设置点可使用以下数值进行设置：

5100－05－IT　　20PPM

5）报警继电设置

一旦选中设置菜单，按一次［▼］再按［E］激活继电设置菜单。用［▲］［▼］键选择 H_2S 高报警或低报警继电菜单并按［E］键。用［▲］［▼］键为应用，锁定，Sentry 或非锁定选择正确的报警继电动作。选择“Sentry”可使主机作所有报警动作决定。* 表示当前选择。

6）量程

一旦选中设置菜单，按两次［▼］键再按［E］激活量程设置菜单。用［▲］［▼］选择量程菜单再按［E］键，当“量程”选定后，菜单为选定的气体种类提供多种量程选择。用［▲］［▼］键选择合适的量程。若“用户”量程已选定，用［▲］［▼］键来调整所需量程。

7）4～20mA

一旦选中设置菜单，按三次［▼］键再按［E］激活 4～20mA 设置菜单。用［▲］［▼］键选择校准菜单再按［E］。菜单中的“Calib”部分允许用户校准 4mA 和 20mA 输出，校准这个输出有必要把电流表连接到5100－XX－IT，选择4mA输出校准然后用［▲］［▼］键来调整电流表上4mA的读数直到正确。同样步骤适用于调整20mA输出。校准输出部分允许客户在校准中选择4～20mA输出动作。＊表示当前所选值，可用的选项包括：

A. 跟踪：4～20mA值跟踪了校准气体暴露在气体探头中；

B. 置零：校准时4～20mA值处于0mA；

C. C1.50mA：校准时4～20mA值处于1.50mA；

D. C4.00mA：校准时4～20mA值处于4.00mA。

8）RS－485

一旦选中设置菜单，按四次［▼］键再按［E］激活RS－485/主机设置菜单。用［▲］［▼］键选择地址或波特率再按［E］。应注意5100－XX－IT面板上有个旋转地址是用来选择地址1～15的。当与主机相连时，用户可选择1～8并使用Modbus RS－485来选择地址1～15。对于15以上的Modbus地址，把旋转地址设为0就可在“地址”菜单中选择16～254之间的任意地址。波特率菜单允许用户选择38400，19200，9600，4800或2400中的一个值。＊表示当前选择，按键说明见表7－12，量程调整范例见表7－13。

表7－12 按键说明表

按键	功能	显示	说明	参考
		－0% LEL－	默认显示	
ME▲▼	模式	ALM RSET：	模式功能－警报设置	
ME▲▼	模式	CALIB：－	模式功能－校准	
ME▲▼	模式	SETUP：－	模式功能－设置点调整	
ME▲▼	确认	Alarms	S. P. 功能－报警调整	＊A以下
ME▲▼	向下	继电器	S. P. 功能－继电调整	＊B以下
ME▲▼	向下	气体	S. P. 功能－量程调整	＊21页
ME▲▼	向下	4－20mA	S. P. 功能－4－20mA调整	＊21页
ME▲▼	向下	RS－485	S. P. 功能－RS－485/主机输出调整	＊21页
高警报设置点调整范例				
ME▲▼	确认	H. Alarm	S. P. 功能－高报警调整	＊A
ME▲▼	确认	HASP：60－	高警报设置点：电流＝60	
			用▲▼键调整新设置点	
ME▲▼	向下（x5）	HASP：55－	高警报设置点：新＝55	
ME▲▼	确认	ACK	新设置点暂时确认	
		H. Alarm	S. P. 功能－高报警调整	
继电设置点调整范例				
ME▲▼	确认	H. Relay	S. P. 功能－高报警继电调整	＊B
ME▲▼	向下	L. Relay	S. P. 功能－低报警继电调整	
ME▲▼	确认	Latch	用▲▼键调整新继电动作（锁定，Sentry，非锁定）＊表示当前	
ME▲▼	向下	Sentry	注意：Sentry表示主机控制继电动作而且不是IT探头	
ME▲▼	向下	＊Sentry	高警报继电设置到主机	

表 7－13 量程调整范例

气体量程调整范例				
ME▲▼	确认	Range	S. P. 功能－量程调整	＊C
ME▲▼	确认	＊100PPM	用［E］选择或用▲▼选择其他并按［E］	
ME▲▼	向下	10PPM	用［E］选择 0－10PPM 间的量程	
ME▲▼	向下	USER	用［E］选择用户调整的量程	
ME▲▼	确认	100PPM	用［E］选择或用▲▼选择其他并按［E］	
4～20mA 调整范例				
ME▲▼	确认	Calib	S. P. 功能－校准调整	＊D
ME▲▼	确认	Out：4mA	用▲▼键选择 4mA 或 20mA	
ME▲▼	确认	4mA	选择 4mA	
ME▲▼	确认	ACk	新设置点暂时确认	
ME▲▼	模式	Calib	S. P. 功能－校准调整	
ME▲▼	向下	CalibOut	S. P. 功能－校准调整中输出	
ME▲▼	确认	Track	用▲▼键选择跟踪，置零，C1. 50mA，C4. 00mA	
			跟踪＝校准输出跟踪校准气体　　置零＝校准中输出为零 C1. 50mA＝校准中输出是 1. 50mA，C4. 00mA＝校准中输出是 4. 0mA	
ME▲▼	确认	＊Track	＊＝当前选择	
RS－485 调整范例				
ME▲▼	确认	Address	S. P. 功能－RS－485 地址调整	
ME▲▼	确认	Addr：016	用▲▼键确认新地址	
ME▲▼	确认	ACK	新地址已选择	
ME▲▼	确认	Address	S. P. 功能－RS－485 地址调整	
ME▲▼	向下	Baud	S. P. 功能－RS－485 波特率调整	
ME▲▼	确认	＊38400	按［E］选择或用［▲］［▼］键选择其他	

7. 7. 2. 3　保养功能

可通过保养菜单检查探头和软件版本。保养菜单操作见表 7－14。

表 7－14 保养菜单

按键	功能	显示	说明	参考
		XXXPPm	默认显示	
ME▲▼	模式	ALM RSET	模式功能－警报重设	
ME▲▼	模式	CALIB：－	模式功能－校准	
ME▲▼	模式	SETUP：－	模式功能－设置点调整	
ME▲▼	模式	MAINT：－	模式功能－保养	
ME▲▼	确认	Ver1. 00aA	探头软件版本号	
ME▲▼	确认	CCC001	探头自定义设置控制号	

7.7.2.4　校准

（1）设备连接如图 7－26 所示。

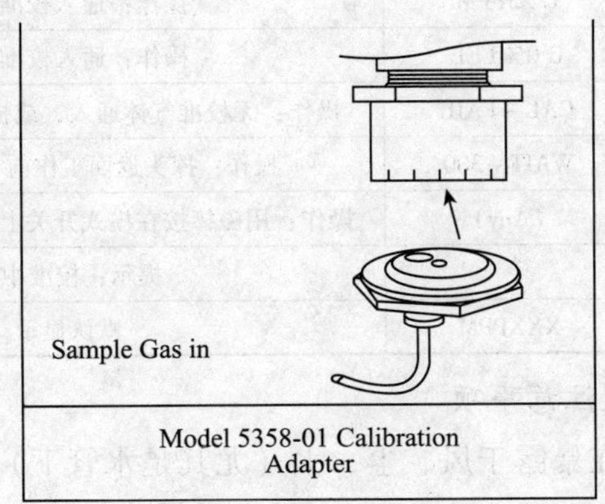

图 7－26　设备连接图

（2）传感器检测气体见表 7－15。

表 7－15　传感器检测气体表

型号	气体	流量	时间
5100－05－IT	硫化氢	300cc/min	直至稳定

（3）校准程序见表 7－16。

表 7－16　校准功能表

按键	功能	显示	说　明	参考
		XXXPPM	默认显示	
ME▲▼	模式	ALM RSET	模式功能－警报重设	
ME▲▼	模式	CALIB：－－	模式功能－校准	
ME▲▼	确认	CALIB：－0%	提示：气体置零，按［E］完成	
			操作：确定周围无所测气体，或给传感器气体置零	
ME▲▼	确认	ACK	置零气体设置确认	
		10PPM－SP	提示：选择范围，按［E］校准传感器	
ME▲▼	确认	C 4PPM	提示：通入标气，然后按［E］校准传感器	
		C 4PPM	操作：通入校准气体	
		CXXXPPM	操作：通入气体后读数会上升－等 3min	
ME▲▼	确认	CAL－OK	校准通过：现在可以移开气体	
		WAIT－300	操作：探头返回工作前有 5min 暂停	
			副　线	
		10PPM－SP	提示：选择范围，完成后按［E］	
ME▲▼	向上	25PPM－SP	操作：改变标气值为 25ppm	
ME▲▼	向上	Adj－SPAN	操作：用户可调整值	
ME▲▼	确认	25PPM－SP	操作：用户调整准备好	
ME▲▼	确认	C 25PPM	提示：通入 25ppm 气体，按［E］校准传感器	

续表

按键	功能	显示	说　明	参考
		C 25PPM	操作：通入校准气体	
		C 0% LEL	操作：通入校准气体	
ME▲▼	确认	CAL - FAIL	操作：无校准气体通入，或探头没有正确响应	
		WAIT - 300	操作：探头返回工作前有 5min 暂停	
ME▲▼	模式	（Any）	操作：用磁棒按在模式开关上 10s 可以中断校准	
			提示：校准中断	
		XXXPPM	默认显示	

7.7.2.5　日常维护及注意事项

（1）避免将探头安装在暴露于风、尘、水（尤其是水管下）或震动的地方。注意温度范围的极限。

（2）探头可能会由于长时间暴露于某一种材料而受到不利影响。如果此材料密度较低，仪器灵敏度会逐渐受到影响或被腐蚀。这些材料包括卤化物（化合物包括氯、氟、溴、碘）、酸汽、腐蚀性液体或雾气。

7.7.3　三重红外式火焰探测仪

7.7.3.1　结构及原理

美国 Spectrex 公司的“最新一代” SharpEye Triple IR（IR3）火焰探测器具有很高的敏感性和大范围的探测能力，而且对错误报警具有较高的免疫力，提供早期的火焰报警。该电路设计在谱带 4.0 至 5.0μm 的范围内扫描振荡的 IR 辐射（1 ~ 10Hz）。探测器采用可编程的运算法则，核对三个传感器接收到的数据比率和相互关系。IR3 火焰探测器的探测范围意味着在某一特定地区所需探测器的台数较少，结果能较大地节约设备和成本。

7.7.3.2　操作规程

（1）工具：火焰模拟器。

（2）检查：确认火焰探测器已处于工作状态。

（3）步骤：举起火焰模拟器，使模拟器准星的十字对准探测器视窗，按下模拟器发射模拟火焰按钮，持续几秒钟，直到探测器报警。

7.7.3.3　日常维护

（1）保养程序为下：

①进行任何包括清洁在内的保养时都要断电。

②清洁视窗上的尘土和水汽时先用干净软布和洗涤剂擦，然后用清水冲洗。

③清除油渍时，先用相应洗涤剂清除，然后用清水擦拭清洗，最后用干净软布擦拭。

（2）周期保养程序：除了常规清洁保养外，探头每隔半年应进行功能测试，只要使用过的探头都应进行此程序保养。

7.7.3.4　常见故障及处理

（1）错误显示：

①检查机柜内供电是否正常，极性及接线是否正常。

②检查探头视窗和反射镜是否干净，必要时清洁视窗。

③系统断电，检查探头内部接线是否正确，信号线与电源线是否接正确。

④通电后等 60s，重新检测，如果 LED 显示仍旧闪烁说明需要维修。

（2）误报或警告提示：

①系统断电，检查探头内部接线是否正确。

②重新通电并等 60s，如果显示仍旧不变说明需要维修。

7.7.4　感烟探测器

7.7.4.1　感烟探测器工作原理

一般光电式感烟探测器根据其结构特点可分为遮光型和散射型两种。普光钿采用散射光电式感烟探测器。

遮光型光电感烟探测器由一个光源（灯泡或发光二极管）和一个光电元件对应装在小暗室内构成。在无烟情况下，光源发出的光通过透镜聚成光束，照射到光电元件上，并将其转换成电信号，使整个电路维持在正常状态，不发出报警。当火灾发生有烟雾进入探测器，使光的传播特性改变，光强明显减弱，电路正常状态被破坏，则发出报警信号。

散射光电式感烟探测器的发光二极管和光电元件设置的位置不是对应的。光电元件设置在多孔的小暗室里。无烟雾时，光不能射到光电元件上，电路维持正常状态。而发生火灾时，有烟雾进入探测器，光通过烟雾粒子的反射或散射到达光电元件上，则光信号转换成电信号，经放大电路放大后，驱动自动报警装置发出报警信号。

7.7.4.2　日常维护

（1）清洁尘土时用干净软布擦拭干净。

（2）清除油渍时，先用相应洗涤剂清除，然后用清水擦拭清洗，最后用干净软布擦拭，确保水不会进入传感器内部，进行此操作时应将传感器断电。

7.7.4.3　常见故障及处理

（1）检查机柜内供电是否正常，极性及接线是否正常。

（2）系统断电，检查探头内部接线是否正确。

7.7.5　感温探测器

7.7.5.1　结构及原理

感温探测器按结构原理不同分为双金属片型、膜盒型、热敏电子元件型三种，普光采用热敏电子元件型感温探测器。

双金属片型是应用两种不同膨胀系数的金属片作为敏感元件的，一般制成差温和定温两种形式。定温式是当环境温度上升达到设定温度时，定温部件立即动作，发出报警信号；差温式是当环境温度急剧上升，其温升速率（℃/min）达到或超过探测器规定的动作温升速率时，差温部件立即动作，发出报警信号。

膜盒型探测器由波纹板组成一个气室，室内空气只能通过气塞螺钉的小孔与大气相通。一般情况下（指环境温升速率不大于 1℃/min），气室受热，室内膨胀的气体可以通过气塞螺钉小孔泄漏到大气中去。当发生火灾时，温升速率急剧增加，气室内的气压增大，波纹板向上鼓起，推动弹性接触片，接通电接点，发出报警信号。

电子感温探测器由两个阻值和温度特性相同的热敏电阻及电子开关线路组成，两个热敏电阻中一个可直接感受环境温度的变化，而另一个则封闭在一定热容量的小球内。当外界温度变化缓慢时，两个热敏电阻的阻值随温度变化基本相接近，开关电路不动作。火灾发生时，环境温度剧烈上升，两个热敏电阻阻值变化不一样，原来的稳定状态破坏，开关电路打开，发出报警信号。

7.7.5.2　日常维护

（1）清洁尘土时用干净软布擦拭干净。

（2）清除油渍时，先用相应洗涤剂清除，然后用清水擦拭清洗，最后用干净软布擦拭，确保水不会进入传感器内部，进行此操作时应将传感器断电。

7.7.5.3　常见故障及处理

（1）检查机柜内供电是否正常，极性及接线是否正常。

（2）系统断电，检查探头内部接线是否正确。

7.7.6　开路式激光可燃气体探测器

7.7.6.1　结构及原理

1. Open－path 探测器的组成

Open－path 由发射端（Transmitter）和接收端（Receiver）组成。安装时必须要成对安装，Open－Path 的全称是“开路式红外碳氢可燃气体探测器”。

2. Open－path 探测器的工作原理

发射端（Transmitter）发出一束红外线到接收端（Receiver），当有可燃的碳氢化合气体穿过这条红外线光束时，特定波长的红外线将被这些气体吸收，而其他的红外线却不能被这些气体吸收。吸收红外线的多少取决于这些碳氢化合物气体的浓度。固定在接收端（Receiver）里的光学检测元件和一系列的电子学元件可进行吸收红外线强度的测量。探测器将被测量吸收的红外线强度与参照红外线的强度进行对比，微电脑将对比的差值进行转换成相应气体浓度值，当计算出的气体浓度达到所设报警浓度时探测器将报警，微电脑将气体浓度的大小转换成 4～20mA 的电流输出信号供上位机采集使用如图 7－27 所示。

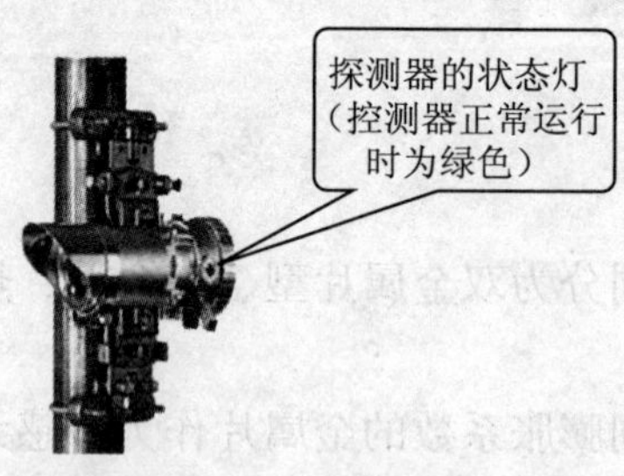

图 7－27　Open－path 探测器

3. Open－path 探测器的四种工作状态

①启动状态：LED 为黄色状态。

②正常工作状态：LED 状态灯为绿色。

③故障状态：LED 状态灯为黄色。

④报警状态：低报警 LED 状态为红色闪烁状态；高报警 LED 状态位红色常量状态。

4. Open－path 探测器安装注意事项

(1) 如果是探测比空气轻的气体，如 CH_4，那么探测器的安装高度一般要比预期探测泄漏源高2m但不要超过4m。

(2) 如果是探测比空气重的气体，如 C_3H_8，那么探测器的安装高度一般要比预期探测泄漏源低。

(3) 在发射（Transmitter）与接受端（Receiver）之间必须保持畅通，不应存在任何遮挡物。

(4) 要保证探测器的状态灯容易观察。

(5) 探测器的安装要根据具体的环境进行适当的调整，至少接收端与发射端能对中。

(6) 探测器的精确对中按照操作规程进行。

(7) Open－path探测器对中后应将所有的固定螺母拧紧，探测器对中后正常情况下探测器通电后接收端的LED状态灯应为绿色，探测器电流输出值应为4mA，每次对中后都应对探测器进行零点标定。

7.7.6.2 操作规程

用望远镜对中时探测器上需要调节的螺母如图7－28所示。

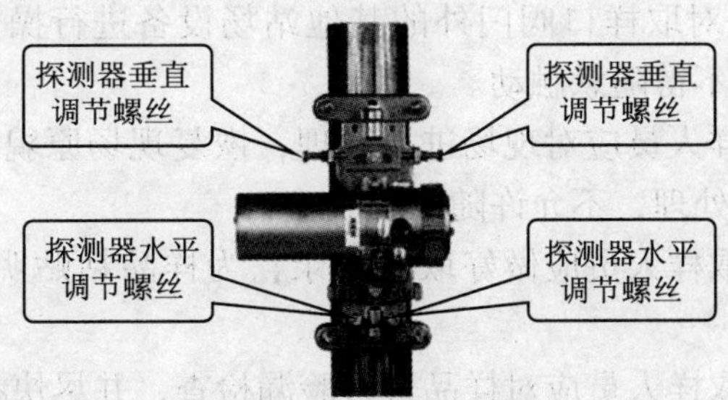

图7－28 Open－path探测器使用调节图

7.7.6.3 常见故障及处理

探测器对安装要求很高（主要是对中效果要好）。一般情况下这种探测器的稳定性与可靠性还是很好的。平时维护的主要工作就是清洁镜面，防止污垢污染镜面影响了探测器对发射端发出光线的吸收。

7.8 高含硫气田取样作业

7.8.1 概述

在气田地质开发、集输防腐及计量外输工作中，为了获取及时、准确的流体分析数据以监测生产状况，及时调整方案以指导生产，定期对气井产出的流体进行取样分析，是一项必不可少的工作。高含硫气田的取样分析工作与普通气田不同，是一项具有较高风险的涉硫作业。为了降低风险，安全有效地完成流体监测分析任务，需对取样操作进行规范。

7.8.2 管理要求

(1) 取样人员上岗前应进行理论和操作培训，并现场实习三个月，经考核合格后才可上岗独立操作。

（2）取样人员按单位制定的流体监测计划安排取样任务，取样前通知被取样的生产单位或站场。

（3）取样人员入含硫场所取样，必须严格执行生产单位涉硫作业管理规定，办理作业许可证等相关手续，按作业许可证规定落实人员气、消防措施。

（4）取样人员入站取样须遵守站场规定，按要求填写入站登记。

（5）含硫场所取样，操作人员必须全程穿戴防护器具，并开启防爆排风扇加大现场通风量以避免含硫化氢气体聚集。

（6）取样人员应对取样过程风险做出正确评估，并制定应急措施；当取样站场发生特殊情况时，按照生产单位统一指挥行动，并配合生产单位做好相应事故应急预案的演练。

（7）取样操作严格遵守操作规程，禁止违章作业。当取样现场不具备取样条件时，禁止强行作业。

（8）取样时，取样人员应不少于 2 人，其中含取样监护人 1 人；同时生产单位也应至少有 1 人现场监护。

（9）取样过程，如需对取样口阀门外的其他站场设备进行操作，需通知站场人员，由站场人员操作，取样人员不得随意触动。

（10）取样结束后取样人员应对现场进行清理，恢复现场原貌；对取样过程中产生的废液进行回收，统一按要求处理，不允许随意排放。

（11）取样结束后，取样人员应做好取样记录，为样品粘贴明显标识，要求字迹清晰，内容准确。

（12）取样结束后，取样人员应对样品进行验漏检查，并尽快将样品送至实验室分析。

7.8.3 含硫天然气取样

7.8.3.1 取样要求

（1）取样量：最小取样量取决于分析项目和试验方法，应满足吹扫试验装置和供两次正常试验所需的用量。

（2）取样口：取样部位应设有能够安全取得样品的取样口。取样口采用双阀控制。

（3）流体状态：被取样的系统应当处于正常的流速、温度、压力条件下，除非取样目的是为了非正常条件下的分析，任何非正常条件的取样情况都应当在取样记录上注明。取样前应先排出取样口死气，保证样品具有代表性。

（4）惰性气体吹扫：取含硫化氢气体样品时，在取样完成后，使用惰性气体（一般可采用氮气），对取样导管、阀门进行吹扫。

7.8.3.2 取样设备和试剂材料

（1）取样器材质：含硫化氢天然气取样，气体接触到的所有表面应使用 316L 或 316SS 不锈钢材质，并对取样系统内部使用聚四氟乙烯或环氧涂层。

（2）样品容器：样品容器容积为 0.3 ~4L 的钢瓶。

取样和传输导管中与气体接触的所有部分均应无脂、无油、无霉或其他任何污染性物质。

样品容器在每次采集样品前都应吹扫。取样后应对样品容器进行气密性检查。气密性检查方法是将装有样品的容器阀门拧紧，将装有阀门端侵入水中 5min，没有气泡为合格。

（3）干燥器：含硫化氢天然气取样应在取样管线中安装干燥器，内装干燥剂。干燥器的材料应选用不锈钢、聚四氟乙烯。干燥剂可用无水氯化钙（$CaCl_2$）或硫酸钙（$CaSO_4$）。每次取样前应清洁干燥器，更换干燥剂。

（4）取样接头：取样接头为取样导管和取样口连接器件，耐压为取样压力 1.5 倍以上，密封性应能满足取样要求。

（5）取样导管：取样导管可选用不锈钢管、聚四氟乙烯管。管内径一般为 2～4mm。

（6）中和液：取样过程需准备一个 15～20L 的水桶，内装高含硫化氢天然气中和液，取样时将放空管尾端放入中和液中。中和液可选用碱式碳酸锌溶液或浓度为 10g/L 的乙酸锌溶液。

（7）气防消防器具：便携式硫化氢检测仪每人 1 台，正压式空气呼吸器每人 1 台，防爆排风扇 1 台，8kg 灭火 2 台。

（8）其他：防爆扳手 2 把，耐酸碱手套 2 双，棉布手套 2 双，防爆对讲机 2 台，废液桶 1 个。

7.8.3.3 取样方法

1. 充气排空法

（1）本方法适用于样品容器温度等于或高于气源温度，气源压力大于大气压的情况。

（2）打开气源取样口阀门，吹扫取样口，排除污物后，关闭阀门。

（3）将样品容器保证直立，依次连接取样阀、干燥器、样品容器。放空管插入中和液中（图 7－29）。

（4）打开气源取样口阀门，全开阀 2、阀 3 和阀 4，用阀 1 调节流量，缓慢吹扫取样导管和样品容器，并排出死气。

（5）关闭阀 4，使样品容器内压力升高到所需的压力，迅速关闭阀 2，再由阀 4 缓慢将样品容器放空至常压。重复此操作。重复的次数应能有效吹扫容器内原有的气体（见表 7－17）。

表 7－17 气压和吹扫次数的关系

样品容器终压/MPa	吹扫次数
0.1～0.2	13
0.2～0.4	8
0.4～0.6	6
0.6～1.0	5
1.0～3.5	4
≥3.5	3

（6）全开阀 2 和阀 3，用阀 1 和阀 4 调节流量。关闭阀 4 充气到所需压力，迅速关闭阀 1，记录样品容器压力和气源温度。然后关闭阀 2 和阀 3，取下样品容器，将各阀浸入水中验漏。用丝堵封堵各阀门，贴上标签。拆卸取样导管和接头如图 7－29 所示。

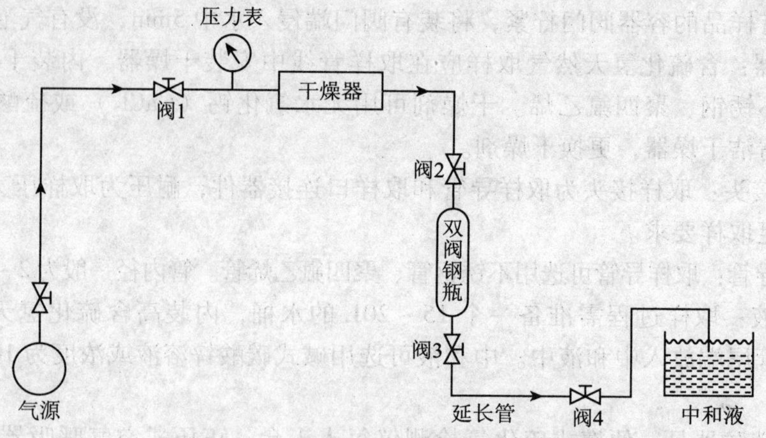

图 7－29　充气排空法取样示意图

2. 控制流量法

（1）本方法适用于样品容器温度等于或高于气源温度，气源压力大于大气压的情况。

（2）打开气源取样口阀门，吹扫取样口，排除污物后，关闭阀门。

（3）依次连接取样阀、干燥器、样品容器等，放空管插入中和液，关闭所有阀门。

（4）依次缓慢打开气源阀门、取样阀 1 和放空阀 2，控制流量对放空管路吹扫至少 1min，排出死气。

（5）关闭放空阀 2。打开样品容器进口阀 3、出口阀 4 和延长管阀 5，吹扫包括样品容器在内的取样管路。

（6）关闭阀 5，观察压力表 2，当取样导管内压力接近所需样品压力时，迅速关闭样品容器进口阀 3，再打开阀 5，将容器放空至常压，将尾气排至中和液。重复这一吹扫过程至少 3 次。

（7）关闭阀 5，调节阀 1，对样品容器进行充气。观察压力表 2，当取样导管内压力接近所需压力时，迅速关闭阀 4、阀 3，关闭取样阀 1，记录样品容器压力和气源温度。

（8）关闭气源阀门，缓慢打开阀 2 放空，直至压力降至大气压。

（9）取下样品容器，将各阀浸入水中验漏。用丝堵封堵各阀门，贴上标签。拆卸取样导管和接头，如图 7－30 所示。

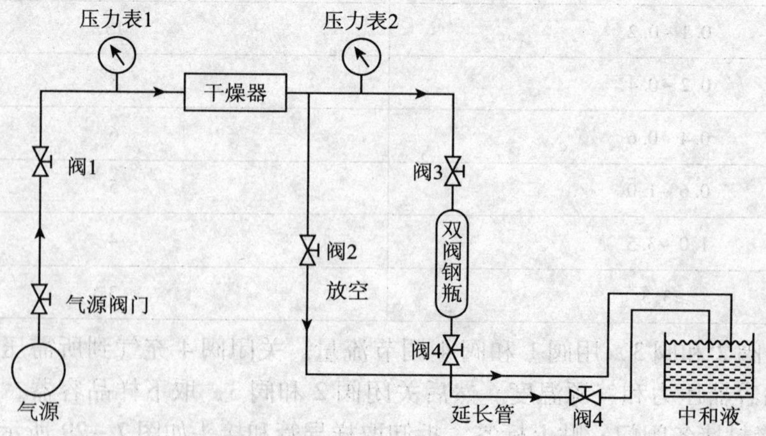

图 7－30　控制流量法取样示意图

3. 抽空容器法

（1）本方法不受气源温度和压力的限制。

（2）样品容器上的阀和附件应处于良好状况且不应有泄漏。样品容器应事先经检测，具有保持真空的能力。

（3）抽空样品容器，使其压力降至 100Pa 或以下。

（4）打开气源取样口阀门，充分吹扫取样口，排除死气及污物后，关闭阀门。

（5）按图 7－31 所示依次连接取样阀、干燥管、样品容器等。放空管插入高含硫化氢天然气中和液中。

（6）打开气源取样口阀门，全开阀 3，用阀 1 调节流量，用气体缓慢吹扫取样导管及干燥管，以排尽空气，直至管道气体慢慢流出阀 3，关闭取样阀阀 1，使取样导管放空至大气压，关闭阀 3。当气源压力等于和低于常压时，在阀 3 处用真空抽气清洗导管及干燥管后，关闭阀 3。

（7）将气源阀门及阀 1 全打开，缓慢打开阀 2，观察样品容器压力表 2，当样品容器内压力升高至气源压力，关闭阀 2、阀 1 及气源阀门，记录样品容器压力和气源温度。打开阀 3 放空余气。

（8）取下样品容器，将各阀渗入水中检漏，贴上标签，拆卸取样导管和接头。

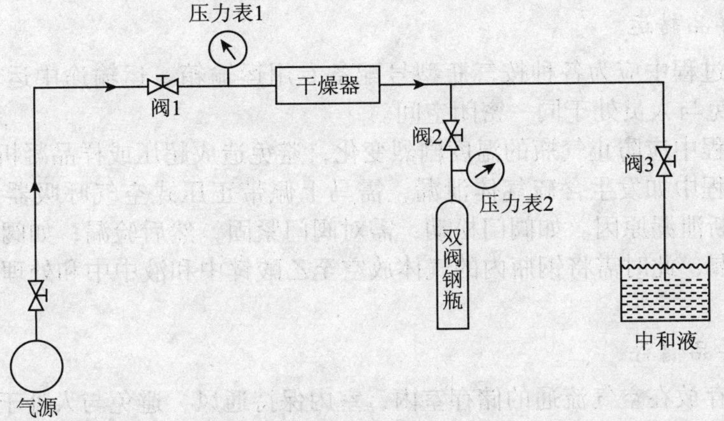

图 7－31　抽空容器法取样示意图

7.8.3.4　操作注意事项

（1）取样前注意检查取样口阀门及取样工具是否完好，螺纹接口有无腐蚀现象。

（2）取样前确认已将取样口附近固定式硫化氢报警仪调至超驰状态，以免触发报警造成联动阀关断等影响生产。

（3）取样前确认已向生产单位调度或中控室汇报即将取样。

（4）取样时现场必须有监护人进行监护。

（5）操作阀门必须缓慢，切忌猛开猛关。

（6）每次取样前应清洁干燥器，更换干燥剂。

（7）取样时注意便携式硫化氢报警仪报警情况，如现场 2 台或 2 台以上报警仪同时连续报警，且显示的硫化氢含量有增高趋势，则表明中和液中的乙酸锌溶液已经饱和，需适当添加乙酸锌试剂。

（8）放空气体时注意阀门缓慢开启，控制流量，避免中和液翻滚剧烈使硫化氢气体逸出，中和液溅出中和桶。

(9) 如取样部位管线中液体较多，取样时可能有液体进入取样导管，对干燥器中的干燥剂造成大面积污染，干燥剂颗粒间气体通过路径被堵死，造成憋压，因此取样前应先将取样部位液体排出后，再连接干燥器等工具取气样。

(10) 取样后用惰性气体（氮气）对取样工具进行吹扫，可将取样工具内壁吸附残留的硫化氢吹扫下来，保护取样工具及长期接触的操作人员，延缓工具使用寿命。如现场取样口没有设置惰性吹扫气进口，可在取样后将取样导管从取样口拆卸下来，直接与惰性气体钢瓶连接进行吹扫。

(11) 含硫天然气取样所需时间较长，进入装置区前，要确保正压式空气呼吸器气瓶压力在25MPa以上。取样过程中如压力不足，报警哨报警，同在场其他取样人和监护人打好招呼，确保正在进行中的工作有人跟进，安全性不受影响后，离开现场更换气瓶；如余下的人员无法兼顾，则需全部暂停作业，关闭取样口阀门，更换气瓶后继续操作。

(12) 取样时如站场发生意外事件，监护人应立即汇报站控室，取样人员停止取样，按要求撤离现场。

7.8.3.5 记录和标识

取样完成后，应做好取样记录，并给样品贴上标签。标签内容至少应包括以下信息：样品名称、取样地点、取样部位、取样时间、取样人和生产条件，气井气样品还需注明气井的层位和井深。

7.8.3.6 样品转运

(1) 在运输过程中应为各种按气瓶型号配备专用运输箱。运输途中运输箱应放置在通风处并固定，避免与人员处于同一密闭空间。

(2) 运输过程中应防止气瓶的温度剧烈变化，避免造成超压或样品凝析。

(3) 运输过程中如发生含硫气体泄漏，需马上佩带正压式空气呼吸器，对样品钢瓶阀门进行检查，判断泄漏原因。如阀门松动，需对阀门紧固，然后验漏；如阀门紧固后仍然泄漏，判断阀门内漏，此时需将钢瓶内的气体放空至乙酸锌中和液中中和处理，更换取样钢瓶重新取样。

7.8.3.7 样品储存

(1) 样品应存放在空气流通的储存室内，室内保持通风，避免与人处于同一密闭空间。

(2) 样品储存室内不准许明火，不准许使用非防爆电子产品及通信工具。

(3) 样品摆放应有专用货架，避免挤压堆叠，以免损伤阀门等部件。

(4) 样品储存室内应有监控报警设施及消防器材，设有警示标志。

7.8.3.8 废气、废液处理

(1) 废气处理：已分析样品的残余废气应通过中和吸收、燃烧等方式及时处理。

(2) 废液处理：吸收取样尾气及样品残余废气产生的中和废液，应使用专用废液桶或排放装置收集，统一处理，不准许随意排放。

7.8.4 含硫液体取样

7.8.4.1 取样要求

(1) 取样量：样品取样量的多少是由分析项目及分析项目的多少来决定的，一般取500~1000mL可满足大多数分析要求，若分析项目较多，可根据实际需要取样。

(2) 取样口：取样部位应设有能够安全取得样品的取样口。取样口采用双阀控制。

(3) 流体状态：被取样的系统应当处于正常的流速、温度、压力条件下，除非取样目

的是为了非正常条件下的分析，任何非正常条件的取样情况都应当在取样记录上注明。取样前应先排出取样口死水，保证样品具有代表性。

7.8.4.2　取样设备和试剂材料

(1) 取样器材质：用于含硫液体取样的设备、工具的选择应满足有关的取样条件，如压力、温度、腐蚀性、流量、化学相容性、振动、热膨胀与收缩等。应使用防爆工具、设备。

(2) 样品容器：选用新的或清洗干净的取样容器。依样品所分析项目的不同，所需样品容器的类型不同。样品容器应不与样品发生物理或化学反应，不改变样品的组成，一般选择塑料（聚乙烯或类似材料）或玻璃材质的取样瓶。

(3) 取样导管：含硫液体取样使用的取样导管应具有良好的耐腐蚀性，一般常压下可使用塑料软管或金属软管，压力较高时必须使用耐高压的金属软管，内衬聚四氟乙烯涂层。

(4) 取样阀：取样阀选用截止阀，耐压等级应不少于取样口压力的 1.5 倍。用于含硫酸性液体取样的截止阀应选择不锈钢材质。

(5) 试剂：乙酸锌试剂 1 瓶。

(6) 气防消防器具：便携式硫化氢检测仪每人 1 台，正压式空气呼吸器每人 1 台，防爆排风扇 1 台，8kg 灭火 2 台。

(7) 其他：防爆扳手 2 把，耐酸碱手套 2 双，防爆对讲机 2 台，废液桶 1 个。

7.8.4.3　取样方法

(1) 液体取样一般采用开放式。操作简单，使用范围广，不受取样部位压力和水质限制。但如取样部位压力较高，取样过程中因压力变化，液体中的硫化氢气体会溢出，因此对人员安全防护要求较高。

(2) 操作步骤如下：

①连接好取样阀和取样导管。阀 1 为球阀或截止阀，阀 2 为截止阀。

②全开阀 1，缓慢打开阀 2，用阀 2 控制液体流速，排出取样口污物和积存死水。

③用样品液冲洗取样导管时间不低于 3min，冲洗样品容器 3 次，废液排放至废液筒中。

④向样品容器内充装样品，到样瓶高度的$\frac{3}{4}$。

⑤关闭阀 2、阀 1，密封好样品容器，排出导管内余液至废液筒。

⑥为样品贴上标签。拆卸取样导管，如图 7－32 所示。

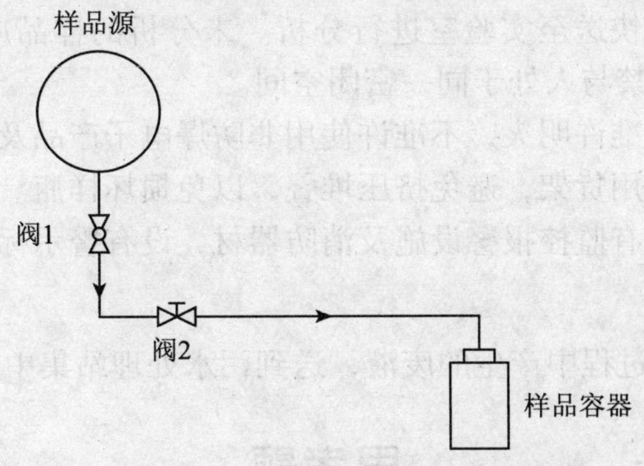

图 7－32　含硫液体开放式取样示意图

(3) 如果样品需要进行水中有机组分含量的分析，那么进行上述操作步骤③时，不能用样品液冲洗样品容器，这样做会使有机组分在瓶壁上沉积，导致有机组分含量分析值偏高。

（4）如样品源压力较高，取样部位液体管线中可能有含硫气体积存，取样时可能有大量含硫气体先排出。需先用乙酸锌试剂配成中和液，将取样导管插入中和液中和含硫气体，在有液体流出后再进行液体取样。

7.8.4.4　操作注意事项

（1）取样设备、工具应定期进行检查、试漏，监测其腐蚀情况。

（2）取样前注意检查取样口阀门是否完好，螺纹接口有无腐蚀现象。

（3）取样前确认已将取样口附近固定式硫化氢报警仪调至超驰状态，以免触发报警造成联动阀关断等影响生产。

（4）取样前确认已向生产单位调度或中控室汇报即将取样。

（5）取样时现场必须有监护人进行监护。

（6）操作阀门必须缓慢，切忌猛开猛关。

（7）当取样部位压力较高时，开启球阀应缓慢，小幅度开启和调节。接取样品的人员应注意握紧取样金属软管末端，防止压力过大甩飞管线造成人员伤害。

（8）取样时，如液体中有黏稠物堵塞取样口阀门，致使液流很小甚至不出液，不能一味开大截止阀，以免压力过大液体突然冲破堵塞冲出。应联系集气站人员采用热水喷淋的方式解堵，然后进行取样。

（9）取样时如站场发生意外事件，监护人应立即汇报站控室，取样人员停止取样，按要求撤离现场。

7.8.4.5　记录和标识

取样完成后，应做好取样记录，并给样品贴上标签。标签内容至少应包括以下信息：样品名称、取样地点、取样部位、取样时间、取样人和生产条件，气井气样品还需注明气井的层位和井深。

7.8.4.6　样品转运

在运输过程中，按样品容器配备专用运输箱，保护样品容器不被挤压、损坏。运输途中运输箱应放置在通风处，并固定，严禁与人员处于同一密闭空间。

7.8.4.7　样品储存

（1）样品取得后应尽快送至实验室进行分析。未分析的样品应存放在空气流通的储存室内，室内保持通风，严禁与人处于同一密闭空间。

（2）样品储存室内不准许明火，不准许使用非防爆电子产品及通信工具。

（3）样品摆放应有专用货架，避免挤压堆叠，以免损坏样瓶。

（4）样品储存室内应有监控报警设施及消防器材，设有警示标志。

7.8.4.8　废液处理

使用废液桶收集取样过程中产生的废液，送到污水处理站集中处理，不允许随意排放。

思考题

1. 如何检查防爆手动按钮处于正常运行状态？

2. 旋进漩涡流量计工作原理是什么?
3. 简述电磁流量计的测量原理?
4. 简述超声波流量计工作的时差法原理?
5. 如果被测液体介质中夹杂有气体时，也会引起测量误差。

第8章　腐蚀监测与防护

高含硫气田中的腐蚀介质 H_2S 和 CO_2 会对地面集输管线和设备造成严重腐蚀，影响安全平稳生产，甚至危及人的生命。

例如，普光气田这种高温、高压、高腐蚀性的恶劣工况下，采用抗硫管材、内涂层、化学药剂、阴极保护等防护手段是保证气田开发安全生产的关键因素。通过对地面集输工程管线及设备的腐蚀状况进行监测，能随时掌握系统的腐蚀趋势与动态，及时提供早期的警告、诊断及监测的发展趋势，并可以预测潜在的问题，及时提供有效的预防措施，从而达到减少停产的可能性。

8.1　硫化氢腐蚀机理及影响因素

高含硫化氢和二氧化碳天然气对钢材腐蚀的类型主要有电化学失重腐蚀，氢脆和硫化物应力腐蚀破裂两大类如图 8－1 所示。

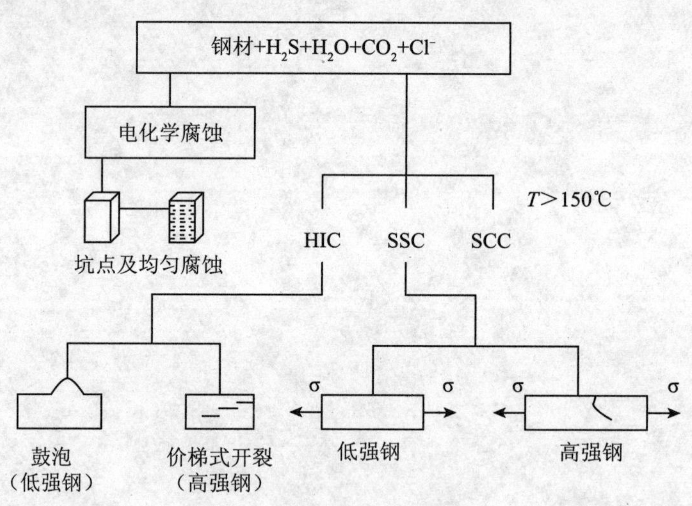

图 8－1　钢材腐蚀类型

8.1.1　电化学失重腐蚀

1. 硫化氢和二氧化碳腐蚀

硫化氢和二氧化碳在有冷凝水（或气田水）的条件下，发生电化学反应。

$$H_2S \rightarrow H^+ + HS^- \qquad HS^- \rightarrow H^+ + S^{2-}$$

$$H_2CO_3 \rightarrow H^+ + HCO_3^- \qquad HCO_3^- \rightarrow H^+ + CO_3^{2-}$$

在阳极：$Fe - 2e \rightarrow Fe^{2+}$

在阴极：$2H^+ + 2e \rightarrow H_2$

电离后的 S^{2-}、CO_3^{2-} 与钢材表面发生电子传递，造成金属离子的解析，使金属表面形成针孔、斑点、蚀坑，在生产中造成设备的局部减薄、穿孔等破坏事故。

此类腐蚀造成材料的破坏一般时间要长一些，设备破坏前有明显的局部减薄现象，可以用定期测厚与检修发现腐蚀严重部位，进行补修或更换。

2. 元素硫腐蚀

元素硫的存在会加速金属管材的腐蚀，在有 H_2O 以及 Cl^- 存在时，元素硫会发生以下反应：

$$4S + 4H_2O \rightarrow 3H_2S + H_2SO_4 \quad (8-1)$$

3. 其他腐蚀

由于地层水中含有氯离子，氯离子的存在会加速硫化氢、二氧化碳的腐蚀。

$Cl^- + H^+ \rightarrow$ 盐酸 $\rightarrow$ 腐蚀↑；HCl 和 H_2S 会相互促进腐蚀：

$$Fe + 2HCl \rightarrow FeCl_2 + H_2 \quad FeCl_2 + H_2S \rightarrow FeS\downarrow + HCl \quad (8-2)$$

$$Fe + H_2S \rightarrow FeS\downarrow + H_2 \quad FeS + HCl \rightarrow FeCl_2 + H_2S \quad (8-3)$$

8.1.2　氢脆和硫化物应力腐蚀破裂

1. 氢脆

氢脆是由于硫化氢在水中电化学反应而产生的 H^+ 得到电子变成氢原子，游离的氢原子渗入金属内部，在钢材内部的某些晶格缺陷或夹杂（如 MnS）处聚集而结合成氢分子，此时体积急剧增大，在钢材内部产生巨大的内应力，使钢材内部产生裂纹，材料变脆。低强度钢可产生氢鼓泡现象，高强度钢则在钢材内部发生阶梯式开裂，即目前通称为氢诱发裂纹（HIC）。

2. 硫化物应力腐蚀破裂

硫化物应力腐蚀破裂常称之为 SSC，其内因与氢脆一致，只是多了一个外界应力的作用，在这两种因素的共同作用下造成的脆性破坏。应力除设备受力外，还可能是不正确的热处理、冷加工和焊接残余液应力等因素造成。

此类腐蚀破坏发生的时间一般较短，发生前无任何预兆，属突发性破裂事故，有时发生在低应力下，造成的损失是严重的，事故一般难以预测和防范。

3. 硫化物应力腐蚀破裂的影响因素

硫化物应力腐蚀破裂的影响因素较多，受到冶金、环境（介质）和力学（应力）的联合作用，这三者是产生破裂时间长短的三个变量函数（表 8－1）。

表 8－1　硫化物应力腐蚀破裂的影响因素

序号 \ 类别	冶金因素	环境因素	力学因素
1	金相组织	硫化氢浓度	应力大小
2	化学成分	pH 值	冷加工
3	强度、硬度	温度、压力	焊接残余应力
4	夹杂、缺陷	二氧化碳含量	
5		氯离子浓度	

1）冶金因素

金相组织：钢材的抗硫性能主要决定于钢材的金相组织。一定化学成分的钢材，通过不同的热处理可以得到不同的金相组织。不同金相组织与抗硫性能的关系见表 8-2。

表 8-2　金相组织抗硫能力

热处理	高温调质	正火回火	淬火	淬火
金相组织	均匀索氏体	珠光体	马氏体	贝氏体
抗硫性能	良好	较好	不好	不好

例如：资料中有报道 35CrMo 钢经淬火后低温回火，获得回火马氏体组织，在高含硫气田上使用产生脆裂。如果采用高温 620～650℃ 回火，获得索氏体组织，在高含硫气田使用十余年完好。

化学成分：化学成分对钢材抗硫性能的影响是通过改变钢的组织来实现的。从冶金学的角度考虑，重要的是防止晶间脆化和使基体均匀化，这是化学成分设计的基点。

化学成分设计程序遵循控制钢的纯净性、稳定性、均匀性、经济合理性四原则。为保证钢材的纯净性，S 含量一般控制为小于等于 0.005%，P 含量控制为小于等于 0.03%。硫含量对 SSC 影响较大，在钢中易形成硫化物应力腐蚀破裂的第三组织 MnS 夹杂，因而要特别注意控制如图 8-2 所示。

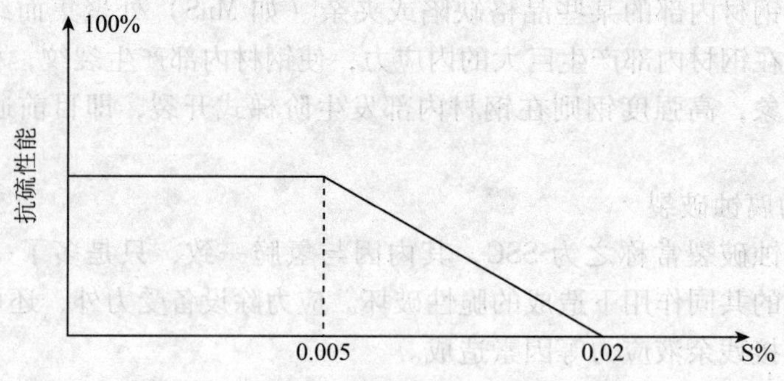

图 8-2　材质中硫含量与抗硫性能的关系

强度和硬度：强度和硬度愈高，对硫化物应力腐蚀破裂（SSC）愈敏感。高含硫气田所发生脆断的钢材或断裂源处，其硬度检查值 HRC 均大于 27。多年来国际上公认的准则要求低合金钢的 HRC≤22，这是目前一般钢材保证其抗硫性能的控制标准。

夹杂缺陷：碳钢与低合金钢中的杂质通常是硫化物应力腐蚀破裂脆断的起点，原子氢聚集在此形成断裂源，如钢材中 MnS 夹杂。

2）环境因素

硫化氢浓度：对同一硬度水平的钢材，硫化物应力腐蚀破裂的时间是杂质随着 H_2S 浓度的降低而延长。钢中渗氢速度是随着 H_2S 浓度的增加而增加。美国 NACE MR 0175《对油田设备抗硫化物应力腐蚀破裂的金属材料要求》和国内 SY/T0599-1997《天然气地面设施抗硫化物应力开裂金属材料要求》两标准中都明确指出可引起硫化物应力腐蚀开裂的硫化氢的最低限度。“含有水和硫化氢的天然气，当气体总压≥0.448MPa，气体中硫化氢分压≥3.45×10^{-4}MPa 时，称为酸性天然气（简称高含硫化氢天然气）。高含硫化氢天然气可引起敏感材料的硫化物应力腐蚀破裂。”

pH 值：pH 值表示环境（介质）的酸碱度，pH 值愈小、酸度越大，破裂倾向就越大：pH 值大，碱度越大，SSC 的倾向就小，这显然与吸氢量有关，pH = 2 ~ 4，钢材吸氢量最强，这也是油管破裂多发生在气井酸化后的原因。当 pH ≥ 10 后，吸氢量大大减少，造成 SSC 的可能性也大大减小。

温度、压力：氢脆最敏感的温度范围为 20 ~ 30℃，这是由于温度太高扩散快，氢易逸出，太低扩散慢，氢还来不及随缺陷转移。断裂时间与温度的关系如图 8 - 3 所示。

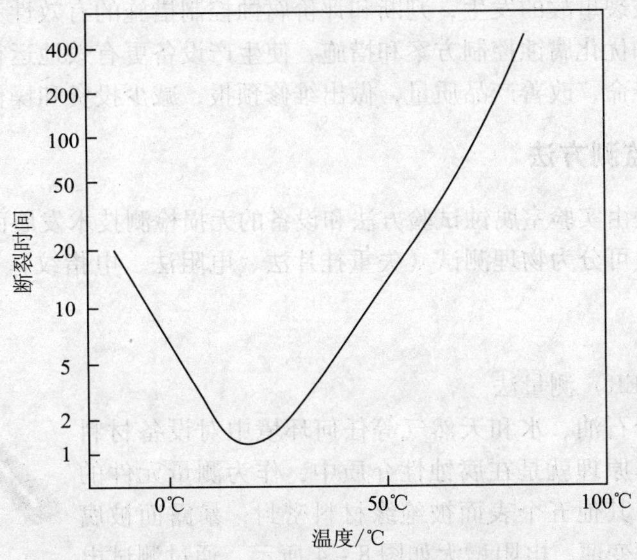

图 8 - 3　断裂时间—温度关系

这也是含硫气井井管多断裂在井下 300 ~ 600m 的原因之一。由于压力的增高，硫化氢的分压也随之增加，它们在溶液中的溶解度也加大，加速腐蚀的电化学过程，同时压力增加，也加快氢原子向金属渗入的速度，这就从两方面促进了氢脆和硫化物应力腐蚀破裂。

二氧化碳的影响：在大多数含硫气井中含有 CO_2，当 H_2S 与 CO_2 共存时，造成的腐蚀一般比单独 H_2S 或 CO_2 在同等浓度下严重，CO_2 对钢材发生去极化作用，降低介质的 pH 值，恶化腐蚀环境。

氯离子的影响：气田地层水中常含有氯化物的盐类。在含有 H_2S、CO_2 气田水中，随着盐类含量增加，也即氯离子浓度的增加，可加剧钢材的腐蚀及硫化物应力腐蚀破裂。

3）力学因素

应力大小：拉应力愈大，断裂时间愈短，随着应力的增加，氢的渗透率增加。同时钢材获得阳极活化能愈大，因此裂纹的萌芽和扩展速度增大，如果钢材对 H_2S 敏感，也会在低应力下发生破裂。

冷加工：冷加工或机械损伤处，往往形成应力集中，是硫化物应力腐蚀破裂的裂源。对高强钢尤为突出，如在 N - 80 油管榔头打击处即产生裂纹。

焊接残余应力：焊接引起组织、化学成分、应力等一系列不均匀性，在焊肉和热影响区应力分布不均而产生残余应力，同时由于化学成分不均也会形成对氢敏感的显微组织成为脆性破坏的断裂源，16Mn 钢螺旋焊管补焊处产生锰偏析，形成局部过硬区，在热影响区引起氢诱发裂纹（HIC）造成破裂事故。

8.2 腐蚀监测

腐蚀监测就是对设备的腐蚀速度和某些与腐蚀速度密切相关的参数进行连续或断续测量，同时根据测量对生产过程的有关条件进行控制的一种技术。通过腐蚀监测，可以获得腐蚀过程和操作参数之间相互联系的有关出处，可以鉴定腐蚀原因。通过早期的监测和准确的度量，可预防腐蚀破裂事故的发生，判断和评价腐蚀控制措施的有效性和可靠性，进而有针对性地制定、调整和优化腐蚀控制方案和措施，使生产设备更有效地运行，从而达到改善生产能力，延长设备寿命，改善产品质量，做出维修预报，减少投资和操作费用的目的。

8.2.1 腐蚀监测方法

腐蚀监测技术是由实验室腐蚀试验方法和设备的无损检测技术发展而来的。从传统的腐蚀监测方法的原理上可分为物理测试（失重挂片法、电阻法、电指纹）、电化学测试（线性极化电阻法）。

1. 物理测试法

1）电阻探针（ER）测量法

电阻探针适用于石油、水和天然气等任何环境中对设备材料的腐蚀监测。其工作原理就是在腐蚀性介质中，作为测量元件的金属块除了暴露面，其他五个表面被绝缘材料密封，暴露面被腐蚀后，测量元件厚度变薄，电阻增大如图 8－4 所示，通过测试电阻的变化拟合金属的腐蚀速率。探针可以长期的放在安装的位置检测极低的腐蚀速率。并且读数不会像 LPR 探针那样受到金属表面腐蚀物累积的影响。

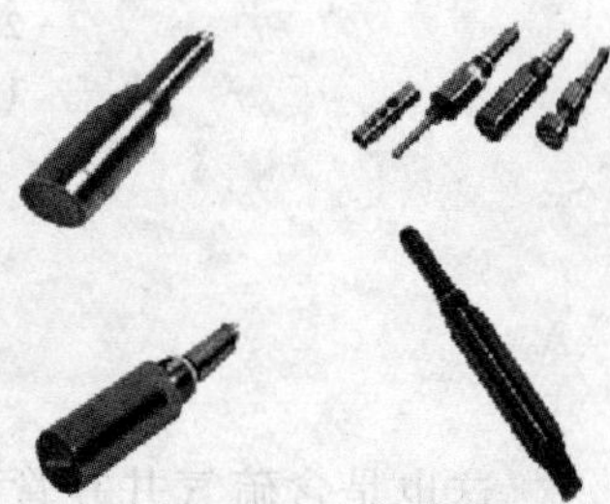

图 8－4　电阻探针图

2）腐蚀挂片称重法

腐蚀挂片技术具有广泛实用性如图 8－5 所示，除了厚管壁和通电状况下的管道，任何情况下都会导致腐蚀。建议将腐蚀挂片放置在油流动的地方或搁置最少一个月，以得到良好的资料。挂片也可以放置短时间，以得到快速腐蚀。在低腐蚀系统中，也可以长时间放置。

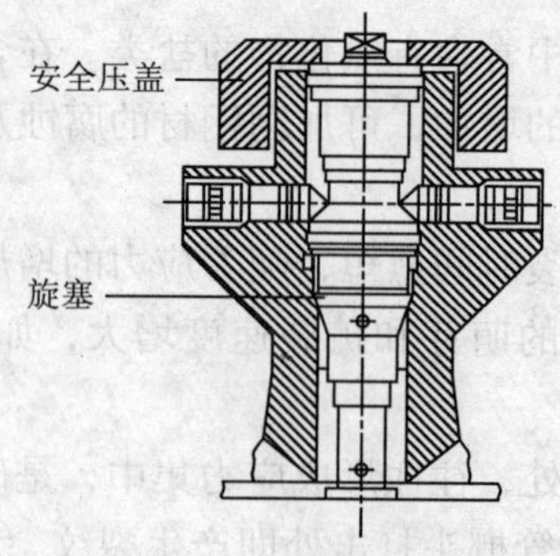

图 8－5　通道装置图

腐蚀监测的目的是对于腐蚀状况的改变给出早期警告，以采取必要的补救措施，为决策者提供及时信息来采取正确的措施。可以对沉积物观察和分析，并分级研究；测定重量损失和计算腐蚀速率；观察和测量局部腐蚀等级；观察缝隙腐蚀；检测抑制膜的特性，选择抑制剂。

将试片插入介质中，一段时间后取出，并进行处理分析。通过测量试片重量的变化，算出平均腐蚀速率。同时观察试片上点蚀情况，分析判断腐蚀成因和机理。

3）电指纹（FSM）测量法

FSM 是一种可测量较大面积管道壁厚变化的非插入式腐蚀监测技术。通过向钢结构的测量区域施加一个电流，监测由于一般腐蚀、点蚀、磨蚀或开裂造成的电场的变化如图 8－6 所示。

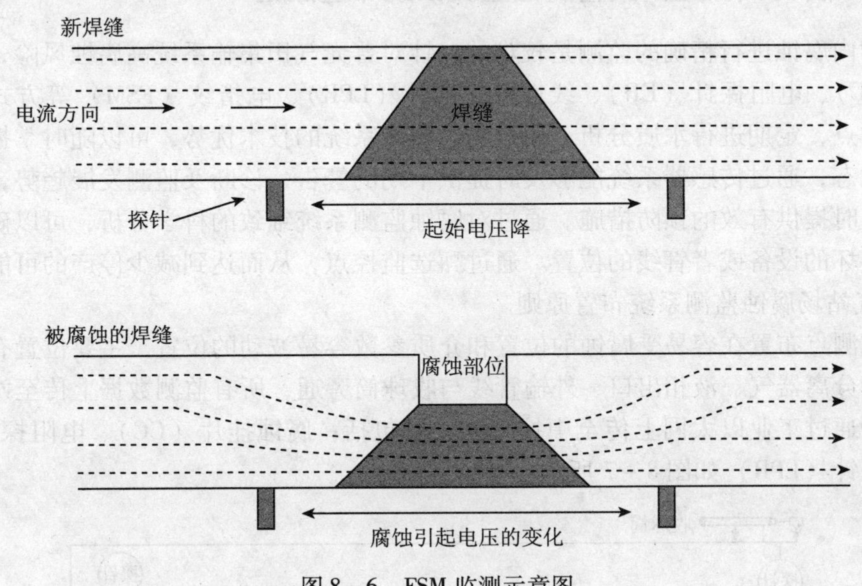

图 8－6　FSM 监测示意图

注：管线电流及影响情况，杂散电流和电压会在周围产生影响。

FSM 测量原理是一种非插入式监测壁厚变化的技术。这一技术涉及到发射电流经过连接信号结构物问题。电流的任何变化，都作为腐蚀的结果，都会被传感器感受到。

FSM 的测量范围：

（1）全面腐蚀：全面腐蚀导致金属均匀的损失，会使电阻普遍升高。电流均匀减小，管道壁厚和电阻的增长以及电压呈线性关系。测量电压的增加可以计算出金属总损失量。

（2）焊接处腐蚀/凹槽腐蚀：焊接腐蚀发生在焊接处。在管线上，焊接腐蚀在焊接周围呈凹槽型。凹槽宽度和 FSM 成对插孔之间距离相比很窄。金属损失不是均衡的，只在金属受伤的地方有损失。在管线厚度测量时很容易被忽视。FSM 测量必须用焊接腐蚀模型进行补偿。凹槽的深度必须用专门的计算公式进行计算。

2. 电化学测试

电化学测试法即线性极化电阻探针（LPR）测量法。

LPR 探针（线性极化电阻探针）有两个或三个与管线钢材相同或相似质量的接触电极。LPR 测量技术基于电化学原理，通过测量向探针上施加一个电流，探针的工作电压变化来实现。当知道极化电流和极化电压以后，就可以计算出极化电阻。腐蚀速率与极化阻力成反比。

LPR 探针在安装前电极表面必须是光滑的。新的电极必须首先在碳氢化合物中漂洗以除去油脂或蒸气状的抑制剂。电极安装在探针体上，并浸泡在稀盐酸中，直至电极表面出现气泡为止。然后仔细冲洗电极，避免接触到手，最后安装到系统上。此过程称为“激活”，确保电极在安装时是干净和没有腐蚀的。

在电极接触不到水的系统或地方，接触到水的位置腐蚀速率会超过探针显示的速率。把电极安装在有大量水的地方是很重要的。如果做不到这一点，应当考虑设计存水弯。一旦表面上有油，电极就不能百分之百接触到水，应当取出来除去油。没有水的罐或容器的腐蚀速率小于0.0075mm/y，在含有大量水的油中，真正的腐蚀速率可能会提高十倍。

8.2.2 普光气田地面集输腐蚀监测系统布置原则

由于对内腐蚀进行精确的监测是较难的，针对普光气田集输系统高腐蚀风险，采取了腐蚀挂片（CC）、电阻探针（ER）、线性极化探针（LPR）、电指纹（FSM）等方式，并设置水分析取样点，定期进行水质分析。通过腐蚀监测系统的技术优势，可以随时掌握系统的腐蚀趋势与动态，通过传感器系统能够及时提供早期的警告、诊断及监测发展趋势，预测潜在的问题，及时提供有效的预防措施。通过对腐蚀监测系统细致的科学分析，可以确定出最有可能出现损坏的设备或者管线的位置。通过甄选监控点，从而达到减少停产的可能性。

1. 集气站场腐蚀监测系统布置原则

腐蚀监测点布置在容易受腐蚀的位置和介质参数容易波动的位置。主要位置有加热炉进出口、计量分离器气、液相出口、外输管线与收球筒旁通，所有监测数据上传至站控室，各站控室数据通过工业以太网上传至中控室。主要包括：腐蚀挂片（CC）、电阻探针（ER）、线性极化探针（LPR）如图8-7所示。

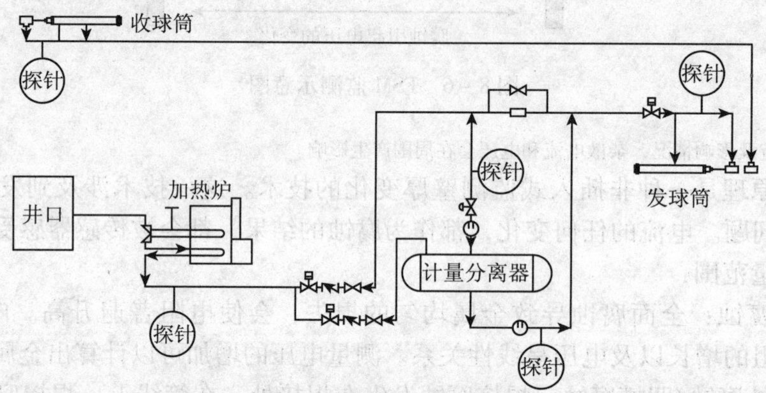

图8-7 腐蚀监测系统布局

2. FSM监测系统布置原则

电指纹（FSM）技术，应用于集输管道腐蚀监测，主要分布在各集气站场之间的地面输气管道，考虑到监测数据的实时传输要求，大部分电指纹系统分布于阀室附近的管道上，采集器及电源安装于阀室内，检测数据通过阀室的PLC模块进行传输。少部分电指纹系统分布于集气站场附近，系统供电电源安装在集气站机柜室，布置原则为两座集气站之间放置一套，数据也通过集气站内工业以太网进行传输。

8.2.3 腐蚀监测系统的日常管理与操作

1. 腐蚀监测系统的管理

防腐管理相关部门负责整个腐蚀监测系统运行的总体工作，负责腐蚀监测方案的编制；

组织相关机构负责气田的腐蚀监测数据评价分析工作，编写腐蚀监测分析报告；生产单位负责腐蚀监测系统设备现场运行巡检、维护等工作。

1）腐蚀挂片

（1）由专业人员进行取放，由防腐管理相关部门进行管理；

（2）取出时取放人员拍照，取回后送有资质的化验机构分析，化验结果上报防腐管理相关部门并抄送生产单位、相关分析机构进行分析存档；

（3）若腐蚀速率过高，由生产单位分析原因，提出解决方案，上报防腐管理相关部门，经腐蚀管理领导小组审批后，由调度室通知相关单位执行。

（4）腐蚀挂片监测点由生产单位按正常巡检制度进行巡检，发现泄漏等异常情况，及时通知相关部门，组织专业人员进行整改。

（5）监测点处的日常维护保养、压力表更换等工作由生产单位负责。

（6）腐蚀挂片的取放周期一般为3~6个月。

2）电阻探针、线性极化探针

（1）在线监测，监测数据在腐蚀监测服务器录取，初期每周录取一次，稳定后每旬录取一次，由相关技术人员取回。

（2）若腐蚀速率过高，由相关分析机构分析原因，提出解决方案，上报防腐管理相关部门，经腐蚀防护管理领导小组审批后，通知相关单位执行。

（3）电阻探针和线性极化探针监测点由生产单位按正常巡检制度进行巡检，发现泄漏等异常情况，及时通知相关科室，组织专业人员进行整改。

（4）正常情况下，一年维护一次，即一年取出清洗一次，由挂片取放人员进行操作；线路的维护和检查，由专业机构负责。

（5）监测点的日常维护保养、压力表更换等工作由生产单位负责。

（6）污水站电阻探针数据读取、设备维护由该站防腐技术人员负责，数据和中控室其他腐蚀监测数据一同录取、打印上报防腐管理相关部门并抄送专业机构。

3）FSM

（1）在线监测，监测数据在中控室录取，初期每周录取一次，稳定后每旬录取一次，由相关部门技术人员取回。

（2）若腐蚀速率过高，由专业机构技术人员分析原因，提出解决方案，上报防腐管理相关部门，经防腐管理相关部门审批后，通知相关单位执行。

（3）FSM的日常检查工作由生产单位负责（随同阴保桩等一同检查）。发现问题及时上报防腐管理相关部门，组织专业人员进行整改。

2. 腐蚀监测系统的基本操作

1）取旧腐蚀挂片操作

（1）卸下安全盖，用棉纱清理旋塞和螺纹表面。

（2）关闭伺服阀上的2个平衡阀，打开2个球阀，将伺服阀安装在法兰座上。

（3）将取放器与伺服阀进行连接。取放器连接杆对准伺服阀中心位置，把连接杆伸进伺服阀里，旋转5.5圈以上，关闭取放器上的泄压阀。

（4）用高压软管连接液压泵和取放器，将液压泵方向阀打到“取回”位置，打开头阀，开一圈即可，打压1~2下，上紧撞击螺帽，并用防爆锤砸紧。

（5）将液压泵方向阀打到“安装”位置，打压至管线压力1.5倍，关闭头阀，卸松4个锁定销，直到锁定销与法兰座侧面平齐；将液压泵方向阀打到“取回”位置，缓慢打开头阀，打开一圈后打压，直至液压泵上取回位置压力表上升为止。

（6）关闭伺服阀上2个球阀；用放空软管连接中和槽与泄压阀，打开泄压阀泄压，待取放器上压力表显示为0后，取下放空软管，将液压泵上方向阀打到中间位置，卸下放空软管。

（7）用防爆手锤卸松撞击螺帽，然后卸开并取下取放器。

（8）用高压软管连接液压泵和取放器，将液压泵方向阀打到“安装”位置，打压直到旋塞露出取放器外，检查挂片支架是否有弯曲断裂现象，若有弯曲现象，则对支架进行处理，使之平直；若有断裂现象，则更换新的挂片支架；更换挂片和密封主填料，对挂片进行拍照，拍完照后立即将旧挂片放入密封袋内，隔绝空气。

2）安装新腐蚀挂片操作

（1）将手柄安装到取放器上，并将安装有挂片的支架安装到取放器上，将液压泵方向阀打到安装位置，打压直至压力表显示压力为10MPa，放压，旋转取放器连接杆直至挂片平行于手柄方向为止，并在旋塞顶部做标记，标记方向平行于手柄方向，打压直到挂片进入取放器内，卸下高压软管，将取放器与伺服阀进行连接，上紧撞击螺帽，并用防爆锤砸紧。

（2）用高压软管连接液压泵和取放器，将液压泵方向阀打到“安装”位置，检查确认泄压阀处于关闭状态，打开2个平衡阀，再打开2个球阀，打压至管线压力的1.5倍。

（3）用放空软管连接中和槽与泄压阀，打开泄压阀泄压，待取放器上压力表显示为0后，取下放空软管。

（4）上紧4个锁定销。

3）取电阻探针操作

（1）卸下安全盖，用棉纱清理旋塞和螺纹表面。

（2）关闭伺服阀上的2个平衡阀，打开2个球阀，将伺服阀安装在法兰座上，并用防爆手锤砸紧。

（3）将取放器与伺服阀进行连接。取放器连接杆对准伺服阀中心位置，把连接杆伸进伺服阀里，旋转5.5圈以上，关闭泄压阀。

（4）用高压软管连接液压泵和取放器，将液压泵方向阀打到“取回”位置，打开头阀，开一圈即可，打压1~2下，让取放器下坐，上紧撞击螺帽，并用防爆手锤砸紧。

（5）将液压泵方向阀打到“安装”位置，打压至管线压力1.5倍，卸松4个锁定销，直到锁定销与法兰座侧面齐平；关闭头阀将液压泵方向阀打到“取回”位置，缓慢打开头阀，打开一圈即可，打压直到探针全部离开伺服阀位置，可尝试关闭靠近取放器一侧球阀判断。

（6）关闭2个球阀；用放空软管连接中和槽与泄压阀，打开泄压阀泄压，待取放器上压力表显示为0以后，取下放空软管，将液压泵上方向阀打到中间位置，卸下软管。

（7）用防爆手锤卸松撞击螺帽，取放器从伺服阀上卸掉，取下取放器。

（8）用高压软管连接液压泵和取放器，将液压泵方向阀打到“安装”位置，打压直到探针露出取放器外，卸下旧探针；更换新探针和密封主填料，并对取下的旧探针进行拍照。

4）安装电阻探针操作

（1）将液压泵方向阀打到“取回”位置，打压直到探针进入取放器内，卸下高压软管，将取放器与伺服阀进行连接，上紧撞击螺帽，并用防爆手锤砸紧。

（2）用软管连接液压泵和取放器，将液压泵方向阀打到“安装”位置，检查确认泄压阀处于关闭状态，打开伺服阀上 2 个平衡阀，再打开 2 个球阀，打压至管线压力的 1.5 倍。

（3）用放空软管连接中和槽与泄压阀，打开泄压阀泄压，待取放器上压力表显示为 0 以后，取下放空软管。

（4）上紧 4 个锁定销。

（5）将液压泵方向阀打到中间位置，然后再将液压泵方向阀打到“安装”位置，打压直到压力表显示 50bar（5MPa），关闭头阀，卸下高压软管，用防爆手锤卸松撞击螺帽，然后卸开撞击螺帽，旋转并取下取放器。

（6）用防爆手锤卸松伺服阀，卸下伺服阀，在旋塞和螺纹表面涂润滑油，上紧安全盖。

（7）用高压软管连接液压泵和取放器，将液压泵方向阀打到“取回”位置，打开头阀，打压至连接杆进入取放器内，关闭头阀，将液压泵方向阀打到中间位置，卸下高压软管。

8.3　腐蚀检测

由于对内腐蚀进行精确的监测是较难的，以普光气田为例，面对集输系统高腐蚀风险，除了采取了腐蚀挂片（CC）、电阻探针（ER）、线性极化探针（LPR）、电指纹（FSM）等在线监测方式外，还通过对地面设备和管道等采用氢通量、超声波和射线检测、管道内检测等方式，检测管道壁厚和坑蚀；同时加强产出介质的组分分析、细菌、铁离子及相关腐蚀产物分析等，为系统评价腐蚀因素、腐蚀预测提供数据基础，进而有针对性地制定、调整和优化腐蚀控制方案和措施。

8.3.1　腐蚀检测的种类

传统的腐蚀检测主要是在人工停车检修期间安装和取出挂片进行监测，以及在停车期间对设备进行检查。为了及时发现腐蚀造成的破坏，发展了现代监测技术，如：超声波法、射线技术、漏磁检测技术及其他无损检测技术。可大致分为物理检测和化学检测。

1. 物理检测法

1）氢通量检测法

在酸性环境中，腐蚀的结果产生往往伴有氢原子，管内产生的氢原子向管外壁渗透，内壁和外壁的原子形成一定比例，通过检测氢原子在钢中的渗透，可以判断腐蚀的程度。

2）管道内检测技术

管道内检测是酸气管道腐蚀监测的有效措施之一，能够有效地预测泄漏的发生，为制定酸气管道维护与检修计划提供依据。管道内检测主要包括智能检测器操作（几何变形检测、高分辨率漏磁金属损失检测）、数据采集和处理、检测报告和管道风险评估、专用分析软件等。高分辨率漏磁金属损失检测，主要是利用特有的磁铁和传感器设计保证了检测的高灵敏度和高准确性。当磁力线通过管壁上的金属损失特征点时，就会造成一部分磁场泄漏出管壁，通过探测泄漏的磁场以及磁场量就能评价特征点的类型、几何情况以及金属损失的严重程度，从而检测出腐蚀、侵蚀、刮削以及其他金属损失特征造成的管道完整性问题。

检测周期一般是管道在投产前检测一次，投产后半年至一年检测一次，之后根据检测结果确定下一次的检测时间。

3）外防腐层检测法

PCM 法即多频管中电流法（又称电流衰减法），是采用等效电流原理，测试电流在管道上的衰减情况，评价防腐层绝缘电阻。防腐层的电阻值直接反映其质量好坏。

能够在非开挖状况下，查找防腐层破损的位置，并对管道外防腐保温层进行评估，为其定期维护提供数据上的支持。只要求管道上有较少的信号接入点即可完成测量，大大地简化了防腐检测工作的过程，PCM 检测仪如图 8－8 所示。

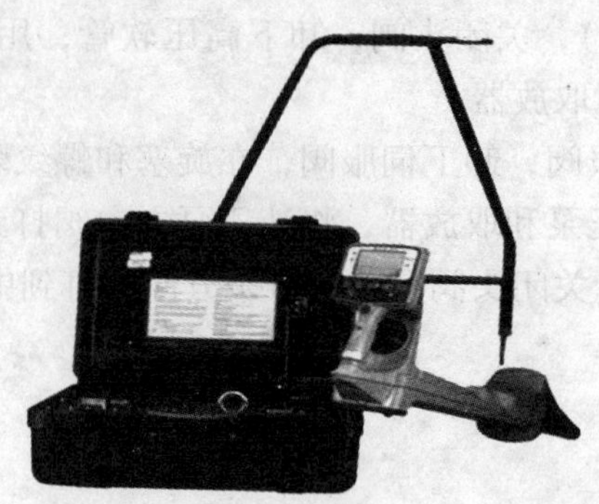

图 8－8　PCM 检测仪

PCM 系统具有大功率的检测信号，强化了电流梯度测量的精度，延长了管道检测的有效距离。并将其他地下金属物对检测的干扰降至最小，减少了错误读数和误判的可能性。通过仪器向管道发送定位电流，便携式接收机能准确地探测到经管道传送的这种特殊信号，跟踪和采集该信号，输入微机，便能测绘出管道上各处的电流强度。分析电流变化，实现对管道防腐保温层的评估。

可用于以下几方面：

①管道走向定位。

②管道埋深定位。

③管道外防腐层缺陷定位。

④对管道搭接定位。

⑤对管道外防腐层保护状况评估。

⑥对管道阴极保护效果评估。

⑦对新铺设管道防腐层施工质量验收。

4）超声波测厚法

超声波测厚法是根据超声波脉冲反射原理来进行厚度测量的，当探头发射的超声波脉冲通过被测物体到达材料分界面时，脉冲被反射回探头通过精确测量超声波在材料中传播的时间来确定被测材料的厚度。凡能使超声波以一恒定速度在其内部传播的各种材料均可采用此原理测量。

5）射线检测

射线检测是指用各种射线穿过被检测工件，由于结构上的不连续，使射线产生衰减、吸收或散射，然后在记录介质上（胶片）形成影像。该方法是最基本的、应用最广泛的一种射线检测方法。

射线检测可以按射线源和成像方式分为以下两类：

（1）按射线源的种类分：X 射线检测；γ 射线检测；高能射线检测；中子射线检测。

（2）按成像方式分：射线照相法；荧光屏透视法；实时成像法；计算机断层扫描技术（CT）。

2. 化学分析法

1）铁计数

在系统液体里不管是溶解的还是颗粒的铁的存在都是腐蚀的迹象。测量水流体里的溶解铁是很平常，但是要注意颗粒铁腐蚀产物将和碳氢化合物一起流动也是很重要的，例如硫化铁。因此，使用铁计数，烃相和水相都应该同时检查。

2）残余抑制剂测试

使用缓蚀剂控制时，知道注入点的下游缓蚀剂存在水平是十分重要的。现场试验存在大部分抑制剂，但是经常在液体里自然形成的成分将干扰测试。需要利用各种抑制剂和系统液体来做测试从而建立决定抑制剂储量的可能性。

残余的腐蚀抑制剂应该处理一下来测定产生的液体里的实际存在的抑制剂的数量。这些残余腐蚀抑制剂可以然后与来自油井的进入测定的液体的化学物的注入量进行比较。

8.3.2　腐蚀检测日常管理与操作

1. 腐蚀检测的日常管理

1）化验、水分析

（1）由化验机构取回水样送检，并取回检测报告进行分析；

（2）Fe/Mn 和缓蚀剂残余量、氯离子、细菌等的含量分析一月一次；

（3）若含量过高，由化验机构分析原因，提出解决方案，上报防腐管理相关部门，经腐蚀防护管理领导小组审批后，通知相关单位采取措施。

2）超声波测厚定点定时进行，选择点依据以下原则：

（1）管线弯头容易被冲刷腐蚀的部位：井口弯头、站内管线弯头、出站、进站管线弯头。

（2）管线焊缝处。

（3）管线低洼容易积液处（易腐蚀）。

（4）容器底部（分离器、储罐等）。

（5）绝缘法兰两端 500mm 管段。要求所有普光管线绝缘法兰进行检测。

3）外防腐层检测管理规定（表 8－3）

表 8－3　外防腐层检测管理规定

项目	要求	责任单位	周期	采用仪器及处理办法
管道防腐层日常检测	管道的运行情况及漏点情况	生产单位	1 次/月	PCM 机
防腐层破损处理	对破损情况进行分析，提出整改措施和预防办法	维保队伍	结合 PCM 检测，及时维修	采用 PCM 机，并及时报防腐管理相关部门进行处理。提出预防办法
管道维护、定期检查	按规范要求进行检测，对管道进行较为全面的检修	防腐管理相关部门	根据防腐层电阻情况，确定检漏、修补及大修周期	由有资质的单位进行

2. 腐蚀检测设备的操作

1）智能检测

（1）管道作业要求如下：

管道智能检测分为清管通球、模拟检测、几何变形监测、金属损失检测四部分。

清洁通球需要 2.3MPa 的背压，2.5MPa 的运行压力，*DN*200 管道需要 3000m^3/h 气体流量，*DN*300 需要 6000m^3/h 气体流量，*DN*400 需要 9500m^3/h 气体流量。

模拟检测、几何变形检测及金属损失检测需要背压 4.2MPa，平均运行压力 4.5MPa，*DN*200、*DN*400、*DN*500 管线气体流量分别需达到 5000m^3/h、18000m^3/h 和 20000m^3/h。

（2）管道智能检测工作内容为：

管道智能检测现场工作主要包括预检测清管及测量检测、几何变形检测、金属损失检测。

①管道清洁通球。

第一遍清管：使用定径片双向移动清管器。

第二遍清管：使用刷头磁铁双向移动清管器。

管道清洁标准：为了能够保证几何变形检测和金属损失检测清管球的正常运行，在清管通球后，清出物由服务商来判断是否符合清管要求。

定径板的状况：定径板的最小直径的大小决定了能否进行几何变形检测通球，如果定径板的最小直径小于几何变形检测清管器能通过的最大直径则不能进行几何变形检测通球。

②模拟检测通球。

为了几何变形检测和金属损失检测的顺利进行，先进行模拟检测通球，使用模拟检测双向移动清管器通球。

③几何变形检测通球。

检查管线形状，当测量仪器穿过管线时，机械手感触管线内表面情况，并将内径的变化情况记录下来。在进行内检测之前，也需要使用该工具确定检测工具是否能够安全穿过管线，然后对所检查到的数据进行分析，突出显示超过规定值的变形。检测主要内容：管线长度、弯头半径、内径变化检测、凹坑、椭圆度、弯头角度等。

④金属损失检测通球。

主要检测内容：金属损失（均匀腐蚀、点蚀、轴向沟槽、环向沟槽）、环焊缝与直焊缝、凹陷、施工损坏、管道设备和配件。

2）PCM 检测仪操作

（1）发射机操作。

①清理待测管道表面锈蚀，将 PCM 发射机箱盖打开；

②将白色引线连接到管道上，绿色引线连接到地线上；

③将白色、绿色引线插头插入（Dutput）插座内顺时针方向旋转拧紧；

④将 24V 蓄电池电源插头插入发射机电源（Dcinput）插座内顺时针方向旋转拧紧，红、黑色线分别接至电池正负极（220V 交流电电压插入 ACM 插座内）；

⑤并发射机开关“ON/OFF”键打至“ON”位置；

⑥根据需要频率选择 3 档开关 ELF、ELCD、LFCD 打至与接收机相对应的档位，通常情况下选择 ELCD 档；

⑦电流选择（Outputlevel）六档，根据工作需要自行选择。

（2）接收机操作。

①操作前将 2 节 1#碱性（镍铬）电池按正负极装入接收机电池盒内；

②按下接收机“ON/OFF”键；

③按下方式键“f”选择接收机的工作方式进行工作（与发射机同时使用时二机信号标志对应 ELF、ELCD、LFCD，单独使用按方式键调至高压标志）；

④音量调节：按“ON/OFF”键直至出现静音“VOLO”，再按上档键“↑”可获得需要的音量；

⑤转换所需接收机的峰值/零值测量方式“Peak/Null”按下该键就可以自由选择；

⑥需要测试管线深度时，按下测试键“Depth”就可以测出管线深度；

⑦在操作时，信号强弱由微调旋钮自行调节，顺着管线进行测试。

（3）定位管道或者电缆通过不同的模式和频率，使用 PCM + 可以定位管道或者电缆。

①感应频率：使用感应频率时不需要发射机。当无法使用发射机探测导线时，可选择感应频率。PCM + 接收器可以探测以下频率：来自于电力线缆的 50 或者 60Hz 频率；阴极保护信号的 100 或者 120Hz 频率。

②探测频率：需要使用雷迪发射机给管线或者电缆施加定位信号。PCM + 可以探测各种有源频率，如 PCM + TX 可传输的频率。

（4）定位过程：使用接收机，选择一个定位模式。注意：如果选定了一个定位模式，使用雷迪发射机感应来自目标地点的频率，或者直接感应来自于电缆或者管道的频率。

①将 PCM 接收机垂直进行区域扫测，继续扫测选定点以外区域，扬声器发出来的声音和条形图，显示埋地管线或者电缆的存在。

②保持接收机机身垂直，沿管线缓慢地前后移动。降低增益灵敏度以获得更窄的响应，这将使管线探测更精确。当位于导线正上方，灵敏度设计为窄带宽响应，沿中心线摆动接收机直接找到最小信号，此时机身位于目标管线正上方。

③深度测量：定位电缆时，接收器将通过英制或公制自动显示深度。在 8KFF 模式下没有深度测量功能。

8.4　腐蚀控制

针对高含硫气田集输系统管道设备的内外腐蚀环境，必须充分考虑各种因素，采取经济合理、有效可靠的腐蚀控制及腐蚀监测技术，以防止腐蚀危害，保证气田的安全生产。

普光气田集输系统采用“抗硫管材 + 缓蚀剂 + 防腐涂层 + 阴极保护”的联合防腐工艺，主要包括抗酸管材选用、化学药剂加注、阴极保护等抗腐蚀措施。

8.4.1　抗硫材料

8.4.1.1　集输系统主要材料的选择

由于开发方案的不同，不同地区的高含硫天然气地面集输系统的主要材料选择也存在不同。例如普光气田，根据美国工程师协会 NACEMR0175/ISO15156《石油天然气工业在石油和天然气生产中用于 H_2S 环境材料》标准，选择适合于普光工况的抗硫管材。其中，普光主体区块和大湾区块集输系统的管材选择也存在差异。

1. 普光主体集输系统主要材料

普光主体集气站采气树井口至加热炉进口管线为镍基合金 825 管材（UNSN08825）；加热炉至出站工艺管道及外输管道为抗硫碳钢管材（L360QCS）；火炬放空系统为抗硫低温碳钢管材（ASTMA333Gr6）；药剂加注管道为不锈钢管材（316L）。

2. 大湾区块集输系统主要材料

大湾区块集气站采气树井口至加热炉进口管线为镍基复合管管材；加热炉至出站工艺管

道及外输管道为L360QS无缝钢管和L360MS直缝埋弧焊钢管；火炬放空系统为抗硫低温碳钢管材（ASTMA333Gr6）；药剂加注管道为不锈钢管材（316L）。

8.4.1.2　管材的制造

1. 镍基管材的制造

镍基管道的制造符合以下原则：

（1）镍基合金管的制造工艺应符合 APISpec5LC－1998、NACEMR0175/ISO15156 和ASTMB423 的相关要求。

（2）镍基合金管为采用冷加工工艺或其他相当工艺的无缝管，并进行退火处理。

（3）化学成分要求见表8－4。

（4）每一熔炼炉次应进行一次熔炼分析，并提供报告，报告包含表8－4所有列出的元素。

（5）厂家对所有规格的合金管选取两根，分别进行产品分析，分析的结果应根据要求提供给业主。

（6）首批生产的合金管应进行首批试验，首批试验合格后方可进行正式生产。

（7）根据 ASTM E8 规定，屈服强度为使标准长度的合金管伸长0.2%所需的拉力。伸长率试验报告中包括在使用狭条试片时试样的公称宽度，或者在使用完整试样时的状态。

（8）拉伸试验应包括屈服强度、极限抗拉强度和伸长率的确定。所有试验均需在室温下进行。变形率应符合 ASTM A370 的相关要求。拉伸试验应在交货状态下进行。

表8－4　镍基管道成分要求

元素	C	Mn	Al	S	Si	Ni	Cr	Mo	Cu	Ti	Fe
最大含量/%	0.050	1.00	0.20	0.030	0.50	46.0	23.5	3.5	3.0	1.2	
最小含量/%	—	—	—	—	—	38.0	19.4	2.5	1.5	0.6	22

2. 碳钢管道的选择

碳钢管道的制造符合以下原则：

（1）钢材应为吹氧转炉或电炉冶炼的低硫和低磷的细晶全镇静纯净钢。

（2）钢材应采用真空脱气或其他可替代的工艺，生产过程需要对其夹杂物的成型进行控制，球化其形状，并使其最小可能地出现非金属夹杂物。

（3）管体的铁素体晶粒应为 ASTM E112 NO.8 级或更细。钢材的铸造生产过程应是连续不间断的。

（4）钢管所用的钢带在焊接前应对其边缘进行铣削或机械加工。钢管不允许采用冷扩管。

（5）化学成分要求见表8－5。

（6）每一熔炼炉次进行一次熔炼分析和成品分析，并提供报告，报告应包含所有列出的元素，即使它们不是有意添加的。

（7）如果一个熔炼炉次的钢管化学成分不符合表8－5中的要求，则拒收由该熔炼炉次的钢板所制造的所有钢管。

（8）钢管按照 NACE TM0284 和 NACE MR0175/ISO 15156 的要求进行 HIC 试验，并做出报告。

(9) 钢管按照 NACEMR0175/ISO15156 和 ISO3183.3－1999 的相关要求进行 SSC 试验，并做出报告。

(10) 钢管应进行硬度试验，且须保证任何位置管子的宏观硬度不应超过 22HRC，微观硬度不应超过 248HV10。

(11) 钢管表面的外观检查出现了由于硬力引起的弯曲或表面纹理的不均匀，应成段切除这段有害缺陷的钢管，或者整根钢管拒绝使用。

(12) 管体上有深度超过 3mm 的普通凹痕，即被认为是缺陷，且应切除，否则整根钢管应予拒收。带有尖槽或沟槽的凹痕即被认为是缺陷，且应切除，否则整根钢管应予拒收。

(13) 禁止用磨削的方法来消除裂纹。所有出现裂纹的管段应切除，否则整根钢管应予拒收。

(14) 管的两端应提供坡口保护装置。

表 8－5　碳钢管道成分要求

元素	C	Mn	P	S	Si	Al	Cu	Ni	Cr	Mo	Ca
最大含量/%	0.13	1.5	0.015	0.003	0.40	0.06	0.2	0.3	0.3	0.1	0.006

注：(1) AL/N≥2：1；(2) 不能任意添加 B 元素；(3) 不能任意添加 Ce 元素。

8.4.1.3　管道焊接

管线的焊接应严格执行 NACE MR0175/ISO 15156、ISO 13847—2000、ASME IX、ASTM、API 1104 及其他相应的设计、施工验收规范和工厂的规范。

焊接程序的鉴定依据焊接工艺评定、ISO 13847 及 ISO 9956—3 的相关条例对已焊好的试件进行严格的检测试验来确定。

焊接的材料应根据相关的标准规范、焊接工艺评定、母材和介质成分选择合适焊条和焊丝，且保证焊条（丝）的化学成分、碳当量、硬度、力学性能等尽量与母材相同或接近，并选择合理的焊接工艺，以获得最佳的焊接质量。

同时地面集输系统的每道焊口的坡口加工、预热、焊接、消氢、热处理等每道工序，都由监理人员现场监督，确保达到焊接要求，为防止管道的硫化氢应力腐蚀开裂做好质量保障。

8.4.2　管道外防腐

为保证管道的长期安全运行，抑制土壤电化学腐蚀，对站外埋地集输干线管道采取涂层与阴极保护的联合保护方案。普光气田在腐蚀防护技术上不仅采用了以上特殊的手段与工艺，同时也采用常规气田外输管道的一些保护措施。

8.4.2.1　外防腐措施

1. 防腐涂层

普光气田管道地处山区，土壤腐蚀性较强，对酸气管道外防腐采用常规防腐工艺，避免电化学腐蚀。对外输管道采用了硬质聚氨脂泡沫聚乙烯防腐保温层，底层防腐涂料采用无溶剂液体环氧涂料，补口采用粘弹体胶带、辐射交联聚乙烯热收缩带；对燃料气管道采用加强级三层 PE 防腐结构，管道补口采用辐射交联聚乙烯热收缩带。

2. 阴极保护

阴极保护是一项成熟的管道外防腐保护技术，其原理是向被腐蚀金属结构物表面施加一个外加电流，使被保护结构物成为阴极，从而使得金属腐蚀发生的电子迁移得到抑制，避免或减弱腐蚀的发生。阴极保护技术主要分为：牺牲阳极阴极保护和强制电流（外加电流）阴极保护。普光气田采用的是强制电流阴极保护技术。根据 GBT21448－2008《埋地钢质管道阴极保护技术规范》要求，沿线管道阴极保护电位需在－0.85～－1.15V 之间。

1）牺牲阳极阴极保护技术

牺牲阳极阴极保护技术是用一种电位比所要保护的金属还要负的金属或合金与被保护的金属电性连接在一起，依靠电位比较负的金属不断地腐蚀溶解所产生的电流来保护其他金属如图 8－10 所示。

图 8－10　牺牲阳极

2）强制电流阴极保护技术

强制电流阴极保护技术是在回路中串入一个直流电源，借助辅助阳极，将直流电通向被保护的金属，进而使被保护金属变成阴极，实施保护。

8.4.2.2　阴极保护设置

1. 普光气田地面集输系统阴极保护技术指标

土壤电阻率：20～60Ω·m（阳极地床处）；

自然电位：－0.55V（饱和 $Cu/CuSO_4$ 参比电极）；

外防腐层绝缘电阻：三层 PE　100000Ω·m^2，厚膜无溶剂环氧涂层 50000Ω·m^2；

钢管电阻率：0.22Ω·m^2；

最小保护电位：－0.85V（饱和 $Cu/CuSO_4$ 参比电极）；

最大保护电位：－1.15V（饱和 $Cu/CuSO_4$ 参比电极）。

2. 阴极保护站的设置

普光气田地面集输系统中设有阴极保护站，阴极保护站的设立和集气站并在一起。阴极保护系统主要设备包括恒电位仪、辅助阳极地床采用高硅铸铁阳极、长效 $Cu/CuSO_4$ 参比电极，另外配有两台恒电位仪，一备一用。为避免阴极保护电流的流失，在管道进、出站处加设绝缘法兰，并采用氧化锌避雷器防止高压电涌对绝缘装置的破坏。为保证阴极保护系统的电连续性，在绝缘法兰外侧汇流点处将被保护的进出站管道进行跨接，跨接电缆通过防爆接线箱相连。

恒电位仪可以自动测量通电点的电位、恒电位仪的工作电位和输出电流；管线测试桩可检测管道的保护电位和牺牲阳极的工作电位、输出电流、开路电位。阳极地床通过汇流电缆与恒电位仪阳极接点相连；阴极通电点设置两根阴极电缆和两支电位控制用效 $Cu/CuSO_4$ 参比电极，将被保护金属与外加电流负极相连，由外部电源提供保护电流，以降低腐蚀速率。

外部电源通过埋地的辅助阳极将保护电流引入地下，通过土壤提供给被保护金属，被保护金属在大地电池中仍为阴极，其表面只发生还原反应，不会再发生金属离子的氧化反应，使腐蚀受到抑制。

3. 测试桩的设置及参数采集传输

为了进行日常管理、检测阴极保护效果、了解阴极保护设施的运行状况，需要在管道沿线设置阴极保护检测装置，按照 GBT21448 - 2008《埋地钢质管道阴极保护技术规范》要求，相邻测试装置间隔在 1 ~ 3km。

与常规气田相比，普光气田阴极保护系统自动化程度较高，采用了阴极保护远程智能监测系统，不仅能够有效阻止管道外部受到环境的腐蚀，还减轻了人员现场测量数据的工作量，随时都可从阴极保护服务器中读取任一测试桩电位，便于现场腐蚀管理。

4. 阴极保护电位测试

1）准备

工具：便携式参比电极、数字万用表、铁锹。

2）检查

（1）检查确认便携式参比电极内部必须为饱和硫酸铜溶液（液体和硫酸铜固体并存），并充满容积的 1/2 以上。

（2）检查确认数字万用表灵敏可靠。

3）操作

（1）测试前清理干净参比电极底端的固体和杂质，将参比电极插入管道顶部上方 1m 范围的地表潮湿土壤中，保持参比电极与土壤电接触良好。

（2）打开数字万用表，将量程选择在直流 2V 电压测试档，将黑色探针接在参比电极上，红色探针接在测试桩接线柱上，读取测量数据并记录。如发现保护电位达不到或超过允许范围时，及时向上级领导汇报。

(3) 对于腐蚀比较严重的地段，测试时应在管道上方距测试点 1m 左右挖一安放参比电极的深坑，将参比电极置于距管壁 3 ~ 5cm 的土壤上，用电压表调至适当量程，测量数据。

（4）测量强制电流阴极保护受辅助阳极地电场影响的管段，应将参比硫酸铜电极朝远离地电场源的地方逐次安放在地表上，第一个安放点距管道测试点不小于 10m。以后逐次移动 10m，用数字万用表测量电位，当相临两个安放点测试的电位差小于 5mV 时，参比电极不再往远方移动，取最远处的管地电位值为该点的管道对远方大地的电位值。

（5）认真记录测量数据，并按要求上报。

8.4.3　管道内防腐

高含硫气田地面集输系统内防腐主要采用缓蚀剂进行防腐，根据普光气田高含硫及二氧化碳的实际情况，参考国外高酸气田开发缓蚀剂使用的经验和标准，分别通过实验室条件和模拟工况条件下的多次筛选试验，最终选用物理、化学性能均符合普光气田地面集输实际工况的高效缓蚀剂，并采用连续加注和批处理方式分别实施药剂加注。一般在井口和外输管线处分别注入缓蚀剂，并通过水质分析和腐蚀监控等手段来检测防腐效果。普光气田腐蚀速率控制是按照胜利设计院设计给出的，腐蚀速率控制在 0. 076mm/a 以下。

8.4.3.1　缓蚀剂作用机理

目前对缓蚀作用机理解释有很多，主要介绍以下几种：

1. 吸附理论

吸附理论认为缓蚀剂吸附在金属表面形成连续的吸附层，将腐蚀介质与金属隔离起到保护作用。目前普遍认为，有机缓蚀剂的缓蚀作用是吸附作用的结果。这是因为有机缓蚀剂的分子是由两部分组成：一部分是容易被金属吸附的亲水极性基，另一部分是憎水或亲油的有机原子团（如烷基），分为物理吸附和化学吸附。

2. 成相膜理论

成相膜理论认为金属表面生成一层不溶性的络合物，这层不溶性络合物是金属缓蚀剂和腐蚀介质的离子相互作用的产物，如缓蚀剂氨基醇在盐酸中与铁作用生成络合物，覆盖在金属的表面上起保护作用，使金属与酸不再接触，减缓了金属的腐蚀。

3. 电化学理论

从电化学角度出发，金属的腐蚀是在电解质溶液中发生的阳极过程和阴极过程。缓蚀剂的加入可以阻滞任何一过程的进行或同时阻滞两个过程进行，从而实现减缓腐蚀速度的作用。按电化学原理，缓蚀剂可分为阳极缓蚀剂、阴极缓蚀剂及混合型缓蚀剂。

8.4.3.2　缓蚀剂类型

缓蚀剂有多种分类方法，可从不同的角度对缓蚀剂分类。通常我们根据产品化学成分进行分类，主要可分为：无机缓蚀剂、有机缓蚀剂、聚合物类缓蚀剂。目前国内外高含硫气田主要使用的缓蚀剂类型为有机类缓蚀剂。

1. 无机缓蚀剂

无机缓蚀剂主要包括铬酸盐、亚硝酸盐、硅酸盐、钼酸盐、钨酸盐、聚磷酸盐、锌盐等。

2. 有机缓蚀剂

有机缓蚀剂主要包括膦酸（盐）、膦羧酸、琉基苯并噻唑、苯并三唑、磺化木质素等一些含氮氧化合物的杂环化合物。

3. 聚合物类缓蚀剂

聚合物类缓蚀剂主要包括聚乙烯类，POCA，聚天冬氨酸等一些低聚物的高分子化学物。

8.4.3.3　缓蚀剂的应用

普光气田采用的是油溶性预涂膜缓蚀剂和水溶性连续加注缓蚀剂相结合的方式完成管道的内防腐。

1. 连续加注缓蚀剂的应用

1）加注工艺

缓蚀剂连续加注主要为保证站工艺管网和设备的防护，同时可以对外输管网缓蚀剂预膜防护产生的缺陷进行补充。普光主体根据实际工况采用适合现场管材的水溶性缓蚀剂 CI－1204，普光气田大湾区块则选择油溶性缓蚀剂 5K35。主要采用专用加注撬块实现，在加热炉前和外输分别设有一套加注装置，装置包括加注口的雾化装置、单向阀和加注控制球阀。严格执行缓蚀剂加注的工作制度，进行科学加注，有效抑制站场的腐蚀速率如图 8－11 所示。

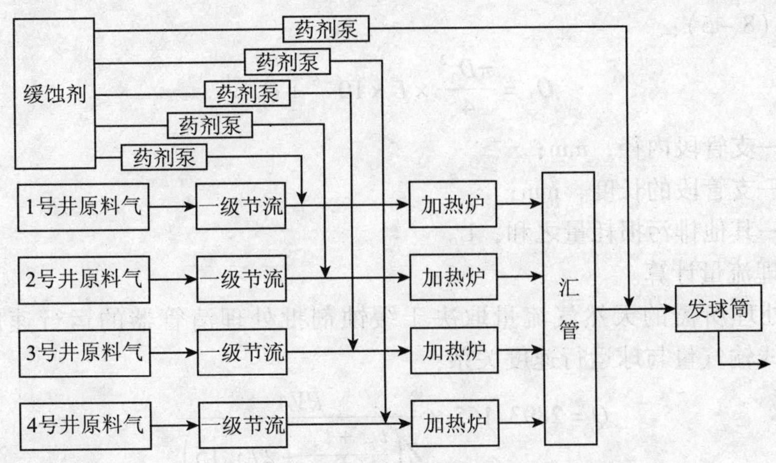

图 8－11 缓蚀剂加注工艺

2）连续缓蚀剂的使用

缓蚀剂的连续加注控制，投产初期按照设计要求与缓蚀剂服务商要求进行。生产过程中根据产量、流速、腐蚀监测腐蚀速率、分离器分离水气分析铁锰离子含量及残余缓蚀剂含量数据及时调整加注量及加注方式。

（1）连续加注缓蚀由各集气站当班操作工人按照当天加注量调节加注撬的泵，缓蚀剂加注撬操作参照《缓蚀剂加注撬操作规程》。为保证缓蚀剂的精确加注，每天对缓蚀剂加注量进行标定。

（2）连续加注按照设计加注量进行加注，投产初期必须采取冲击式加注，即为设计加注量的一倍，以后每月进行一次冲击式加注，加注时间为 24h。普光连续加注缓蚀剂加注量的 1/3 加注在单井管线，2/3 加注在外输管线，防止气体经过分离器后气液分离影响效果。

2. 批处理缓蚀剂的应用

1）批处理工艺

预涂膜和批处理工艺，主要是针对集输管网新管材投用前和管道运行期间实施的一种缓蚀剂防护工艺。这种工艺可以使缓蚀剂在管线上形成一层黏性极强的薄膜，从而有效防止采出流体中硫化氢、二氧化碳以及腐蚀性盐水造成的腐蚀。管道缓蚀剂批处理采取两个缓蚀剂批处理球夹缓蚀剂段塞的方法进行，利用酸性天然气推动段塞。批处理过程中控制成膜时间在 5～10s，形成厚度约为 0.076mm 的保护膜，以达到涂膜的目的。根据工艺条件预涂膜和批处理一般选用稳定性强的阳离子薄膜胺类缓蚀剂——油溶性缓蚀剂。

2）批处理程序

（1）缓蚀剂、柴油用量计算。

缓蚀剂柴油比为 1 ∶ 1，缓蚀剂柴油用量为三通与段塞容积之和。缓蚀剂使用量的计算公式如下：

$$Q = K \cdot \pi \cdot D_I \cdot H \cdot L \times 10^{-6} + Q_1 \quad (8-4)$$

式中　Q——缓蚀剂使用量，L；

K——附加量系数，一般为 1.15；

D_1——管道内径，mm；

L——管道总长度，mm；

H——缓蚀剂成膜厚度，mm，一般为 0.076～0.125mm；

Q_1——管线上支管段三通、排污口等容积，L。

计算见式（8－5）：

$$Q_1=\frac{\pi D_2{}^2}{4}\times L\times 10^{-6}+Q_{其他} \tag{8-5}$$

式中　D_2——支管段内径，mm；

L——支管段的长度，mm；

$Q_{其他}$——其他排污损耗量之和，L。

（2）批处理流量计算。

缓蚀剂批处理所需的天然气流量取决于缓蚀剂批处理清管器的运行速度，通过公式(8－6)推算管线输气量与球运行速度关系：

$$Q=2893.165\times\frac{PVA}{Z\left(\frac{t_{始}+t_{末}}{2}+273.15\right)} \tag{8-6}$$

式中　Q——高含硫化氢天然气流量，m^3/s；

P——管道清管运行压力，MPa；

V——清管球运行速度，m/s；

A——清管管道横截面积，m^2；

$t_{始}$——清管首站管道温度，℃；

$t_{末}$——清管末站管道温度，℃；

Z——高含硫化氢天然气压缩因子。

3. 批处理操作步骤

1）涂膜作业前安全条件与阀门状态确认

（1）作业前应进行作业安全条件确认。确认内容至少应包括人员防护、消防与移动式鼓风设施到位、缓蚀剂设备接电与接地符合规定等。

（2）发球装置阀门状态：3#、5#阀门处于打开状态，1#、2#、4#、6#、7#、8#、9#、10#、11#、12#、13#、14#、15#阀门处于关闭状态，置换口阀门处于关闭状态。

（3）收球装置阀门状态：1#、2#、4#、5#阀门处于打开状态，3#、6#、7#、8#、9#、10#、11#、12#阀门处于关闭状态如图8－12所示。

2）发送清管器

（1）发送清管器典型流程，如图8－12所示。

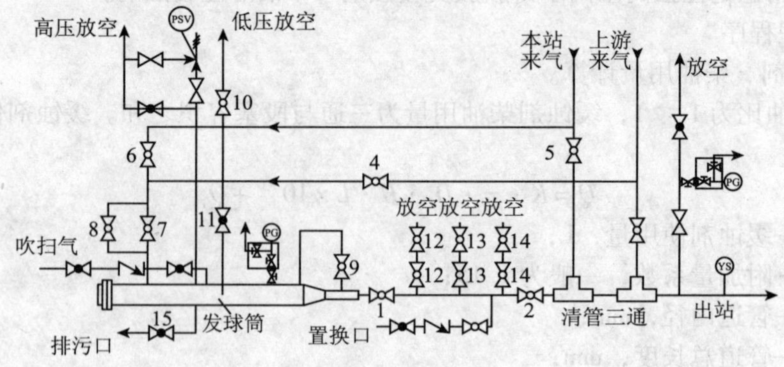

图8－12典型发球筒区流程图

（2）根据作业方案要求，调节上游来气与站内来气的总气量至作业需求的气量。

（3）将缓蚀剂与稀释剂加注至移动式缓蚀剂加注撬内，并混合均匀。

（4）检查导向管器、涂膜清管器表面是否良好。

（5）打开发球筒 9#、10#、11#阀门，再打开发球筒吹扫气阀门，打开 1#阀门，对发球筒进行置换吹扫，硫化氢含量低于 30mg/m³（20ppm）为合格，吹扫完成后关闭吹扫气阀门。

（6）发球筒内压力泄压至零，关闭 10#、11#阀门，完成置换。

（7）打开快开盲板，对球筒内进行喷淋，利用收发球杆将导向清管器放入发球筒大小头并塞紧，关闭快开盲板。

（8）关闭 9#阀门，打开吹扫气阀门与 14#阀门，将导向清管器引导至 14#与 2#阀门之间的直管段，关闭吹扫气阀门。

（9）关闭 14#阀门，打开 9#、10#、11#阀门，将发球筒压力泄压至零。

（10）打开快开盲板，利用收发球杆将涂膜清管器放入发球筒大小头并塞紧，关闭快开盲板。

（11）连接缓蚀剂加注橇管线，打开 14#阀门，关闭 1#阀门，打开 12#阀门往直管段内注入缓蚀剂与稀释剂的混合物，缓蚀剂加注量达到涂膜需要量时，关闭 9#、12#、14#阀门。

（12）打开发球筒吹扫气阀门与 1#阀门，再缓慢打开 14#阀门，当有缓蚀剂溢出时关闭 14#阀门与吹扫气阀门，缓蚀剂与稀释剂混合物加注完成。

（13）打开 6#、7#、4#阀门，引入动力气源，发球筒升压至出站压力时，打开 2#阀门，关闭 3#、5#阀门，气流推动清管器和缓蚀剂段塞对管道内壁进行涂膜作业。

（14）清管器和缓蚀剂段塞出站后，打开 3#、5#阀门，关闭 2#、4#、6#阀门，打开 10#、11#阀门放空，打开置换口阀门进行置换，硫化氢浓度低于 30mg/m³（20ppm）时为合格，关闭 1#、7#、10#、11#阀门。

3）过程监控

缓蚀剂涂膜作业应在发球端、沿线阀室、中途集气站汇入点、收球端设置监测点。

在定位监测点利用定位监测仪器监测清管器的通过状况，并实时监测管道压力变化情况，控制清管器运行速度，记录作业参数。

4）接收清管器

（1）接收清管器流程，如图 8-13 所示。

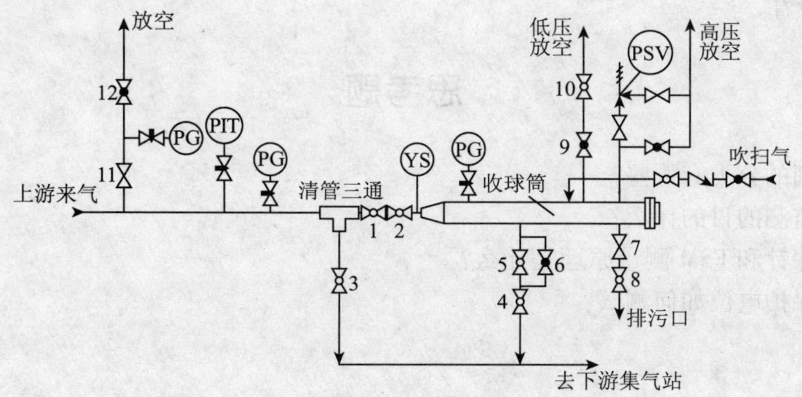

图 8-13 典型收球筒区图

（2）收球端通球指示器显示清管器到站并进入球筒后，打开 3#阀门，关闭 1#、4#阀门，打开7#、8#阀门进行排污。

（3）排液完成后，关闭7#、8#阀门，打开9#、10#阀门进行放空，球筒泄压为零后，打开吹扫气阀门吹扫置换，当硫化氢浓度低于30mg/m^3（20ppm）为合格，关闭吹扫气阀门，置换完成，将收球筒泄压至零，关闭9#、10#阀门。

（4）关闭2#、5#阀门，恢复收球端生产流程。

（5）打开快开盲板，对收球筒内进行喷淋，利用收发球杆取出清管器，关闭快开盲板，打开吹扫气阀门吹扫置换，置换氧含量低于2%为合格。

（6）对清管器进行清理，检查清管器外观完好情况，并测量清管器过盈量。

（7）按照现场作业记录表进行记录。

8.4.4 其他防腐措施

1. 工艺控制

通过加热使天然气输送过程中气体温度保持在水合物形成温度之上，加入水合物抑制剂（如甲醇、乙二醇等）防止水合物形成，减少集气管下部的积水，防止水合物阻塞管线，减小对管道的腐蚀。

控制管内流速，在整个集输管网压力允许的前提下，选择经济、合理的管径，保证管内气体流速达到3～10m/s。

2. 加强配套工艺完善，实施全方位防护

集气站场发生局部腐蚀的位置都集中在管道或者容器的下部，具体时钟位置在5～7点的范围以内。这些位置正是站场管道容器中杂质和酸液聚集的部位，特别是通过现场管道、容器开口检查发现腐蚀点位置就是在杂质堆积的底部位置，由于底部被杂质和酸液覆盖，站场加注的缓蚀剂无法对该处位置起到保护作用，从而发生了局部电化学腐蚀，即元素S＋H_2S/CO_2＋水对基体的电化学腐蚀。

首先，为了减少站场管道、设备中沉积物对生产运行产生的影响，制定和优化了站场冲砂、排液制度，将集气站场内沉积的杂质和积液及时清理，减少局部腐蚀产生的条件。

其次，高含硫气田开发过程中，单质硫析出是必然的，要充分认识到单质硫对材料的腐蚀问题。单质硫对材料的危害不仅体现在钢材的腐蚀，而且对镍基等特殊材料还存在严重的点蚀。为减缓单质硫析出产生腐蚀，普光气田采取了电伴热技术，避免或减缓单质硫的析出、积聚和附着。

思考题

1. 缓蚀剂的分类有哪些？
2. 腐蚀监测的目的什么？
3. 电阻探针和FSM测量原理是什么？
4. 阴极保护电位如何测试？

第9章

常见生产问题及解决措施

本章主要从采气工程、采气设备、计量仪表、自动化控制、腐蚀与防护等方面，介绍高含硫气田集输系统生产过程中遇到的常见问题及解决措施。

9.1 采气工程

本节主要介绍采气工艺、采气井口、采气控制系统、采气地面集输系统遇到的常见问题及解决措施。

9.1.1 采气工艺

9.1.1.1 井筒堵塞问题

1. 现象描述

高含硫化氢气井初期生产，部分气井出现油压快速下降，油温较低的情况。例如某井投产时，开井前油压37.09MPa，油温4.7℃，开井气量$40\times10^4m^3/d$。8.25h后油压下降到22.24MPa，之后气井井口及节流阀出现堵塞，关井后油压能恢复到正常水平。随后对该井进行数次开井试验，开井前油压正常，开井后油压、油温迅速下降，不能正常生产。

2. 原因分析

1）验证井下安全阀液控系统

对该井井下安全阀液控系统进行了验证。用手动打压泵将井下安全阀液压油控制管线压力升至9000psi，完全关闭截止阀后打开打压泵端针阀，将针阀至打压泵管线压力泄至0，完全打开截止阀，压力自动从0升至6200psi，说明井下安全阀液压油控制管线畅通。通过手动打压泵将井下安全阀液压油控制管线分别升至8000psi、9000psi、10000psi；稳定几分钟后，打开打压泵端针阀泄压；重复做3次，通过重复打压、泄压疏通液压油控制管线以及置换液压油，对泄压时放出的液压油进行检查，结果显示井下安全阀液压油正常，井下安全阀液压控制管线油路畅通。

2）验证井筒积液

（1）加大生产压差排液。

为了验证油压下降过快是否由井筒积液引起，利用火炬放空系统对该井进行了排液解堵试验。通过井口高压放空进行排液，3h后油压从37.09MPa迅速下降至3.63MPa，油温8.8℃。之后油压、油温持续较均匀的下降，一度下降到0.39MPa，油温7.7℃，无液体产出。通过火炬放空系统井筒排液，该井未能恢复正常生产。

（2）注液氮放喷排液。

为了再次验证油压下降过快是否由井筒积液引起，对该井开展了注液氮诱喷解堵试验。

注入液氮5.5m³后开井，初期油压快速下降，随后产量、油压有小幅回升，但整体呈下降趋势，油温持续下降，该井未能恢复正常生产。

通过火炬放空系统排液及注液氮后放喷排液恢复生产试验，该井未能恢复生产，说明油压下降过快不是受井筒积液的影响，判断油压下降过快可能是由于井筒堵塞造成如图9－1所示。

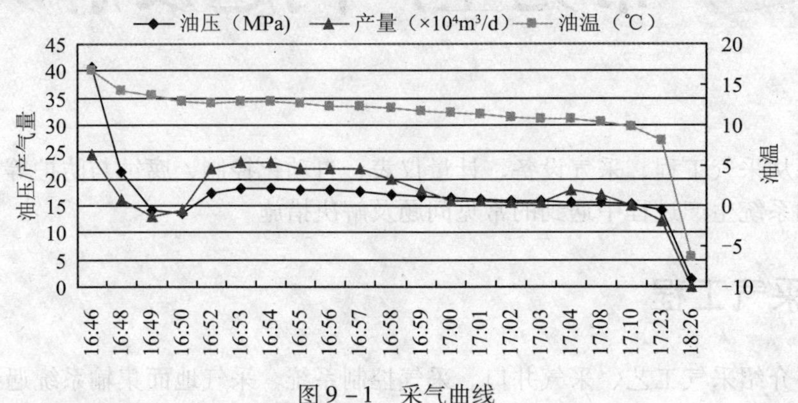

图9－1　采气曲线

3. 解决措施

1）溶硫剂、甲醇混合液解堵

针对井筒内可能存在水合物和单质硫沉积堵塞，对该井进行溶硫剂、甲醇混合液加注解堵施工。此次施工采用间歇注入，共注入溶硫剂1m³，甲醇0.55m³。再次开井，油压下降较快，此后生产中油压在16～30MPa之间波动。瞬时气量不稳定，波动大，油温下降，关井20min后油压恢复至37.6MPa。此次解堵施工效果不理想。

2）溶硫剂解堵

设计注入溶硫剂28m³，设计最高注入压力50MPa。由于泵压上升迅速，实际注入溶硫剂8.93m³，开井放空生产，当产量大于$15\times10^4m^3/d$生产时，油压稳定在35MPa，注溶硫剂取得了一定的效果，但期间油温较低，最高18.3℃。随着产气量的提高，油压、油温均迅速下降，未能恢复正常生产，后续施工也未取得效果，井筒堵塞问题未得到解决。

3）连续油管作业解堵

(1) 方案设计。

结合前期放喷、注溶硫剂及甲醇等的实际情况，解堵技术思路如下：

采用连续油管带冲洗组合工具，探明油管内堵塞位置，并对堵塞位置进行解堵。如果冲洗工具不能解堵，更换成特殊喷射组合工具，对堵塞位置进行解堵。

采用地面高压泵将冲洗液注入堵塞段，通过冲洗、喷射工具对堵塞物进行冲洗解堵。

重点对安全阀位置附近进行冲洗、解堵。对返出物进行取样，判断堵塞物性质。

(2) 解堵管柱设计。

选用1.75in防硫化氢连续油管，其性能参数见表9－1。按连续油管下深3800m，停止循环计算，连续油管抗拉安全系数达到2.87，满足作业要求。

表9－1　1.75in连续油管性能参数

直径/mm	长度/m	壁厚/mm	工作压力/MPa	CT单位重量/(N/m)	CT内容积/(m³/1000m)	抗拉强度/kN
44.45	4200	3.68	70	36.29	1.08	292.53

Roller 接头（ϕ =44.45mm，L =45mm）+ 双瓣式单流阀（ϕ =44.45mm，L =275mm）+ 喷嘴（ϕ =44.45mm，L =96mm），冲洗工具组合如图 9－2 所示。实际解堵过程中，为了防止连续油管起到井口时容易连带起出防喷盒的事故发生，将工具串中加入定位接头，保证连续油管能够安全的起到井口。

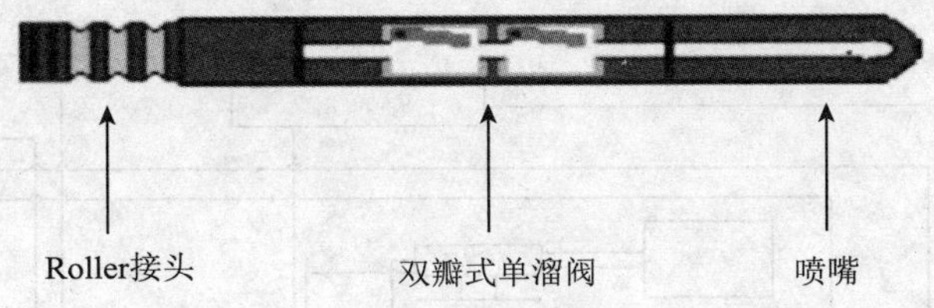

图 9－2　冲洗工具结构示意图

Roller 接头（ϕ =44.45mm，L =45mm）+ 双瓣式单流阀（ϕ =44.45mm，L =275mm）+ 循环分流短节（ϕ =44.45mm，L =100mm）+ 过滤器（ϕ =45mm，L =800mm）+ 压力控制器（ϕ =45mm，L =500mm）+ 高压喷射软管（ϕ =12.7mm，L =2000mm）+ 特殊喷嘴（ϕ =12.7mm，L =30mm）如图 9－3 所示。

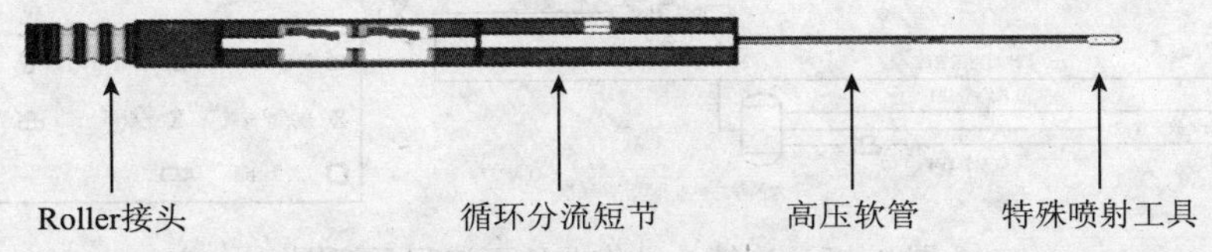

图 9－3　强力喷射工具结构示意图

（3）冲洗液体设计。

冲洗液配方：清水 +0.3% 降阻剂（SAFR－1）+0.4% 缓蚀剂（SAI－1）+3% 溶硫剂（DSM－1）。

为了保证携带能力，冲洗喷嘴时泵排量要求达到 0.25～0.3m^3/min，特殊喷嘴时泵排量要求达到 0.1～0.15m^3/min。

用气嘴对出口进行节流控制，控制回压不低于 30MPa。使用普通喷嘴时，在泵注压力不超过 50MPa 前提下，尽可能的提高泵排量；使用特殊喷嘴时在泵注压力不超过 55MPa 前提下，尽可能的提高泵排量。

保持回压 30MPa 的方法：在出口节流控制，连续油管维持高注入泵压。

（4）井控设计。

连续油管液压驱动防喷盒用法兰连接在注入器底部，利用液压控制打开或关闭，当带压下入/起出油管时向防喷盒打压，压缩密封胶皮以密封油管环空如图 9－4 所示。

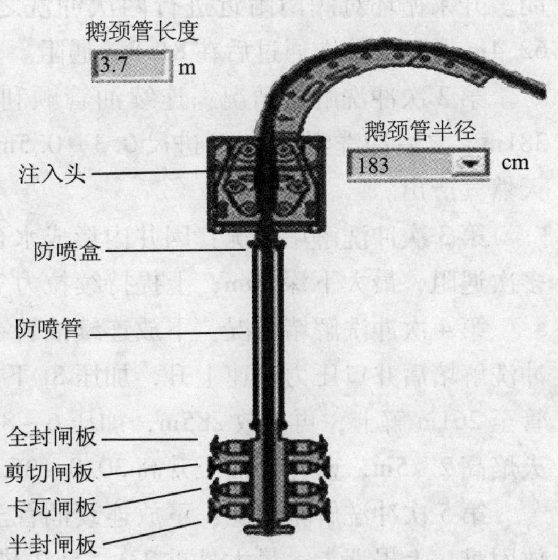

图 9－4　连续油管作业井口流程示意图

连续油管防喷器安装在井口上或注入器下方，由液压控制的 4 部分组成，每组芯子有其独立特殊功能。防喷器闸板从上到下依次是：全封闸板、剪切闸板、卡瓦闸板、半封闸板。

（5）地面流程设计。

连续油管解堵过程中，用气嘴控制井口回压，采用 EE 级二级节流降压放喷流程控制放喷如图 9－5 所示。

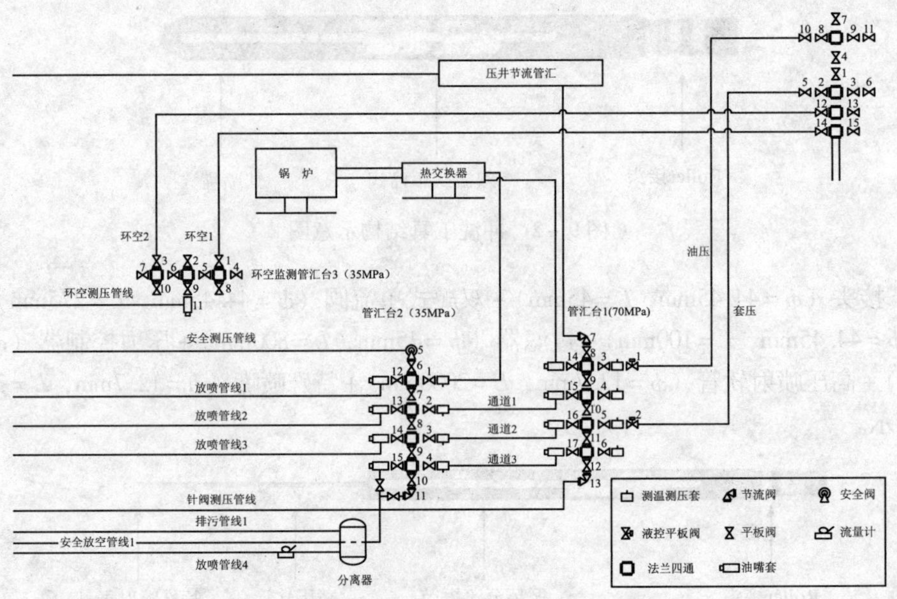

图 9－5　连续油管作业地面流程示意图

（6）方案实施情况。

连续油管下探井筒内堵塞位置。整个连续油管作业过程中，用油嘴控制井口回压，用 EE 级两级降压放喷流程控制循环解堵，进行了 5 次冲洗解堵作业。

第 1 次冲洗解堵情况：下到 15m 遇阻，上提遇卡，最大悬重 20t，持续保持上提拉力，到井口位置拉出连续油管；井口突然畅通，放出大量天然气。1#、7#阀门因有水合物不能关闭。开泵循环对阀门附近进行两次冲洗之后，继续往下冲洗解堵，下连续油管到 50.8m、62.4m 遇阻，冲洗通过后在 81.8m 遇阻。

第 2 次冲洗解堵情况：连续油管顺利通过安全阀位置，下至 260m 遇阻，缓慢冲洗至 381m，之后冲洗至 395m，进尺 0.3～0.5m/min，加压 3～6t，上提连续油管时，井内有大量天然气产出。

第 3 次冲洗解堵情况：因井内形成水合物，连续油管上提下放困难，下放连续油管发生多次遇阻，最大下深 80m，上提持续拉力 7t，起出连续油管。

第 4 次冲洗解堵情况：下放连续油管在 393m 遇阻，加压 5t 冲洗到 436m，堵塞段 39m。冲洗解堵后井口压力迅速上升，加压 8t 下放困难，上提遇卡，最大悬重达到 21t。起连续油管至 261m 解卡，再下放 285m，加压 6～8t 下放困难，起出连续油管。采用 8mm 气嘴放喷，火焰高 2～5m，蓝色，油压升高 30.0～35.0MPa，油温 20℃。2h 后压力迅速下降至 5MPa。

第 5 次冲洗解堵情况：下放连续油管至 317m 遇阻，冲洗后压力迅速上升，连续油管下放困难，上提遇卡，最大悬重 23t，泵注热水后，垂重 18～20t，缓慢起连续油管，到 287m 解卡。

整个冲洗解堵过程中，根据连续油管下探的悬重及遇卡情况探明在井筒内有7个堵塞点（分别为：15m、50.8m、62.4m、81.8m、260m、344m、381～436m处），连续堵塞段最长达55m，利用喷嘴喷射冲洗液解堵均成功冲过。

作业过程中发现存在以下两个问题：①井筒内部分解堵后，油压突然升高，天然气以较大产量产出，连续油管受到井底气流向上的顶力，下放困难；②井筒内的堵塞物被高压推到油管与连续油管环空内，使气流通道减小，形成节流效应；冲洗液在节流作用下快速形成水合物，导致连续油管下放时遇阻，上提时遇卡，最大悬重达23t，达到连续油管抗拉强度的70%以上。

为了加快施工进度，降低施工风险，采用如下思路进行压井后下连续油管解堵措施：

①用密度1.27g/cm^3的无固相压井液进行挤压井，泵注时控制排量，观察出口无返出，压井平稳；

②用密度1.27g/cm^3的无固相压井液进行循环冲洗解堵；

③冲洗到3800m后，用清水将井内的压井液全部顶替出地面，关井，起出连续油管。

（7）无固相压井液压井后下连续油管解堵。

泵注压井液，注入4.55m^3后泵压突然上升到65MPa，显示遇阻塞点，计算阻塞深度约1011m，经开泵不断冲击，泵注压力下降，堵塞物被冲开，随后的注入过程无遇阻显示，压井共注入压井液35.5m^3，注入深度超过油管尾端，压井成功。

下连续油管至3800.38m，中途无遇阻显示，上提连续油管至防喷器内，拆设备，完成施工，采用8mm+12mm双管线放喷排污，生产流程生产，开井气量$40\times10^4m^3/d$，油压29.07MPa，套压0.06MPa，油温36.7℃。显示该井已恢复了生产，并在一定程度上缓解了生产压力。此次连续油管解堵作业效果理想，实现了施工目的。

4. 经验教训

作业过程中，在对井下工具检查时发现双瓣式单流阀、普通喷嘴以及连续油管均有明显的刮伤痕迹，分析认为可能是连续油管遇卡时有射孔或酸压时产生的地层岩屑等较硬的物体，在连续油管20t的上提拉力下，经多次作用而留下了较深的痕迹如图9－6所示。

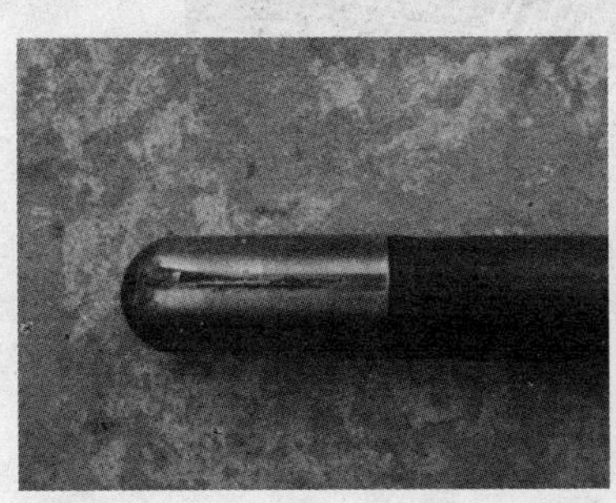

图9－6 喷嘴和单流阀被拉伤实物图

由于条件限制，未在放喷处取到样品，但施工过程中观察放喷池池底有少量黑色黏稠物，在地面放喷节流管汇台取得有少量水合物，分析井筒堵塞的原因主要有两个：

（1）原生堵塞，主要是地层岩屑、暂堵剂、酸压液体与地层反应物以及单质硫等的混合物因井筒流态改变等复杂原因在井筒内壁附着形成。

（2）次生堵塞，由于井筒原堵塞物的存在，使得气体在井筒中节流形成水合物，导致井筒堵塞加剧。

9.1.2 采气井口

9.1.2.1 FMC 采气树闸阀开关故障

1. 现象描述

采气树闸阀因长时间未活动，存在无法正常开关的情况，给高含硫气田安全平稳生产带来巨大隐患。采用锅炉车蒸汽热洗、加注润滑脂等方法处理，都未达到理想效果。最终采用清洗剂对不能动作的阀门进行清洗和浸泡 5h，再加注润滑脂进行润滑保养操作，成功解决了采气树 1#主阀和 7#阀门等 10 座闸阀无法开关的故障。

2. 原因分析

（1）阀门出现问题前长期没有活动，导致阀门处杂质聚集、结垢。

（2）地层采出气流中存在杂质，导致在阀门处进行聚集。

（清洗剂作用：软化、分解结垢物杂质，使杂质、垢污脱离阀门本体并分解缩小颗粒）。

3. 解决措施

（1）关井，利用井口区放空管汇对问题阀门前后进行泄压放空。

（2）连接管路，用手动打压泵从阀门注脂口加注专用清洗剂如图 9－7 所示。

图 9－7　解卡过程

（3）浸泡 3～5h，软化杂质污垢，以利于解卡。

（4）浸泡期间，每隔 2h 用管钳小心进行活动，直至手动活动灵活为止。

（5）加注润滑脂进行维护保养。

（6）拆卸注脂枪，恢复阀门原状，做好开井准备。

4. 经验教训

（1）坚持每周对采气树按规定进行活动保养一次；

（2）坚持每 3 个月对采气树阀门进行加注黄油进行保养；

（3）坚持每半年对采气树阀门进行加注润滑脂进行保养。

9.1.2.2 采气树闸阀提升螺母故障

1. 现象描述

某采气树闸阀在专业清洗剂清洗后仍不能正常开关，面对该情况，将该闸阀在线拆除，并对更换下的采气树闸阀进行拆卸，查找无法正常开关的原因。

2. 原因分析

现场拆卸和分析，由阀盖帽拆卸开始，逐步解体分析。

1）阀盖帽和轴承

内、外轴承和分开式止动环内壁光滑充满润滑脂，与阀门丝杆无摩擦现象，继续操作阀杆时，仍需用管钳加力操作，排除轴承的压实是阀门开关不动的原因如图 9 - 8 所示。

图 9 - 8　阀盖帽和轴承

2）阀杆盘根

闸阀采用的是三道 UV 型组合密封（两道盘根和一道盘根附环），与盘根帽密封圈和盘根帽压盖一道组成对阀杆的密封如图 9 - 9 所示。

图 9 - 9　阀杆盘根

3）闸阀和阀杆

将阀帽卸松后，顺时针旋转阀杆，将阀杆从闸板中提出。在操作时，阀杆和闸板的连接提升螺母不断有小碎屑沿阀杆丝扣带出。由于这些碎屑的存在，增加了阀杆的操作力矩，经现场比对该碎屑是提升螺母本体掉落。

拆卸下的提升螺母表面破碎的较严重，从断裂碎块上看为脆性断口形貌，经分析初步判断为提升螺母在腐蚀性环境中由于裂纹的扩展而互生失效，为应力腐蚀开裂导致。

4）提升螺母

将阀杆从提升螺母处卸下，查看提升螺母的母扣，充满了碎屑和粉末。拆卸下的提升螺母的母扣严重变形，大大地增加了阀门的操作力矩如图 9 - 10 所示。

图9－10　提升螺母

查找提升螺母的材质，为410合金钢，表面经氮化处理。由于提升螺母表面只是经过氮化处理并非钝化处理，只是增加了提升螺母的硬度，并非提高了抗腐蚀能力，导致提升螺母在酸性环境中应力开裂，增加了阀门的开关难度。

综合上述分析，导致FMC采气树闸阀开关困难的原因有2个：第一是由于提升螺母在酸性环境中的应力开裂腐蚀母扣脆裂，大大地增加了阀杆开关力矩；第二是盘根的密封为UV三道密封，增加了阀杆开关的摩擦力。

3. 解决措施

更换损坏的提升螺母，用新密封垫重新组装阀门，试压合格后使用。

4. 经验教训

（1）高含硫气田闸阀上的提升螺母更换为抗硫材质。

（2）在阀门开关困难时，禁止强加力矩进行开关，过猛的操作会加速损坏提升螺母，同时可导致盘根变形失效，有高含硫化氢天然气外漏的风险。

（3）定期对轴承和闸阀进行活动注脂，保证闸阀开关灵活。

9.1.2.3　笼套式节流阀故障

1. 现象描述

在采气树上安装的CVC2ME型笼套式节流阀，采用2in过流面积，在前期的生产过程中，笼套式节流阀出现了不同程度的异响、剧烈震动、阀杆处渗漏等情况，而且生产时间越长，笼套式节流阀的故障情况越明显（表9－2）。

表9－2　节流阀运行状况统计表

序号	产量/（$10^4m^3/d$）	开度/%	故障情况	备注
1	40	26	渗漏、异响、振动	更换过同型号的1次
2	45	20	异响、振动	更换过同型号的1次
3	40	20	异响、振动	
4	40	22	渗漏、异响、振动	更换过同型号的1次
5	40	25	异响、振动	维修过1次
6	55	9	渗漏、异响、振动	紧固
7	40	9	异响、振动	更换为3/4过流面积的笼套1次

2. 原因分析

1）选型原因分析

笼套式节流阀装在采气树11号闸阀与井口镍基闸阀之间，起到第一级降压节流作用，笼套式节流阀实物图，如图 9－11 所示。

图 9－11　T3 笼套式节流阀实物图

目前生产井一级节流前压力为 20～37MPa，节流后压力为 18～25MPa，流量控制在 25～120×10^4m^3。在这两类笼套式节流阀的应用过程中，只有 T3 笼套式节流阀出现了异响、剧烈震动、渗漏等情况，而且这 7 口井的笼套式节流阀在生产过程中只调至很小的开度（9%～26%），几近处于关闭状态。而 Cammon 的笼套式节流阀在同样的压力和产量下的开度为 40%～60%，在这种情况下，笼套式节流阀未产生任何异常的震动及声响。两类笼套式节流阀属于相同的工作原理，只是在过流面积（或是流量系数 *K*v 值）上存在差别。

笼套式节流阀以“水压能量消耗”的原理，结合空气动力学及有限元分析的方法，利用活塞在开孔的笼套中间移动产生不同的过流面积，来达到控制流量和压力。高压流体从节流阀入口进入阀体和笼套之间的环形空间，改变流体方向，相互撞击进入笼套的中心，这样就消耗了流体的自身能量，使得流体的破坏能量得到消耗并由此而减少了流体对节流阀（气嘴）内部及下游部件的冲蚀和噪音，达到最佳使用效果，并且气流经过的节流孔越多，经过节流孔后的气流越稳定，产生的噪音和振动越小。

2）节流阀的结构及基本原理

CVC2ME 型笼套式节流阀基本结构包括阀体、阀座、阀杆、笼套、手轮、阀位指示器、密封组件及连接等主要部件。

节流阀的基本原理是：通过一个可以拆卸的圆柱筒，在一个固定的壁上有节流孔口的圆柱型笼套外运动来调节流量。圆柱型筒上下运动导致笼套上可过流体的节流孔口的面积产生了变化，控制通过节流阀流体的流量和压力下降。高压流体从节流孔入口进入阀体和笼套之间的环形空间，改变流体方向，相互撞击进入笼套的中心，最后流向下游管段，实物图及流体经过笼套时旋流示意图，如图 9－12 所示。

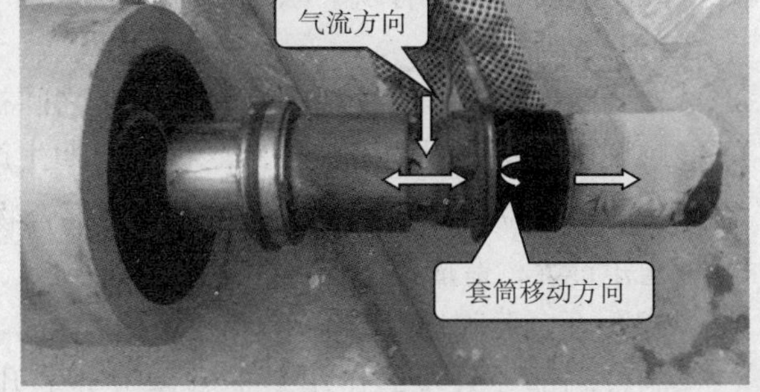

图 9－12　阀座与调节套

经过以上情况分析，得出初步结论是：

前期所选用的 T3 笼套式节流阀流量系数 *K*v 值（国外称 *C*v 值）过大，在给定的压差及流量情况下，笼套式节流阀保持在极小的开度，只有极小的一部分节流孔允许气流通过，气流经过小孔道后在笼套内产生强烈的紊流，造成节流阀振动，产生异响。

3）笼套式节流小尺寸阀笼套更换实验

在得到上述初步结论后，决定对原有在用的T3笼套式节流阀笼套由2in更换为3/4in，观察小尺寸的过流面积是否能解决节流阀异响、振动、渗漏的问题。

新更换的阀座要比以前使用的阀座的过流面积小。以前生产时，为了达到指定流量，原节流阀的开度相当小，几近处于关闭状态，使气流在通过阀座时产生了剧烈的紊流和气蚀，产生较大的震动。而更换后的阀座过流面积较小，在指定流量下需要节流阀的开度就会大，流体通过阀座的孔数就增多，多孔过流面可以显著降低气流经过阀座时产生的噪音和振动如图9－13所示。

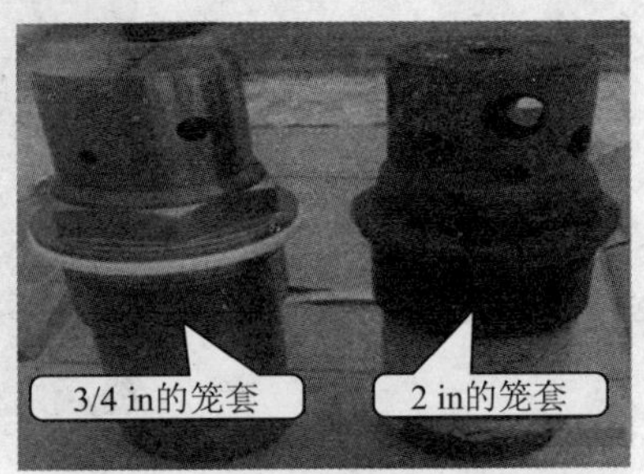

图9－13　2in与3/4in笼套实物图对比

更换3/4in笼套后，按照原生产气量（$40\times10^4m^3/d$）生产，节流阀前后压力不变，调产稳定后，发现该笼套式节流阀的噪音及振动明显减小，只存在正常的气流声。原笼套式节流阀按照$40\times10^4m^3/d$的产量进行生产时的开度为18%，而目前的笼套式节流阀的开度为32%，已经达到了调节阀正常生产时的开度。

通过上述实验，进一步证实原选用的T3笼套式节流阀笼套尺寸过大，造成该节流阀在生产过程中产生了异响、振动、渗漏的故障。

4）节流阀丝杠处微漏气问题

对于节流阀丝杠处出现漏气的问题，初步断定其丝杠与外套筒间密封装置（密封环）出现损坏，导致密封不严出现微小漏气。

5）节流阀无法节流

经过拆卸发现造成笼套式节流阀不能节流的主要原因是阀座和调节套之间被卡死，阀杆和调节套之间连接销钉断裂如图9－14所示，从而造成调节套不能沿阀座上下移动实现节流。

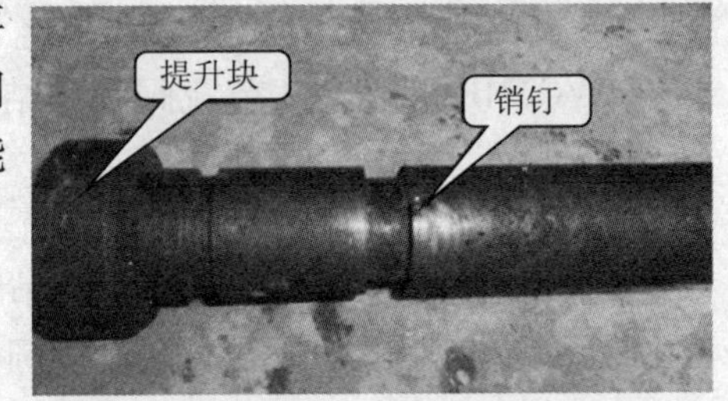

图9－14　连续销钉断裂

发生该问题主要有以下原因：

（1）结垢。

在阀门拆卸过程中发现阀座与调节套之间被卡死，不能顺利使阀杆从阀体当中拆出。根据前期生产经验，在流程节流部位容易产生单质硫和残酸的混合物，该混合物黏度较大，在开关阀门过程中，阀杆扭矩过大，造成阀门损坏。

（2）开、关阀过力。

阀杆端部提升块的作用是提升调节套上升，增大阀门的开度，锁定销钉的作用是固定阀杆，带动阀杆下行，从而实现阀门的关闭。当阀门关闭到位后，过度用力就会造成阀门销钉损坏，阀门销钉损坏后进入阀腔磨损产生铁屑，该铁屑是造成阀门开关吃力的主要原因。

（3）笼套冲蚀。

根据节流阀更换的实验结果，前期所选用的T3笼套式节流阀流量系数*Cv*值过大，在给定的压差及流量情况下，笼套式节流阀保持在极小的开度，只有极小的一部分节流孔允许气流通过，气流经过小孔道后在笼套内产生强烈的紊流，造成节流阀振动，笼套冲蚀严重。

3. 解决措施

（1）通过节流阀的原理、节流阀现场使用情况分析及小尺寸阀笼套更换实验，均得出：原选用的 T3 笼套式节流阀笼套尺寸过大，造成该节流阀在生产过程中产生了异响、振动、渗漏的故障，建议将使用 T3 笼套式节流阀笼套尺寸较大（为 2in 过流面积）井的笼套均更换为小尺寸（3/4in）的笼套。

（2）针对节流阀丝杠处出现漏气的问题，对该节流阀进行了整体更换，确保安全无隐患进行生产。

4. 经验教训

（1）按井控管理制度对节流阀定期进行维护保养，对节流阀经常进行活动，保证节流阀灵活好用。

（2）严格按照节流阀操作规程操作，不得使用加力杆和管钳，关闭到位后回转 1/4 ~ 1/2 圈。

9.1.3　采气控制系统

9.1.3.1　cameron 井口控制柜井下安全阀液压故障

1. 现象描述

自 cameron 井口控制柜投用以来，常出现井下安全阀液压超压力表量程现象（压力大于 10000psi）。

2. 原因分析

在井口控制柜上，井下安全阀液压泵压力表读数均在 7000 ~ 8500psi 之间，处于正常工作范围。而只有开启井的井下安全阀压力大于 10000psi 时，才超出压力表量程。

这是由于井下安全阀的液压控制管线处于环空液中，在开井生产过程中，油温上升→环空液上升→液压控制管线温度上升→液压压力上升。

而各井下安全阀的液压控制管线溢流阀如图 9 – 15 所示的溢流设定值大于 10000psi，当压力升高时，溢流阀不能有效溢流，致使井下安全阀压力表超量程。

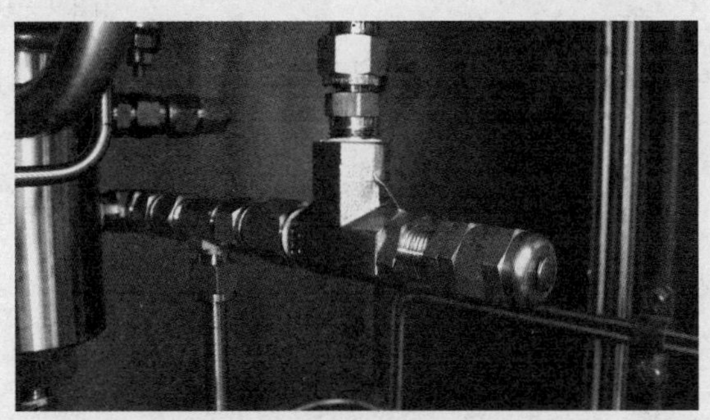

图 9 – 15　溢流阀结构图

3. 解决措施

重新设定井下安全阀的液压控制管线溢流阀的溢流值，设定值为 9000psi，当压力超过 9000psi，就能自动溢流，从而使井下安全阀压力处于有效工作范围内。

4. 经验教训

压力表量程选型达不到要求，换量程为15000psi 的压力表。

9.1.3.2　高低压限位阀自动泄压故障

1. 现象描述

某气井在生产过程中，因高低压限位阀自动泄压多次导致地面安全阀关闭。在48h 内，观测高低压限位阀先导压力，压力能从110psi 下降到28psi，也能从110psi 上升至160psi。

2. 原因分析

从高低压限位阀先导压力表数值可以看出，其数值在28 ~160psi 范围内波动，波动范围较大，主要原因是高低压限位阀液压油路上的泄放阀存在故障，泄放阀内的密封圈损坏导致液压密闭性不好，不能及时对高低压限位阀泄压和补压，从而触发地面安全阀关闭。

3. 解决措施

更换高低压限位阀液压油路上的泄放阀内的密封圈，重新调节准确泄放参数。

4. 经验教训

及时观察高低压限位阀先导压力值变化，分析故障原因，检查维修，避免地面安全阀多次关断。

9.1.3.3　FST 气控液型中压泵压力故障

1. 现象描述

某集气站当班人员巡检时，发现井口控制柜某井中压泵压力表无压力显示（读数为0MPa），但中压泵输出压力（地面安全阀压力）正常，地面安全阀未关闭如图9－16 所示。

图9－16　控制面板

2. 原因分析

经现场流程检查初步判断为压力表损坏或进入压力表的油路管线堵塞造成，之后通过拆卸压力表和与其相连的液压管线发现该井增压泵至中压泵压力表的液压管线内无液体流过，所以断定该管线被堵塞，最终造成压力表读数为0MPa 的现象。

3. 解决措施

将增加泵至中压泵压力表之间液压管线进行拆解，并吹扫拆解后液压管线，清除管线内部堵塞杂质，安装管线和压力表，恢复控制柜正常运行后，中压泵压力表指示读数为26MPa，恢复正常。

4. 经验教训

定期检查、清洗控制柜内的油路过滤器。

9.1.3.4　地面安全阀频繁自动关闭故障

1. 现象描述

某井在井口压力没有出现异常和站控室没有任何报警信号输出的情况下，出现地面安全阀关断现象，集气站职工迅速对流程进行恢复。但在很短的时间内井又出现两次情况相同的地面安全阀关断。

2. 原因分析

1）井口控制柜工作原理

井口控制柜气动液压泵在高压空气的作用下，将液压油进行增压，增压泵压力输出的大小与驱动气压力（调压阀）调节大小成比例（比如驱动气在 80psi 的作用时，增压泵压力输出是 4000psi，驱动气供给减小则增压泵压力输出减少，反之驱动气增大则增压泵压力输出加大）。逻辑控制气压再驱动系统中的各种类型气控阀工作，从而对系统液压回路进行控制，有效地对井口安全阀门开启、关闭实行控制。SCSSV 回路安全阀控制系统压力保持在一定范围内工作，当 RTU 、井下安全阀关断，易熔塞熔化发出关井指令后，逻辑控制气压泄压，气控三通阀动作，迅速把系统液压控制回路压力降为 0，井下安全阀关闭时间可通过单向节流阀调节），即关闭地面安全阀和井下安全阀。

2）逻辑控制

根据 FST 气控液型井口控制柜的设计工作原理，引发地面安全阀关闭的原因有以下几个方面：井口控制柜就地手拉阀就地触发地面安全阀关闭；一级节流后压力高高、低低，高低压限位阀引起液控三通阀卸压，导致地面安全阀关闭；井下安全阀关闭引起地面安全阀的关闭；站控室发出 ESD－1、ESD－2 和 ESD－3 关断引起地面安全阀关闭（触发控制柜电磁阀动作）。

3. 解决措施

根据 FST 气控液型井口控制柜的控制原理，分为以下几个步骤进行检查：

（1）在现场查找过程中发现该井手拉阀排气孔没有漏气，液控三通阀排液口没有内漏等异常现象（在查找过程中发现手拉阀漏气，同时进行了更换），所以不存在手拉阀触发地面安全阀关闭的可能性。

（2）在站控室一级节流后压力报警信号中没有发现压力有高高或低低的记录，所以高低压限位阀卸压导致地面安全关闭的可能性得到排除。

（3）由于现场没有引发井下安全阀的关闭，所以井下安全阀的关闭引起地面安全阀关闭的情况得到排除。

（4）查找站控室报警记录中没有发现有 ESD－1、ESD－2 和 ESD－3 关断信号输出，所以也不可能是站控室紧急关断引发地面安全阀的关闭。

（5）在查找控制柜的过程中发现该井地面安全阀电磁阀的排气口有漏气现象，同时有间歇性异响，然后测试电磁阀的电阻值偏低，分析认为是地面安全阀电磁阀内部线圈出现短接如图 9－17 所示，导致阀芯失效，引起地面安全阀控制气源压力卸除，引起地面安全阀关闭。

最后经过更换地面安全阀的电磁阀后，井口控制柜恢复正常。

图 9－17　电池阀结构图

4. 经验教训

（1）定期巡检，仔细验漏，发现井口控制系统有漏气、漏油现象及时汇报和处理。

（2）加强对井口控制系统的维护保养，防止井口控制系统故障影响生产。

（3）每季度定期对井口控制系统的电磁阀进行通断测试，避免因为电磁阀的失效，导致井口控制系统故障，引发意外关井。

9.1.3.5　地面安全阀关闭状态时 SCADA 人机界面显示故障

1. 现象描述

某站一级关断及停大电后，地面安全阀自动关闭，人机界面上该井地面安全阀显示故障状态。

2. 原因分析

在人机界面上，各井地面安全阀显示状态是直接采集地面安全阀接进开关上的开关信号后，传输到SCADA上显示。造成地面安全阀显示故障状态的原因是：接进开关关位信号故障，没有探测到地面安全阀阀杆的真实位置，给SCADA传输故障信号，初步断定为地面安全阀接进开关没有检测到开关信号。

3. 解决措施

调节接进开关两个电磁探杆上的螺母，使两个电磁探杆与地面安全阀阀杆垂直。

4. 经验教训

地面安全阀能开能关，不影响生产，此故障在其他站可能还会出现，如果不处理，它会自动恢复到正常状态。

9.1.3.6　FST液控液型控制柜关断阀故障

1. 现象描述

某井在恢复生产时需打开地面安全阀，在操作时该井的关断阀无法拔出，导致地面安全阀无法正常开启。

2. 原因分析

首先观察地面关断阀的先导压力为120psi，先导压力保持在60~80psi为宜停止，最大不能超过100psi，初步分析为先导压力过高，造成关断阀无法拔出。

3. 解决措施

（1）把先导压力供给阀开关关闭。

（2）再用活动扳手松开井口关断阀进口1/4管卡套螺母放油如图9-18所示。

（3）再到面板试拔井口关断阀，如能拔起，请按以下步骤操作。

图9-18　控制面板

①把松开的螺母拧紧，再到动力部分机柜面板把先导压力调节阀逆时针旋转到0输出，先导压力表可能压力不变，可以在1#的面板上开关几次井口关断阀来降压。等先导压力为0输出后，再打开2#先导压力供给阀。

②启动中压泵，等压力到电机自动停止再慢慢调节先导压力调节阀，使先导压力保持在60~80psi为宜停止，最大不能超过100psi，再拔动2#井口关断阀。

4. 经验教训

井口关断阀的先导压力不应人为调高，在调高后再降低有可能导致关断阀无法拔出的后果，其先导压力应控制在60~80psi。

9.1.3.7　井口控制柜通讯故障

1. 现象描述

某站人机界面显示两口井的油压、套压、油温、套温数据不变动。

2. 原因分析

井口数据是由RS-485通讯传输至站控室，既然人机界面上和现场表头有数据显示，说明现场供电正常，卡件没有问题。到现场井口控制柜查看，数据传输状态指示灯亮，说明通讯没有问题，最终确定是CPU故障。

3. 解决措施

更换新的 CPU，将该站的原始程序重新下载即可，更换后井口数据恢复正常。

4. 经验教训

定期检查并维护控制柜的自控程序，防止因强电流或其他原因造成配件损坏。

9.1.4　采气地面集输系统

9.1.4.1　加热炉一级盘管安全阀故障

1. 现象描述

某集气站加热炉一级盘管使用的安全阀型号为 26GA15 – 920，整定压力 19.9MPa，工作中压力在 12.5MPa 时起跳，且不能回座，2 天后，另一台加热炉一级盘管安全阀又发生起跳，起跳时工作压力为 13.03MPa。

2. 原因分析

经技术监测中心拆检，两台安全阀均为弹簧断裂如图 9 – 19 所示。由于此种类型的安全阀没有采用波纹管结构，安全阀的弹簧要和酸性气体直接接触，同时安全阀弹簧材质为普通碳钢，在高压酸性气体的长期接触下，发生弹簧和阀体表面腐蚀，造成安全阀弹簧强度降低，意外起跳。

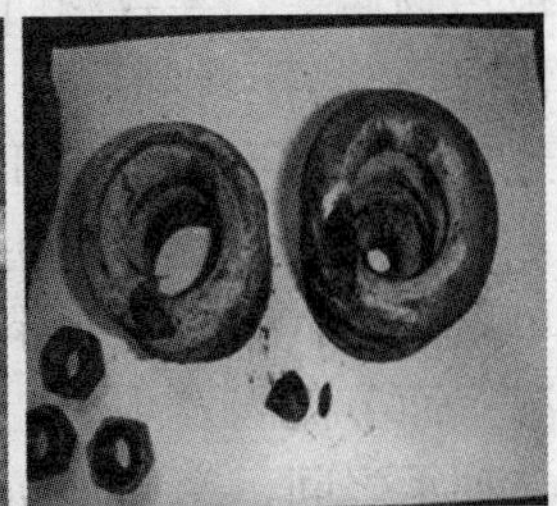

图 9 – 19　安全阀阀座锈蚀

图 9 – 20　新更换的安全阀弹簧

3. 解决措施

将该型号安全阀的弹簧更换为符合 NACA 标准的镍基弹簧，并更换 FO845LX 垫圈包和 NACE 螺栓如图 9 – 20 所示。

4. 经验教训

高含硫气田与硫化氢直接接触管线及设备应严格执行抗硫化氢腐蚀标准。

9.1.4.2　CCI 节流阀力矩故障

1. 现象描述

气井在生产过程中二、三级节流阀经常发生堵塞、阀门开关不动等现象，节流阀力矩跳断的现象，进而导致集气站集输管线憋压。

节流阀的力矩跳断有两种，一种是关阀方向运行时力矩跳断（TORQUETRIPCL），一种是开阀方向运行时力矩跳断（TORQUETRIPOP）。出现节流阀力矩跳断后阀位还没有处于全开或全关状态时，可通过手动活动节流阀使其恢复正常，如若不然则需要关井并利用高压气体反吹，然后对节流阀的阀位进行重新设置。如果上述办法都解决不了问题，就必须关井后拆卸节流阀执行机构进行维修清理。

2. 原因分析

‘TORQUE　CL’字样代表节流阀力矩跳断，由于节流阀具有自我保护功能，当节流阀被污物堵塞，导致阀门关闭过程中，关阀力矩增大超过设定关阀力矩值，就会发生力矩跳断情况。“力矩跳断”是指阀门在开关过程中，执行机构开关力矩超出力矩最大设定值，而导致执行机构不能正常开关的一种现象。

在生产过程中，由于天然气中含有大量的单质硫及其他杂质，节流阀经常出现堵塞的情况，而节流阀发生力矩跳断的原因主要是阀杆与轴承之间，密封面沉积杂质导致的阀杆运动时“过紧”或在行程中阀门由于长期性不动作导致的阀门“粘住”，但归根结底主要原因是阀杆与轴承之间由于沉积杂质，在日常阀杆的运动中密封件损坏后导致的。

图 9 – 21　阀杆密封面积和密封部件损坏严重

阀门开关时“过紧”：二、三级节流阀包括阀体和 rotork 执行机构两部分。当阀杆与轴承之间空隙积存大量单质硫等杂物后如图 9 – 21 所示，阀杆的密封部件由于硫沉积损坏严重，严重的会导致密封件直接卡在阀杆与轴承之间，造成电动执行机构很难带动阀杆上下运动，从而造成节流阀力矩跳断。

图 9 – 22　沉积杂质

阀门开关时“粘住”：由于阀杆与轴承之间容易沉积杂质如图 9 – 22 所示，而在日常运行中，阀门长时间未活动，阀门容易被这些杂质“粘”住，因此在阀门开、关过程中，力矩超限，导致了节流阀力矩跳断故障。

图 9 – 23　单质硫及其他杂质将塞孔堵塞

阀门运行条件改变：在生产过程中，随着生产时间的加长，越来越多的塞孔被单质硫堵塞如图 9 – 23 所示，从而造成节流阀前后压差越来越大。严重时单质硫及其他杂质将塞孔堵塞 60% 之多，造成节流阀前后压差过大，从而导致单井发生关断。从图中可以看出，节流阀的塞孔以及密封垫处都被黄色物质所填满。

3. 解决措施

在停井后对二、三级节流阀正吹、反吹，并调大二、三级节流阀设定力矩，二级节流阀故障排除，三级节流阀仍处于力矩跳断状态，通过接入燃料气管线吹扫下，将三级节流阀拆开清洗，然后再将三级节流阀重新装上，并重设阀位，二、三级节流阀运转正常。

4. 经验教训

针对此类情况，应在保证压力不会超出设计压力的情况下就地反向、快速的打开节流阀，或者用瞬间加大流量的方法排除异物，假如异物过大不能正向排除，可进行关井操作，采用井口放空的方法将异物排除，节流阀力矩跳断很容易促使管线形成憋压，导致三级关断和安全阀起跳，对安全生产产生影响，因此在平时的巡检过程中要时刻关注节流阀的状态，发现问题后及时采取相关措施解决问题。

9.1.4.3　CCI 节流阀内漏故障

1. 现象描述

某井在氮气气密过程中发现二级节流阀执行机构面板显示为全关后，内漏依然严重，无法将该节流阀完全关闭。站控室给定一个开度后，现场实际开度总是比站控室给定开度小3%左右。

2. 原因分析

其他所有节流阀均无此现象，当其完全关闭后，长时间内压力降低值很小，说明可以完全关闭。

通过 Rotork 遥控器进入阀位设置界面后发现，该阀门的 CLOSEACTIVE（关阀方式）设置为 CLOSEONLIMIT（限位关阀）。

针对开度值现场比站控室小 2% 的情况，主要是该执行机构的 Deadband（死区）设置太大。

3. 解决措施

用 Rotork 遥控器进入设置界面后，输入密码 ID，进入编辑模式，再按箭头指示进入 BasicSetup 后，依次进入 CLOSEWISE 后按左右键切换到 CLOSEACTIVE，进入选择 CLOSEONTORQUE，选择完成后确认即可，最后回到主页面。

用 Rotork 遥控器进入设置界面后，输入密码 ID，进入编辑模式，再按箭头指示进入 ConfigSetup，一直往下直至进入 Fd 栏（Deadband），按 + 或者 - 号，将死区调整为一个稍小的数值即可，如 0.5%。通过调整后，现场节流阀能接准确接收到站控开度命令，而且节流阀在全关情况下没有内漏。

4. 经验教训

在调整过程中，不要轻易更改节流阀的组态信息（ConfigSetup），防止节流阀程序出现混乱。在对节流阀进行参数设置时一定要先将其打到就地或者停止模式。

9.2 采气设备

本节主要介绍加热炉撬块、分酸分离器撬块、计量分离器撬块、分酸分离器撬块、计量分离器撬块、甲醇加注撬块、缓蚀剂加注撬块、火炬分液罐撬块及其他设备遇到的常见问题及解决措施。

9.2.1 加热炉撬块

9.2.1.1　加热炉熄火故障

1. 现象描述

某井加热炉人机界面显示加热炉熄火报警，进入加热炉界面后，发现加热炉 ESDV 阀关闭，加热炉熄火。

2. 原因分析

燃料气压力低低报警（高高报警）或长明火熄火。

3. 解决措施

佩戴好空呼检测仪，到现场确认，燃气压力调压后的压力为110kPa，是正常的压力范围，排除了燃气压力低低报警（高高报警），后现场观察长明火被燃料气吹灭，导致报警事件发生，通过调整长明火位置，防止被燃料气吹灭。

4. 经验教训

长明火上带有热电偶，长明火和热电偶两者的位置要放在适合位置，同时也要和主燃料气管线的位置适中，否则经常会引起加热炉熄火。

9.2.1.2 温控阀故障

1. 现象描述

某井加热炉在正常启动过程中，加热炉水浴温度为18℃，燃料气ESDV阀全开，当加热炉温控阀开度达到78%后就一直不上升（在水浴温度未达到设定值时温控阀开度应达到全开状态），查看控制面板内温控阀开度显示为全开。

2. 原因分析

加热炉控制面板PLC系统已给温控阀全开信号，但是温控阀却没有全开。判断出加热炉温控阀出现问题，分析原因可能是温控阀阀位丢失或者仪表风杂质太多导致温控阀堵塞。

3. 解决措施

关闭加热炉，重新对加热炉温控阀进行初始化设定，问题解决。加热炉温控阀重新初始化后，在水浴温度未达设定值时能全开，且此后未再出现不能全开的情形。

4. 经验教训

加热炉温控阀每次拆除或者多次动作后均会导致阀位丢失，故在刚开启加热炉过程中多观察温控阀是否能够全开，在确认阀位已经丢失后，按照相关操作方法及时进行初始化设定。

9.2.1.3 液位变送器故障

1. 现象描述

生产过程中发现加热炉液位变送器现场与站控室人机界面不符合，导致人机界面无法反映罐类的真实液位。

2. 原因分析

在对现场加水过程中，根据缓冲罐顶的玻璃液位计可判断出现场液位变送器的读数不准确。

分析：现场差压式液位变送器，将差压信号转换为电流信号后，进行远程传送至加热炉控制器（PLC），加热炉控制器将其转换为液位数据。同时，现场表头也显示了一个液位值。

3. 解决措施

通过将手操器连接到表头，找到当前设备后，依次进入DEVICE SETUP ⟶DETAILE DSETUP ⟶OUTPUT CONDITION ⟶METER OPTIONS ⟶Meter Type将其更改为Custom Type ⟶Custom Meter Value将其CM Lower Value由原来的0%更改为32%，即将表头输出显示叠加32%。

原因是该差压变送器低起点是在加热炉中部，离地大概30cm左右，控制器程序中已将该值叠加过，故造成表头与站控室不一致。处理后现场表头与加热炉就地控制盘及SCADA系统界面显示一致。

4. 经验教训

由于没有对液位变送器进行设置，导致远传液位不准，应以现场液位计为准，对比后对液位变送器进行设置与液位计保持一致。

9.2.1.4　加热炉 ESDV 阀频繁关闭故障

1. 现象描述

某井加热炉正常运行时，突然加热炉 ESDV 在无报警情况下自动关闭，5min 内又自动重启。

2. 原因分析

通过对该加热炉的现场观察，发现加热炉在 ESDV 自动关闭后，长明火熄灭，系统重新进行点火流程，然后再重新打开 ESDV。可以判断出加热炉 TC 探头位置不固定，长明火被主燃料气吹离热电偶探头，导致系统误认为长明火点火不成功，关闭 ESDV 重新点火。

3. 解决措施

重新对加热炉点火棒上热电偶探头安装位置进行调整紧固。经运行后验证，发现运转正常，但运行一段时间后又出现该情形，需再次紧固 TC 探头。

4. 经验教训

加热炉燃烧过程中喷出的火焰会引起管线震动，影响加热炉一些敏感性较强的部件，因此需定期对加热炉接线、探头位置等进行检查维护。

9.2.1.5　加热炉燃烧器通讯故障

1. 现象描述

某井加热炉正常运行过程中突然无法启动，发现 PLC 显示屏上通讯状态一栏显示 FAIL，加热炉 TC 值等燃烧器状态数据处于冻结状态。

2. 原因分析

加热炉控制面板上启动按钮无效，上下翻页按钮正常。在对加热炉 PLC 模块检查后发现为 FGI351 燃烧器控制器出现故障如图 9-24 所示。

图 9-24　燃烧控制器

3. 解决措施

更换液晶主板，故障清除。

4. 经验教训

在夏季高温的天气下，控制面板内的电子元件由于散热不好，会突然发生故障，导致加热炉失控。因此在高温天气下应密切观察加热炉，出现意外停炉应及时处理。

9.2.1.6　加热炉停炉故障

1. 现象描述

某站人机界面显示 4#加热炉通信存在问题（所有加热炉数据均显示掉电状态）。经现场确认，加热炉控制面板红灯不亮、操作面板按钮失灵、温控阀定位器无电源显示，加热炉不能复位。加热炉无故停机后，发现温控阀定位器显示屏无电源显示。

2. 原因分析

打开控制面板，发现该井加热炉 PLC 系统 CPU 电源灯熄灭、CPU 状态灯“OK 栏”闪烁红灯（正常状态下 CPU 状态灯“OK 栏”闪烁橘红色灯），I/O 输入、输出卡件状态灯无显示（理论上 I/O 卡件触点有信号输入，相应状态灯应显示橘红色），其余显示一切正常。

如图 9－25 所示，该井加热炉 PLC 控制系统 CPU 状态灯“OK 栏”闪烁红灯，I/O 输入、输出卡件状态灯无显示。

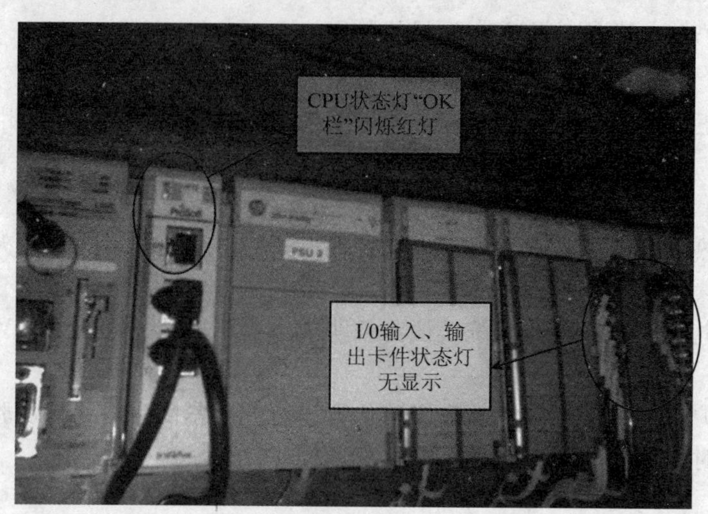

图 9－25　加热炉 PLC 控制系统

3. 解决措施

初步判断，加热炉 PLC 控制系统死机，用加热炉调试软件连接 CPU，连接成功后发现调试软件状态栏显示加热炉存在系统故障（显示 HAVE　A　FAULT），在状态栏清除错误（状态栏 CLEARFAULT 相）后加热炉 PLC 系统 CPU 状态灯“OK 栏”恢复正常，闪烁橘红色。将加热炉调试软件重新恢复为运行模式（RUNMODE），调试软件状态栏显示“I/O”状态无反应（I/ONOTRESPONSE）、PLC 系统 CPU“I/O 显示灯”闪烁不停、I/O 卡件指示灯也无闪烁信号。

结合以下三个现象，初步判定加热炉 PLC 系统 I/O 输入、输出卡件损坏。（现象：PLC 系统 CPU“I/O 显示灯”闪烁不停；调试软件状态栏显示“I/O”状态无反应（I/ONOTRESPONSE）；PLC 系统 I/O 输入、输出卡件指示灯无闪烁信号）。

由于加热炉控制面板按钮所有模拟信号均接入 I/O 输入卡件，将其更换后 I/O 输入、输出卡件状态恢复正常、控制面板红灯状态灯恢复正常，但 CPU 状态灯“OK 栏”依然闪烁红灯。用加热炉调试软件重新连接加热炉 CPU，发现状态栏依然存在系统故障（显示 HAVEAFAULT）。在状态栏清除错误（状态栏 CLEARFAULT 相）后加热炉 PLC 系统 CPU 状态灯“OK 栏”恢复正常，闪烁橘红色。将加热炉调试软件重新恢复为运行模式（RUNMODE），调试软件状态栏“I/O”状态恢复正常。

按照操作规程检查加热炉流程，发现温控阀无电源显示，此时加热炉能正常起炉，长明火点火正常、燃料气 ESDV 阀正常打开，可温控阀却不能正常开启。

检查加热炉温控阀线路，相应保险及线路无问题，测量温控阀各级线路电压，显示只有 1V（正常状态下应持续供应 12V 电压），供应电压太低导致温控阀不能正常运作，拆除加热炉温控阀定位器接线，测量输入电压为 12V。

最终判定温控阀接线盒烧毁，更换接线盒后加热炉恢复正常。

4. 经验教训

针对以上情况大致可将问题总结如下：

（1）由于 I/O 输入卡件损坏，导致控制面板按钮信号不能有效传递给 CPU，故致使加热炉 PLC 系统死机，控制面板按钮失灵，加热炉意外停炉。

（2）温控阀定位器接线盒烧毁，电阻过大，导致温控阀定位器电压过小，不能正常工作。

9.2.1.7　加热炉与 SCADA 系统通信故障

1. 现象描述

加热炉与 SCADA 间的通信故障表现为：现场加热炉正常运行，就地面板显示通信正常（COMM：GOOD），站控室人机界面显示加热炉数据全为绿底黑字，表示通信不通，通信正常的数据为黑底绿字（图 9－26）。

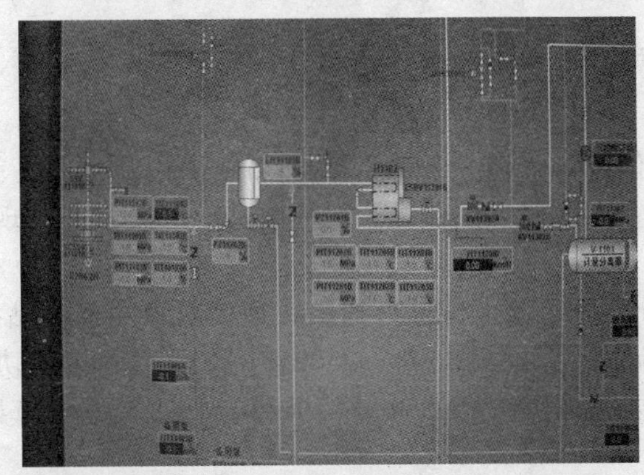

图 9－26　加热炉与 SCADA 通信故障

2. 原因分析

由于 SCADA 系统与现场加热炉通信首先是经过工业以太网，然后通过串口服务器进行的。故通信故障可从以下几方面进行分析：

若其他第三方通信设备的通信数据均不正常，即可以判断为串口服务器与工业以太网通信不通；

若单独的某台加热炉在人机界面上显示数据不正常，则需查看该加热炉与串口服务器的通讯情况。

3. 解决措施

根据故障分析，故障诊断可采取如下步骤：

1）查看状态灯

从机柜间 PCS 机柜内查看串口服务器，观察加热炉信号所在通道状态指示灯是否正常，Rx 和 Tx 指示灯均闪烁为正常。

2）软件诊断

用软件 ModScan32 进行扫描，地址（Address）设为 1，设备号（Device Id）设为 1，数据类型（MODBUS Point Type）设为 HOLDING REGISTER，然后点击快速连接，查看数据收发包是否正常。

3）故障的排除

若诊断出故障，则需进行排除。首先，对于上述故障应排除线路破损、短接等造成的影响。方法为从站控室机柜侧将该组 RS－485 信号线断开，现场从加热炉柜内将信号线也断开，然后测试其通断，保证两条信号线通信良好，无短路接地等现象。同时，对一些转换接头也应用正常的进行替换，保证部件完好。

4. 经验教训

加热炉的正常运行是集气站安全平稳生产的保障，在通信出现故障时，首先应采用观察法进行故障原因查找，同时用一些诊断软件进行检测，通过诊断结果进行综合分析。当采用上述两种方法均不能有效排除故障时，则可采用替换法及其他自动控化仪表故障处置方法进行故障查找和排除，原则是先简单后复杂，多种方法综合利用。

在采用替换法进行故障处置时需要改变跳线和拆接线，若跳线设置错误或接线错误，不但不能解决问题，还可能造成误判断，引起不必要的损失，因此，一定要注意各个板卡的跳线设置及接线顺序。

9.2.1.8 加热炉与第三方通信设备通信故障

1. 现象描述

加热炉与第三方通信设备故障表现为：现场加热炉正常运行，就地面板显示通信失败（COMM：FAIL），站控室人机界面加热炉长明火状态、BMS状态与现场不一致。

2. 原因分析

加热炉PLC通过ProSoft通信卡件进行通信，通信对象主要有站控室串口服务器、燃烧器管理系统（BMS）、流量计算机（Rosement3095FB），采用的通信协议是RS-485。就地控制面板显示通信失败主要是加热炉ProSoft通信卡和BMS及流量计算机之间的通信失败。

3. 解决措施

根据故障分析，故障诊断可采取如下步骤：

1）查看状态灯

打开加热炉就地控制面板，通过查看通信卡件ProSoft上的状态指示灯进行初步判断如图9-27，表9-3所示。

图9-27 ProSoft状态灯

打开燃烧器管理系统FGI351，FGI351控制器安装了三个电路板：分别是终端板、I/O板及主板，通过主板上的状态灯也可进行故障查找。

主板位于前门的背面，含有控制所用输入、输出的CPU。显示器指示出燃烧器和某个变量的状态。主板上有五个状态指示灯发射二极管，指示下列信息如图9-28所示

运行（RUN）：闪烁，指示CPU正在运行。

电离检测（FLAMEDETECT）：闪烁，指示出IGN50传递的信息：存在火焰。

电源失效检测（POWERFAILDETECT）：当供给电源电压低于额定电压的90%时，状态指示灯点亮，351切断燃烧器。

TX：当CPU从主机上检测到有信息传送来并进行反应时，状态指示灯闪烁。

RX：当从主机上获得信息时，状态指示灯闪烁。

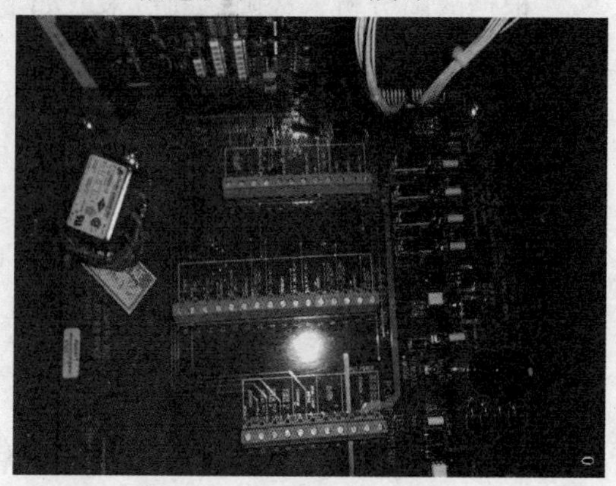

图9-28 主板指示灯

一般情况，可通过表9-3对故障进行初步诊

断，若无法排除故障，可尝试进一步通过其他方法进行诊断。

表 9－3　指示灯状态表

名称	颜色	状态	指示
CFG	绿色	亮	模块正在和终端设备组态/调试口
		灭	没有进行组态数据交换/调试口
P1	绿色	亮	P1 口正在通过 Modbus 网络进行数据交换
		灭	P1 口没有数据交换
P2	绿色	亮	P2 口正在通过 Modbus 网络进行数据交换
		灭	P2 口没有数据交换
APP	琥珀色	亮	模块功能正常
		灭	模块和处理器存在通讯错误
BPACT	琥珀色	亮	模块正在背板上进行写操作
		灭	模块正在背板上进行读操作，通常情况下这个指示灯处于闪烁状态
OK	红/绿	灭	卡未通电或者未牢固的插入导轨
		绿	正常运行
		红	如果该灯常亮 10s 以上，表明程序停止了，需重新插卡进行启动模块程序
BAT	红	灭	电压正常
		亮	电压过低，通过插入背板 24h 进行充电

2）软件诊断

ProSoft 通信卡共有 2 个通信口，分别是 Port1 和 Port2，Port1 是通过 485 信号和站控室机柜间串口服务器进行通信，Port2 是通过总线形式和加热炉燃烧器管理系统 BMS（即 FGI351）、多变量变送器 Rosement 3095FB 进行通信。其中 Port2 为主站，Port1 为从站，主站上挂了 2 个设备，即 FGI351 及 Rosement 3095FB。

通过 ProSoft Configuration Builder 软件自带的故障诊断工具（Diagnostics）进行问题查找。诊断结果如图 9－29 所示，Port2 为通信故障口，错误值为－11，数据请求数严重少于响应数，正常情况请求数和响应数应一致或相差很小。

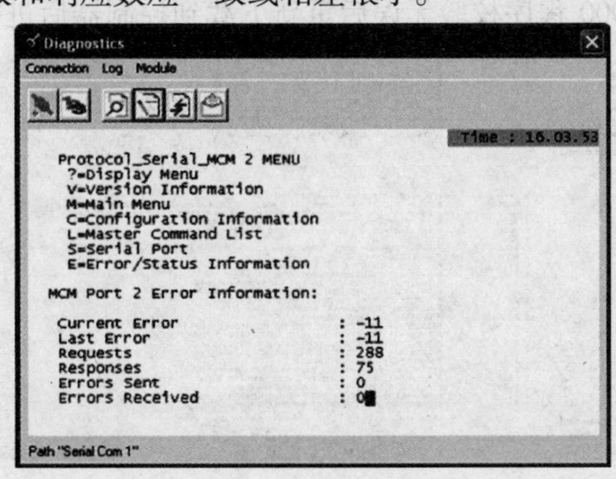

图 9－29　ProSoft 诊断工具诊断结果

从图 9－30 和图 9－31 对比可以看出，正常通讯端口接收到的数据量很大，而异常通讯端口接收到的数据量很小。

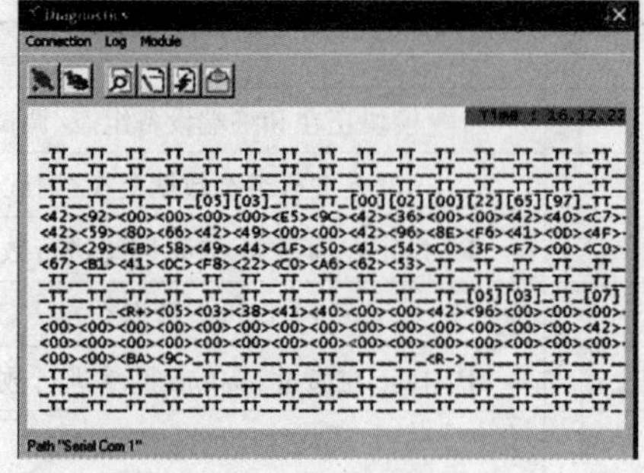

图 9－30　正常通讯端口（Port1）

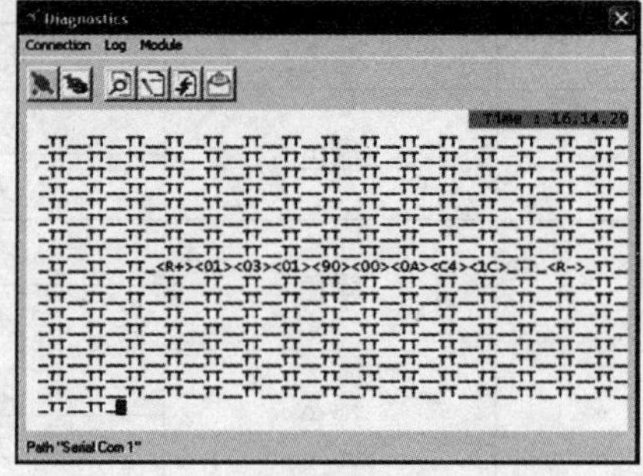

图 9－31　异常通讯端口（Port1）

Rslogix5000 程序查看通信故障。

既然从上面的 ProSoft Configuration Builder 软件诊断工具判断出了故障端口是 Port2，那么从 Rslogix5000 程序中也可以查看到该故障。

通过任务下面的 MASTER_ PORT_ MAPPING 子例程可以看到 MCM1. ReadDate［940］读到了一个错误的数据－11，导致 BMS 通信失败的延时导通计时器触发，故而就地控制盘上显示通信失败（COMM：FAIL），如图 9－32 所示。

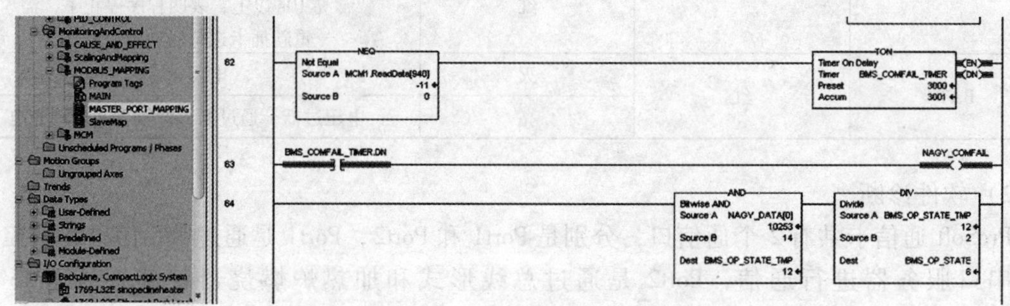

图 9－32　异常的通信梯形图

3）故障排除

通信故障可能是由于软件组态导致，也可能是由于硬件损坏导致。软件组态错误导致可通过重新组态或下载程序进行检查，检查各参数设置正确后进行重新下载 MVI－69 配置（图 9－33）；将 Rslogix5000 程序校验无误后重新下载到控制器后进行查看。

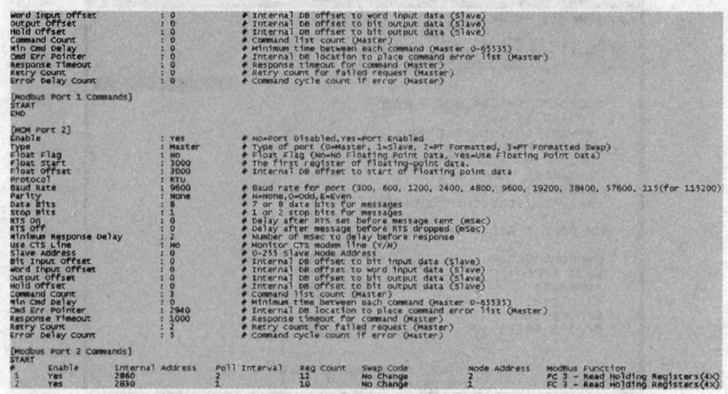

```
Word Input Offset          : 0        # Internal DB offset to word input data (Slave)
Output Offset              : 0        # Internal DB offset to bit output data (Slave)
Hold Offset                : 0        # Internal DB offset to bit output data (Slave)
Command Count              : 0        # Command list count (Master)
Min Cmd Delay              : 0        # Minimum time between each command (Master 0-65535)
Cmd Err Pointer            : 0        # Internal DB location to place command error list (Master)
Response Timeout           : 0        # Response timeout for command (Master)
Retry Count                : 0        # Retry count for failed request (Master)
Error Delay Count          : 0        # Command cycle count if error (Master)

[Modbus Port 1 Commands]
START
END

[MCM Port 2]
Enable                     : Yes      # No=Port Disabled,Yes=Port Enabled
Type                       : Master   # Type of port (0=Master, 1=Slave, 2=PT Formatted, 3=PT Formatted Swap)
Float Flag                 : No       # Float Flag (No=No Floating Point Data, Yes=Use Floating Point Data)
Float Start                : 3000     # The first register of floating-point data.
Float Offset               : 3000     # Internal DB offset to start of Floating point data
Protocol                   : RTU
Baud Rate                  : 9600     # Baud rate for port (300, 600, 1200, 2400, 4800, 9600, 19200, 38400, 57600, 115(for 115200)
Parity                     : None     # N=None,O=Odd,E=Even
Data Bits                  : 8        # 7 or 8 data bits for messages
Stop Bits                  : 1        # 1 or 2 stop bits for messages
RTS On                     : 0        # Delay after RTS set before message sent (mSec)
RTS Off                    : 0        # Delay after message before RTS dropped (mSec)
Minimum Response Delay     : 2        # Number of mSec to delay before response
Use CTS Line               : No       # Monitor CTS modem line (Y/N)
Slave Address              : 0        # 0-255 Slave Node Address
Bit Input Offset           : 0        # Internal DB offset to bit input data (Slave)
Word Input Offset          : 0        # Internal DB offset to word input data (Slave)
Output Offset              : 0        # Internal DB offset to bit output data (Slave)
Hold Offset                : 0        # Internal DB offset to bit output data (Slave)
Command Count              : 3        # Command list count (Master)
Min Cmd Delay              : 0        # Minimum time between each command (Master 0-65535)
Cmd Err Pointer            : 2940     # Internal DB location to place command error list (Master)
Response Timeout           : 1000     # Response timeout for command (Master)
Retry Count                : 2        # Retry count for failed request (Master)
Error Delay Count          : 5        # Command cycle count if error (Master)

[Modbus Port 2 Commands]
START
#     Enable    Internal Address    Poll Interval    Reg Count    Swap Code    Node Address    ModBus Function
 1    Yes       2860                2                12           No Change    2               FC 3 - Read Holding Registers(4X)
 2    Yes       2830                1                10           No Change    1               FC 3 - Read Holding Registers(4X)
```

图 9－33　MVI－69 配置参数

硬件损坏导致通讯故障则需进行更换，一般通过替换法进行故障排除。加热炉 FGI 共有三块板，分别是主板、I/O 通讯卡、输出板卡。可以采取将加热炉置于安全保护状态，然后进行断电对主板、I/O 通讯卡、输出板卡进行依次替换。

4. 经验教训

加热炉的正常运行是集气站安全平稳生产的保障，在通讯出现故障时，首先应采用观察法进行故障原因查找，同时用一些诊断软件进行检测，通过诊断结果进行综合分析。当采用上述两种方法均不能有效排除故障时，则可采用替换法及其他自控动化仪表故障处置方法进行故障查找和排除，原则是先简单后复杂，多种方法综合利用。

在采用替换法进行故障处置时需要改变跳线和拆接线，若跳线设置错误或接线错误，不但不能解决问题，还可能造成误判断，引起不必要的损失，因此，一定要注意各个板卡的跳线设置及接线顺序。

9.2.2　分酸分离器撬块

9.2.2.1　分酸分离器捕雾器压差故障

1. 现象描述

某井在生产过程中，一级节流后压力在未进行任何操作的情况下从 18MPa 上涨到 20MPa，且下游压力不变。

2. 原因分析

通过现场对比一级节流和二级节流后压力表及压力变送器的参数，初步排除压力变送器数值不准，通过对比二级节流阀到三级节流阀间压力，及同压力等级下分酸分离器和加热炉一级加热进口的压力表及压力变送器，发现分酸分离器的压力比加热炉一级加热进口的压力表及压力变送器高 3MPa 左右，初步判断分酸分离器到加热炉一级加热前的管道有堵塞现象。现场对分酸分离器到加热炉一级加热进口间的管道进行检查时，发现分酸分离器罐体的温度与罐顶天然气出口的温度有较大温差，该部位安装有捕雾器，判断为在分酸分离器出现假液位时，酸液冒罐，导致酸液中的杂质堵塞该捕雾器。

3. 解决措施

为了解除堵塞现象，对三级节流阀进行了突然开大 20% 并迅速还原开度的方法，对该管段进行吹扫，通过 3 次吹扫，一级节流后的压力恢复正常，分酸分离器的压力只比加热炉一级加热进口的压力高 0.1MPa，管道堵塞现象得到解除。

反吹完成后再开井，观察到分酸分离器的压力只比加热炉一级加热进口的压力高 0.1MPa，达到了正常水平。

4. 经验教训

在正常生产特别是开井过程中，应该密切关注分酸分离器以及加热炉进口压力，防止分酸分离器捕雾器被堵，引起分酸分离器安全阀起跳。

9.2.2.2　液位传感器调节故障

1. 现象描述

某井分酸分离器液位变送器不停跳动。液位传感器是通过磁柱的磁场给磁质线一个扭矩力，然后磁质线将扭矩力转化为电磁波信号向两端扩散，同时门槛电压也以 10 次/s 的频率通过磁质线发送电磁波，并且通过电磁波的反馈信号来判定液位值（图 9－34）。

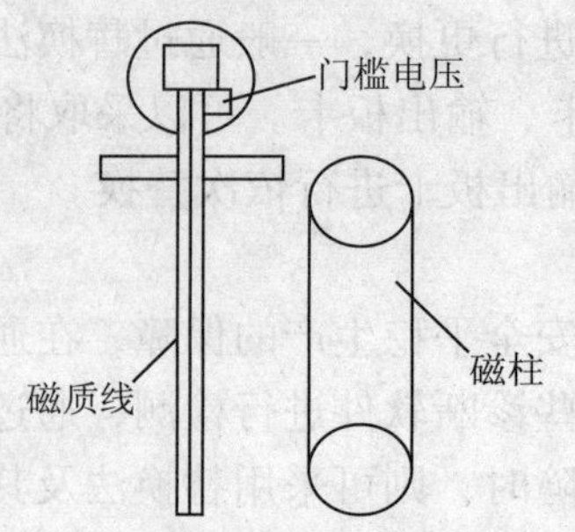

图9－34　液位传感器结构示意图

2. 原因分析

液位变送器的门槛电压没有设好。

3. 解决措施

（1）打开外盖，找到门槛电压调节螺钉；

（2）顺时针旋转小改锥，将门槛电压（LIC 值）调到 20.96mA（现有 20.96mA 和 3.6mA 两种）；

（3）逆时针旋转小改锥找到 LIC 的暂时稳定值，记下旋转圈数 $n1$；

（4）注意显示器中 LIC 值的变化情况，继续逆时针旋转小改锥，观察到显示值不稳定时就停止转动，记下转动圈数 $n2$；

（5）顺时针转动小改锥，转动 1/2（$n1+n2$）圈即可；

（6）拧紧外盖。

经过对门槛电压设定后，该液位变送器恢复正常。

9.2.2.3　ESDV 阀阀球故障

1. 现象描述

分酸分离器 ESDV 阀是用于分酸分离器排液过程中当液位低于 25% 时，实现紧急关断的一种阀门。据统计在生产过程中，更换了 ESDV 阀球 10 个，阀杆 3 个。在更换分酸分离器 ESDV 阀球和阀杆的过程中，必须进行关井、放空操作，严重影响了气井的安全生产。

2. 原因分析

1）开关动作频繁

分酸分离器 ESD 阀，从设计原理上为紧急情况下关断的阀门，不能用于液位调节操作。目前分酸分离器罐体容积太小、液位调节阀不灵敏等因素，是造成 ESD 阀在生产中只能用于分酸分离器液位开关的主要原因。根据目前生产过程中阀门开关频率，平均一个单井每 20min 就要开关动作一次，每天动作约 72 次，一年动作 26280 次，在气井生产初期产液量较大的情况下，动作更加频繁。而根据设备资料显示，每个 ESDV 阀球设计平均使用寿命为 20000 次，而分酸分离器从普光三号线安装到出故障时超过一年时间，远远超出了阀门设计使用次数。

2）介质成分

分酸分离器的作用是分离出气井中的固液成分，根据前期生产实际情况在分离器底部容易产生单质硫和残酸的混合物黏度较大（图 9－35），在阀门的开关过程中就会造成阀门的扭矩也比较大，这也是造成阀球损坏的主要原因之一。

图 9－35　单质硫和残酸产出

3）前后压差大

分酸分离器 ESD 阀前压力平均为 15MPa，而 ESD 阀后基本为常压，前后压差约为 15MPa，在开关过程中扭矩增大，造成阀球损坏。

4）结构问题

分酸分离器阀球和阀杆之间是通过阀球上面的键槽来进行连接，没有进行固定，连接部位相对薄弱，在开关过程中极容易造成键槽两边的阀球损坏（图 9－36）。

图 9－36　ESD 阀球损坏图

3. 解决措施

实现 ESD 阀的紧急关断功能，减少阀门的开关次数，是避免频繁更换的主要措施。

4. 经验教训

重新对阀门进行选型，选用阀球和阀杆连接方式更加固定的阀门型式。

9.2.3　计量分离器撬块

9.2.3.1　液位调节阀故障

1. 现象描述

某站计量分离器液位调节阀站控室远程开关操作，现场阀门有动作，并与所做的开关操作结果一致。但是，站控室人机界面上阀门开关动作，阀门状态一直显示为关闭。

2. 原因分析

通过对现场问题进行分析，可能的原因有以下几种：

(1) 信号未发送出去；

(2) 机柜站控室信号线接线出现松动；

(3) 液位调节阀仪表风压力不足，阀门无法开关到位；

(4) 现场阀门卡住，无法开关或开关到位；

(5) 液位调节阀零部件出现问题。

3. 解决措施

首先到机柜间的 PCS 机柜查找 ZSCxx3（+）（-），ZSOxx3（+）（-）端子线查看接线，发现接线完好，用万用表测量电源，发现阀门在开关动作的过程中，电源信号没变化。开关在动作的过程中，继电器工作正常，初步判断不是机柜的问题。

现场检查发现仪表风压力正常，为了验证阀门是否开关到位，将液位调节阀前后的阀门进行关闭，对液位调节阀进行手动操作，发现阀门可以开关到位，并做记号。远程将液位调节进行操作，也发现阀门动作正常并开关到位。

查看现场接线，将表头和端子盘封盖打开，检查接线正确，不存在松动，但阀门在开关动作的过程中，电源信号始终没有变化。

仔细检查阀门周围，发现阀门的状态连杆掉下，没有扣上。现场将阀门的状态连杆重新定位扣上。

4. 经验教训

阀门在开关的过程中，状态显示正确，需仔细从各方面进行细心检查。

9.2.3.2 计量分离器液位计故障

1. 现象描述

在对某站计量分离器排液进火炬分液罐后，回到站控室后查看人机界面上计量分离器液位计的液位，从现场排液情况看，计量分离器的液位应该降下来而且处于较低的液位，但是人机界面显示的液位没有下降，观察 5min 后发现液位仍然没有下降，随后进行解堵。解堵成功后，根据 2 口井的产液情况，液位计会以比较快的速度上升，但是 10min 后发现液位并没有上升，还是保持原来的液位值。

2. 原因分析

(1) 对于排液后液位不下降，判断为液位计的上取液部分堵塞；

(2) 对于前段时间液位计显示正常，液位计液位不上升，判断为液位计的下取液部分堵塞。

3. 解决措施

(1) 针对第 1 种故障，在做好相关准备工作后，用开水浇液位计本体和液位计上取液部分，用橡皮锤轻敲，并活动几次上取液闸阀。

(2) 针对第 2 种故障，在做好相关准备工作后，用开水浇液位计本体和液位计下取液部分，用橡皮锤轻敲，并活动几次下取液闸阀。

(3) 一般情况下用上面 2 种方法能解堵，若无法解堵时，可以使液位计稍微憋压，然后先打开上取液闸阀再开下取液闸阀，随后同时多次活动上下取液闸阀；在人机界面的二级关断界面中将相关硫化氢探头打到超驰允许后，再用简易放空管线通过变径接头与液位计排污口相连，然后用中和液进行吹扫放空进中和桶的方法解堵。

一般情况下，第 1、2 两种方法能够解堵，必要时用第 3 种方法能够解堵。

4. 经验教训

(1) 每次排液的时候要注意观察液位计液位变化情况。

（2）针对一般情况，用恰当的方法可以解堵。

（3）在用第 3 种解堵方法时，要穿好防化服装，解堵时控制放空排污的速度。

（4）在用第 3 种解堵方法时，排污完成后，要先打开液位计上取液闸阀，之后再打开下取液闸阀。

9.2.4　甲醇加注撬块

9.2.4.1　甲醇药剂罐液位显示故障

1. 现象描述

在甲醇加注撬块所有加注泵都停用的情况下，在巡检过程中，发现甲醇药剂罐的液位不断上升，而且在人机界面上查询历史数据时发现药剂罐液位值一直缓慢上升。

2. 原因分析

经过现场仔细检查甲醇加注撬块加注流程阀门开关状态，阀门开关状态均正确，唯有药剂罐出口球阀未关闭；若正常情况下，液位会随着温度的变化有轻微变化，但不会只上升不下降，判断是加注口单流阀内漏导致液位不断上升。

3. 解决措施

重新确认流程的阀门开关状态，确认无误后将药剂罐出口球阀关闭。关闭药剂罐出口球阀后，观察 8h，发现液位正常。

4. 经验教训

（1）要密切观察人机界面的数据变化情况、药剂罐液位情况，若发现不正常变化，要及时排查原因，并有效解决。

（2）停用加注撬块后，需关闭药剂罐出口球阀。

9.2.4.2　加注口单流阀故障

1. 现象描述

某井井口甲醇加注泵启动后泵头压力不断上涨。

2. 原因分析

操作人员立即停泵对流程进行再次确认，未发现流程有任何问题。整个甲醇加注流程中最有可能堵塞的是加注口的单流阀。

3. 解决措施

关井从井口放空区放空，然后经井口的燃料气吹扫管线对该井进行吹扫置换。置换经检测合格后拆下井口甲醇加注口的单流阀，拆下后发现单流阀内部阀孔错位并存在少量杂质。将阀腔和阀体清洗干净后重新装好单流阀，并恢复流程。经测试，井口甲醇加注泵工作正常。

4. 经验教训

（1）放空和置换时一定要将加注口的球阀打开。

（2）在安装单流阀时，阀内的阀孔位置一定要对正。

9.2.4.3　甲醇加注泵隔膜报警

1. 现象描述

某井井口甲醇加注泵和井口备用泵不能启动，控制柜内隔膜报警，按控制柜上的“消音”按钮和“故障消除”按钮后仍不起作用。

2. 原因分析

隔膜报警一般分为两种情况：一是隔膜破裂；二是隔膜报警器误报警。

3. 解决措施

首先检查压敏传感器（隔膜报警器），用活动扳手拧松压敏传感器上的泄压阀（在拧松时要特别注意，如果隔膜破裂，压敏传感器的压力跟泵头压力一样）。没有液体泄出，则说明是压敏传感器进水或者其他原因造成短路，导致误报警。

拆下压敏传感器，查看报警已消除。报警消除后，在没装压敏传感器的情况下启动甲醇泵，井口备用泵能启动。然后装回压敏传感器，井口备用泵可以正常使用。

4. 经验教训

拆下压敏传感器后，如报警没有消除，说明报警器或者线路出现了问题，需要检查线路。压敏传感器为220V 电压信号，如果发生隔膜报警，千万不要在未断开总电源的情况下拆卸和组装压敏传感器。

9.2.5 缓蚀剂加注撬块

9.2.5.1 流量计故障

1. 现象描述

某加热炉前缓蚀剂加注泵在生产过程出现流量计无读数，当排量在 100% 情况下，仍无流量显示。

2. 原因分析

（1）缓蚀剂罐体内存在一定量的杂物，在泵入缓蚀剂过程中罐内杂物随缓蚀剂在加注管线内流动，当杂物堆积在流量计内便将其堵塞，流量计内部计数齿轮无法转动或转动受阻而引起流量计无示数。

（2）缓蚀剂过于黏稠，在低排量情况下，缓蚀剂堵塞齿轮流量计。

3. 解决措施

（1）首先关闭缓蚀剂泵流量计前截止阀，待压力升至高于加注口压力后，迅速打开流量计前截止阀，使高速流体经过流量计，用强行冲击的方法对流量计进行冲洗，带出流量计内部杂物，或黏稠物质。

（2）对流量计进行清洗，首先将流量变送器卸下，拆开流量计本体，对齿轮和齿轮槽用清水进行清洗，反复多次，清洗完成后将其安装回原位。

清洗完成后，启泵，排量加至 100%，查看流量计示数，流量在 9 ~ 12L/h 不断变化，泵运行 10min 后，排量调至正常加注量，仍有 3.5L/h 左右的排量，且正常运转无异常出现。

4. 经验教训

停缓蚀剂泵后若没有关闭流量计下游第一个针型阀，高含硫化氢天然气管线内的杂物也会通过缓蚀剂加注管线返至流量计处将其堵塞，故建议在停泵后应将缓蚀剂加注泵流量计前截止阀关闭。

对于缓蚀剂流量计无示数可以用强行冲击的办法，即关闭流量计上游第一个针型阀，用泵增压至高于加注口压力后，迅速打开流量计上游第一个针型阀，利用缓蚀剂快速流动将其内的杂物带出以达到清除流量计内部杂物的目的，但这种方法对流量计内齿轮有一定程度损伤，故不提倡用此种方法解决流量计计数不准或无显示的问题。

9.2.5.2　缓蚀剂加注泵排液故障

1. 现象描述

某外输缓蚀剂泵流量计无流量显示，使用标定柱查看其是否排液，在缓蚀剂泵启动30min，流量达到100%，压力表显示8.9MPa，标定柱内液位不下降，停泵，防止泵安全阀起跳。

2. 原因分析

（1）外输缓蚀剂加注口处单向阀内漏，气流通过管线进入泵头处，导致泵头处出现气蚀现象，液体不能打出。

（2）由于单向阀内漏，而在上次关井后，关闭缓蚀剂泵。未关闭缓蚀剂加注口处球阀，导致气流回串至泵头处。

（3）关井后没有将对应泵流量计下游截止阀关闭，站场管线内气体由加注口串流至缓蚀剂加注泵泵头导致不排液。

3. 解决措施

关闭泵流量计下游截止阀，打开加注泵出口压力表处取样口针型阀，由标定柱进行泵的100%排量操作，将泵头内的气体排出。当查看到标定柱液位下降，同时压力表放空处有缓蚀剂流出，且随着泵活塞的运动而流速有所变化，继续排液，排5min未出现断流现象。

当标定柱液位下降后，把标定柱转换到正常流程，泵排量仍为100%，查看泵出口处流量计流量，流量为8.23L/h，液体可以正常排出，减小泵排量，流量计流量也随着变小，观察10min，流量在一个范围内不断变化，但是未出现流量逐渐减小的趋势，说明泵运行正常。

4. 经验教训

根据其他各站加注口处单向阀内漏的情况，在启动泵前，应首先观察压力表是否有压力，若有压力，则需要把压力排掉，可能是回流气体的压力，而气体回串至泵头处，若启动泵，泵可能存在不排液的情况。压力排掉后关闭泵出口流量计前截止阀，待压力高于加注口处压力后，打开流量计前截止阀，使液体打出。

缓释剂有剧毒，同时流量计在长期生产或长期停用后很容易堵塞，不显示流量，在清洗时一定要将流量计清洗干净。

9.2.5.3　加注泵自动停泵故障

1. 现象描述

某站在做开井生产过程中发现一个缓蚀剂井口加注泵在启泵2h后自动停泵，停泵后在缓蚀剂撬块就地控制盘上“故障清除”显示红色，泵无法启动。

2. 原因分析

可能存在以下问题：（1）隔膜报警器出现故障；（2）泵头处隔膜破裂；（3）泵隔膜报警器未调节好。

3. 解决措施

查看隔膜报警器处压力表有压力显示，初步判断隔膜存在破裂现象，通过拆卸隔膜报警器处压力表，启动泵。泵可以启动，并发现隔膜报警器压力表处有缓蚀剂排出，进一步说明隔膜破裂。因无隔膜更换，把压力表安装好后，进行启泵操作，缓蚀剂泵可以启动，查看缓蚀剂流量，缓蚀剂流量会较小，增大缓蚀剂排量来满足加注需求。

缓蚀剂流量较小，在增大缓蚀剂排量后可以满足加注需求，暂时可以维持加注需要，待更换新隔膜，若流量继续变小，启动泵用泵进行加注。

4. 经验教训

在泵自动停止时，首先查看缓蚀剂撬块就地控制盘上“故障清除”是否显示红色，若显示红色，首先把故障清除按钮和消音按钮同时按住5s钟，重新启泵，查看是否可以启动。若仍不能启动，查看隔膜压力表处是否有压力存在，若存在可以初步判定隔膜破裂，然后拆下隔膜报警器处压力表，启泵，查看是否有缓蚀剂流出，若流出缓蚀剂，可以判定隔膜破裂，此时需要更换隔膜。若无隔膜更换，把压力表安装好后，可以进行启泵操作，可以启动情况下，查看缓蚀剂流量，一般情况下，此种情况下缓蚀剂流量会变小，需要增大缓蚀剂排量来满足加注需求。若不能启动，待更换新隔膜后，检查泵是否可以启动。

9.2.5.4 加注泵异响故障

1. 现象描述

加热炉缓蚀剂备用泵出现异常响动，在泵启动情况下，未发现螺栓松动。

2. 原因分析

可能存在以下问题：

（1）缓蚀剂备用泵轴承损坏；

（2）泵出口压力过高；

（3）泵轴磨损严重；

（4）泵冲程处于中间位置。

3. 解决措施

降低泵出口压力，调整泵安全阀设定值，使其处于加注口压力。如果仍然存在异响，对泵进行拆卸，在缓蚀剂泵停止状态下，拆卸下电机与泵连接处，拆卸下转动轴，放置在平稳处，使电机与转动轴连接，查看不存在异常响动。判定响动存在于轴承和齿轮箱处，使用洁净塑料盆接放出的齿轮油，拆卸轴承与齿轮，查看轴承存在磨损现象，于是更换新的轴承，并更换新的垫子。更换完成后，重新安装好轴和电机。

缓蚀剂备用泵在正常压力情况下启动，声音比未更换轴承和垫子前明显降低，声音正常。

4. 经验教训

（1）基于使用手动安装在对轴中心核对时存在一定误差，有少量声音属于正常现象。

（2）对缓蚀剂泵进行正常操作，不得对泵频繁开关动作，对齿轮油定期进行更换。

9.2.6 火炬分液罐撬块

9.2.6.1 火炬分液罐装车流程堵塞

1. 现象描述

从火炬分液罐往污水车上排运酸液时发现火炬分液罐液位不下降，污水车液位也不上升，经过加清水稀释以后能正常排液。

2. 原因分析

经过对流程进行分析，认为火炬分液罐单流阀堵塞。

3. 解决措施

关闭单流阀前球阀，拆下单流阀清洗后再安装上，流程恢复后能正常排液。

4. 经验教训

由于在开采初期井筒积液比较多，且地层中的硫化物在返回地面时受温度降低的影响而形成单质硫，容易堵塞小孔径阀门，故需要在排液时注意观察液位变化，如果堵塞应及时解堵。

9.2.6.2 火炬分液罐温度变送器故障

1. 现象描述

火炬分液罐温度变送器数值在人机界面来回跳动，跳动值分别为 -5.5℃、实际值一半、实际值，经检查现场与站控室显示一致。

2. 原因分析

温度变送器通过火炬分液罐配电盘进入站控室，分析认为在配电盘内由于某个设备故障导致该温度变送器受到干扰。

3. 解决措施

检查发现配电盘内一个保险管损坏，更换保险管后，该温度变送器恢复正常。

4. 取得的经验教训

对设备故障检修，应考虑相关设备的干扰，最好将干扰屏蔽后再进行检查。

9.2.7 其他设备

9.2.7.1 井口放空区 BDV 自泄压故障

1. 现象描述

集气站巡检人员发现某井口放空 BDV 自动泄压，由上次巡检压力 1450psi 变为 1000psi，待 4h 后再次观察其压力表示数为 300psi，BDV 未自动起跳，工作人员手动补压至 2000psi 以避免此 BDV 阀自动打开。经检查，该阀体外部液压管线接头处未发现漏油现象。

2. 原因分析

由于压力降至 300psi 后 BDV 仍未自动起跳，即进上端高压腔前的单向阀并无内漏现象，由此判断可能是手动泵阀内漏致使其压力下降。

3. 解决措施

更换 BDV 手动泵，完成后手动打压至 1900psi，经过 3d 的观测，BDV 液压压力随环境温度正常波动。

4. 经验教训

压力变化一般是由于温差引起，但压力值一直下降而无回压现象则说明液压管线接点或液压管线上的阀门内漏，需按照要求录取就地压力，及时发现问题。

9.2.7.2 井口 BDV 前镍基闸阀故障分析

1. 现象描述

对井口区 BDV 阀门进行测试，测试过程中关闭 BDV 前镍基闸阀到 1/4 处时出现手轮转动困难现象。按要求测试 BDV 时必须将镍基闸阀关到位，因此操作人员使用管钳对阀门进行再次关闭，当关闭到 3/4 处时突然“嘣”的一声异响，阀门的阀轭与阀盖之间出现一条裂缝（图 9-37），操作人员迅速对裂缝处进行验漏，虽然无泄漏现象，但为确保安全，迅速对该井进行关井放空。

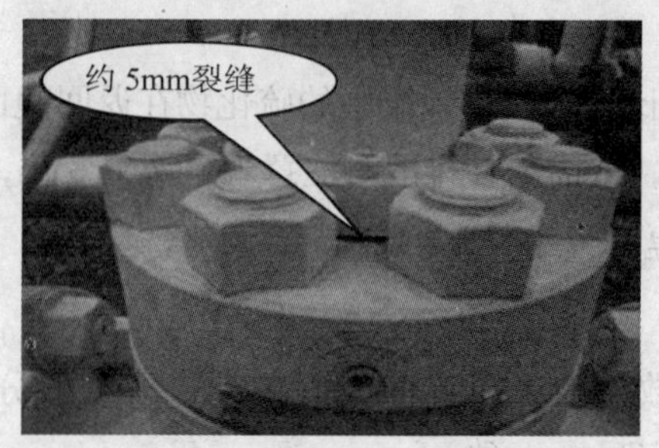

图 9－37　阀轭与阀盖之间的裂缝

2. 原因分析

1）阀门开关困难原因

井口 BDV 长期处于关状态，而镍基闸阀长期处于开状态，高压高含硫化氢天然气在 BDV 和镍基闸阀之间一直处于静止状态，时间一长硫磺等杂质堆积在闸阀阀腔及闸板处（图 9－38）。

图 9－38　解体后的阀门

2）阀门裂缝原因

当关阀门时，执行机构给阀杆一个向下的力驱动闸板运动，同时执行机构承受阀杆一个向上的反作用力。当闸板受阻时，强行关闭阀门将会对执行机构造成很大的反作用，这个力作用于连接螺栓上形成较大拉应力，当拉应力超过了螺栓的屈伸度螺栓就会断裂，从而阀轭与阀盖将会出现裂缝（图 9－39）。

图 9－39　螺栓断裂造成裂缝

3. 解决措施

（1）清理阀腔内杂质。

（2）更换损坏螺栓。

4. 经验教训

（1）造成阀门开关困难的主要原因是镍基闸阀通道内长期没有气体通过，最终造成阀门内部储存大量硫磺杂质，因此集气站一定要定期执行 BDV 活动测试，这样才能减少阀门开关困难现象。

（2）当遇到阀门开关困难时，切记不要使用管钳等工具活动阀门，以免造成阀门损坏，集气站应及时上报，待原因分析清楚后再采取措施。

9.2.7.3　火炬长明灯熄火故障

1. 现象描述

集气站 SCADA 系统人机界面火炬长明灯显示熄火报警，而火炬实际处于燃烧状态。

2. 原因分析

火炬头上有两个长明灯，分别是两路点火装置。当有一路出现故障时，站控室都会显示长明灯熄火报警，SCADA 系统上显示的熄火报警长明灯燃烧状态反馈，并非火炬燃烧状态的反馈。

到火炬塔查看火炬控制盘上的指示灯，发现 2 号控制回路亮红灯，表明 2 号回路有故障，原因可能是控制盘内保险烧坏或 2 号点火棒故障。

3. 解决措施

1）点火线路优化

要保证高压电极与高压高温电缆的连接处绝缘性能长期稳定，采用将高压电极和电缆连接后，放入耐高温高压的石英管中，然后，在石英管中填充高温胶的方法（图 9－40）。这样可达到保证良好绝缘、抗高温、防雨水、连接不松动的目的。

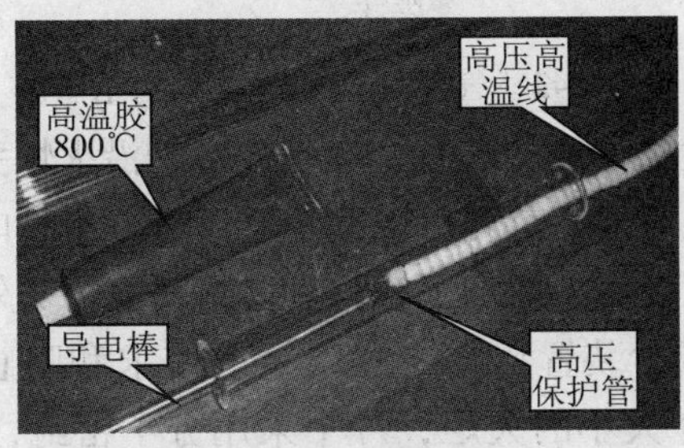

图 9－40　高压线连接方法及防护

2）点火棒优化

寻找一种点火棒外保护材料，具有高温抗骤冷性能。最后通过对比试验，认为石英玻璃可满足要求。同时填充高温陶瓷叠联，在连接电缆外增加金属挠性管护套（图 9－41）。

图 9－41　点火棒接线护套

3）点火棒错位优化

由于工况需要，点火棒安装方式只能是至下而上型，要固定点火棒上端存在一定困难。改造时通过在点火棒下端加装固定环来达到固定点火棒的目的。

4）离子火焰检测优化

加长火焰检测探针长度，使探针尽量多的覆盖火焰区。

5）火炬吹扫气用量优化

火炬采用气封，即用燃料气吹扫气通过火炬，使火炬筒体维持微正压，是为防止排放气倒流和空气倒入火炬系统发生爆炸燃烧事故。气封采用 JohnZinkAirrestor 速度密封，其结构（图 9－42）。

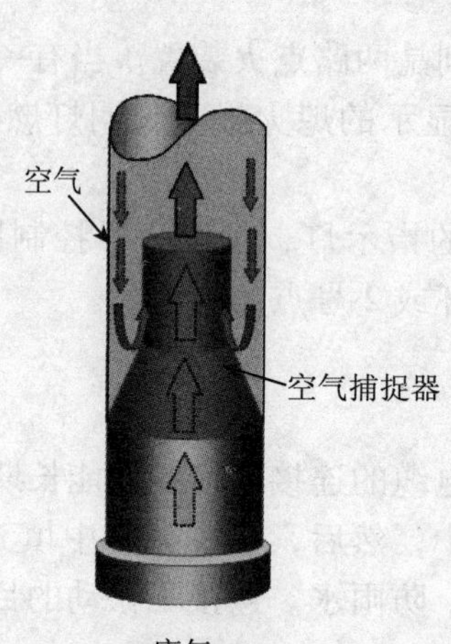

图 9－42　气封（速度封）结构示意图

速度密封是一个依靠速度来作用的装置，在外界空气沿火炬头内壁输送进入的前提下。捕捉器是火炬头内部一个锥形阻碍物，首先可以制止空气进一步沿内壁沉降；其次可以将空气向上引导至火炬头中心。吹扫区域减小增加了吹扫气体带动火炬头外部的空气流向火炬头。

JohnZink 为了显示吹气减少装置在减少吹气量的需求和阻止氧气进入燃烧系统的效率，制造了三个相同的，实际尺寸大小的火炬，一个采用分子密封，一个采用捕捉器，一个没有采用任何吹气减少装置。这三个火炬头经过 8 个月的测试，测试结果见表 9－4。

表 9－4　火炬密封装置测试数据表

类型	吹气速度/（m/s）	氧气百分含量
MoleSeal 分子密封	0.003	0.00
AirRestor 速度密封	0.012	6to8
Plainstack 空烟囱	0.110	6to8

根据测试数据，捕捉器很明显地降低了吹扫气体的速度。普光主体采用了速度密封捕捉器，吹扫气体需有 0.012m/s 的速度以保证在各种天气条件下氧气的含量维持在可接受的范围。

采用速度密封而未采用分子密封的主要原因有两点：一是分子密封紧急放空时容易憋压，速度密封在紧急情况下放空量大，更适合高含硫气田。二是分子密封的成本比速度密封更昂贵。

所以根据试验吹扫气体需有 0.012m/s 的最小速度，计算火炬最小净化率用量 EEF－U－12 火炬头：3.1Nm^3/h；EEF－U－14 火炬头：4.1Nm^3/h。在 JohnZink 提供的用户使用说明中给出的吹扫气最小净化率用量：EEF－U－12 火炬头：113scfh（3.2Nm^3/h）；EEF－U－14 火炬头：143scfh（4.0Nm^3/h）。

4. 经验教训

火炬长明灯出现熄火报警，要及时查看导致故障的原因。目前为止，现场引发火炬熄火的原因有：

（1）保险烧坏；

（2）点火棒损坏或位置偏移；

（3）长明灯燃料气供应异常。

9. 2. 7. 4 纽威球阀开关故障

1. 现象描述

经过一段时间使用，大量纽威球阀出现开关困难，或者根本无法开关。

2. 原因分析

经过现场拆卸纽威球阀执行机构顶盖发现，顶盖内部积水锈蚀严重，齿轮润滑脂变质，且手轮处轴承均有不同程度损坏，从而导致球阀开关困难或者无法开关。

3. 解决措施

清理球阀顶盖内积水、锈蚀物，更换齿轮润滑脂后对球阀顶部加装青稞纸，更换手轮轴承。

4. 经验教训

根据现场使用情况，需定期检查更换球阀齿轮润滑油及青稞纸，定期对纽威球阀进行在线维护。

9. 3 计量装置与计量仪表

本节主要介绍计量方面遇到的常见问题及解决措施。

9. 3. 1 计量装置

9. 3. 1. 1 高级孔板阀齿轮轴断齿问题

1. 现象描述

高含硫化氢天然气计量系统整改过程中，发现高级孔板阀有齿轮轴断齿现象，由于断齿情况严重，部分加热炉高级孔板阀孔板已无法正常提出。

2. 原因分析

初步判断断齿原因为齿轮轴材质问题。该现象只存在于加热炉高级孔板阀，而且情况比较普遍，而计量分离器与外输高级孔板阀目前没有发现齿轮轴断齿的情况，加热炉高级孔板阀齿轮轴材质为碳钢，与计量分离器、外输高级孔板阀齿轮轴的材质种类不一样。

在对加热炉高级孔板阀进行下放孔板操作时，上阀腔已拆除，下阀腔已清洗，在摇动力度不是很大的情况下齿轮轴依然发生了断齿，说明造成轮齿断裂的根本原因不是受力过大，并且滑阀齿轮轴承力一般也不大。

3. 解决措施

更换材质符合要求的高级孔板阀齿轮轴。

4. 经验教训

（1）应定期对高级孔板阀进行活动及拆卸、清洗；

（2）高级孔板阀活动过程中应缓慢操作，切忌用力过猛导致提升轴齿轮断裂；

9.3.2 天然气计量

9.3.2.1 外输流量计组态故障

1. 现象描述

某站外输流量计 SCADA 系统显示值远远小于实际产量。

2. 原因分析

产生这种现象有三个原因：

（1）流量计组分参数设置不准确；

（2）数据点扫描地址有误；

（3）流量计设置单位与 SCADA 系统设置单位不对应。

3. 解决措施

查看人机界面外输流量计的组分参数设置，均没有错误，进入数据库查看该点的量程、单位均正确。远程登录并进入其他站的数据库，发现其他站该点的源地址为 266，而本站为 708。将该地址修改为 266，将 station 刷新后，外输流量显示恢复正常。据厂家技术人员介绍，708 是将流量计传来的数据单位换算成 km^3/d 后的地址，而 266 是没有处理数据的原始地址。据了解，现场流量计已做过单位换算，所以只需读取 266 的原始地址。

4. 经验教训

在系统进行后续改造施工过程中，应严格按照相关规定将需更改的参数更改到位，更改后及时和现场仪表进行核对，发现问题及时解决。

9.4 自动化控制与安全仪表

本节主要介绍自动化控制与安全仪表运行中遇到的常见问题及解决措施。

9.4.1 SCADA 系统

9.4.1.1 断电导致 ESD－1 异常关断

1. 现象描述

某集气站值班人员在正常值班过程中，发现 SCADA 和 CCTV 电脑突然断电，手操台旁路和超驰指示灯同时熄灭，站控室照明灯也熄灭，值班人员也随即听到有地面安全阀关断及 BDV 打开的声音，同时发现火炬火焰突然增大，伴随有淡蓝色火焰，推测集气站发生 ESD－1 关断。

2. 原因分析

技术人员检查 UPS 面板上无各种参数显示，UPS 处于断电状态，低压开关柜各电源指示灯熄灭，柜体上的 CA1 自动转换开关处于分闸状态。

将 CA1 开关手动合闸后，UPS 面板显示 ESD 一直处于报警状态，到 SIS1 机柜检查，发现 ESD－1 接线松动。该接线为 UPS 紧急关断命令信号线，由此判断使 UPS 停止工作的原因为紧急命令线松动，导致 UPS 停机，引发 SIS 系统停止工作，进而导致市电停电。

最后分析，此次关断由于原设计中 ESD－1 关断会引发市电停运，后经设计变更为 ESD－1 关断时不停市电。现场检查发现设计变更不彻底，虽然在程序软件中进行了逻辑修改，但硬件接线未及时修改。

3. 解决措施

将 UPS 主机上紧急停机信号线短接，恢复 UPS 供电，SCADA 系统和 CCTV 电脑重新投入使用。

4. 经验教训

本次事件是因为修改设计和施工中监管不到位引发的事件。此次事件处理及时，没有造成严重后果。其余各站需要逐个检查接线是否有松动，是否严格按设计要求施工，明确落实监督管理责任制度。

9.4.1.2　PCS 系统通讯模块故障

1. 现象描述

某集气站通过站控系统和现场操作均无法启动火炬分液罐罐底泵。

2. 原因分析

通过现场查看后，接线没有任何问题，而后对其他设备进行操作，发现 XV 阀也无法远程操作，通过查线发现进入该 DI 卡件的所有远程动作均无法实现。然后检查卡件状态，发现该卡件上的 watchdog（看门狗）指示灯显示红色，说明该卡件内部程序陷入死循环，导致该卡件控制的设备无法实现预期动作。

3. 解决措施

现场做好屏蔽措施后，打开该通讯模块盖子，将其电源断掉，重新恢复电源，通讯恢复正常，现场设备能正常通过 SCADA 系统操作界面进行操作。

4. 经验教训

在处理该问题过程中，应该在现场未生产的情况下进行，或者对现场做好屏蔽措施，如果在正常生产状态不屏蔽处理，容易造成憋压关断等事件。

9.4.1.3　接线松动导致 ESD－1 级关断

1. 现象描述

通过人机界面录像发现，人机界面及手操台边无任何人员操作，突然站控室手操台上 ESD－1 级指示灯闪烁，站场出现一级关断。经查当时现场也无任何人操作 ASB 一级关断按钮。

2. 原因分析

通过人机界面报警记录栏进行查找，未发现有任何触发此次关断的命令发出。记录里面只有触发的结果，并无触发源信息显示。经过在 ESD－1 级关断逻辑图上查看，亦无关断信号触发。

通过工控机和 SCADA 系统下位机连接，即与 SIS 系统控制器连接，通过事件记录发现是 ASB－04501 触发此次关断，而之所以在上位机上未查出原因，是因为 ASB－04501 接线出现瞬时掉电恢复，时间差在微秒级。上位机扫描周期相对较长，并没有将该事件（触发信号）扫描到，只是将下位机执行的事件结果记录下，导致了上位机上出现了没有触发原因的关断结果。

3. 解决措施

通过对 ASB－04501 的接线进行全面查找，最后发现是在该组线进 DI 卡件的端子上存在线路虚接情况，通过紧固后运行良好。

4. 经验教训

需定期对接线进行检查紧固，遇到紧急情况时，正确的按照应急预案要求的步骤进行处理，以免事件扩大化造成重大的经济损失和人员伤亡。

9.4.1.4　XV 阀命令执行故障

1. 现象描述

某井进行生产分支管与计量分支管改造，改造完成后发现 XV 阀轮换命令相反，人机界面操作时，产生交叉动作现象。

2. 原因分析

由于之前该站进行了分支管改造，而改造之前并没有上述问题，所以判断为现场接线被接反。

3. 解决措施

处理该问题可以通过两种方法来实现：

（1）将现场两 XV 的命令线与状态线交换；

（2）在上位机数据库中修改两阀的扫描地址。由于次日就要进行酸气联调，故选择通过上位机处理。具体方法如下：进入组态软件将数据库里两 XV 阀的 PVsourceaddress 里面的 location 相交换，并将描述相交换，然后重新下载到数据库即可。处理后经过反复试验，两 XV 阀开关命令、状态均反馈正常。

4. 经验教训

现场问题可以从多方面入手处理，既可以通过硬件处理也可通过软件处理，在不改变设计的情况下可选择相对简易的方式进行。

9.4.2　安全仪表

9.4.2.1　固定式硫化氢探头误报警

1. 现象描述

某集气站火炬分液罐旁编号为 AT－14601 的固定式硫化氢探头报警，显示在 0～3ppm 之间，现场经多次验漏未发现漏点。

2. 原因分析

对生产现场进行多次验漏均未发现漏点，用便携式硫化氢检测仪对固定式硫化氢探头处也进行检测，便携式硫化氢检测仪未出现报警。而该探头报警值一直在 0～3ppm 之间，经分析认为可能是误报。

3. 解决措施

值班人员现场发现正在加注的硫溶剂泵电缆搭在编号为 AT－14601 的固定式硫化氢探测器上。值班人员怀疑该加注泵电缆中电流波动导致探头报警，将该电缆线挪开之后探头恢复正常。

4. 经验教训

硫化氢探头通过 4～20mA 直流信号传输，信号检测和传输易受外界干扰，造成显示值出现小范围波动，现场进行机泵工作时，应尽量避免电缆线搭接在仪表信号电缆上。

9.4.2.2　固定式硫化氢探头大面积误报警

1. 现象描述

某集气站出现站场 H_2S 探头大面积报警，报警 H_2S 探头覆盖井口、加热炉区、火炬分液罐区及收发球筒区。报警 H_2S 探头表现出数值跳变的现象，且报警探头的跳变频率一致。集气站人员当即到达现场对站场管道设备密封点进行检查，未发现漏点。

2. 原因分析

到站场进行细致的验漏未发现漏点，且各探头报警跳变频率一致，且每次报警只持续 1 ~ 2s。查看记录后发现近期未进行相关的电气施工，因此判断为探头部分探头故障引发其他探头误报。

3. 解决措施

探头报警面积较大，报警的探头均是由 SIS2 机柜供电，因此只能在 SIS2 机柜对每个探头进行断电，通过断电后观察是否仍然报警来判断到底是哪个设备造成的。通过逐个断电判断法，将发电机撬块内感温探头供电线拆除后站场各探头均正常，由此找出故障源。

4. 经验教训

本次 H_2S 探头大面积报警系设备故障引起。出现这种情况后，应首先到站场进行确认，在确认无误后方能考虑设备因素。在对设备进行检查时，应找到设备的共同点，以共同点为出发点进行故障排除。

9.4.2.3　可燃气体探测器误报警

1. 现象描述

某集气站计量分离器可燃气体探头现场一直亮红灯，处于报警状态，经过反复标定无效。

2. 原因分析

技术人员对线路进行检查，发现线头接触完好。采用样气进行标定，标定不成功，怀疑是线路板出现问题。

3. 解决措施

在拆卸更换过程中，当将可燃气体探测器进气口拆开时，发现有小昆虫钻到进气口，取出小昆虫后探头恢复正常。

4. 经验教训

集气站安装的固定式探测器较多，夏天许多小昆虫极有可能从缝隙中钻入，从而造成探头误报警，应考虑为探测器安装防虫罩。

9.5　腐蚀与防护

本节主要介绍腐蚀监测与防护中遇到的常见问题及解决措施。

9.5.1　腐蚀监测

9.5.1.1　腐蚀挂片变形、脱落

1. 现象描述

腐蚀挂片安装位置主要分布在：加热炉进口、加热炉出口、计量分离器气相出口、计量分离器液相出口、集气站外输管道出站及收球筒旁通。

自投产以来，主要发生了腐蚀挂片变形、脱落等故障。挂片弯曲与断裂现象分布没有明显规律，各种类型监测点都出现过弯曲的现象，弯曲与断裂形态（图 9 - 43）。

图 9－43　腐蚀挂片弯曲

2. 原因分析

针对腐蚀挂片出现的问题进行总结，发现主要原因是挂片进入管道中被高压、高流速高含硫化氢天然气冲击，腐蚀挂片紧固装置松动和挂片支架强度不够。

3. 解决措施

针对腐蚀监测系统出现的问题，对腐蚀挂片、电阻探针及缓蚀剂加注管采取以下几项针对性措施：

（1）对腐蚀挂片安装自行锁紧螺母；

（2）并对腐蚀挂片的安装支架进行升级，加强挂片悬挂支架的强度。

4. 经验教训

（1）开井过程中应缓慢操作；

（2）生产过程中减少关井反吹操作。

9.5.1.2　电阻探针渗漏问题

1. 现象描述

某站人机界面出现硫化氢气体报警，报警位置为分酸分离器旁，浓度维持在 3 ~5ppm。根据报警位置、浓度及当时风向，值班人员迅速前往现场进行验漏，发现某井加热炉进口电阻探针处渗漏。

2. 原因分析

值班人员对泄露部位采取放空措施后，技术人员将电阻探针拆出进行检查，发现电阻探针部分断裂脱落并卡在管道内无法取出。分析判断为电阻探针安装时受力不均匀，密封不严导致。

3. 解决措施

将断裂探针取出更换。

4. 经验教训

安装完成后，进行充压验漏，并打开腐蚀监测机柜对数据进行检查。开井过程中，升压一定要缓慢，避免电阻探针和腐蚀挂片因受气流巨大冲击而损坏，另外，还需定期对电阻探针和腐蚀挂片进行检查，及时排除潜在故障。

9.5.2　阴极保护系统

9.5.2.1　阴保系统数据传输故障

1. 现象描述

阴极保护电位数据传输系统将 33 处智能测试桩的电位数据转换为模拟电流信号传至阀

室 RTU、站场 SCADA 系统及中控室上位机。

要保证阴保电位的正确传输，首先要定期进行阴保电位的数据检测，将检测数据与远传数据进行对比（表 9－5），查找远传数据失真点，再对失真点进行问题查找、整改。针对远传数据失真的点，可以从信号传输线路着手，逐步排查，查找问题位置便于整改。

表 9－5　阴保电位测试数据与远传数据对比

序号	测试桩编号	位置	测试电位数据/V	远传数据/V	备注
1	M12	P103	0.92	0.92	远传正常
2	M30	29 号阀室	0.86	0.87	远传正常
3	M13	14 号阀室	0.94	1.23	远传异常
4	M15	17 号阀室	0.85	2.22	远传异常

2. 原因分析

以阀室阴保测试桩到 RTU 信号传输为例（图 9－44），24V 电源输入到 A、B，A、B 分别为 CU1 和直流电压传感器提供 15V 和 24V 直流电源。参比输入信号（电压信号）进入 CU1，通过 CU1 给直流电压传感器提供电压信号，直流电压传感器将电压信号转换为 4～20mA 模拟信号传至阀室 RTU，实现阴保电位数据远程传输。

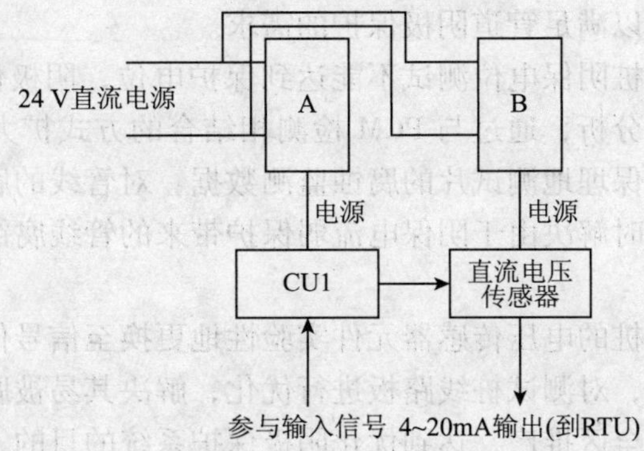

图 9－44　阴保测试桩到 RTU 之间的信号传输图

根据现场测试情况，阴极保护系统的电位传输系统从测试桩到上位机之间的信号传输没有问题，问题主要集中在测试桩内部电路信号传输上。表 9－6 为随机抽取阀室进行现场电位数据测试结果。

表 9－6　电位数据测试结果

阀室号（测试桩号）	2#（M1）	9#（M6）	11#（M8）	12#（M9）	29#（M30）
参比输入电压/V	－0.781	－0.85	－0.85	－0.96	－0.86
直流电压传感器输入电压/V	－0.785	－0.865	－0.87	－0.95	－0.86
RTU 显示电压/V	－1.00	－1.32	－1.70	－2.24	－0.86

由表 9－6 可以看出阴保测试桩的参比输入电压经直流电压传感器转化为 4～20mA 远传信号后出现信号失真，造成 RTU 显示数据与实际数据不符。

3. 解决措施

将 29#阀室信号传输良好的直流电压传感器分别装在 9#、11#、12#阀室智能阴极保护测试桩的线路板上，现场电位数据测试结果见表9－7。

在表9－7中，9#、11#阀室在更换直流电压传感器后，参比输入电压与RTU显示电压有了良好的对应关系，说明在更换后信号传输已经正常，12#阀室未呈现良好的对应关系，经现场检查发现线路板CU1指示灯不亮，分析为CU1故障。

表9－7　电位数据测试结果

阀室号（测试桩号）	9#（M6）	11#（M8）	12#（M9）
参比输入电压/V	－0.85	－0.85	－0.96
直流电压传感器输入电压/V	－0.865	－0.87	－0.95
RTU显示电压/V	－0.86	－0.89	－2.24

经综合分析，认为普光主体阴保系统阴保信号传输故障的主要原因在于测试桩内起信号转换作用的直流电压传感器故障，此外，个别测试桩还存在接线板电缆头虚接或个别模块损坏的情况，这些都会造成阴保电位信号传输故障。针对这类问题可以通过对测试桩线路板整体或重要元件进行更换将问题解决。

4. 经验教训

阴极保护系统按现有保护管道面积计算，理论上有3个阴极保护站已足够，因此，6座阴极保护站的设计完全可以满足管道阴极保护的需求。

下一步对于个别测试桩阴保电位测试不能达到保护电位，阴极保护率未达到100%的问题，继续进行漏电查找及分析，通过与PCM检测相结合的方式扩大查找范围，以便找出解决问题的突破点。根据阴保埋地测试片的腐蚀监测数据，对管线的腐蚀状况进行评估，采取埋设牺牲阳极等方式，及时解决由于阴保电流弱保护带来的管线腐蚀问题，并对应用效果进行分析、改进。

将在用正常阴保测试桩的电压传感器元件实验性地更换至信号传输故障测试桩处进行测试，对损坏元件进行更换，对测试桩线路板进行优化，解决其易被腐蚀、损坏的问题，在试验效果良好的情况下进行全区推广，达到优化阴极保护系统的目的，真正实现阴保数据的远传即时监控。

思考题

1. 二、三级节流阀力矩跳断的现象和产生的原因有哪些？
2. 加热炉常见通讯故障主要有哪些？怎样判断和处理？
3. 井口控制系统压力表超量程的原因是什么？
4. 缓蚀剂加注泵自动停泵的原因有哪些？

第10章 HSE管理

本章主要讲解了安全管理的基础知识、应急处置与应急演练、职业卫生危害及防护等内容。高含硫气田采气工通过学习掌握 HSE 技能，能够正确使用个人防护用品，严格遵守应急处置程序，提高突发事件处置能力。

10.1 HSE 管理体系

HSE 是健康（Health）、安全（Safety）和环境（Environment）管理体系的简称，HSE 管理体系是将组织实施健康、安全与环境管理的组织机构、职责、做法、程序、过程和资源等要素，通过先进、科学、系统的运行模式有机地融合在一起，相互关联、相互作用，形成动态管理体系。

HSE 管理体系要求进行风险分析，确定可能发生的危害和后果，采取有效的防范手段和控制措施防止事故发生，减少可能引起的人员伤害、财产损失和环境污染。HSE 管理体系强调预防和持续改进，具有高度自我约束、自我完善、自我激励的特点，是一种现代化的管理模式，是现代企业制度之一。

HSE 管理体系遵循：规划（PLAN）—实施（DO）—验证（CHECK）—改进（ACTION）管理模式，简称为 PDCA 管理模式。

10.1.1 HSE 管理体系的产生

HSE 管理体系最初由国际知名的石油化工企业最先提出，1996 年 1 月，ISO/TC67 的 SC6 分委会发布 ISO/CD14690《石油和天然气工业健康、安全与环境管理体系》，1997 年 6 月，中国石油天然气总公司参照 ISO/CD14690 制定了企业标准 SY/T6276 - 1997《石油天然气工业健康、安全与环境管理体系》、SY/T6280 - 1997《石油地震队健康、安全与环境管理规范》、SY/T6283 - 1997《石油天然气钻井健康、安全与环境管理指南》标准。

2001 年 2 月，中国石化集团公司发布了《中国石油化工集团公司安全、环境与健康（HSE）管理体系》、《油田企业安全、环境与健康（HSE）管理规范》、《炼油化工企业安全、环境与健康（HSE）管理规范》、《施工企业安全、环境与健康（HSE）管理规范》、《销售企业安全、环境与健康（HSE）管理规范》、《油田企业基层队 HSE 实施程序编制指南》、《炼油化工企业生产车间（装置）HSE 实施程序编制指南》、《销售企业油库、加油站 HSE 实施程序编制指南》、《施工企业工程项目 HSE 实施程序编制指南》、《职能部门 HSE 职责实施计划编制指南》，形成了系统的 HSE 管理体系标准。

HSE 管理体系是三位一体的管理体系，是系统化、科学化、规范化、制度化的管理体系，建立 HSE 管理体系符合国际石油行业现代化安全管理模式的要求。目前国际劳工组织

（ILO）、世界卫生组织（WHO）、国际标准化组织（ISO）均制定了HES标准规范，HSE管理体系已成为进入国际市场竞争的准入证。

10.1.2　HSE管理体系的关键要素

HSE管理体系由十个关键要素组成：

（1）领导承诺、方针目标和职责；

（2）组织机构、职责、资源和文件控制；

（3）风险评价和隐患治理；

（4）承包商和供应商管理；

（5）装置（设施）设计和建设；

（6）运行和维修；

（7）变更管理和应急管理；

（8）检查和监督；

（9）事故处理和预防；

（10）审核、评审和持续改进。

10.2　危险有害因素及辨识

危险因素是指能够对人造成伤亡或对物造成突发性损害的因素。有害因素是指能够影响人的身体健康，导致疾病，或对物造成慢性伤害的因素。通常情况下，两者不作严格区分，客观存在的危险，有害物质或能量超过临界值的设备、设施和场所等，统称为危险因素。

10.2.1　危险有害因素

对危险因素进行分类，是为便于进行危险因素的辨识和分析。危险因素的分类方法有很多，如GB13186－2009《生产过程危险和有害因素分类与代码》，将生产过程中的危险和有害因素分为四大类，分别是“人的因素”、“物的因素”、环境因素”、“管理因素”。

（1）人的因素：在生产活动中，来自人员或人为性质的危险和有害因素。

（2）物的因素：机械、设备、设施、材料等方面存在的危险和有害因素。

（3）环境因素：生产作业环境中的危险和有害因素。

（4）管理因素：管理和管理责任缺失所导致的危险和有害因素。

10.2.2　危害辨识

危害辨识与危险评价过程中，从以下几个方面对存在的危险、危害因素进行分析和评价。

（1）厂址。厂址的工程地质、地形、地貌、自然灾害、周围环境、气象条件、资源交通等。

（2）厂区平面布局总图。功能分区（生产、管理、辅助生产、生活区）布置；高温、有害物质、噪声、辐射、易燃、易爆、危险品布置；工艺流程布置；建筑物、构筑物布置；风向、安全距离等。

（3）运输线路及码头。厂区道路、危险品装卸区等。

（4）建（构）筑物。结构、防火、防爆、朝向、采光、运输（操作、安全、运输、检修）通道、开门、生产卫生设施。

（5）生产工艺过程。物料（毒性、腐蚀性、燃爆性）湿度、压力、速度、作业及控制条件、事故及失控状态。

（6）生产设备装置。高温、低温、腐蚀、高压、振动、关键部位的备用、控制、操作、检修和故障、失误时的紧急异常情况。

（7）机械设备。运动零部件和工件、操作条件、检修作业、误运转和误操作。

（8）电气设备。断电、触电、火灾、爆炸、误运转和误操作、触电、雷电。

（9）危险性较大设备，高处作业设备，特殊单体设备、装置。锅炉房、乙炔站、氧气站、石油库、危险品库等。

（10）粉尘、毒物、噪声、振动、辐射、高温、低温等有害作业部位。

（11）管理设施、事故应急抢救设施和辅助生产、生活卫生设施。

（12）物质及作业环境辨识。

10.2.3 重大危险源辨识

重大危险源是指长期地或临时地生产、加工、搬运、使用或存储危险物质，且危险物质的数量等于或超过临界量的单元。单元内存在危险物质的数量根据处理物质种类的多少分为以下两种情况：单元内存在的危险物质为单一品种，则该物质的数量即为单元内危险物质的总量，若等于或超过相应的临界量，则定为重大危险源。单元内存在的危险物质为多品种时，则按式（10－1）计算，若满足该公式，则定为重大危险源。

$$q_1/Q_1 + q_2/Q_2 + \cdots + q_n/Q_n \cdots \geqslant 1 \tag{10-1}$$

式中　q_1，q_2，…，q_n——每种危险物质实际存在量；

Q_1，Q_2，…，Q_n——与各危险物质相对应的生产场所或储存区的临界量。

另外，在我国一些安全管理标准中，对重大危险源设定了一个量的概念，如对于危险品的生产、使用、储存和经营，在国家标准 GB18218－2000 中，规定了一个单元不能超过的临界量。

根据关于开展重大危险源监督管理工作的指导意见（安监管协调字〔2004〕56号），高含硫气田对所属的贮罐区（贮罐）、生产场所、压力管道、锅炉（加热炉）、压力容器等类别的重大危险源进行辨识。

10.2.3.1 *危害辨识方法*

1. 直观经验法

该方法适用于有可供参考先例，有以往经验可以借鉴的危害辨识过程，不能应用在没有可供参考先例的新系统中。

（1）对照经验法：对照有关标准、法规、检查表或依靠分析人员的观察分析能力，借助于经验和判断能力直观地评价对象危险性和危害性的方法。该方法优点是简便、易行；缺点是受知识、经验、资料限制、易遗漏。

（2）类比方法：利用相同或相似系统或作业条件的经验和职业安全卫生统计资料来类推、分析评价对象的危险、危害因素。

2. 系统安全分析方法

应用系统安全工程评价方法的部分方法进行危害辨识。系统安全分析方法常用于复杂系统，没有事故经验的新开发系统。通常的方法有事件树（ETA）、事故树（FTA）。

10.2.3.2 危害辨识注意事项

1. 危险、危害因素分布

为了有序、方便地进行分析，防止遗漏，宜按厂址、平面布局、建筑物、物质、生产工艺及设备、辅助生产设施、作业环境危险的顺序，分别分析存在的危险、危害因素，列表登记、综合归纳。

2. 伤害（危害）方式和途径

（1）伤害（危害）方式是指对人体造成伤害，对人身健康造成损坏的方式，如机械伤害的挤压、咬合、碰撞、剪切等。

（2）伤害（危害）的途径和范围。

大部分危险、危害因素是通过与人体直接接触造成伤害，爆炸是通过冲击波、火焰、飞溅物体在一定空间范围内造成伤害。毒物是通过直接接触或一定区域内通过呼吸带毒的空气作用于人体，噪声是通过一定距离的空气损伤听觉的。

（3）主要危险、危害因素。

对导致事故发生条件的直接原因、间接原因进行重点分析，从而为确定评价目标、评价重点、划分评价单元、选择评价方法、采取控制措施计划提供支撑。

（4）重大危险、危害因素。

不能遗漏。不仅要分析正常生产、操作时的危险、危害因素，更重要的是分析设备、装置破坏及操作失误可能产生严重后果的危险、危害因素。

10.2.4 危害辨识与风险评价控制

危险源辨识、风险评价和风险控制是 HSE 管理体系的核心，实施有效的危险源辨识、风险评价与风险控制，可实现对事故的预防和对生产作业的全过程进行控制。

危害辨识、风险评价和风险控制的基本步骤如图 10－1 所示。

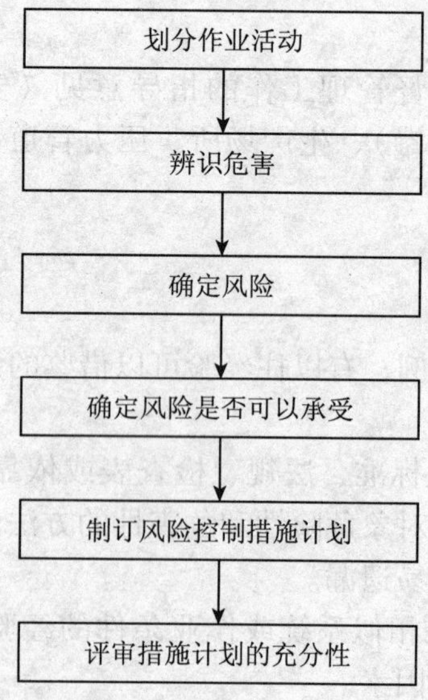

图 10－1 危害辨识、风险评价和风险控制流程框图

（1）划分作业活动。编制一份业务活动表，其内容包括厂房、设备、人员和程序，并收集有关信息。

（2）辨识危害。辨识与各项业务活动有关的主要危害，考虑谁会受到伤害以及如何受到伤害。

（3）确定风险。在假定计划或现有控制措施适当的情况下，对与各项危害有关的风险作出主观评价。评价人员还应考虑控制的有效性以及一旦失败所造成的后果。

（4）确定风险是否可承受。判断计划的或现有的预防措施是否足以把危害控制住并符合法律的要求。

（5）制定风险控制措施计划。编制计划以处理评价中发现的、需要重视的任何问题。总之，应确保新的和现行控制措施仍然适当和有效。

（6）评审措施计划的充分性。针对已修正的控制措施，重新评价风险，并检查风险是否可承受。

危险辨识是风险评价与风险控制的基础，它是指对所面临的和潜在的事故危险加以判断、归类和分析危险性质的过程。其目的是要了解什么情况下能发生，怎样发生和为什么能发生，辨识出要进行管理和评价的危险。

风险评价是指在危险辨识的基础上，通过所收集的大量的详细资料加以分析，估计和预测事故发生的可能性或概率（频率）和事故造成损失的严重程度，确定其危险性，并根据国家所规定的安全指标或公认的安全指标，衡量风险水平，以便确定风险是否需要处理和处理的程度。

风险控制是指根据风险评价的结果，选择、制定和实施适当的风险控制计划来处理风险，安排和实施风险控制计划。

监督和审查是指对危险辨识、风险评价以及风险控制全过程进行分析、检查、修正与评价。

10.3　硫化氢的危害及防护

高含硫化氢天然气集输关键是生产过程中的人员安全的保护。

10.3.1　硫化氢的危害

1. 硫化氢对人体的危害

硫化氢是一种神经毒剂，对黏膜有强烈的刺激作用，其毒性较 CO 大 5～6 倍。

阈限值：我国规定工作人员长期暴露都不会产生不利影响的最大硫化氢浓度为 15mg/m^3（10ppm）。

安全临界浓度：工作人员在露天安全工作 8h 可接受的硫化氢最高浓度为 30mg/m^3（20ppm）。

危险临界浓度：对工作人员生命和健康产生不可逆转的或延迟性的影响的硫化氢浓度为 150mg/m^3（100ppm）。

硫化氢主要从口腔吸入、皮肤接触。其毒作用的主要靶器是中枢神经系统和呼吸系统，亦可伴有心脏等多器官损害，硫化氢最敏感的组织是脑和黏膜接触部位，硫化氢在不同的浓度下对人体的危害见表 10－1。

表 10-1 硫化氢在不同的浓度下对人体的危害

硫化氢/ppm	危害程度
0.13~4.6	可嗅到臭鸡蛋味，一般对人体不产生危害
4.6~10	刚接触有刺热感，但会很快消失
10~20	我国临界浓度规定为20ppm，超过此浓度必须戴防毒面具
50	允许直接接触10min
100	刺激咽喉，3~10min会损伤嗅觉和眼睛，轻微头痛、接触4h以上导致死亡
200	立即破坏嗅觉系统，时间稍长咽喉将灼伤，导致死亡
500	失去理智和平衡，2~15min内出现呼吸停止，如不及时抢救，将导致死亡
700	很快失去知觉，停止呼吸，若不立即抢救将导致死亡
1000	立即失去知觉，造成死亡，或永久性脑损伤、智力损伤
2000	吸上一口，将立即死亡，难于抢救

高含硫化氢天然气燃烧时，硫化氢经过燃烧会生成二氧化硫，二氧化硫属中等毒类。中毒症状主要由于其在黏膜上生成亚硫酸和硫酸的强烈刺激作用所致，既可引起支气管和肺血管的反射性收缩，也可引起分泌增加及局部炎症反应，甚至腐蚀组织引起坏死（表10-2）。

表 10-2 二氧化硫对人的生理反应

在空气中的浓度			暴露于二氧化硫的典型特性
%（V）	ppm	mg/m^3	
0.0001	1	2.71	具有刺激性气味，可能引起呼吸改变
0.0002	2	5.4	我国规定的阈限值
0.0005	5	13.5	灼伤眼睛，刺激呼吸，对嗓子有较小的刺激
0.0012	12	32.49	刺激嗓子咳嗽，胸腔收缩，流眼泪和恶心
0.01	100	271	立即对生命和健康产生危险的浓度
0.015	150	406.35	产生强烈的刺激，只能忍受几分钟
0.05	500	1354.5	即使吸入一口，就产生窒息感。应立即救治，提供人工呼吸或心肺复苏技术（CPR）
0.1	1000	2708.99	不立即救治会导致死亡，应马上进行人工呼吸或心肺复苏（CPR）

注：表中数据摘自《含硫化氢油气井安全钻井推荐作法》（SY5087-2005）。

2. 硫化氢中毒症状

1）慢性中毒

人体暴露在低浓度硫化氢环境50~100ppm下，将会慢性中毒，症状是：头痛、晕眩、兴奋、恶心、口干、昏睡、眼睛剧痛、连续咳嗽、胸闷及皮肤过敏等。长时间在低浓度硫化氢条件下工作，也可能造成人员窒息死亡。当人受硫化氢伤害时，往往神智不清、肌肉痉挛、僵硬，随之重重地摔倒、碰伤和死亡。

2）急性中毒

吸入高浓度的硫化氢气体会导致气喘，脸色苍白，肌肉痉挛；硫化氢浓度大于700ppm时，人很快失去知觉，几秒钟后就会窒息，会迅速死亡；硫化氢浓度大于2000ppm时，人体只需吸一口气，就很难抢救而立即死亡。

硫化氢急性中毒后，会引起肺炎、肺水肿、脑膜炎和脑炎等疾病，经历过硫化氢中毒的人，对其敏感性提高，在以后即使空气中硫化氢浓度较低时，也会引起新的中毒。

3. 硫化氢的腐蚀性危害

在硫化氢的作用下，对金属设备、材料造成电化学失重腐蚀、氢脆腐蚀和硫化物应力腐蚀，特别是氢脆腐蚀危害极大，在高浓度的硫化氢环境中，若金属材料不抗硫化氢，会在较短时间内因产生氢脆腐蚀，造成管具断裂而引发重大事故。

4. 硫化氢腐蚀产物的危害

硫化氢及有机硫化物与金属设备、管道容器内壁接触，会生成硫化亚铁（FeS）。硫化亚铁是具有金属光泽的深棕色或黑色块状物，当其与空气中的氧接触后能自燃，硫化亚铁自燃点较低，大约为40℃，与空气接触后易自燃，产生火灾和爆炸的危害。

10.3.2　硫化氢防护

10.3.2.1　便携式硫化氢监测仪

（1）携带式硫化氢监测仪指示功能，如图10－2A和图10－2B所示。

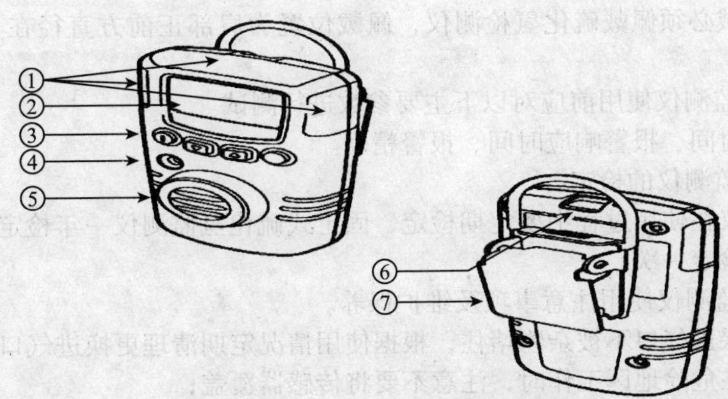

图10－2A　BWGAXT－H－DL便携式硫化氢监测仪外观图

1—视觉警报；2—显示屏；3—按钮；4—声音警报；5—传感器和传感器屏幕；6—红外通信端口；7—夹扣

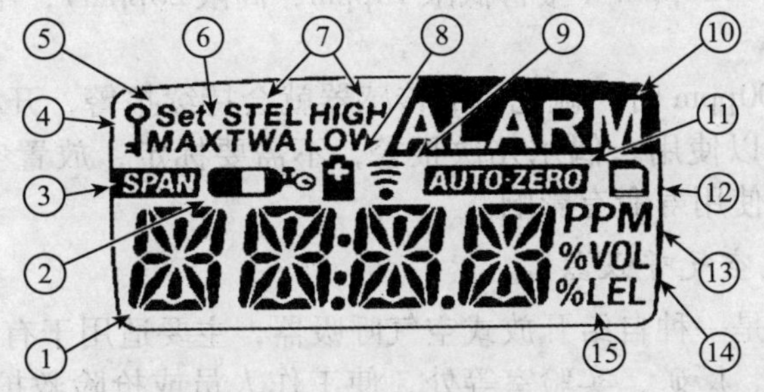

图10－2B　BWGAXT－H－DL便携式硫化氢监测仪外观图

1—数值；2—气瓶；3—传感器量程校正；4—密码锁；5—设置警报设定值和用户选项；6—最高气体浓度；7—警报状况；8—电池；9—数据传送；10—警报或警报设定值；11—传感器自动归零显示；12—数据记录指示器（可选）；13—百万分率（ppm）；14—体积百分率（%vol.）；15—爆炸下限百分率（%LEL）

（2）便携式硫化氢监测仪按钮操作。

按钮功能描述：启动检测仪请按◎，检测仪通过自测后，便开始正常操作；关闭检测仪，按住◎5s（表10－3）。

表 10－3　便携式硫化氢监测仪按钮功能表

按钮	描述
◎	• 要打开检测仪，请按◎。 • 要关闭检测仪，请按住◎5s。 • 要启用或禁用置信嘟音，在启动时按住○然后按◎。
▼	• 要使显示值减少，请按▼。 • 要进入用户选项菜单，同时按住▼和▲5s。 • 要开始校准和设置警报设定值，请同时按▼和○。
▲	• 要使显示值增加，请按▲。 • 要查看 TWA、STEL 和最大气体浓度，请同时按▼和▲。
○	• 要保存显示值，请按○。 • 要清除 TWA、STEL 和最大气体浓度，请按住○6s。 • 要确认收到锁定的警报，按○。

（3）便携式硫化氢监测仪配带。

进入含硫区域必须佩戴硫化氢检测仪，佩戴位置为肩部正前方直径在 15.24 ~22.86cm 的半球形区域。

（4）硫化氢监测仪使用前应对以下主要参数进行测试。

满量程响应时间、报警响应时间、报警精度。

（5）硫化氢监测仪的检定。

硫化氢监测仪在使用过程中要定期检定，固定式硫化氢监测仪一年检定一次，携带式硫化氢监测仪半年检定一次。

（6）硫化氢监测仪使用注意事项及维护保养。

①使用前确保进气口不被杂物堵住，根据使用情况定期清理更换进气口滤膜；

②当在有潜在危险地区工作时，注意不要将传感器覆盖；

③在开盖的情况下，禁止对仪器进行操作；在无危险的区域方可打开仪器盖及取下传感器更换电池；

④仪器测量范围 0 ~100ppm（报警低限 10ppm，高限 20ppm），不适于在超过 100ppm 的环境下使用；

⑤当浓度值大于 100ppm 时，硫化氢的传感器就会持续报警，开机后仍然报警，无法使用，必须重新标定才可以使用。偶尔几次报警，不需要标定，放置空气洁净处，可自然恢复，但是长时间报警对使用寿命有影响。

10.3.2.2　正压式空气呼吸器

正压式空气呼吸器是一种自给开放式空气呼吸器，主要适用于有毒作业场所、消防、化工、船舶、石油、冶炼、厂矿、实验室等处，使工作人员或抢险救护人员能够在充满浓烟、毒气、蒸汽或缺氧的恶劣环境下安全地进行灭火、抢险救灾和救护工作。空气呼吸器一般为开放式，主要部件有面罩、空气钢瓶、减压器、压力表、导气管等。压缩空气经减压后供人吸入，呼出气经面罩呼吸阀排到空气中。空气呼吸器结构较简单，使用时间短。

1. 特点

（1）供气阀供气流量大，性能稳定，呼气阻力小，佩戴使用者在任何环境下作业都感到呼吸轻松自如。

（2）面罩视野宽，透明清晰；胶体柔软，密封效果好。

（3）面罩与供气阀的连接采用插口式，装卸速度快，操作十分简便。

（4）面罩上设有传声膜片，通讯效果清晰。

（5）所有的连接都采用快速插接，操作简便、快捷。

2. 工作原理

当打开气瓶阀时，贮存在气瓶内的高压空气通过气瓶阀进入减压器组件，同时，压力组件显示气瓶空气压力。高压空气被减压为中压，中压空气经中压管进入安装在面罩上的供气阀，供气阀根据使用者的呼吸要求，能提供大于200L/min的空气。同时，面罩内保持高于环境大气的压力。当人吸气时，供气阀膜片根据使用者的吸气而移动，使阀门开启，提供气流；当人呼气时，供气阀膜片向上移动，使阀门关闭，呼出的气体经面罩上的呼气阀排出；当停止呼气时，呼气阀关闭，准备下一次吸气。这样就完成了一个呼吸循环过程。

3. 结构

空气呼吸器结构示意图见图10-3。

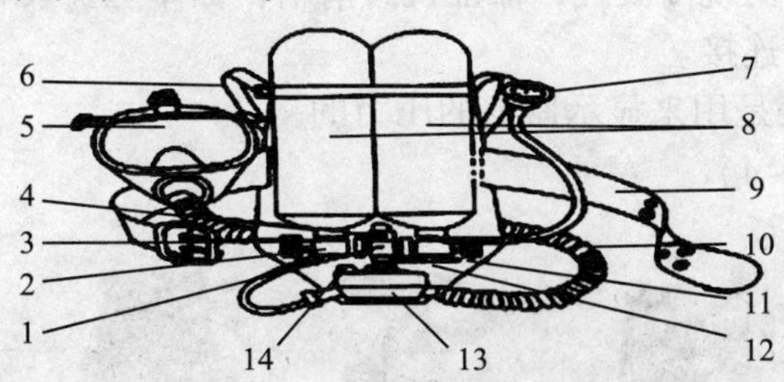

图10-3　正压式空气呼吸器结构示意图

1—级减压阀；2—气瓶阀；3—气瓶阀手轮；4—中压安全阀；5—面罩；6—肩带；7—压力表；8—气瓶；9—腰带；10—胶管；11—背架；12—报警器；13—二级减压阀；14—二级减压阀拨叉

（1）气瓶和瓶阀组。气瓶材料为碳纤维复合材料，额定储气压力为30MPa，容积为6.8L或9L。气瓶阀上装有过压保护膜片，当空气瓶内压力超过额定储气压力的1.5倍时，保护膜片自动卸压；气瓶阀上还设有开启后的止退装置，使气瓶开启后不会被无意地关闭。

但仍要注意以下几点：

①不准在有标记的高压空气瓶内充装任何其他种类的气体，否则，可能发生爆炸。

②避免将高压空气瓶暴露在高温下，尤其是太阳直接照射下。

③禁止沾染任何油脂。

④每个高压空气瓶附有高压空气瓶合格证，必须妥善保管，不得丢失。

⑤高压空气瓶每三年须进行复检，复检可以委托制造厂进行。不得改变气瓶表面颜色。

⑥避免气瓶碰撞。

⑦严禁混装、超装压缩空气。

⑧如无充气设备，可到国家认可的充气站充气。

减压器组件安装于背板上，通过一根高压管与气阀相连接，减压器的主要作用是将空气瓶内的高压空气降压为低而稳定的中压，供给供气阀使用。本减压器属于逆流式减压器，这种减压器性能特点是膛室压力随着气瓶工作压力的下降而略有增加，使自动肺在整个使用过程中，自动供给流量不低于起始流量。

注意：出厂时减压器已经调试好，没有经过培训的人员不能擅自拆卸。

（2）报警哨。报警哨的作用是为了防止佩带者遗忘观察压力表指示压力，而出现的气瓶压力过低不能保证安全退出灾区的危险。报警哨的起始报警压力为4～6MPa。当气瓶的压力为报警压力时，报警哨发出哨声报警。（但在刚佩带时打开气瓶瓶阀后，由于输入给报警哨的压力由低逐渐升高，经过报警压力区间时，也要发出短暂的报警声，证明气瓶中有高压空气的存在，而不是报警）。报警哨在4～6MPa报警后，按一般人行走速度为4.5km/h做功计算，到空气消耗到2MPa为止，可佩带9～10min左右，行走距离为350m左右，但是由于佩带者呼吸量不同，做功量不同，退出灾区的距离不同，佩带者应根据不同的情况确定退出灾区所需的必要气瓶压力（由压力表显示），绝不能机械的理解为报警后，才开始撤离灾区。在佩带过程中必须经常观察压力表，以防止报警哨万一失灵，出现由于压力过低而无法安全地退出灾区。

注意：报警哨出厂时已经调整好并固定，没有检测设备，不能擅自调整。

（3）供气阀。供气阀的主要作用是将中压空气减压为一定流量的低压空气，为使用者提供呼吸所需的空气。供气阀可以根据佩带者呼吸量大小自动调节阀门开启量，保证面罩内压力长期处于正压状态。供气阀设有节省气源的装置：可防止在系统接通（气瓶阀开启）戴上面罩之前气源的过量损失。

（4）面罩。面罩为全面结构，面罩的橡胶材料是由天然橡胶和硅橡胶混合材料制成。面罩中的内罩能防止镜片出现冷凝气，保证视野清晰；面罩上安装有传声器及呼吸阀。面罩通过快速接头与供气阀相连接。

（5）压力表。压力表是用来显示瓶内的压力的。

3. 佩戴流程（图10－4）

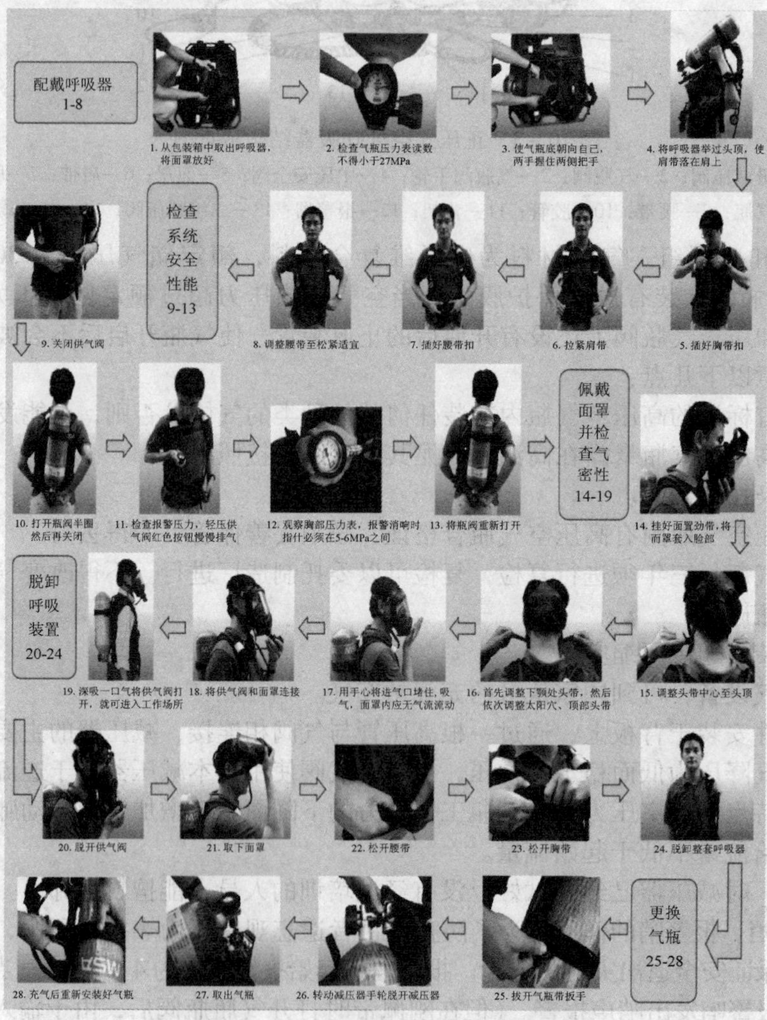

图10－4　正压式空气呼吸器佩戴示意图

（1）背戴气瓶。将气瓶阀向下背上气瓶，通过拉肩带上的自由端，调节气瓶的上下位置和松紧，直到感觉舒适为止。

（2）扣紧腰带。将腰带公扣插入母扣内，然后将左右两侧的伸缩带向后拉紧，确保扣牢。

（3）佩戴面罩。将面罩上的五根带子放松，把面罩置于使用者脸上，然后将头带从头部的上前方向后下方拉下，由上向下将面罩戴在头上。调整面罩位置，使下巴进入面罩下面凹形槽内，先收紧下端的两根颈带，然后收紧上端的两根头带及顶带，如果感觉不适，可调节头带松紧。

（4）检查面罩密封性。用手按住面罩接口处，通过吸气检查面罩密封性。做深呼吸，此时面罩两侧应向人体面部移动，人体感觉呼吸困难，说明面罩密封性良好，否则再收紧头带或重新佩戴面罩。

（5）装供气阀。将供气阀上的接口对准面罩插口，用力往上推，当听到咔嚓声时，安装完毕。

（6）检查仪器性能。完全打开气瓶阀，应能听到报警哨短促的报警声，否则，报警哨失灵或者气瓶内无气。同时观察压力表读数。气瓶压力应不小于28MPa，通过几次深呼吸检查供气阀性能，呼气和吸气都应舒畅、无不适感觉。

使用前的准备如下：

身体健康并经过训练的人员才允许佩戴呼吸器，使用前准备时应有监护人员在场，准备工作的内容有：

①从快速接头上取下中压管，观察压力表，读出压力值。若气瓶内压力小于28MPa时，则应充气。

②佩戴人员必须把胡须刮干净，以避免影响面罩和面部贴合的气密性。

③擦洗面罩的视窗，使其有较好的透明度。

操作注意事项：

①使用时应检查气密性。关闭气瓶阀门呼吸几次后，系统内空气用完会感到呼吸困难（气密性良好），然后马上打开气瓶阀门（逆时针开启不少于两圈）。

②使用中随时观察压力表，当压力下降到6MPa或报警器报警，应及时撤离现场。

③气瓶只能用纯净空气不能用氧气。

4. 正压式空气呼吸器的维护保养

1）面罩的维护保养

①面镜的维护保养，面镜不要摩擦和撞击到粗糙、坚硬的物质，防止把面镜磨花，影响透光性和清晰度甚至损坏。

②全面罩尽量在每次使用后用消毒剂进行消毒，避免各种疾病的交叉传染，待晾干后用专用布套存放。

2）背架的维护和保养

背架由背托、肩带、腰带、气瓶固定带和减压器、中压软导管、快速插头、压力表、报警哨和供给阀等各种部件组成。

①背托、肩带、气瓶固定带的维护保养。在使用时轻拿轻放，防止碰撞，与尖锐物质摩擦造成损坏。每次使用结束后，如被水浸湿，需拿到干燥通风处阴干，忌暴晒。保存的时候要把各收紧带置于最大位置，确保下次使用能更好的把空气呼吸器缚在身上。

②供气阀和中压软导管的维护保养。使用时，不要把各连接口的“O形”圈损坏或丢

失，不能在阳光下暴晒和与腐蚀物品接触，以免损坏。

③减压阀、报警哨、快速插头和压力表的维护保养。减压阀，报警哨，快速插头，在使用前后必须作认真的检查，观其装置是否完好，还能不能发挥其作用，特别是被水浸湿后，要在干燥通风处晾干。压力表的保养：检查气瓶气压后，要释放内存余气，确保压力表和中压软管不会在长时间受压情况下损坏；同时也不能用它测量超值压，避免超负荷造成压力表损坏。

（3）气瓶和气瓶阀的保养

①气瓶阀是用来控制气瓶开关的组件，对其要正确开关。

②目前在用的气瓶有钢质和碳纤维两种。在充气时应注意：充入空气不能超过额定的安全气压，空气湿度不能太大，否则会导致钢瓶内壁氧化，使用时不能激烈碰撞，与尖锐物摩擦，否则会导致气瓶损坏，重则导致爆炸；必要时给气瓶（尤其是碳纤维气瓶）制作一个保护套，防止摩擦损坏，充满气体的气瓶不能在阳光下暴晒和高温处存放，避免损坏或引起爆炸。

5．正压式空气呼吸装置的使用时间

正压式空气呼吸装置可配不同容积的高压气瓶，压力有15MPa和30MPa两种，因人体差异、工作劳动强度不同、使用时间不同，在选用时应根据工作环境需要的时间、劳动强度、配套设备等综合考虑。

按式（10－2）计算空气呼吸装置的使用时间：

$$t = 10PV/q_v \qquad (10-2)$$

式中 t——使用时间，min；

V——气瓶容积，L；

P——气瓶压力，MPa；

q_v——耗气量，L/min。

6. 故障分析处理

常见故障分析处理见表10－4。

表10－4 常见故障分析处理

故障	原因	解决方法
面罩泄漏	密封圈有问题或未安装，或供气阀“O”形圈连接有问题	安装或更换密封圈或“O”形圈
	呼气阀泄漏	清洁与重新装配，或更换
	语音膜损坏	更换
	头带不紧	拉紧
通信状态不良	语音膜损坏	更换
高压泄漏	检查连接的坚固程度	按需要坚固
	检查软管连接的密封	按需要更换密封件
安全减压阀泄漏	减压器有故障	将减压器送有资质维修部门维修或更换
吸气泄漏	“O”形圈磨损	更换
	平衡活塞有故障	送有资质维修部门维修或更换
	隔膜未正确安装	重新正确安装
	旁路旋钮接通	关闭旁路旋钮
哨声不正确	哨子脏	清洁并重新测试

10.3.2.3 气防器具配备标准

普光气田硫化氢监测仪的配备按照普光分公司气防器具安全管理规定要求进行配置，集气站、集气末站、污水站配置标准为：

(1) 按照岗位的1：1.2进行空呼（6.8L）、便携式硫化氢检测仪（100ppm，以下相同）数量配置；备用气瓶按照正压式空气呼吸器（6.8L）数量的1：2进行配置。

(2) 空呼面罩按照定员配置，每人一个，专人专用。面罩内专用眼镜托架应根据实际需求数量配备。

(3) 配置1000ppm便携式硫化氢检测仪一台；多功能气体检测仪2台；便携式二氧化硫检测仪2台；便携式甲醇检测仪2台。

(4) 集气站配置高压呼吸空气压缩充气机MARINER100EH型1台、MARINER200EH型1台。

(5) 污水站配置氯气便携式检测仪2台。

10.3.3 硫化氢中毒急救

10.3.3.1 硫化氢中毒的早期抢救

(1) 进入毒气区抢救中毒者或进入毒气区工作，必须先正确佩戴正压式空气呼吸器。

(2) 若人员中毒，立即向上级汇报，施救者必须佩戴防护器具，迅速将中毒者从毒气区抬到通风且空气新鲜的上风方向，期间不能乱抬乱背，应将中毒者放于平坦干燥的地方。

(3) 如果中毒者没有停止呼吸，应绝对保持中毒者处于放松状态，并给予输氧，保持中毒者的正常体温。

(4) 如果中毒者已经停止呼吸和心跳，应立即进行人工呼吸和胸外心脏按压抢救，有条件的可使用呼吸器代替人工呼吸，直至呼吸和心跳恢复正常。

(5) 关于逃生的路线选择问题，应因地制宜：

①要看风向（要顶风跑或侧风跑）。

②向远处的高处地带撤离。

③尽管是高处，但风往高处吹的时候也不要向那里撤离。

④山区地貌比较复杂，要注意回旋风，防止风向变化，要听从专业人员的命令，不要自己乱跑。

10.3.3.2 护理常识

(1) 若中毒者转移到新鲜空区后能立即恢复正常呼吸，可认为已迅速恢复正常。

(2) 当呼吸和心跳完全恢复后，可给中毒者饮些兴奋性饮料。

(3) 人员眼睛受到轻微损害，可用清水清洗或冷敷。

(4) 哪怕是轻微中毒，也要休息1~2天，不得再度受硫化氢伤害，因为被硫化氢伤害过的人，对硫化氢的抵抗能力变得更低。

10.3.3.3 心肺复苏现场救护

心肺复苏是心跳呼吸骤停后，现场进行的紧急人工呼吸和心脏胸外按压（也称人工循环）的技术，是最基本的生命支持。

1. A（assessment + airway）从判断神志到畅通呼吸道

(1) 判断病人神志；

(2) 呼救；

（3）将患者置于仰卧位；

（4）畅通呼吸道。

2. B（breathing）即判断呼吸和人工呼吸

在打开气道的前提下判断病人有无呼吸，可通过看、听和感觉来判断呼吸，如果病人的胸廓没有起伏，将耳朵伏在病人鼻孔前既听不到呼吸声也感觉不到气体流出，可判断呼吸停止。应立即进行口对口或口对鼻人工呼吸（图 10－5）。

（1）持病人头后仰、呼吸道畅通和口部张开；

（2）抢救者跪伏在病人的一侧，用一只手的掌根部轻按病人前额，同时用拇指和食指捏闭病人的鼻孔（捏紧鼻翼下端）；

（3）抢救者深呼吸一口气后，张开口紧紧包绕病人的口部，使口鼻均不漏气；

（4）用力快速向病人口内吹气，使病人胸部上抬；

（5）一次吹气量约为 800～1200mL；

（6）一次吹气完毕后，口应立即与病人口部脱离，同时捏鼻翼的手松开，掌根部及时按压病人前额部以便病人呼气时可同时从口和鼻孔出气，确保呼吸道畅通。抢救者轻轻抬起头，眼视病人胸部，此时病人胸廓应向下塌陷。抢救者再吸入新鲜空气，做下一次吹气准备。

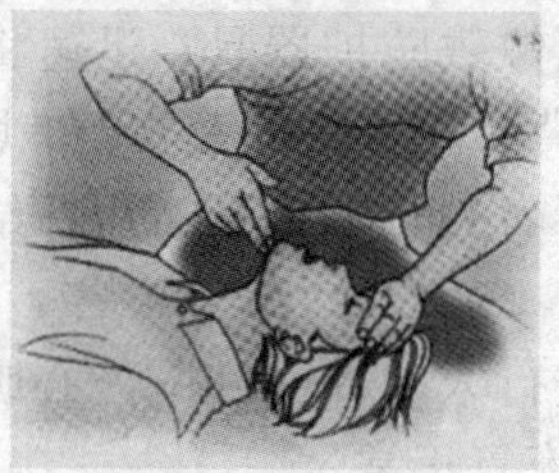

①持呼吸道畅通

②评估呼吸 不超过10s

③进行2次人工呼吸

④循环不超过10s

图 10－5　口对口呼吸法

3. 注意要点

（1）吹气时要感觉气道阻力，如果阻力较大结合胸部吹气时不上抬，要考虑气道堵塞，再加大吹气量有可能使异物落入深部，此时要即时清除呼吸道异物。

（2）成人正常吸气量在 400～600mL，较深吸一口气可达到 800～1200mL。吹气量小于 800mL 不能满足病人供氧，因为空气氧浓度约占 21%，在抢救者肺部经气体混合和交换后呼出气的氧浓度为 16% 左右，故吹气量要大于成人正常吸气量。但吹气量不易过大，如果大于 1200mL，容易造成胃扩张及胃反流甚至"误吸"。

（3）如同时有心脏按压，吹气时暂停胸部按压（这种配合技术见后）。

（4）如有脉搏无呼吸者，开始时可每 4s 吹气一口（15 次/min 左右），1min 可减少为每

5s吹气一口（12次/min左右）。

（5）单人或双人CPR时，人工吹气和心脏按压的次数比例及配合见后述。

（6）如果病人口腔严重创伤或病人牙关紧闭不能张口时，改用口对鼻人工呼吸。其方法是吹气时紧闭口腔，口对双侧鼻孔吹气，待患者呼气时，闭口部的手抬起以利通气。

4. C（circulation）人工循环

人工循环是指用人工的方法使血液在血管内流动，使人工呼吸后含氧的血液从肺部血管流向心脏，再注入动脉供给全身重要脏器来维持其功能，尤其是脑功能。在进行人工循环之前必须确定病人有无心跳。

1）判断有无心跳

成人通常采用触摸颈动脉的方法，因劲动脉是大动脉又靠近心脏，最易反映心脏搏动情况，而且便于触摸，易学会易掌握。具体操作方法：

①在畅通呼吸道的情况下进行；

②一手置于病人前额，使头部保持后仰，另一手触摸病人靠近抢救者一侧的颈动脉；

③用食指及中指指尖先触到喉部，男性可先触及喉结，然后向后滑移2～3cm。在气管旁软组织深部轻轻触摸颈动脉搏动；

④检查时间一般不超过5～10s钟，以免延误抢救。中、食指置颈前甲状软骨外侧，手指向颈动脉沟滑动。

2）注意要点

①触摸颈动脉不能用力过大，以免压迫颈动脉推开影响感知，或压迫气道影响通气，故要轻轻触摸（图10－6）。

②不要同时触摸右侧颈动脉，以免造成头部血流中断。

③避免两种错误：一是病人本来有脉搏，因判断位置不准或感知有误，结果判断病人无脉搏；二是病人本来无脉搏，而检查者将自己手指的脉搏误认为病人的脉搏；

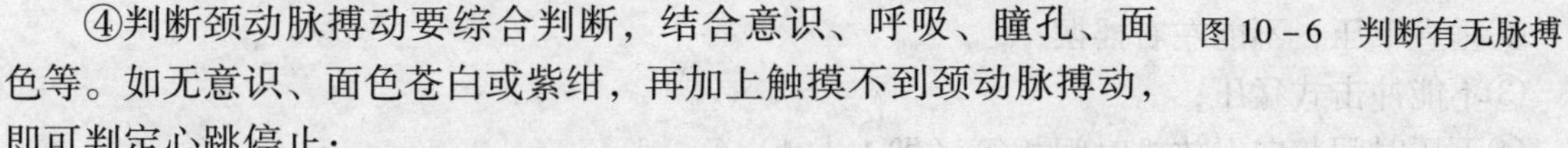

图10－6　判断有无脉搏

④判断颈动脉搏动要综合判断，结合意识、呼吸、瞳孔、面色等。如无意识、面色苍白或紫绀，再加上触摸不到颈动脉搏动，即可判定心跳停止；

⑤因婴幼儿颈部短，加上肥胖不易触及颈动脉搏动，可触及肱动脉。方法是将上臂外侧，食指和中指置于上臂内侧中部。

3）胸外心脏按压的步骤和技术

①确定按压部位（定位）：病人处于仰卧位，双手置于身体两侧，抢救者位于病人一侧。用食指和中指并拢，沿病人肋骨下缘上滑至两侧肋骨交叉处的切迹。以切迹为标志，然后将食指和中指横放在胸骨下切迹的上方，另一手的掌根紧贴食指上方按压在胸骨上（图10－7）。

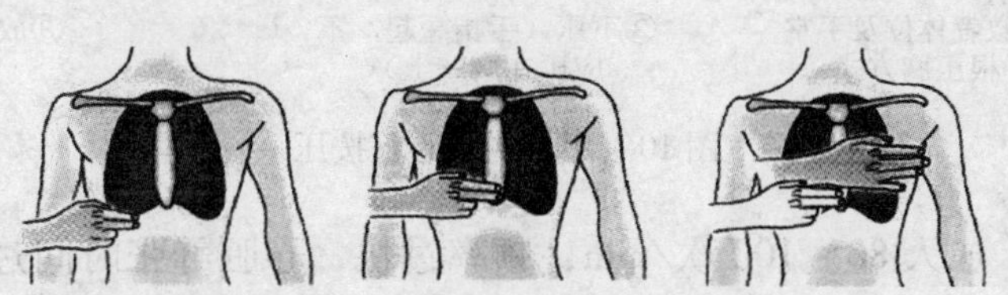

图10－7　心脏按压时手位的确定

②按压手势：按压在胸骨上的手不动，将定位的手抬起，用掌根重叠放在另一手的掌背上，手指交叉扣抓住下面的手掌，下面手指伸直，翘起离开胸膛。这样只是掌根紧压在胸骨上（图 10 - 8）。

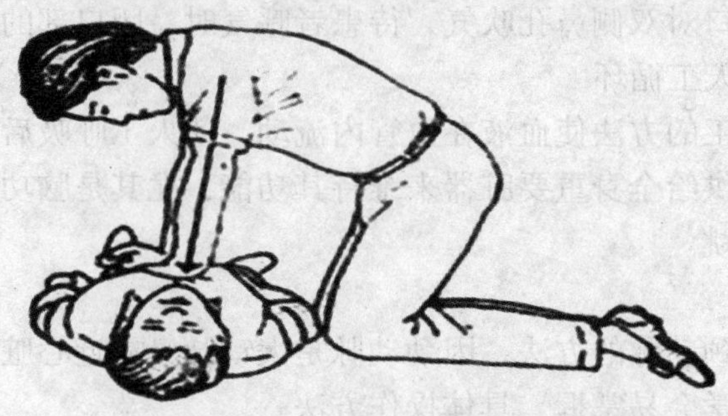

图 10 - 8　抢救者双臂绷直

③按压姿势：抢救者双臂伸直，肘关节固定不能弯曲，双肩部位于病人胸部正上方，垂直下压胸骨（图 10 - 9）。

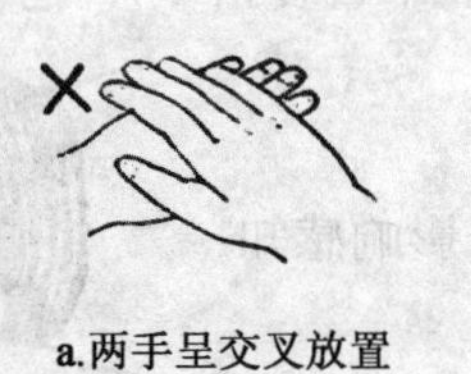

a.两手呈交叉放置　　b.肘部弯曲

图 10 - 9　两种错误做法

（4）按压用力及方式：按压应平稳有规律进行（图 10 - 10），应注意以下几点：

①成人应使胸骨下陷 4 ~ 5cm，用力太大易造成肋骨骨折，用力太小达不到有效作用；

②垂直下压，不能左右摇摆；

③不能冲击式猛压；

④下压时间与向上放松时间相等（即 1 ∶ 1）；

⑤下压至最低点应有一明显停顿；

⑥放松时手掌根部不要离开胸骨按压区皮肤，但应尽量放松，使胸骨不受任何压力。

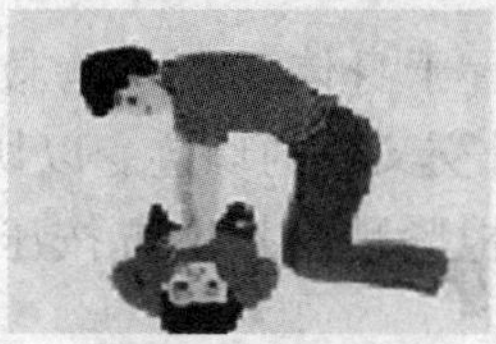

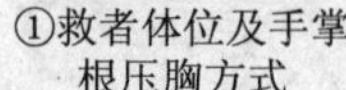

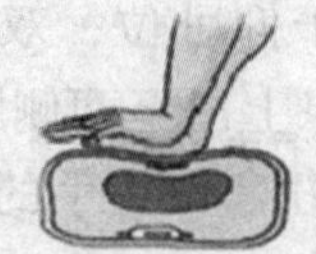

①救者体位及手掌根压胸方式　　②下压（手指翘起，不应压在胸壁上）　　③放松

图 10 - 10　胸外心脏按压

（5）按压频率：成人 80 ~ 100 次/min，频率过快，心脏舒张时间过短，得不到较好的充盈；过慢不能满足脑细胞需氧。因为最有效的心脏按压也只有心脏自主搏动搏血量的 1/3

左右。婴儿胸外心脏按压频率应大于100次/min。婴儿和儿童的单人和双人抢救的按压与吹气的比例为5∶1。

(6) 按压效果判断：如两人以上抢救时，一人按压心脏，如果有效，则另外一人应能触到较大动脉的搏动（如颈动脉或股动脉）。

(7) 如病人只有心跳而停止呼吸，只需做胸外心脏按压，如病人心跳或呼吸都是停止，心脏按压与人工呼吸的比例关系是：

①单人进行CPR时，心脏按压次数与人工呼吸次数的比例是15∶2，即连续进行15次胸外心脏按压，再进行2次人工呼吸，交替进行（图10-11）。

图10-11 单人心脏按压与人工呼吸的配合

②双人进行CPR时，心脏胸外按压次数与人工呼吸次数之比为5∶1，即一人连续进行5次心脏按压，另一人口对口或口对鼻吹气1次（图10-12）。

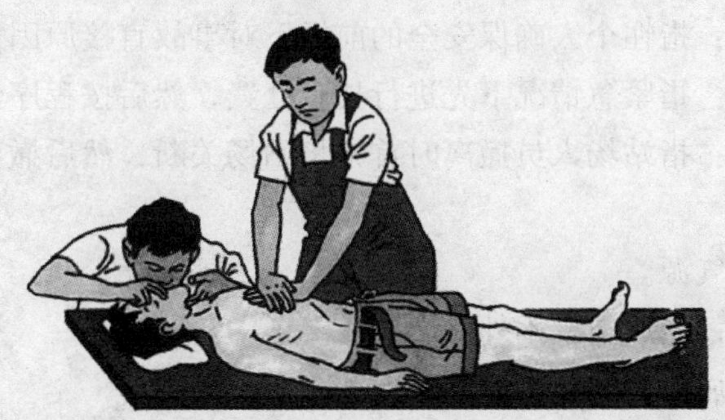

图10-12 双人心肺复苏的操作

③多人进行CPR时，人工呼吸和人工循环可轮换进行，但轮换时间不得超过5s。

10.4 应急处置与应急演练

应急处置就是响应采气生产中发生的紧急情况，采取有效的处理措施；应急演练就是为提高响应可能发生的紧急情况，提高采气工进行应急处置的能力开展的演练活动。

10.4.1　应急处置

1. 集气站场应急处置流程（图 10－13）

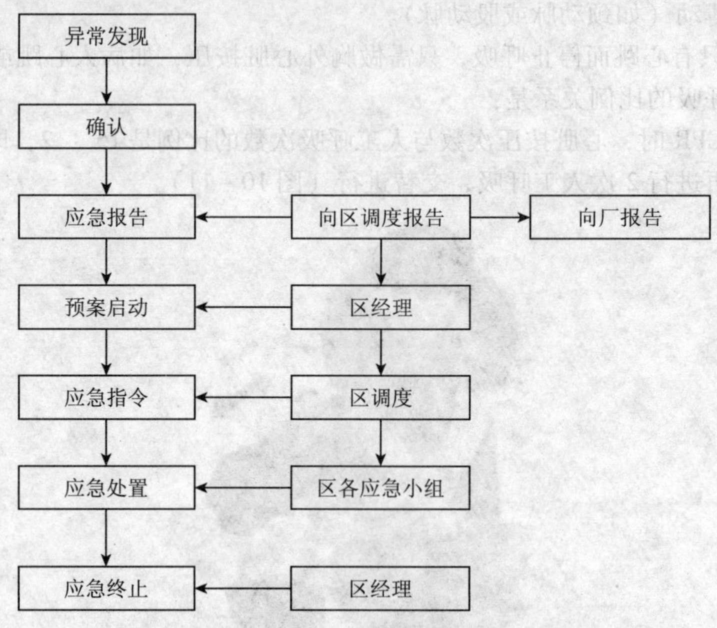

图 10－13　集气站场应急处置流程

2. 应急处置原则

1）岗位人员应急处置原则

先保护，后确认；先处置，后汇报；先控制，后撤离。

①先保护，后确认：指在个人确保安全的前提下对事故直接原因进行确认。

②先处置，后汇报：指紧急情况下先进行技术处置，然后按程序汇报。

③先控制，后撤离：指站场人员撤离时首先将站场关断，然后撤离。

2）工艺处置原则

①迅速关断，切断气源。

②能保压，不放空；能放空，不外泄。

③就近截断，就近放空；避免小泄漏，大关断。

3）针对含硫化氢天然气体泄漏源处点（灭）火原则

①泄漏源处火未着，放空点火要优先；泄漏源处火已着，降温、防爆排在前。

②场内泄漏不点火，控制势态不扩大；管道泄漏酌情定，危及生命及时点。

③集气站场内泄漏原则上不允许点火，控制势态不扩大为原则。在泄漏局面可以控制的前提下，要采取灭火的措施。

④避免发生装置或人员密集区域火灾爆炸、中毒等，难以挽回的巨大经济损失或势态恶化，点火、灭火都要慎重，在危及人员生命或导致工艺上无法控制的局面可能发生时，应视具体情况及时点火或灭火。

4）后期处理原则

①检测洗消要全面，安全确认再生产。

②硫化氢泄漏区域，事发后坑、洞、池等低洼区域要进行硫化氢检测，实施吹扫、酸碱中和、稀释等方式，消除残留硫化氢。在安全的条件下，再进行恢复生产工作。

3. 集气站硫化氢泄漏应急处置程序举例

集气站硫化氢泄漏（达到ESD－2关断条件）应急处置程序见表10－5。

集气站硫化氢泄漏（浓度小于100ppm）应急处置程序见表10－6。

集气站火灾、爆炸应急处置程序见表10－7。

表10－5　集气站硫化氢泄漏（达到ESD－2关断条件）应急处置程序

步骤	处　置	负责人
异常发现	站控室人机界面显示硫化氢浓度达到ESD－2级关断条件	站值班人员
现场确认	1. 迅速正确配戴正压式空气呼吸器； 2. 现场确认泄漏点位置（1人监护）	站值班人员
应急报告	1. 向区调度室报告泄漏发生的时间、位置、硫化氢浓度；	区调度人员
	2. 向厂生产办公室、区经理、值班领导报告	站值班人员
预案启动	启动区级应急预案	区值班领导
应急指令	1. 通知区各应急小组成员到调度室集合； 2. 带领区各应急小组成员立即赶赴现场	区值班领导 区调度人员
应急处置	1. 启动ESD－2级关断按钮； 2. 根据泄漏点位置打开井口BDV旁通流程或生产（计量）汇管BDV旁通流程放空； 3. 对泄漏部位，使用防爆排风扇吹散泄漏气体。如果泄漏量较大，启用消防水系统进行喷淋，稀释泄漏气体； 4. 将喷淋消防污水引入外排沟，进入污水收集池回收； 5. 泄漏源得到有效控制后，采取短信群发、电话通知等方式通知村应急联动小组成员，安全信息告知； 6. 如泄漏硫化氢气体蔓延，可能危及自身及周边百姓安全时，请求采气厂调度启动应急疏散广播，拉响防空警报，同时采取短信群发、电话通知等方式通知村应急联动小组成员组织疏散； 7. 集气站人员撤离至安全集合点，等待区应急小组成员到来	站值班人员
	区应急小组成员到达现场： 1. 现场警戒组：阻止无关人员进入现场； 2. 工艺自控技术组：采取措施，对泄漏区域强制通风，查找泄漏原因，制定并落实工艺技术方案； 3. 信息联络组：掌握现场信息和各级指令的上传下达	区应急小组成员
应急终止	符合应急终止条件，宣布应急终止	区值班领导

表 10－6　集气站硫化氢泄漏（浓度小于 100ppm）应急处置程序

步骤	处　置	负责人
异常发现	站控室人机界面显示硫化氢浓度 1～100ppm	站值班人员
现场确认	1. 迅速正确配戴正压式空气呼吸器和便携式硫化氢检测仪； 2. 现场确认泄漏点位置（1 人监护）	站值班人员
应急报告	1. 向区调度室报告泄漏发生的时间、位置、硫化氢浓度；	站值班人员
	2. 向厂生产办公室、区经理、值班领导报告	区调度人员
预案启动	启动区级应急预案	区值班领导
应急指令	1. 通知区各应急小组成员到调度室集合；	区值班领导
	2. 带领区各应急小组成员立即赶赴现场	区调度人员
应急处置	1. 根据应急处置工艺措施对现场工艺流程进行应急处理； 2. 对泄漏部位，使用防爆排风扇吹散泄漏气体。如果泄漏量较大，启用消防水系统进行喷淋，稀释泄漏气体； 3. 将喷淋消防污水引入外排沟，进入污水收集池回收； 4. 泄漏源得到有效控制后，采取短信群发、电话通知等方式通知村应急联动小组成员，安全信息告知	站值班人员
	区应急小组成员到达现场： 1. 现场警戒组：阻止无关人员进入现场； 2. 工艺自控技术组：采取措施，对泄漏区域强制通风查找泄漏原因，制定并落实工艺技术方案； 3. 信息联络组：掌握现场信息和各级指令的上传下达	区应急小组成员
应急终止	符合应急终止条件，宣布应急终止	区值班领导

表 10－7　集气站火灾、爆炸应急处置程序

步骤	处　置	负责人
发现异常	站控室人机界面显示工艺装置区火焰探测器报警	站值班人员
确认	通过站场工业电视监控系统确认着火点位置及火势大小	站值班人员
紧急动作	1. 根据火势情况，迅速正确佩戴正压式空气呼吸器，使用灭火器或干粉炮车对着火部位进行灭火； 2. 启用消防水系统进行喷淋，稀释泄漏气体； 3. 将喷淋消防污水引入外排沟，进入污水收集池回收； 4. 根据应急处置工艺措施对现场工艺流程进行应急处理； 5. 泄漏源得到有效控制后，采取短信群发、电话通知等方式通知村应急联动小组成员，安全信息告知； 6. 如发生爆炸、火势无法控制或泄漏硫化氢气体蔓延，可能危及自身及周边百姓安全时，请求采气厂调度启动应急疏散广播，拉响防空警报，同时采取短信群发、电话通知等方式通知村应急联动小组成员组织疏散； 7. 立即手动触发 ESD－1 关断按钮； 8. 按照逃生路线撤离至指定集合地点，出站时再次触发逃生门处 ESD－1 关断按钮	站值班人员

续表

步骤	处置	负责人
应急报告	1. 向厂生产办公室报告事件发生的时间、区域、类型、处置情况；	中控室人员
	2. 向区调度室报告现场情况；	站值班人员
	3. 向区经理、值班领导报告现场情况	区调度人员
预案启动	启动区级应急预案	区值班领导
应急指令	1. 及时通过中控室了解现场情况；	区调度人员
	2. 指令调度室通知各应急小组成员到集合点集合	区值班领导
应急处置	区应急小组成员到达集合点，清点人数，等待上级指令： 1. 现场警戒组：设置警戒区域，阻止无关人员进入现场； 2. 在安全的条件下，根据厂指令，工艺自控技术组进入现场； 3. 工艺自控技术组：查找事故原因，落实工艺技术方案； 4. 信息联络组：掌握现场信息和各级指令的上传下达	区值班领导
应急终止	根据厂令，符合应急终止条件，宣布应急终止	区值班领导

10.4.2 应急演练

1. 应急演练应遵循原则

（1）符合相关规定按照国家相关法律、法规、标准及有关规定组织开展演练；

（2）切合企业实际结合企业生产安全事故特点和可能发生的事故类型组织开展演练；

（3）注重能力提高以提高指挥协调能力、应急处置能力为主要出发点组织开展演练；

（4）确保安全有序在保证参演人员及设备设施安全的条件下组织开展演练。

2. 综合演练组织与实施

（1）演练计划。

演练计划应包括演练目的、类型（形式）、时间、地点，演练主要内容、参加单位和经费预算等。

（2）演练准备。

综合演练通常成立演练领导小组，下设策划组、执行组、保障组、评估组等专业工作组。根据演练规模大小，其组织机构可进行调整。

编制演练文件。制订演练工作方案、演练脚本、演练评估方案、演练保障方案、演练观摩手册。

（3）演练的实施。

在综合应急演练前，演练组织单位或策划人员可按照演练方案或脚本组织桌面演练或合成预演，熟悉演练实施过程的各个环节。

确认演练所需的工具、设备、设施、技术资料以及参演人员到位。对应急演练安全保障方案以及设备、设施进行检查确认，确保安全保障方案可行，所有设备、设施完好。

应急演练总指挥下达演练开始指令后，参演单位和人员按照设定的事故情景，实施相应的应急响应行动，直至完成全部演练工作。演练实施过程中出现特殊或意外情况，演练总指挥可决定中止演练。

演练过程中安排专门人员采用文字、照片和音像等手段记录演练过程。

演练评估人员根据演练事故情景设计以及具体分工，在演练现场实施过程中展开演练评估工作，记录演练中发现的问题或不足，收集演练评估需要的各种信息和资料。

演练总指挥宣布演练结束，参演人员按预定方案集中进行现场讲评或者有序疏散。

（4）应急演练评估与总结。

现场点评：应急演练结束后，在演练现场，评估人员或评估组负责人对演练中发现的问题、不足及取得的成效进行口头点评。

书面评估：评估人员针对演练中观察、记录以及收集的各种信息资料，依据评估标准对应急演练活动全过程进行科学分析和客观评价，并撰写书面评估报告。评估报告重点对演练活动的组织和实施、演练目标的实现、参演人员的表现以及演练中暴露的问题进行评估。

应急演练总结：演练结束后，由演练组织单位根据演练记录、演练评估报告、应急预案、现场总结等材料，对演练进行全面总结，并形成演练书面总结报告。报告可对应急演练准备、策划等工作进行简要总结分析。参与单位也可对本单位的演练情况进行总结。

演练总结报告的内容主要包括：演练基本概要；演练发现的问题，取得的经验和教训；应急管理工作建议等。

（5）演练资料归档与备案。

①应急演练活动结束后，将应急演练工作方案以及应急演练评估、总结报告等文字资料，以及记录演练实施过程的相关图片、视频、音频等资料归档保存。

②对主管部门要求备案的应急演练资料，演练组织部门（单位）应将相关资料报主管部门备案。

（6）持续改进。

根据演练评估报告中对应急预案的改进建议，由应急预案编制部门按程序对预案进行修订完善。

应急演练结束，组织应急演练的部门（单位）应根据应急演练评估报告、总结报告提出的问题和建议，对应急管理工作（包括应急演练工作）进行持续改进。

组织应急演练的部门（单位）应督促相关部门和人员，制定整改计划，明确整改目标，制定整改措施，落实整改资金，并应跟踪督查整改情况。

10.5 防火基础知识及应急喷淋系统

高含硫气田采气工学习防火基础知识及应急喷淋知识，当站场装置发生火灾、泄漏或尾气排放时，在应急救援人员进入站场救援之前，正确运用消防及应急喷淋系统，正确处置险情，减少事故危害。

10.5.1 防火基础知识

1. 燃烧三要素

可燃物和空气中的氧化合而放出光、热的现象被称为燃烧。物质燃烧过程的发生和发展，必须具备以下三个必要条件，即：可燃物、助燃物（氧化剂）和着火源。只有这三个条件同时具备，相互作用，才可能发生燃烧。通常把可燃物、助燃物（氧化剂）和着火源称为燃烧三要素。

1）可燃物

凡是能与空气中的氧或其他氧化剂起燃烧化学反应的物质称为可燃物。可燃物按其物理状态分为气体可燃物、液体可燃物和固体可燃物三种类别。可燃烧物质大多是含碳和氢的化合物，某些金属如镁、铝、钙等在某些条件下也可以燃烧，还有许多物质如肼、臭氧等在高温下可以通过自己的分解而放出光和热。

2）助燃物（氧化剂）

凡能帮助和支持燃烧的物质。燃烧过程中氧化剂主要是空气中游离的氧，另外如氟、氯等也可以作为燃烧反应的氧化剂。

3）着火源（温度）

是指供给可燃物与氧或助燃剂发生燃烧反应的能量来源。常见的有明火焰、赤热体、火星和电火花等。

在某些情况下，虽然具备了燃烧的三个必要条件，也不一定能发生燃烧。这就需要可燃物的浓度和提供充足的氧，否则就不会使燃烧继续下去产。

2. 防火的基本措施

根据燃烧必须是可燃物、助燃物和火源这三个基本条件的相互作用才能发生的道理，采取措施，防止燃烧三个条件同时存在或者避免它们相互作用，则是防火技术的基本理论。所有防火的技术措施都是在这个基本理论的指导下采取的，或者可以这样说，全部防火技术措施的实质，即是防止产生燃烧基本条件的同时存在或避免它们的相互作用。主要有以下基本技术措施：

1）消除着火源

可燃物（作为能源和原材料）以及氧化剂（空气）广泛存在于生产和生活中，因此，消除着火源是防火措施中最基本的措施。火灾原因调查实际上就是查出是哪种着火源引起的火灾。

消除着火源的措施很多，如安装防爆灯具、禁止烟火、接地避雷、静电防护、隔离和控温等。

2）控制可燃物

消除燃烧三个基本条件中的任何一条，如消除火源，均能防止火灾的发生。如果采取消除燃烧条件中的两个条件，则更具安全可靠性，例如在电石库防火条例中，通常采取防止火源和防止产生可燃物乙炔的各种有关措施。

控制可燃物的措施主要有：以难燃或不燃材料代替可燃材料，如用水泥代替木材建筑房屋；降低可燃物质（可燃气体、蒸气和粉尘）在空气中的浓度，如在车间或库房采取全面通风或局部排风，使可燃物不易积聚，从而不会超过最高允许浓度；防止可燃物的跑、冒、滴、漏，对那些相互作用能产生可燃气体的物品，加以隔离、分开存放等。

3）隔绝空气

在必要时可以使生产置于真空条件下进行，或在设备容器中充装惰性介质保护。如水人电石式乙炔发生器在加料后，应采取惰性介质氮气吹扫；或在检修焊补（动火）燃料容器前，用惰性介质置换；隔绝空气储存，如钠存于煤油中，磷存于水中，二硫化碳用水封存放等。

4）设置阻火装置

防止形成新的燃烧条件，阻止火灾范围的扩大，如在乙炔发生器上设置水封回火防止器，或水下气割时在割炬与胶管之间设置阻火器，一旦发生回火，可阻止火焰进入乙炔罐内，或阻止火焰在管道里的蔓延。在车间或仓库里筑防火墙或防火门，或建筑物之间留防火间距，一旦发生火灾，不使之形成新的燃烧条件，从而防止火灾范围扩大。

3. 灭火的基本原理

灭火的基本原理可分为以下四个方面：冷却、窒息、隔离和化学抑制。前三种灭火作用属于物理过程，化学抑制是一个化学过程。

（1）冷却灭火：对一般可燃物火灾，将可燃物冷却到其燃点或闪点以下，燃烧反应就会中止。水的灭火机理主要是冷却作用。

（2）窒息灭火：通过降低燃烧物周围的氧气浓度可以起到灭火的作用。通常使用的二氧化碳、氮气、水蒸气等的灭火机理主要是窒息作用。

（3）隔离灭火：把可燃物与引火源或氧气隔离开来，燃烧反应就会自动中止。

（4）化学抑制灭火：就是使用灭火剂与链式反应的中间体自由基反应，从而使燃烧的链式反应中断使燃烧不能持续进行。常用的干粉灭火剂、卤代烷灭火剂的主要灭火机理就是化学抑制作用。

10.5.2 应急喷淋系统

高含硫气田集气站场消防器材的配备与常规气田不同，除配备干粉灭火器、泡沫灭火器、二氧化碳灭火器，干粉炮、消防桶、消防钩、消防锹、消防釜等消防器材外，针对气田高含硫化氢的特点，还应建立应急喷淋系统，一旦发生硫化氢泄漏，值班人员可以在救援单位赶赴现场之前，使用集气站应急喷淋系统对泄漏硫化氢气体进行稀释，在事故发生的初期对泄漏采取应急措施，控制事故危害后果，降低次生灾害发生的概率。

1. 应急喷淋系统组成

应急喷淋系统主要有消防池、给水管网、自吸加压泵、消防炮、消火栓、排水管（沟）和事故污水池组成，水喷雾设备（消防炮）主要设置在集气站装置区，储水池和事故池均在集气站周边布置（图 10－14）。

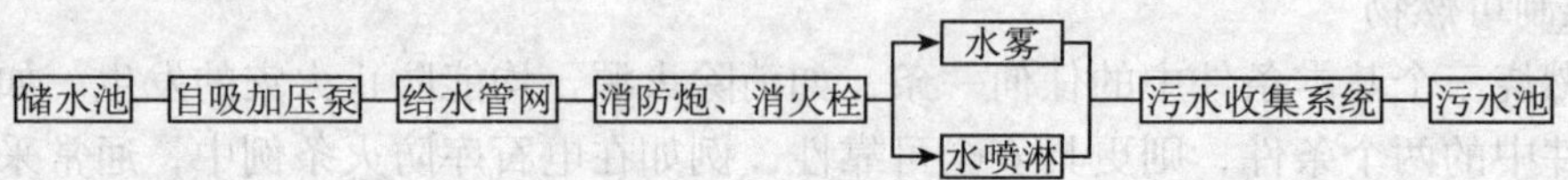

图 10－14 应急喷淋系统

2. 应急喷淋系统工作原理

站场内装置 H_2S 气体泄漏，启动应急喷淋系统，进行应急处置。主要是利用管网上设置的消防炮和消防栓，首先启动自吸加压泵，给水管网建压，然后对准泄漏区域启动消防炮进行水雾覆盖，对区内的 H_2S 进行稀释，溶解 H_2S 的污水经站场周边的地沟收集后集中排入站场污水池，待应急处置终止后，连接水龙带，打开消防栓，冲洗水雾覆盖区域凝结的酸水，稀释外排至污水沟，打开闸板井闸板，将污水排入污水池。建立应急喷淋系统，涉硫作业中，提供必要的作业湿度，采取湿式作业，可防止涉硫作业过程中硫化亚铁在空气中自燃的发生。

高压水雾有效作用范围覆盖整个设备区（图 10－15）、井口区、外输阀组区等（图 10－16），高危泄露区域，能够有效地降低设备泄露时的硫化氢浓度，降低站场火灾发生概率等。

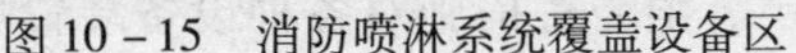

图10－15　消防喷淋系统覆盖设备区　　　图10－16　消防喷淋系统覆盖阀组区

10.6　环境污染因素与防治

环境是人类生存和发展的基本前提，环境为企业生存和发展提供了必需的资源和条件，高含硫气田天然气的生产，保护环境，减轻环境污染，成为企业管理的重要任务。

10.6.1　环境污染因素

高含硫气田开发，主要污染产生于建设期的钻井作业、地面工程建设和运营期的采气、天然气集输、系统配套生产以及退役期的关闭设施、拆除装置等产生的废水、废渣、废气、噪声和非污染生态等。

10.6.2　污染防治

10.6.2.1　大气污染防治

（1）集气站天然气事故放空火炬高度要高于本地区常年平均逆温层距离地面高度，放空火炬的设计高度能使污染物免受逆温、大气局部环流等不利气象条件的干扰，在各种情况下能保证燃烧废气充分扩散稀释，有效降低地面浓度，减轻对周围大气环境的影响。

（2）输气管道及站场输送采用密闭输送，选用可靠性高的设备、密封性能好的阀门，保证各连接部位的密封，并加强管理。

（3）采用高效的燃烧设施，定期检测烟气的排放量及主要污染物的浓度。

（4）在集输系统检修或事故放空时，对少量放空的天然气，引入装置区外的火炬系统进行焚烧处理，点火采用自动电子点火方式，火炬燃烧采用长明灯，自动监控长明灯燃烧情况。

（5）站场和阀室以及沿线设可燃气体浓度检测系统和ESD系统，密切监视天然气的泄漏量。

（6）集输管道设紧急截断阀室，管道泄漏爆管情况下能迅速切断泄漏点上下游管段，泄漏管段管线硫化氢最大泄漏量1400m^3，符合安全设计规范要求。

10.6.2.2　水污染防治

（1）气井产出的污水与集输管道混输至集气末站分离后，输送至污水处理站，污水处理站处理达标后管输至回注井回注地层。

（2）注水层段选择遵循的原则如下：

①埋藏深度深（深度不小于1000m）。

②不是产气层或潜力产层。

③不是可开采的重要经济矿层。

④具备良好的封存条件。

⑤钻井中井漏且孔隙发育的地层。

⑥地层压力为正常压力系统，或低压系统。

10.6.2.3 噪声污染防治

（1）在天然气生产阶段，采气井场、集气站等噪声源很少，主要为节流产生的气流噪声。采气、集气等各项工程，采取优化布局、隔声、消声等措施对各种设备装置噪声污染予以控制，保证在正常工况下各场站边界噪声满足《工业企业厂界噪声标准》。

（2）控制天然气流速。噪声随天然气流速增加而增加，用管径和压降大小来控制采输系统流速的大小。一般低压管线流速不大于5m/s，配气管网不大于15m/s，中压管线不大于20m/s。

（3）管线埋地。土壤能减低震动，吸附噪声。

（4）站场周边300m、管道周边100m范围内居民拆迁，对周围居民的生活无影响。

（5）个人防护。操作工人在操作高噪声设备时，要使用耳塞、护耳器、专用隔音头盔等防护用品。

10.6.2.4 固体废弃物污染防治

建立堆渣场主要用于存放钻井固废，清管作业所产生的废渣，集中掩埋，掩埋时在底部及四周铺设防渗层。集气站、污水站使用的化学原材料及化学处理剂在运输、储存、使用过程中严格按规范操作，严禁失散在井场，避免不必要的污染。

10.6.2.5 其他污染防治

（1）钻井污水净化处理后经政府环保部门检测达到外排标准外排。

（2）加深表层套管下深。必须全部低于河床100m。

（3）站场生活污水主要为职工的冲厕水，其产量最大为1t/d，污水排至化粪池，处理后堆肥。

（4）站场保留一个消防池和一个污水池，站场应急处置给排水系统设计在装置区和井口区设置有消防栓和消防炮，消防池蓄水作为应急处置水源，站场修建环型的内排水系统，出口设计成双回路，平时雨水沿内排沟汇集流入冲沟中，应急时，堵塞雨水通道，让消防污水沿井场内排沟经阀门控制的管线流入污水池中，定期进行无害化处理。

（5）甲醇、缓释剂撬块旁修建泄漏物收集池，泄漏的甲醇或缓释剂不会渗入地下造成新的污染。

（6）井底残酸用吸污车密闭拉运，用高效焚烧炉焚烧。

10.7 职业卫生危害与防护

高含硫气田天然气生产，采气工存在接触硫化氢、甲醇、缓蚀剂、除硫剂等有毒有害物质的风险，要建立良好的职业卫生保障，预防、控制和消除职业危害，保护和增进劳动者的健康，提高工作生命质量。

10.7.1　职业卫生危害

高含硫气田正常生产过程中，高含硫化氢天然气采用的是密闭输送流程，不存在 H_2S 气体的泄漏，但一旦管线、站场设备发生泄漏，职工接触含硫化氢气体会产生职业危害。

集气站场存在的主要职业卫生危害有：

（1）天然气为易燃易爆有毒气体，管道和设备存在爆破、泄漏和引起中毒火灾的可能。

（2）站场内阀门、放空系统工作时将产生噪声。

（3）甲醇、缓蚀剂加注时泄漏喷出造成人体伤害。

10.7.2　危害防护

高含硫化氢天然气集输最关键是生产过程中的人员安全与设备的正常运行及环境保护。

1. 个体防护设备配置

防护设备是保证人员在紧急情况下逃生的重要工具，选择、配备、使用至关重要，对站场人员配发正压式空气呼吸器、便携式气体检测仪等。对清管作业、甲醇、缓蚀剂加注作业人员除配备以上设备，配置耐酸碱工作服、防化服、洗眼器、在有噪音的地方发放耳塞并设置监测点，所用站场配置应急药品及应急救护设备。

2. 职业卫生危害防护管理

（1）建立完善个体防护设备管理规定、高含硫化氢集气站场安全管理规定、火气系统安全管理规定，清管作业安全管理规定、甲醇、缓蚀剂加注安全管理规定等各项安全规定。

（2）建立完善各项安全操作规程。

（3）建立完善高含硫化氢应急预案。

（4）在含 H_2S 环境中的作业人员上岗前都应接受 H_2S 危害及人身防护措施的培训，经考核合格后方能持证上岗。

3. 职业卫生体检

根据国家《职业病防治法》、中国石化集团公司《职业卫生技术规范（2009）》要求，上岗前、在岗期间、离岗时进行职业卫生健康检查，体检项目根据所接触的危害决定，目前集输工程涉及的体检项目分别为硫化氢、甲醇、天然气、二氧化硫等。

思考题

1. HSE 管理体系的定义是什么？
2. 正压式空气呼吸器使用前检查哪些内容？
3. 集气站硫化氢泄漏（浓度小于 100ppm）应急处置程序是什么？
4. 集气站硫化氢泄漏（达到 ESD－2 关断条件）应急处置程序是什么？